DITTMER: DIE SAKRALEN HÄUPTLINGE DER GURUNSI

MITTEILUNGEN
AUS DEM MUSEUM FÜR VÖLKERKUNDE IN HAMBURG
XXVII

DIE SAKRALEN HÄUPTLINGE DER GURUNSI IM OBERVOLTA-GEBIET

WESTAFRIKA

VON

KUNZ DITTMER

1961

KOMMISSIONSVERLAG CRAM, DE GRUYTER & CO. HAMBURG

Gedruckt mit Unterstützung der Deutschen Forschungsgemeinschaft

Gesamtherstellung: J. J. Augustin, Glückstadt

Vorwort

In der vorliegenden Abhandlung werden Ergebnisse einer Forschungsreise zu den GURUNSI im Obervolta-Gebiet vorgelegt, deren Kultur bisher nur unzureichend bekannt war, und über die sich in den spärlichen älteren Quellen manche Irrtümer befinden. Ich habe mich bemüht, die Niederschriften meiner Beobachtungen und die Auskünfte meiner Gewährsleute so weit als möglich in europäischem Sinne thematisch geordnet vorzulegen. Die institutionelle Führung bei den GURUNSI stellt an sich schon einen sehr verwickelten Komplex dar, den ich noch dazu in jedem ihrer Gaue in anderer Gestalt erlebte und der überdies von den Gewährsleuten — wie üblich — in einem höchst verworrenen Durcheinander dargeboten wurde. Um Einseitigkeit in der Untersuchungsmethode zu vermeiden, habe ich das Material sowohl nach funktionalistischen wie kulturmorphologischen und -historischen Gesichtspunkten durchgearbeitet. Da die behandelten Themen des ‚Erd- und Buschkultes' mit dem ‚Erdherrentum'; ‚Priestertum in primitiven Gemeinschaften'; ‚Fetischismus'; ‚Ahnenkult' und ‚sakrales Häuptlingtum' über den behandelten lokalen Forschungsbereich hinaus verbreitet und bedeutungsvoll sind, darf ich hoffen, daß meine Ausführungen nicht nur für speziell am Obervolta-Gebiet interessierte Forscher, sondern auch für die Afrikanistik wie allgemeine Völkerkunde von einigem Interesse sein werden.

Daß meine Feldforschungen erfolgreich durchgeführt werden konnten, danke ich in erster Linie der tatkräftigen Unterstützung vieler Persönlichkeiten und Institutionen: Herrn Dr. JÜRGEN ZWERNEMANN, der mich während der ersten Hälfte der Expeditionsdauer mit der Spezialaufgabe sprachwissenschaftlicher Forschungen begleitete, wie meiner Frau, die nach seiner Erkrankung als meine Assistentin einsprang, danke ich sehr herzlich für ihre Mitarbeit unter harten Arbeitsbedingungen.

Zu besonderem Dank fühle ich mich Herrn Prof. Dr. FRANZ TERMER als Direktor des Hamburgischen Museums für Völkerkunde und Vorgeschichte verpflichtet, daß er mir das Vertrauen schenkte, die erste AFRIKA-EXPEDITION DES HAMBURGISCHEN MUSEUMS FÜR VÖLKERKUNDE 1954–56 leiten zu dürfen. Ferner für seine Hilfe für die Vorbereitung und Durchführung der Expedition wie für die großzügige Beurlaubung vom Dienst für anderhalb Jahre. Der gleiche Dank gilt mit derselben Begründung der KULTURBEHÖRDE DER HANSESTADT HAMBURG, ihrem Senator Dr. H. H. BIERMANN-RATJEN und ihrem Ltd. Reg.-Direktor Dr. H. SIEMSSEN.

Sodann hoffe ich, mit dieser und vorgesehenen weiteren Publikationen der Forschungsergebnisse meinen tiefen Dank gegenüber den finanzierenden Institutionen wie der DEUTSCHEN FORSCHUNGSGEMEINSCHAFT, der WENNER-GREN FOUNDATION, der JOACHIM JUNGIUS-GESELLSCHAFT DER WISSENSCHAFTEN e.V., der HAMBURGISCHEN WISSENSCHAFTLICHEN STIFTUNG und vielen Geld- und Sachspendern aus den Kreisen der Wirtschaft abstatten zu können.

Aufrichtigen Dank schulde ich ferner den französischen Regierungsorganen, namentlich in Afrika selbst. So seiner Excellenz, dem ehem. Herrn Gouverneur von Haute-Volta, M. ETCHEBER und seinem Stabe und Administratoren, die unsere Expedition stets mit dem größten Wohlwollen und

Entgegenkommen gefördert hatten. Vor allem bin ich sodann dem INSTITUT FRANÇAIS D'AFRIQUE NOIRE verpflichtet, seinem Direktor Prof. TH. MONOD, dem Direktor des CENTRE IFAN von Haute-Volta, M. G. LE MOAL, dessen Vizedirektor M. G. SAVONNET, M. WINKOUN HIEN u. a. Mitarbeitern. Ohne deren nie versagende und nie ermüdende freundschaftliche Hilfe hätten die Ergebnisse nicht erzielt werden können.

Last not least gilt mein tiefster Dank meinen afrikanischen Gewährsleuten dafür, daß sie das übliche Mißtrauen gegenüber dem Europäer durchwegs schnell überwanden und sich zu vertrauensvoller, ja freundschaftlicher Zusammenarbeit bereit fanden. Für das vorliegende Thema waren es in erster Linie die Erdherren und Häuptlinge mit ihren Ministern und rituellem Gefolge, die unermüdlich Auskünfte gaben und selbst Dinge preisgaben, die — auch gegenüber Afrikanern — bisher als Geheimnisse gehütet wurden. Die Aufzählung ihrer Namen würde mehrere Seiten füllen, die Hervorhebung einzelner eine ungerechte Zurücksetzung der anderen bedeuten. Sie seien daher in ihrer Gesamtheit bedankt.

Es sei noch bemerkt, daß für die vernaculare Schreibweise das Internat. Afrikan. Alphabet — mit einer Ausnahme — verwendet wurde: Die GRUSI-Sprache besitzt einen mediopalatalen-mediodorsalen Verschlußlaut, der je nach mehr vorderer oder hinterer Zungenstellung vom europäischen Ohr — selbst wenn er immer vom gleichen Informanten gesprochen wird — als ty oder ky, bzw. dy oder gy gehört wird. Diese verschiedene Transscription des gleichen Lautes findet sich auch zur Verwirrung des Lesers in den älteren Quellen. Ich habe diesen Laut mit ṭy bzw. ḍy gekennzeichnet. Von einer Wiedergabe der Tonhöhen wurde in dieser rein völkerkundlichen Arbeit abgesehen.

Die Ortsnamen wurden zur leichteren Identifizierung auf den Karten und in den älteren Berichten in der auf den Karten verzeichneten Schreibweise wiedergegeben, auch wenn sie phonetisch nicht korrekt ist.

Hamburg, im Dezember 1958

Inhaltsverzeichnis

A. Einleitung

Der Untersuchung über die institutionelle Führung bei den KASENA und NUNA sei zum besseren Verständnis ein kurzer Abriß ihrer Kultur vorangestellt.

I. Sprachliche und ethnische Gliederung der GURUNSI

Die KASENA und NUNA bilden die zahlenmäßig bedeutendsten ethnischen Einheiten bzw. „Stämme" der GURUNSI (oder verkürzt GRUSI). (Da das s im Pluralsuffix -si nicht selten palatalisiert ausgesprochen wird, finden wir in der englischen Literatur häufig GURUNSHE, GRUSHI — wie auch MOSHE, MOSHI statt MOSI — geschrieben.) Mit „GURUNSI" wird in erster Linie eine sprachlich enger verwandte Gruppe der Gursprachen bezeichnet. Zu ihr gehören als zahlenmäßig wie politisch bedeutendste die Großstaaten-Bildner MOSI, DAGOMBA und MAMPRUSI im Norden, Osten und Südosten der GURUNSI sowie als deren weitere Nachbarn im Süden die einen altertümlichen MOLE-DAGBANE-Dialekt sprechenden altnigritischen Stämme der NANKANA (NANKANNI, NANKANSE), BUILSA (BOURA, KANDJAGA), DAGARI (DAGABA, DAGATI). Im Lande selbst wird die Benennung „GURUNSI" aber auch zur Bezeichnung autochthon altnigritischer, „unzivilisierter" Völkerschaften gebraucht. Da vor allem ihnen die Sklavenjagden der MOSI-DAGOMBA-MAMPRUSI und zu Ende des 19. Jahrhunderts der DJERMABE (ZABERIMA) galten, wurde von ihnen allen diese Benennung ohne Rücksicht auf die sprachliche oder ethnische Zugehörigkeit der Betreffenden verächtlich im Sinne von „Sklaven" angewandt (ähnlich wie in germanischen Sprachen „SLAVE" und „Sklave" gleichgesetzt wurden). Die Vermutung, „GURUNSI" sei daher keine Selbstbenennung und ein MOSI-Wort, ist jedoch irrig. Der Balum-Naba M. Joanny Ouadraogo und der Laralé-Naba M. Yamba Tyendredeogo, beide in Fragen der Tradition und Kultur des MOSI-Reiches bestens bewanderte hohe Minister des MOSI-Kaisers in Ouagadougou, bestätigten mir die von GRUSI- und MOSI-Gewährsleuten gegebenen Auskünfte. Danach ist „GURUNSI" kein Wort der MOLE-Sprache, sondern eine Selbstbenennung, die von den MOSI allerdings verächtlich gebraucht werde (wie früher etwa die Selbstbezeichnung „POLAK" für „POLE" im Deutschen). Die GRUSI, namentlich die NUNA, verwenden diese Benennung gern und oft voller Stolz um ihre sprachliche und kulturelle Zusammengehörigkeit auszudrücken und vor allem zur Hervorhebung des autochthonen Charakters ihrer Kultur, insbesondere von altüberliefertem Brauchtum. In den Begriff wird dabei sowohl der Sinn von „alteinheimisch" wie „national", „ursprünglich", „volkstümlich" gelegt. Für einen GURUNSI-Ursprung dieser Selbstbenennung des autochthonen altnigritischen Substrats spricht ferner die Tatsache, daß auch die MOLE-DAGBANE-sprechenden (mit Einschluß von alten GRUSI-Elementen ethnisch sehr gemischten) BUILSA sowie die NANKANA und die KUSASI „GURUNSI" genannt werden, und die NANKANA diese Bezeichnung ebenfalls gern als Selbstbenennung verwenden. Die NANKANA sind aber mit den KASENA kulturell enger verwandt als mit den gleichsprachigen DAGOMBA oder als die KASENA mit den NUNA. Sie — wie auch die anderen o. a. Stämme und die DAGARI — haben ihre jetzige Sprache erst seit dem Mittelalter im Gefolge von Beeinflussungen seitens der DAGOMBA und MAMPRUSI angenommen.

Zu den eigentlichen GURUNSI werden gerechnet: Im Nordwesten ihres Siedlungsgebietes die *LYELA* (LELELSE), die in einem seit dem Mittelalter bis heute fortgesetzten Assimilierungsprozeß den größten Teil ihres früheren Siedlungsgebietes und der Bevölkerung an die MOSI verloren haben und heute nur noch in einem schmalen Landstrich ihre alte Kultur bewahren konnten. Trotz sprachlicher und kultureller Beziehungen zu den — nach einer durch die MOSI-Expansion erst rezent geschlagenen Bresche — im Süden anschließenden NUNA ist ihre Siedlungsweise und Architektur dagegen identisch mit der der KASENA.

Die *NUNA* sind die zahlenmäßig stärkste Gruppe im Westen. Sie waren früher ebenfalls in besonderem Maße den Raubzügen der MOSI und bis heute deren Infiltration als Siedler ausgesetzt. Im Westen sind sie ferner stark von den BOBO beeinflußt, im Westen und Süden von den mohammedanischen YARSE, im Süden verzahnt sich zudem ihr Siedlungsgebiet mit dem der DAGARI und SISALA. Außerdem haben sich in einzelnen Orten FULBE-Hirten in Diensten der NUNA niedergelassen[1]). Am ursprünglichsten haben sich noch die zentralen Landschaften um Beune und Tabbou gehalten.

Die ältere Bezeichnung NOUNOUMA ist keine Selbstbenennung und wird auch von der französischen Verwaltung nicht mehr gebraucht. Es ist ungeklärt, wie es zu dieser fälschlichen Benennung gekommen ist. Entweder wurde die den ersten Franzosen gegebene Auskunft „wir sprechen Nuna" oder „wir sind Menschen" als Stammesbezeichnung mißverstanden — ähnlich der in Ghana auch gebrauchten Bezeichnung AWUNA für WEST-KASENA, die von der häufigen Redeeinleitung a uuna „ich sage" abgeleitet ist —, oder es wurden einem in der Residenz Léo Erkundigungen einziehenden Forscher „weiter westlich" wohnende Bevölkerungen so benannt. Mir wurde dort nämlich erklärt „nunuma" bedeute „schwarzer Mund", so würden weiter im Westen wohnende Leute wegen der Mundtatauierung der Frauen genannt. Bei meinen weiteren Nachforschungen — wenn sie überhaupt verstanden wurden — wurde mir das Siedlungsgebiet dieser „NUNUMA" jeweils weiter im Westen, jenseits des NUNA-Gebietes gezeigt, das mit dem des in der Literatur NOUNOUMA genannten Stammes identisch ist.

TAUXIER[2]) gibt — als einziger — im Norden der „NOUNOUMA" in einem schmalen Landstreifen einen weiteren, mit den „NOUNOUMA" verwandten, Stamm an, die „MENKIẸ́RA". Es sind dies nichts anderes als schon stark durch MOSI zersetzte NUNA, und der Name ist ebenfalls keine Selbstbenennung. Er bedeutet „die zum Regenwind hin wohnenden" = mε̄ḳyari, so werden jeweils weiter nördlich sitzende Nachbarn genannt.

Die im Süden anschließenden und hauptsächlich in Ghana siedelnden *SISALA* (ISALA) sind kulturell stärker von den DAGARI und BUILSA beeinflußt und können daher trotz sprachlicher Verwandtschaft nicht mehr als besonders typische und ursprüngliche GURUNSI angesehen werden.

Sprachlich und kulturell echte GURUNSI treffen wir wieder im Osten der NUNA und SISALA in den *KASENA* (KASSOUNA) an. Die westlichen KASENA werden von den französischen Ethnographen als KASSOUNA-FRA bezeichnet. Die Ethymologie von „FRA" ist unklar. Nach einer von RATTRAY[3]) aufgezeichneten Tradition könnte FRA auf den Eigennamen FĔRO eines gemeinsamen Ahnen mehrerer Siedlungen in Haute-Volta zurückgehen. Diese Benennung wird nur von den OST-KASENA als Spottname für beschnittene KASENA gebraucht. In Ghana werden die WEST-KASENA auch AWUNA genannt (s. o.) Mit den KASENA-FRA dürfen nicht die FRAFRA verwechselt werden, so werden von Europäern die NANKANA nach einem häufig ge-

[1]) (13).

[2]) (32). [3]) (30. 525).

brauchten Grußwort „fə̆ra-fə̆ra" auch benannt. Die WEST-KASENA wiederum benennen die OST-KASENA spöttisch „bura" mit dem Sinne „Nicht-Beschnittene". Danach bezeichnet TAUXIER die OST-KASENA als KASSOUNA-BOURA, wobei er BOURA — sicher irrig — mit dem von ihm für die BUILSA verwendeten Namen BOURA in Beziehung setzt. Das Wort „bura" stammt nicht aus der KASEM-Sprache und ist etymologisch ebenfalls ungeklärt. Im Gegensatz zu „GURUNSI" werden die Benennungen „KASENA-FRA" und „KASENA-BURA" von den Betroffenen als Beleidigungen empfunden und werden daher von mir durch „WEST- bzw. OST-KASENA" ersetzt. Zwischen beiden Gruppen bestehen — bei nur dialektischen Sprachunterschieden — tatsächlich in einigen Zügen kulturelle Unterschiede, die ihnen selbst bewußt sind, und zwar als Beziehungen der WEST-KASENA zu den NUNA, der OST-KASENA zu den NANKANA.

Leichte kulturelle Verschiedenheiten selbst zwischen einzelnen Gauen derselben „Stämme" sind ebenso kennzeichnend für die GRUSI wie deren dialektische Aufsplitterung. Die sprachliche Verständigungsmöglichkeit zwischen Angehörigen der o. a. Hauptgruppen hängt von der Intelligenz des Betreffenden und davon ab, ob er schon im Lande umhergereist ist oder nicht. Im allgemeinen ist sie für den durchschnittlichen Bauern kaum oder nur mit großen Schwierigkeiten gegeben. Diese sprachliche und kulturelle Zersplitterung ist zweifellos auf die bis zur europäischen Befriedung herrschende Anarchie mit ständigen Kleinkriegen zwischen den einzelnen Siedlungen zurückzuführen. In dieser Isolierung konnten sich innere Entwicklungstendenzen sowie Beeinflussungen von außen — durch aus anderen Orten geheiratete Frauen, durch Handel und Krieg — in jedem Gau anders auswirken. Typisch für die GURUNSI ist auch die von jedem Gau vorgetragene Behauptung, gerade hier seien die echten GRUSI- bzw. NUNA- oder KASENA-Traditionen bezüglich Sitte und Brauch reiner als von den Nachbarn bewahrt worden. Indessen läßt sich kein einzelner Gau als repräsentativ für die Gesamtheit finden, zum Bilde der GURUNSI-Kultur gehört das Lokalkolorit. Ein Urteil über die Frage, was ist typisch für alle GURUNSI bzw. für ihre Stämme, was dagegen eine lokale Besonderheit, kann erst durch einen Vergleich der wichtigsten Landschaften jedes „Stammes" gebildet werden. Als allgemeine Züge der GURUNSI-Kultur — die BAUMANN[4]) als „typisch altnigritisch" bezeichnet — können die folgenden kurz skizziert werden:

II. Wirtschaft

Das Siedlungsgebiet befindet sich in einer meist ebenen Trockenwald-Savanne mit einer knapp sechsmonatigen Regenzeit. Hier werden hauptsächlich Hirsen, dazu Erdnüsse, Bohnen und Mais mit Handgeräten (Hacke und Pflanzscheit) angebaut. Haushühner, Zwergziegen, Haarschafe und Kurzhornrinder werden in erster Linie als Opfertiere gehalten, daneben Hunde als Fleischlieferanten und zur Jagd. Sodann dient das Hornvieh auch zur Kapitalsanlage, insbesondere zur Bezahlung des Brautpfandes, von Gerichtsgebühren, Bußzahlungen etc. Wirtschaftlich bedeutsam ist das Vieh als Dunglieferant, während der Milchertrag der Kühe nur unbedeutend ist[5]).

Wirtschaftseinheit ist jeweils die Großfamilie (extended family), deren Arbeitskräfte gemeinsam und vordringlich das ständig unterhaltene, mistgedüngte Familienfeld bearbeiten. Bei den LYELA und KASENA sind darauf die Gehöfte als Lehmburgen errichtet, woraus sich eine Streusiedlung ergibt. Bei den NUNA dagegen bauen die Clane bzw. Clansektionen ihre Gehöfte zu festungsartigen Dörfern bzw. Quartieren gedrängt zusammen. Stets sind die Familienfelder unverkäuflich und unteilbar und bilden mit dem Vieh das Patrimonium, das vom ältesten Mann der Großfamilie verwaltet wird. Reichen die Erträge des Familienfeldes nicht aus, so dürfen verheiratete Brüder, Söhne und Brudersöhne des pater familias private Felder durch Brandrodung im Busch gewinnen. Sie sind den direkten Nachkommen vererbbar und ihre Erträge gehören zum größten Teil dem Bebauer.

[4]) (5. 342). [5]) (13).

Die Jagd liefert nur geringe Erträge, Jägerkasten sind unbekannt. Eine unverhältnismäßig große Rolle der Jagd und des Busches in magischen und religiösen Vorstellungen wie im Erzählgut deutet darauf hin, daß sie früher auch wirtschaftlich von größerer Bedeutung als heute war.

Das Handwerk ist wenig entwickelt. Auf das Flechten von Matten, Taschen, Körben und Reusen verstehen sich Männer und Frauen jeden Haushaltes, wobei Spezialisten sich damit einen bescheidenen Nebenverdienst erwerben können. Töpferei wird in manchen Dörfern von Frauen betrieben, die Herstellung von Tabakspfeifen von Männern. Einfache Holzgegenstände können wohl die meisten Männer schnitzen; doch wird die Anfertigung von Hockern und Schemeln, Mörsern, Bögen, Spitzflöten u. dgl. meist Spezialisten überlassen, stets die von Masken und Plastiken (nur bei den NUNA bekannt), die von Axt-, Hacken- und Messergriffen häufig den Schmieden. Deren Handwerk ist in stetigem Niedergang begriffen und wird nur noch in wenigen Dörfern — auf Bestellung — ausgeübt. Das noch vor 50 Jahren angetroffene Eisenschmelzen ist heute aufgegeben worden, wie schon früher der Gelbguß, der sicher keine originale GRUSI-Kunst war. Auch die von wenigen Handwerkern betriebene Herstellung von Lederwaren ist kein ursprüngliches GRUSI-Handwerk. Spinnen und Weben wurde erst neuerdings in einigen Dörfern aufgenommen; in der Regel werden Baumwollbänder bzw. fertige Kleidung von MOSI- oder DYULA-Webern bzw. -händlern gekauft.

III. Religion

Auch das Alltagsleben und in unseren Augen rein profane Handlungen sind mit religiösem Gedankengut durchtränkt und mit Kult- und Zauberhandlungen verwoben. Im harten Kampf um ein Existenzminimum an Nahrung — das allein im Durchschnitt die primitive Wirtschaftsweise der GURUNSI nur gewährleisten kann — muß man sich den Segen der höheren Mächte sichern, Unheil auch durch magische Mittel abwehren. Die Hauptsorgen, um die das Denken kreist, sind Hunger und Krankheit. Um sie zu vermeiden, gilt es, stets dem Willen der höheren Mächte — ständig durch Orakel und Wahrsager erkundet[6] — gemäß zu handeln, ihre Gebote peinlich genau zu befolgen, evtl. Sünden sofort zu sühnen. Aus diesem Bestreben heraus ergibt sich eine, dem europäischen Großstädter kaum noch verständliche, tiefe Frömmigkeit.

Als *Höchstes Wesen*, als vorwiegend gütiger Gott, wird der *Himmel*(sgott) angesehen. Er hat die Welt erschaffen, den Ahnen die Kultürguter gegeben bzw. ihre Anfertigung gelehrt, ihm verdankt jeder Mensch seine Seele, er schickt den so existenznotwendigen Regen, er ist die letzte Ursache für Glück und Unglück. Da er dem Menschen unerreichbar fern (aber nicht otios), in seiner Allmacht übermächtig und — auch im Wortsinn — ,,unbegreiflich" ist, so manifestiert sich seine Verehrung wenig in Kulthandlungen. Nur bei den NUNA und WEST-KASENA gibt es ,,Himmel" (K: wɛ, we; N: yi) genannte Altäre, an denen zu unregelmäßigen Gelegenheiten für die ganze Siedlungsgemeinschaft um Regen, Gesundheit und Fruchtbarkeit gebetet und geopfert wird. Von den früheren Berichterstattern wurde daher seine Bedeutung unterschätzt. In Wahrheit wird jedoch die Stellung des Himmels als Höchstes Wesen dadurch anerkannt, daß er vor jedem Opfer an die Erde oder die Ahnen zuerst angerufen wird.

Erde und Ahnen dienen dem Menschen als Mittler zu Gott, ihr Kult ist daher in die Augen fallender und den GURUNSI auch tatsächlich wichtiger als eine reine Himmelsverehrung. Die *Erde* ist als vornehmste Mittlerin zu Gott durch ihre Eigenschaft als Gattin des Himmels prädestiniert, sowie durch die Tatsache, daß die Menschen auf ihr wohnen, sie ,,begreifen" und ihr direkt Opfer bringen können. Sie ist die gestrenge Hüterin von Gesetz und Sitte, sie läßt die Pflanzen sprießen, von denen sich Menschen und Tiere nähren, sie bewirkt damit Fruchtbarkeit überhaupt. Auch die geringste Beleidigung der Erde muß demnach von den

[6]) (14).

schlimmsten Folgen für den Sünder sein. Jedes der Erde dargebrachte Opfer gilt gleichzeitig als an den Himmel gerichtet; denn als vorbildliche Gattin gibt ihm die Erde das Geschenk der Menschen weiter, und nur für den Himmel bestimmte Opfer sind nur durch Vermittlung der Erde möglich, also an ihrem Altar darzubringen.

Als Fürbitter bei Himmel und Erde werden die *Ahnen* in Anspruch genommen. Sie stehen selbstverständlich ihren Nachkommen am nächsten; vom unterirdischen Totenreich aber haben sie direktesten Zugang zur Erdgöttin, und als immaterielle Wesen können sie — oder wenigstens ihre Bitten — auch das Ohr des Himmelsgottes erreichen. Es ist nur logisch, daß man wegen dieser möglichen Vermittlertätigkeit seine Ahnen verehren und ständig über alle Vorgänge und Pläne auf dem laufenden halten muß. Sie vermögen zwar nicht an Stelle der göttlichen Mächte Himmel und Erde den Feldern Fruchtbarkeit zu verleihen und Regen fallen zu lassen, aber sie können sie darum bitten oder — wenn sie erzürnt sind — auch für eine Zurückhaltung des göttlichen Segens wirken. Dagegen können sie auch direkt in das Leben der Menschen eingreifen, indem sie durch Versagen ihres Beistandes die Nachkommen Unglück aller Art, insbesondere Krankheiten, ausliefern oder andererseits Schutzfunktionen in mehr alltäglichen Dingen übernehmen ähnlich den bei Lebzeiten ausgeübten, doch nun von größerer Wirksamkeit und durch die Macht der unzähligen Verstorbenen der eigenen Verwandtschaft verstärkt. So wie bei Lebzeiten eine Rangfolge zwischen den Leitern von Großfamilien, Clansektionen und Clanen und gegebenenfalls Gauhäuptlingen besteht, so haben auch der Gaugründer und die Ahnherren von Clanen, Clansektionen und Großfamilien unterschiedliche Macht, aus dem Jenseits zu wirken. Dementsprechend werden jeweils die Gründer derjenigen sozialen Gruppen angerufen, die im speziellen Falle einer Hilfe bedürfen. Der Ahnenkult obliegt jeweils dem Ältesten der betreffenden sozialen Einheit.

Neben dem Erd- und Ahnenkult ist noch die Verwendung von Amuletten und Fetischen wichtig, die Gott den Vorfahren als Hilfe für spezielle Lebenssituationen erstmalig gegeben bzw. hat erfinden lassen. Unter den Fetischen gibt es auch solche, die nicht nur für Einzelne, sondern auch für soziale Gemeinschaften wirken, auf sie wird später eingegangen.

IV. Gesellschaft

Die kleinsten sozialen Einheiten stellen die polygynen *Großfamilien* (extended families) dar. Gegebenenfalls von diesen abgesplitterte Kleinfamilien werden sozial solange als Null vernachlässigt, bis in ihre Leitung die dritte Generation seit der Trennung eingerückt ist. Bis dahin untersteht sie sozial und im Kult der Stammfamilie. Alle in patrilinearer Deszendenz von einem letzterinnerlichen gemeinsamen Stammvater abstammenden Familien bilden einen totemistischen *Clan*, der ein mehr oder weniger geschlossenes Territorium besiedelt. Er gliedert sich in eine verschieden große Zahl von *Clansektionen*, die wiederum Segmente des Clanterritoriums besiedeln. D. h. im Osten bilden sie je nach Größe „Weiler" oder „Dörfer" in Streusiedlung, im Westen „Quartiere" der eng zusammengebauten Dörfer. Die Gründer dieser Clansektionen sind Nachkommen des Clangründers, meist werden sie als seine „Söhne" (d. h. Halbbrüder von verschiedenen Müttern oder auch Brudersöhne) bezeichnet. Sie können aber auch Enkel des Clangründers sein oder einer noch späteren Generation angehören. Innerhalb der Clansektionen kann man *theoretisch* eine Vielzahl von „Linien"abteilen, d. h. Verwandtschaftsgruppen, die von einem späteren Nachkommen des Sektionsgründers abstammen. In praxi sind sie zu vernachlässigen (im Gegensatz zu dem, was Meyer-Fortes von den mit den GRUSI kulturverwandten TALLENSI berichtet[8])). Denn sie treten nur dann ad hoc in Erscheinung, wenn *zufällig* ein Wahrsager festgestellt hat, daß ein solcher Vorfahre ein Opfer verlange. Dann versammeln sich die Familienväter dieser „Linie" zur Kulthandlung und teilen das Fleisch des oder der Opfertiere unter sich.

[8]) (24).

Die Lokaleinheit wird nicht strikt durchgeführt, nicht selten wohnen nicht zum Clan oder zur Clansektion gehörende fremde Siedler auf dem Territorium, die auch eigene Quartiere bilden können. Es kann sich dabei sowohl um später Zugewanderte wie um z. Zt. der Einwanderung des Clangründers bereits ansässig Gewesene handeln. Sie unterstehen zwar administrativ-politisch und im Erdkult den örtlichen Autoritäten, bilden aber natürlich bezüglich des Ahnenkultes eigene Kultgemeinschaften. Dort, wo durch Konföderationen oder durch fremde Eroberer *Gaue* („cantons" im französischen, „towns" im englischen Sprachgebrauch) gebildet wurden, sind meist mehrere Clans politisch vereint. Wenn die GURUNSI von „Dörfern" oder „Quartieren" sprechen, haben sie dabei stets mehr die Verwandtschaftsgruppen als die lokalen Siedlungsgemeinschaften im Auge. Diese werden auch häufiger nach ihrem Gründer als topographisch benannt.

Die Gesellschaftsordnung beruht auf dem Prinzip der *Patrilinearität* (in der Clanzugehörigkeit, im Erbgang und Zugang zu Ämtern) und der *Virilokalität* sowie auf den Prinzipien des *Seniorates* und der *Anciennität.* D. h. nach dem Tode des Vorstandes einer Familie, eines Clans oder einer Clansektion rückt automatisch der nächstälteste Mann der gleichen sozialen Einheit an seine Stelle. Im Falle eines pater familias also sein nächstältester Bruder und erst nach Aussterben dieser Generation der älteste Mann der Sohnesgeneration, gleich von welchem Bruder abstammend. In den Familien wird allerdings ein jüngerer Bruder dann zeitweilig übergangen, wenn er wesentlich jünger als der älteste Mann der Sohnesgeneration ist (d. h. es wird dann das Senioratsprinzip strikt durchgeführt). Bei der Führung größerer Verbände wie der Clane und Clansektionen tritt das Anciennitätsprinzip hinzu, d. h. nur selten wird der älteste Mann der betr. sozialen Einheit überhaupt der Nachfolger seines Amtsvorgängers, sondern der generationenälteste Mann derjenigen Linie, die vom ältesten Sohn des Gründers des Clanes bzw. der Clansektion direkt abstammt. Es kann dadurch auch ein an Jahren jüngerer Mann für „älter" und damit ranghöher angesehen werden als der betagtere Vorstand einer Seitenlinie.

Das gleiche Prinzip ist wirksam in der Leitung der bereits aufgesplitterten Großfamilie, deren abgetrennte Familien sozial und im Kult noch nicht selbständig geworden sind (s. oben); auch in dieser Verwandtschaftsgruppe liegt die Leitung nach dem Anciennitätsprinzip beim pater familias der Stammfamilie. Dieses Prinzip beruht auf der Vorschrift, daß bei einer evtl. Trennung einer Großfamilie (die sich ja in der Folge vieler Generationen in die Entstehung von Clansektionen auswirken kann) nur jüngere Brüder ausziehen und sich für die Dauer trennen können, der älteste Sohn dagegen im Stammgehöft bleiben muß. Dessen pater familias allein aber obliegt der Kult des Gründers dieses Stammhauses und seiner verstorbenen Nachkommen, deren Gräber und Altäre sich nur im oder beim Stammgehöft befinden. Damit unterstehen also die Seitenlinien jeder größeren oder kleineren Verwandtschaftsgruppe im Ahnenkult dem Hüter des Grabes und Altars ihres Stammvaters und damit auch dessen Autorität in allen sozialen und juristischen Angelegenheiten, die untrennbar mit Kulthandlungen verwoben sind. Die Ämter von Erd- und Fetischpriestern wie gegebenenfalls Regenmachern sind in den betr. Familien erblich und die Nachfolge regelt sich auch hier nach dem Senioratsprinzip.

Wenn auch der Älteste einer Clansektion oder eines Clanes die oberste Autorität für die betr. Gemeinschaft darstellt und ihren Ahnenkult leitet, so fällt er doch in Angelegenheiten der Verwaltung, Politik und Rechtsprechung seine Entschlüsse nicht selbständig, sondern nur nach Zustimmung des *Ältestenrates.* Dieser wird bei einer Clansektion — oder lokal betrachtet „Quartier" — von den Vorständen der Großfamilien gebildet, bei einem Clan — resp. „Dorf" — von den Sektionsältesten bzw. Oberhäuptern der „Quartiere". Dabei können in besonders wichtigen Fällen auch alle oder die bedeutendsten Familienältesten hinzugezogen werden. Wir können bei den GURUNSI also von einer ausgesprochenen *Gerontokratie* sprechen. Auch dort, wo ein Gauhäuptlingtum existiert oder durch die europäische Verwaltung

„Chefs de Canton", „Chefs de Village" oder „Chefs de Quartier" eingesetzt wurden, haben sich neben ihnen die alteinheimischen Ältestenräte bis heute energisch und erfolgreich zu behaupten gewußt.

Neben den Ältesten genießt bei den GURUNSI wie bei anderen altnigritischen Völkerschaften des Obervolta-Gebietes und darüber hinaus der *Erdherr* eine besondere Autorität und muß zu den Führungskräften gerechnet werden. Über seine Rolle wie die des — nicht überall vorhandenen — Gauhäuptlings bringen die älteren Quellen[9]) widersprechende, unklare, unvollständige und auch irrige Nachrichten. TAUXIER z. B. sieht nur die religiösen Funktionen des Erdherren als Erdpriester und charakterisiert ihn als „chef religieux"[10]), CARDINALL[11]) und RATTRAY[12]) daneben auch als „custodian of the earth". Soweit die englischen Autoren dem Erdherren stellenweise bzw. für ältere Zeiten eine Autorität zubilligen, so in dieser priesterlichen Rolle. Die von RATTRAY gebrauchte Bezeichnung „priest-king"[13]) verfehlt das Wesen des Erdherren und sollte den sakralen Königen der altafrikanischen Königreiche vorbehalten bleiben. Die Behauptung RATTRAY's, daß ohne Unterbrechung der einheimischen Entwicklungstendenz durch jungsudanische Eroberer der autochthone Erdherr sich vom Hohenpriester zum säkularen Territorialherrscher im Sinne der europäischen Auffassung eines „Häuptlings" entwickelt haben würde wie etwa bei den AKAN[14]), ist von RATTRAY nicht bewiesen und höchst unwahrscheinlich. Ganz unverständlich ist die Erklärung CARDINALL's, die Existenz des Erdherren sei höchstwahrscheinlich der Überlagerung durch eine Erobererrasse zu danken[15]). Diese Behauptung widerspricht der richtigen Erkenntnis C.'s, daß die Institution des Erdherren autochthon ist, und sie ist in dieser Form in dem vom Verfasser zitierten TAUXIER auch nicht zu finden. Ganz irreführend ist die von MARC[16]), TAUXIER[17]) und RATTRAY[18]) vertretene Ansicht — die dann auch von BAUMANN übernommen wurde[19]) — der Erdherr leite auch den Ahnenkult seines Dorfes. Ein Erdherr kann zwar *gelegentlich* tatsächlich damit beauftragt sein, aber nur, wenn er *zufällig gleichzeitig Ältester* seines Clans oder Clansektion („Quartier") ist; dann aber eben in dieser Eigenschaft und *nie* als Erdpriester.

Meine Feldforschungen haben jedoch das Ergebnis erbracht, daß — zumindest bei den GURUNSI — mit dem Amt des Erdherren außer der priesterlichen Funktion auch eine politische Führungsrolle verbunden ist und auch heute noch vielenorts ausgeübt wird. Im nächsten Kapitel dieser Arbeit werde ich mich bemühen, die bisher in der Literatur zu findenden Unklarheiten und Widersprüche bezüglich des Erdherrenamtes aufzulösen durch eine Analyse der Funktionen, des Wesens und der Entwicklung des Erdherrentums bei den GURUNSI. Dadurch dürfte gleichzeitig diese so bedeutungsvolle Institution auch bei den übrigen Altnigritiern (und anderen altafrikanischen Pflanzern und Bauern) eine weitere Erhellung erfahren.

Wesentlich komplizierter in bezug auf die institutionelle Führung unter den GURUNSI stellt sich die Frage ihres *Häuptlingtums* dar. Zunächst müssen als jüngste Fremdbeeinflussung und Verfälschung der einheimischen Tradition die von den europäischen Verwaltungen eingesetzten Häuptlinge, die „Chiefs" und „Paramount Chiefs" oder „Chefs de Canton", „Chefs de Village" und auch „Chefs de Quartier" bzw. die als solche von den einheimischen Autoritäten den Kolonialmächten präsentierten Vertreter für unsere Untersuchung ausscheiden.

[9]) (9), (23), (30), (32). [10]) (l. c. 170).

[11]) (9, 16, 21, 24f).

[12]) A. a. O. S. XV: Seine Funktionen sind „wholly of a spiritual nature". Zu beachten ist, daß sich R.'s Werk zur Hälfte ausschließlich mit den NANKANA beschäftigt und nur 2,6% der Seitenzahl den AWUNA (= WEST-KASENA) und nur 1,5% den KASENA (= OST-KASENA) gewidmet sind, wobei nur bez. der AWUNA der Erdherr kurz erwähnt wird. Die im Vorwort gemachten verallgemeinernden Ausführungen sollen aber auch für die KASENA gelten. Ihre Richtigkeit auch für die anderen altnigritischen Stämme ist jedoch ebenfalls zu bezweifeln.

[13]) l. c. S. XI, XV. [14]) l. c. S. XV.

[15]) l. c. S. 16. [16]) (23). S. 157f. [17]) l. c. 242.

[18]) l. c. XI. [19]) (l. c.S. 355).

Zu Beginn der europäischen Besetzung ereignete es sich hin und wieder, daß ein skrupelloser Abenteurer seine Chance wahrnahm, sich angesichts der Sprachunkenntnisse der Afrikaner wie der Weißen den europäischen Autoritäten als rechtmäßiger Häuptling vorstellte und sich bei ihnen als Dolmetscher und Berater genehm zu machen und — mit den europäischen Gewehren als Rückendeckung — oft über größere Landstriche ein Terrorregiment über die eingeschüchterten Afrikaner auszuüben wußte. Die gutgläubigen und gutwilligen europäischen Offiziere frech belügend und die Einheimischen schamlos auspressend, haben diese Usurpatoren ihre Macht in erster Linie zur eigenen Bereicherung eingesetzt. Die meisten von ihnen wurden früher oder später entlarvt, nur wenige konnten ihre Herrschaft an ihre Nachkommen vererben und allmählich — unter Anpassung an das einheimische Brauchtum — Duldung und Anerkennung finden.

Insbesondere in den ersten Jahrzehnten der Kolonialverwaltung, aber vielfach auch heute noch, liebten es die sakralen Häuptlinge gegenüber den Weißen im dunklen Hintergrund zu bleiben und einen „Strohmann" vorzuschieben. Sei es einen ihrer „Sekretäre", sei es einen als Mittelsmann wegen einiger Welt- und Sprachkenntnisse für geeignet gehaltenen Mann, oder auch — wenn Repressalien befürchtet wurden — einen als ganz wertlos erachteten, selbst einen Sklaven.

Selbst heute noch gibt es „Chefs de Canton", die von der Verwaltung für rechtsmäßige Häuptlinge gehalten werden und gegenüber Europäern auch mit allem Pomp auftreten — selbst ein nur Häuptlingen zustehendes Palais bewohnen — und die doch nur die gefügigen Werkzeuge der echten (sakralen) Häuptlinge sind. Dieser selbst bleibt als „graue Eminenz" völlig im Hintergrund. Ihm muß dieser „Chef" seine Verhandlungen mit Europäern Wort für Wort berichten und erhält von ihm genaue Instruktionen, was er als angeblich eigene Stellungnahme den Weißen mitzuteilen hat. Kaum jemals wird ein Afrikaner diese Tatsache bzw. die Person oder die Wohnung eines Priesterhäuptlings verraten, wenn er nicht ausdrücklich dazu ermächtigt ist. Schon mancher hat sich lieber erschießen lassen. Erst nach längerem Aufenthalt im Lande und Gewinnung vollen Vertrauens als wirklich von der Verwaltung und der Mission Unabhängiger enthüllten mir die ersten sakralen Häuptlinge den wahren Tatbestand. Mit diesem Wissen dann in anderen Gauen als in das Brauchtum und in den wahren Sachverhalt Eingeweihter ausgewiesen, verschwanden die „administrativen Häuptlinge" — wie ich sie nennen möchte —, die beim ersten Zusammentreffen oder bei früheren Besuchen als die einzigen und wahren Häuptlinge aufgetreten waren, immer sehr schnell im Hintergrund und überließen das Feld den von ihnen höchst respektvoll behandelten sakralen Häuptlingen.

Selbstverständlich genießt ein solcher „administrativer Häuptling" keinerlei Amtsautorität bei den GURUNSI. Selbst wenn er nach seinem Herkommen ein rechtmäßiger Thronprätendent war und nach Erziehung, Befähigung, etwaigen Kenntnissen europäischer Sprachen und Zivilisation für seinen Posten unter den heutigen Verhältnissen bestens geeignet ist, kann er nur von seiner engeren Verwandtschaft und seinem Anhängerkreis Unterstützung erwarten. Die Befehle eines von der Verwaltung der Bevölkerung gegen ihren Willen aufgezwungenen Häuptlings werden nur widerwillig und nur insoweit ausgeführt, als sie von der Verwaltung angeordnete Angelegenheiten betreffen, wie etwa Steuerzahlung, Arbeitergestellung, Wegeunterhaltung etc. Dies nur aus dem Grunde, um so den wenigsten Ärger mit der Verwaltung zu haben. Im übrigen kümmert man sich nicht um ihn und „überläßt ihn seinen Weißen"[20]).

[20]) Für eine Kolonialverwaltung ist die Durchsetzung eines ihr genehmen Kandidaten von zweifelhaftem Wert: Entweder bleibt ihr ein solcher administrativer Häuptling loyal, dann vertieft sich die Kluft zur einheimischen Bevölkerung, die auch die bestgemeinten und -geeigneten Anordnungen als „Unterdrückungsmaßnahmen" und den Häuptling als gefügiges Werkzeug der Verwaltung verdächtigt. Oder dieser sucht die Gunst der Bevölkerung zu erringen und muß dann ein doppeltes Spiel treiben, so daß daraus ein weniger vertrauensvolles Verhältnis und

V. Die älteren Quellen über das Häuptlingtum

Schon vor der europäischen Besetzung des Landes gab es unter den GURUNSI — nicht überall — ein Gauhäuptlingtum, das offenbar Beziehungen zu den „jungsudanischen" Staatengründern aufweist. TAUXIER[21]) erklärt deshalb, daß Gaue überhaupt keine autochthone Einrichtung seien, sondern *überall* auf die gleiche Weise von MOSI-Eroberern gegründet wurden. Diese seien als macht- und beutehungrige Kriegerhorden gekommen, die — wie im MOSI-Lande selbst — die Dörfer der Ureinwohner nach und nach unterwarfen und so Gaue bildeten. Die einheimischen Erdherren wurden als religiöse Chefs belassen oder überhaupt erst als solche eingesetzt, der MOSI-Eroberer dagegen machte sich zum säkularen politischen Häuptling, obersten Gerichtsherren und Tributeintreiber. Durch Zwischenheiraten gingen die fremden Eroberer allmählich in der Vorbevölkerung auf und nahmen größtenteils deren Sitten und Sprache an. Doch alle Bräuche und Regalia des Häuptlingtums seien von MOSI-Ursprung. Noch ganz von europäischen Vorstellungen befangen vermochte TAUXIER in allen einheimischen Autoritätspersonen nur politische Machthaber zu sehen und spricht unterschiedslos von „Chefs de Village" bzw. „Chefs de Canton", wo es sich in Wirklichkeit um verschiedenes handelte, nämlich entweder um „administrative Häuptlinge" der o. a. Art, oder um Clanälteste oder sakrale Häuptlinge oder auch um Erdherren. (Nur wo er Ortsangaben macht, läßt sich der wahre Sachverhalt eruieren.) Damit gibt TAUXIER allerdings nur die Auskünfte der GURUNSI selbst wieder, die bis heute dem uneingeweihten Europäer ihre jeweils höchste Autoritätsperson — und natürlich auch einen „administrativen Häuptling" — als ihren „Chef" zu benennen pflegen.

Mit dieser Kritik soll keine Herabsetzung der Leistungen TAUXIER's gemeint sein, die im Gegenteil angesichts des damaligen Standes der Ethnologie, der gegebenen Möglichkeiten zur Feldforschung und der Tatsache, das TAUXIER bei schlechtesten Kommunikationsverhältnissen ein riesiges Gebiet zu verwalten hatte, höchst bewundernswert sind. Da er aber als Regierungsbeamter zwangsläufig auf Mißtrauen stoßen mußte, ist es also nicht erstaunlich, daß ihm auch Irtümer unterliefen und daß er gerade in die religiösen Vorstellungen noch am wenigsten eindringen konnte. Diese aber lassen erst das Wesen und die Funktionen des Häuptlingtums bei den GURUNSI verstehen.

CARDINALL[22]) und RATTRAY[23]) entwerfen ein ähnliches Bild, wobei für den Norden von Ghana vor allem die MAMPRUSI und DAGOMBA als Eroberer hervorgehoben werden. Nach RATTRAY ist der Häuptling ein rein säkularer Territorialherr, Abkömmling der Glücksritter und Führer von Kriegerhorden, die dank besserer Bewaffnung sich zu Herren aufschwangen — selbst oft schon islamisch beeinflußt waren —, und der autochthonen Bevölkerung statt ihres ursprünglichen Mutterrechtes das heutige Vaterrecht aufzwangen. Die alten Erdherren behielten ihre religiösen priesterlichen Funktionen, jedoch unter der Herrschaft der Territorialherren. Mit der Behauptung, die Traditionen stimmten darin überein, daß die Ahnherren der Erobererdynastien bei ihrer Ankunft die Erdherren erschlugen, verallgemeinert CARDINALL[24]) eine die Errichtung der DAGOMBA-Herrschaft in Yendi betreffende Sage.

Meine Feldforschungen haben nun ergeben, daß die o. a. Verallgemeinerungen in die Irre führen und nur sehr bedingt richtig sind:

1. Nur wenige Gauhäuptlinge sind wirklich Abkömmlinge von MOSI- bzw. MAMPRUSI-Eroberern, aber gerade der heute auch von ihnen adaptierte Häuptlingfetisch — der ihnen überhaupt erst Macht und Autorität verleiht — stammt entgegen der Behauptung TAUXIER's *nicht* von den MOSI.

2. Auch die GRUSI-Häuptlinge von „jungsudanischem" Typ sind nicht nur säkulare

weniger fruchtbare Zusammenarbeit resultieren, als wenn ein rechtmäßig eingesetzter Häuptling sich einen mit europäischem Denken vertrauten Ratgeber hält.

[21]) l. c. S. 106, 171f, 224, 308ff, 458ff, 594ff.

[22]) l. c. 11ff, 16, 18f.

[23]) l. c. XIIf, 554ff.

[24]) l. c. S. 16.

Territorialherren, sondern haben auch wichtige kultische Funktionen.

3. Bereits vor den Eroberungszügen der MOSI-DAGOMBA-MAMPRUSI kannten die GURUNSI ein sakrales Häuptlingtum älterer Art.

Über das Wesen, die Funktionen und die geschichtliche Entwicklung dieser Häuptlingtümer, ihre Auseinandersetzungen mit den Führungsmächten des Erdherrentums und der Gerontokratie und ihre gegenseitigen Beeinflussungen soll die vorliegende Arbeit handeln. Dabei können auch geschichtliche Entwicklungstendenzen der verschiedenen Herrschaftsformen in einem kleinen, örtlich und zeitlich begrenzten Ausschnitt sowie die bei solchen historischen Prozessen der Herrschaftsbildung und -stabilisierung und beim Ausgleich verschiedener Herrschaftsformen wirkenden Kräfte beobachtet werden. Damit dürften diese Untersuchungen nicht nur für die Afrikanistik, sondern auch für die allgemeine Völkerkunde von einigem Interesse sein.

B. Der Erdherr[24a)]

I. Die älteren Quellen

Zunächst sei angeführt, was die früheren Feldforscher über die Funktionen des Erdherren zu berichten wissen. Hinsichtlich der im französischen Haute-Volta siedelnden KASENA und NUNA sieht TAUXIER deren Erdherrn ausschließlich als religiöses Oberhaupt an. Seine Aufgabe seien:

1. Darbringung von Sühneopfern an die Erde und stellenweise auch an einen heiligen Teich, sofern bei einer Prügelei oder einem Mord Menschenblut die Erde befleckt hat. Die Opfertiere fordere der Gau- oder Dorfhäuptling vom Schuldigen bzw. seiner Familie ein.

2. Für je drei von KASENA und NUNA bewohnte Orte gibt T. an, daß beim Herausfinden eines Hexers (Subache)[24b)], der durch Seelenfraß den Tod eines Menschen verursacht hat, der Verdächtigte einen Schwur bei der Erde (mit Trinken von in Wasser aufgelöster Erde, die ihn bei Meineid töten solle) zu leisten hat. Das setzt die Mitwirkung des Erdherren voraus, auch wenn T. das nicht ausdrücklich vermerkt.

3. Darbringung von Erntedankopfern an die Erde für das ganze Dorf.

4. Bei den OST-KASENA bringt der Erdherr auch je ein Bittopfer an die Erde vor Beginn der Saat und vor Beginn der Erntearbeiten.

5. Bitte um Regen an die Erde (z. T. mit Gelöbnis eines Dankopfers), stellenweise auch an Heiligen Teich und Busch gerichtet, sofern kein Regenmacher vorhanden ist (was T. für die OST-KASENA fälschlich behauptet).

6. Bei den NUNA Anwesenheit des Erdherren bei von Häuptlingen abgehaltenen Gerichtssitzungen.

7. Nach einer Fehde zwischen Quartieren derselben Siedlung bei den OST-KASENA den Frieden durch Opfer an die Erde und die Ahnen wieder herzustellen.

8. Nur für einen OST-KASENA-Ort angegeben: Ein neu zu grabendes Grab vorher mit einer Kürbisschale ausmessen. Die Erlaubnis zur Anlegung des Grabes erteilt er als „maître de la Terre".

9. Ferner hat der Erdherr zu unregelmäßigen Zeiten dann ein Opfer zu bringen, wenn der Wahrsager dies für nötig befindet.

10. Bei den OST-KASENA habe der Erdherr manchmal auch Opfer an die Ahnen des Dorfes zu bringen, um Regen zu erzielen[25)].

24a) = wörtliche Übersetzung der einheimischen Benennung in den verschiedenen Sprachen. Im Französischen wird vom „Chef de la Terre" gesprochen, während die englischen Autoren die betr. Bezeichnung aus dem Dagbane verwenden: tindana bzw. ten'dana, pl. ten'dama.

24b) Nach dem Begriff „subaγa" der BAMANA-Sprache von L. FROBENIUS als Fachwort eingeführt.

25) l. c. 242: „Le Chef de la Terre fait aussi parfois, toujours pour faire tomber la pluie, un sacrifice aux Ancêtres du village, celui-ci il offre dans sa soukala (= Gehöft) et non pas en dehors."

Bezüglich der OST-KASENA und NUNA gibt T. an, daß „die meisten Dörfer" einen Erdherren bzw. Herrn der Erde und des Busches besäßen[26]) und daß nahezu überall der älteste Mann seiner Familie die Nachfolge eines verstorbenen Erdherrn antritt. Der Busch, d. h. die ungerodete Wildnis, unterstehe im allgemeinen ebenfalls dem Erdherrn, nur für zwei WEST-KASENA-Orte gibt T. einen speziellen „Buschherren" an, der vom ältesten Gehöftherren seines kleinen Quartiers gestellt wird. Gewisse Familienvorstände und Quartiersälteste sind auch die Besitzer von heiligen Bäumen, Felsen, Hügeln und Gewässern (mit Ausnahme der dem Erdherren unterstehenden größeren hlg. Teiche in den Dörfern). Dort führen sie die Opfer aus, die irgend jemand — meist auf Geheiß des Wahrsagers — diesen Naturheiligtümern darzubringen hat. Der Erdherr dagegen opfert an einem Erdaltar (= Stein) in einem hlg. Gehölz oder — wofern ein solches nicht vorhanden ist — an einem für die Erdopfer bestimmten hlg. Platz im Ort. Bei den OST-KASENA opfere der Erdherr auch auf den großen Abfallhügeln vor Gehöften der Dorfhäuptlinge, der als eine von der Erdgottheit bevorzugte Wohnung angesehen werde[27]).

Die Bedeutung des Erdherrn leitet TAUXIER aus der Notwendigkeit der an die Erde als wichtigster Gottheit zu richtenden Opfer ab, wobei nach T. die segnende und strafende Tätigkeit der Erde letzten Endes von den in ihr wohnenden Ahnen herrührt: „C'est la Terre (plus au moins *fécondée par les Ancêtres*) qui commande la poussée des grains, c'est la Brousse qui est la divinité de la végétation en général. Il faut donc pour que la moïsson vienne à bien que ces deux divinités soient bien disposées à l'égard des semeurs. De là le sacrifice." (NOUNOUMA[28])). ... „Les NOUNOUMAS reconnaissent la Terre comme divinité de premier ordre, comme les autres Gourounsi et tous les Noirs d'Afrique Occidentale en général: c'est la grande divinité justicière, bonne pour les gens qui font bien..., mauvaise pour les gens qui font mal. Elle est la demeure des morts, des Ancêtres, et c'est probablement d'eux qu'elle tient cette puissance bienveillante aux honnêtes gens, terrible aux criminels, et aussi cette force de fécondité qui fait pousser dans son vaste sein toute la végétation, toute la brousse et tous les grains, bref toute la parure verte et toute l'utilité de ce vaste univers."[29])

Der Busch sei die zweite große Gottheit, der Erde als ihre Tochter sehr nahe verwandt[30]). Er erhält Opfer vor allem für Jagdglück, bei Rodungen, im Falle von Blutvergießen oder Mord, wenn es nicht regnet oder ein Wahrsager es anordnet.

Bezüglich der in Ghana siedelnden KASENA macht CARDINALL keine speziellen Aussagen, sondern behandelt sie gemeinsam mit den anderen Stämmen. Er bringt weniger exakte und lokalisierte Angaben als TAUXIER, dafür einige bei diesem nicht behandelte Aspekte des Erdherrentums. Auch er sieht als die Hauptfunktion des Erdherren die Beauftragung mit der Durchführung des religiösen Kultes als Mittler zwischen seinen Leuten und dem lokalen Erdgott, dessen Hohepriester er ist[31]). Als solcher hat er im allgemeinen an Baumgruppen als hlg. Platz jährlich ein Opfer zu bringen (anscheinend ist das Erntedankopfer gemeint). Solche Baumgruppen wie auch bemerkenswerte Felsen, Gewässer usw. seien als Wohnplätze der unsichtbaren Erdgötter heilig. Es gäbe viele Erdgötter, alle mit verschiedenen Namen, in jeder Siedlung mindestens einen, und der Erdherr als Vorstand der ersten Familie wurde ihr Herrscher („ruler")[32]). Auch im Busch, der nicht verehrt wird, wohnen Erdgötter. Diese werden vom Erdherrn befriedet, oder von einem „Buscheigner" (gao-tu) beopfert, den ein Erdherr delegiert, wenn er selbst ein zu großes Land zu betreuen hat[33]).

Als Landeigner („landowner") kennt allein der Erdherr die Erdgötter bzw. den „spirit of the land" und die Art, wie sie versöhnt werden können. Der Erdherr hat also die jährlichen Opfer zu arrangieren; ferner Opfer anzuordnen, wenn Blut auf die Erde geflossen ist oder gemeine Verbrechen wie Incest den Boden be-

[26]) l. c. S. 170, 309. [27]) l. c. S. 314f, 328.
[28]) (l. c. 190f.)

[29]) l. c. 194. [30]) l. c. 195. [31]) l. c. 17, 21. [32]) l. c. 16, 24f. [33]) l. c. 33, 62.

fleckt haben, und im Krieg Frieden zu stiften[34]). Als weitere Erdangelegenheiten, die von ihm zu regeln sind und die von TAUXIER nicht erwähnt werden, gibt CARDINALL an: Landverteilung, Zuweisung von Bauplätzen für neu zu errichtende Gehöfte, Vorstellung eines neuen Häuptlings vor dem Erdgott.

Sehr merkwürdig und nicht näher erläutert ist die Erklärung CARDINALL's über die Entwicklung des Erdherrentums: Wenn die Kopfzahl einer Niederlassung zahlreicher wird, so wollen die neu entstandenen jüngeren Familien dem Erdherrn nicht länger gehorchen und dieser verlor die Kontrolle über sie „and became nothing more than the high priest of the local Earth-god, the interceder between the people and the spirit which gave them the wherewithal to live"[35]). Mit Vergebung weiteren Landes an Neusiedler „the tindana (= Erdherr) has therefore gradually become what is to all intents and purposes a high priest. He is between them (the people) and their local deity, he is on behalf of the latter the caretaker of the land, for he alone can propitiate the earth when blood is wantonly shed or vile crime pollutes the purity of the live-giving soil[36]).

Auch RATTRAY gibt nur wenig Auskünfte über die KASENA im besonderen, und zwar nur über die WEST-KASENA (= AWUNA)[37]). Danach hat auch hier der Erdherr am Erdheiligtum (tangwane) bei Hunger und Regenmangel oder wenn jemand eine neue Rodung anlegen will sowie zum Erntedank zu beten und zu opfern. Bei Blutvergießen hat er das Land am Tatort zu reinigen und bei Mord oder sonstigen Verbrechen Opfer zu bringen. Ferner teilt er Land zu — das er aber auch wieder entziehen kann — und hält mit den Ältesten Beratungen ab, zu denen er auch den Häuptling (peo) hinzuziehen kann. Der Erdherr ist auch Friedensstifter in (den üblich gewesenen) Kleinkriegen und ist als Landeigner zu benachrichtigen, ehe irgend jemand beerdigt werden darf. Der Erdherr bestimmt auch in Übereinstimmung mit dem Ältestenrat den Nachfolger eines Häuptlings und erhält von den Kronprätendenten Geschenke. Die Nachfolge eines Erdherren wird nach dem Senioratsprinzip geregelt.

Da RATTRAY das Erdherrentum aller altnigritischen Völker Nord-Ghanas für identisch ansieht, sei noch wiedergegeben, was er für dessen Quintessenz angibt: Der Erdherr ist „... a ruler, who was the high priest of a totemic clan and dealt only in spiritual sanctions"[37a]). Seine Funktionen sind „*wholly of a spiritual nature*. All religious and magico-religious concerns (are) managed and conducted by the ten'dana."[38]) Vor dem Auftreten von säkularen Territorial-Häuptlingen: „Each group was ruled, or rather guided, by a chief, i. e. a Ten'dana assisted by the heads of kindred groups. The authority of all the Then'dama lay ... in their supposed control of the supernatural, whose power he could invoke to punish wrongdoers. ... Disputes were settled by the Elders of each family group. The priestly ruler was appealed to only in cases affecting a breach of the tribal taboos, or in matter of wider than family import"[39]). Und in Bezug auf die NANKANA: Der Erdherr ist befaßt mit Blut- und Landaffairen, auch mit Seuchen und Hungersnöten. „Ten'dana means he who is in charge of and responsible for the settlement of the clan. As nothing happens in the life of the individual or of the clan, which is not ordained by some spiritual agency, this responsibility resolves itself into one governing their spiritual wellbeing. The Ten'dana thus becomes the Chief-Priest, or Priest-King of his group"[40].)

Bevor im folgenden eigenes Material als Ergänzung der obigen Quellen über die Funktionen des Erdherren gebracht wird, seien einige Irrtümer der zitierten Forscher gleich berichtigt, soweit sie nicht nur den lokalen Geltungsbereich beschriebener Sitten betreffen:

Zu den Angaben TAUXIER's: Auch bei den OST-KASENA bringt der Erdherr niemals ein Opfer an „die Ahnen des Dorfes". Die Mitteilung, er opfere dann „in seinem Gehöft und

34) l. c. 25f.
35) l. c. 17. 36) l. c. 60. 37) l. c. 525ff.

37a) l. c. XII. 38) l. c. XV. 39) l. c. XIV.
40) l. c. 255.

nicht draußen", gibt einen Hinweis auf die mögliche Entstehung dieses Irrtums: Entweder hat T. wirklich ein Ahnenopfer beobachtet, dann kann es der betr. Erdherr nur am Altar des Ahnherrn seiner Familie ausgeführt haben, und zwar in seiner Eigenschaft als Familienvorstand. Dieses Opfer kann aber nicht an die Ahnen „des Dorfes" gerichtet gewesen sein, denn dann hätte sich der Altar *vor* dem Gehöft befunden. Oder aber — und das ist mir wahrscheinlicher — T. hat erfahren bzw. gesehen, wie der Erdherr vor einer Amtshandlung am Erdaltar erst seinen eigenen Ahnen Mitteilung davon gemacht und sie um ihren Segen gebeten hat (s. Abb. 2, 3 und Film Nr. 1, 4). Eine solche Ankündigung eines beabsichtigten Vorhabens an die Ahnen ist für jeden obligatorisch, und ein Erdherr tut damit nur das Gleiche wie etwa ein gewöhnlicher Hausherr, Handwerker usf.

Nicht nur die „meisten Dörfer", sondern *alle* haben einen Erdherren. T. wird entgangen sein, daß manche Weiler, die dem Europäer als selbständige „Dörfer" erscheinen können, nur Teile einer Clansiedlung sind und derem Erdherrn unterstehen. Oder die betr. Bewohner haben von ihrem Erdherren als ihrem „Chef" gesprochen, welchen Titel TAUXIER wie üblich für „Chef de Village" nahm.

Ganz falsch ist die Mitteilung, daß bei den OST-KASENA der Erdherr auch auf den großen Abfallhaufen vor Häuptlingsgehöften opfere, und diese „als von der Erdgottheit bevorzugte Wohnung" angesehen würden. Die Erde hat keine Wohnung wie etwa ein Geist und nur ein natürliches Gebilde — oder dessen Ableger — kann ein Erdheiligtum sein, niemals ein von Menschenhand stammender Abfallhaufen. Die genannten Abfallhügel spielen zwar auch eine Rolle im Brauchtum, aber nur in dem mit dem sakralen Häuptlingtum verbundenen. Ein Erdkult findet dort nie statt.

Es ist ferner ganz irrig, daß die Erde von den Ahnen befruchtet werde und von ihnen ihre segenspendende oder strafende Macht beziehe. Die Erde wird wohl befruchtet, aber nur von ihrem Himmelsgemahl, diese Anschauung werden wir später erläutern. (FRIEDRICH übernahm diese irrige Verquickung des Erdherren mit dem Ahnenkult und läßt gegenüber letzterem den Erdkult zu kurz kommen[41]).

Zu den Zitaten aus CARDINALL: Es bezeugt ein völliges Mißverstehen der altnigritischen Auffassung vom Wesen der Erde, wenn er ständig von männlichen Erdgöttern spricht, deren es viele und an verschiedenen Orten „wohnende" gäbe. Darüber später mehr, ebenso zu seiner irrigen Auffassung von der Entwicklung des Erdherrentums.

Der in Bezug auf die Funktionen des Erdherren eingeengte Blickwinkel RATTRAY's, wie er sich in seinen Ansichten über ihre nur „spiritual nature", „only spiritual sanctions" und aus seiner Auffassung des Erdherren als „Priest-King" ergibt, wird in den folgenden Darlegungen berichtigt werden.

II. Die Funktionen des Erdherrn bei den KASENA

Zur Ergänzung der oben zitierten knappen Berichte und zur eingehenderen Erläuterung der Funktionen des Erdherrn sei nun eigenes Material gebracht.

a) Erdangelegenheiten

Der Erdherr soll dafür sorgen, daß die Erde die Saat gut sprießen läßt und ertragreiche Ernten ergibt, und daß sich während der Feldarbeiten niemand verletzt oder krank wird. Zu diesem Zweck hat er vor Beginn der Feldarbeiten bzw. der Aussaat, stellenweise zusätzlich auch vor der Ernte, diesbezügliche Gebete an die Erde an ihrem Altar zu verrichten und mit Bittopfern zu unterstützen.

1. Bei allen KASENA, jedoch nicht (mehr) an jedem Ort, bringt der Erdherr des Clanes *vor Beginn der Aussaat* in Gegenwart der Sektions- und Familienältesten — sofern vorhanden auch des Gauhäuptlings — ein feierliches Bittopfer am Hauptheiligtum der Erde für den ganzen Clan bzw. Gau dar. Zumindest werden Hühner, oft auch Ziegen oder Schafe geopfert, die entweder durch eine Umlage bei den einzelnen Gehöften gekauft oder auch vom Häuptling gestiftet werden. Der ältere Brauch dürfte

[41]) (16).

der sein, daß jeder Älteste Hirsewasser[42]) oder gekochte Hirsefladen mit Soße und dazu ein Huhn mitbringt und in der vom Anciennitätsprinzip vorgeschriebenen Rangfolge dem Erdherrn zum Opfern übergibt.

Bei den SÜD-KASENA findet zum Beginn der Feldarbeiten ein offizieller Aufruf aller Bauern statt, verbunden mit einem besonderen Fest, genannt ,,Brauen von kɔtɔru-Bier, d. h. eines Spezialbieres, das bei dieser Gelegenheit von jedem Gehöft gebraut wird. Hier wird auch die Ernte der frühreifen Hirse vom Häuptling angekündigt und von der ganzen Gemeinschaft gefeiert. Danach spricht der Erdherr ein Verbot aus, in irgend einer Weise zu lärmen (auch zu musizieren). Eine Übertretung des Gebotes wird streng bestraft, denn durch Lärm könnte das noch blühende Getreide der spätreifen Hirsesorten erschreckt oder ein Sturm herbeigerufen werden, der die Ernte vernichtet. Während dieser Zeit betet man um gute Ernte.

Überall ist es daneben üblich, daß jeder Gehöftvorstand individuell vor Beginn der Aussaat auf seinem Familienfeld entweder dort selbst ein kleines Bittopfer darbringt oder den nächtszuständigen Erdherren die Opfergabe am Feld- oder Erdaltar darbringen läßt, insbesondere, wenn ihm der Wahrsager das angeraten hat.

2. Bei allen KASENA hat der Erdherr für die ganze Siedlung ein *Erntedankopfer* zu bringen, und zwar auch dann, wenn die Ernte schlecht ausgefallen ist. Denn mit dem Erntedank wird auch die Bitte um künftige gute Ernten ausgesprochen. Fällt die Ernte günstig aus, so werden auch wertvollere Tiere (Ziegen, Schafe, Rinder) geopfert, die man für diesen Fall gelobt hatte. Das Fleisch erhält der Erdherr, mit Ausnahme der Brust und einer Keule, die dem Spender verbleiben. An Orten mit Gauhäuptlingen stiftet dieser ein größeres Opfertier für den ganzen Gau. Die — nach Ausweis des in den abgelegeneren und von späteren Einflüssen unberührt gebliebenen Siedlungen geübten Brauchtums — ältere Sitte sieht vor, daß entweder die Familien Hirse und Geld zum Ankauf von Opfertieren beisteuern oder daß die Ältesten nach ihrer Rangfolge ihre Opfergaben an Hirse- und Bohnengerichten sowie je ein Huhn und evtl. größere Opfertiere dem Erdherrn am Erdheiligtum zum Opfern übergeben.

Bei den SÜD-KASENA wird erst die Ernte der frühreifen Hirse für sich gefeiert (tyasɔyɔ) und dann nochmals die Ernte der spätreifen Hirsen (gɔgwɔre). Jedesmal hat jeder Hausherr einen Korb Hirse zu stiften, die zwischen Erdherrn und Regenmacher geteilt wird. (Sonst ist es vielenorts üblich, aber kein Zwang, daß an den Erdherrn zum Dank für seinen Segen Hirse und Tabak, auch wohl ein Huhn, geschenkt wird.) Bei der späteren Haupternte versammeln sich die Leute am ersten Markttag im Gehöft des Erdherrn, um zu Musik zu tanzen, am zweiten Markttag findet ein Tanz beim Häuptling statt und dann wird am Haupt-Erdheiligtum das Erntedankopfer gebracht. Dabei wird gleichzeitig um eine gute Ernte im nächsten Jahr und um Schutz der Bevölkerung vor Krankheiten gebetet.

Meist dankt bei allen KASENA zusätzlich jeder Familienvorstand für sich wie an seine Ahnen so auch an die Erde für die gute Ernte und für Unfallfreiheit während der Feldarbeiten. Dazu werden von der ersten geernteten Hirse von der Ersten Frau des Hausherrn Hirsefladen bereitet. Der Hausherr bittet den Erdherrn auf sein Feld und läßt ihn dort am Feldaltar ein Huhn sowie drei in Soße getunkte Hirsefladen mit den entsprechenden Danksagungen opfern. Danach erst darf von der neuen Ernte genossen werden.

Ein Erdherr wird geradezu als verantwortlich für gute Ernten angesehen. Bei Mißernten oder Dürre kann er zwar nicht verjagt werden, aber ein Wahrsager wird u. U. feststellen, daß der Erdherr wegen irgend einer (rituellen) Sünde schuldig geworden ist und ein Sühneopfer zu bringen hat. In Koumbili (WEST-KASENA) kann ihm bei Hungersnot sogar eine Bußzahlung von sechs Rindern auferlegt werden.

3. Stellenweise, insbesondere bei den SÜD-KASENA, muß die Erlaubnis des Erdherrn zum *Einsammeln von Wildfrüchten* (vor allem

[42]) In Wasser verrührtes rohes Hirsemehl (muna), eine noch heute als Lunch übliche alte Speise und meistverwandte einfache Opfergabe in jedem Kult.

der für die Fettbereitung gesammelten Sheabutter-Kerne) eingeholt werden, soweit die Bäume nicht auf Feldern stehen.

4. Wenn man im Busch eine *neue Rodung* anlegen will, so muß man zuvor den Erdherrn um seine Erlaubnis und Besichtigung des ausgesuchten Buschstückes bitten. Hat er keine Einwände zu machen, etwa weil der Platz schon von einer anderen Familie mit Beschlag belegt ist oder er aus einem rituellen Grund tabu ist, so beginnt er selbst mit der Hacke des Bauern die ersten symbolischen Schläge an einer Ecke des zukünftigen Rodungsfeldes auszuführen (s. Film 3). Er häufelt dann einen kleinen Erdaltar auf — falls man nicht einen geeigneten Stein (kara-kandaa) hierzu nimmt — und bringt auf diesem das Einweihungsopfer dar. Dazu hat der Eigentümer stets ein Huhn mitzubringen, das der Erdherr über dem Feldaltar opfert. Wie bei allen Tieropfern üblich, schneidet er dem Tier den Hals durch, läßt das Blut auf den Altar träufeln und klebt dem Opfertier ausgerissene Federn darauf. Sollte das anschließend weggeworfene Huhn auf dem Bauche liegend verenden, so ist das Opfer nicht angenommen. Der Wahrsager muß dann feststellen, warum die Erde ihre Erlaubnis zur Anlage der Rodung verweigert hat. Außerdem werden meist auch noch drei mitgebrachte Hirsefladen vom Erdherrn als Opferspeise auf den Feldaltar gelegt. Mit diesem Opfer bittet der Erdherr um gute Ernten und Gesundheit für den Feldbesitzer. Erst dann darf dieser roden und das Feld bestellen, ohne Darbringung dieses Opfers müßte er sterben. Diese Ankündigung an den Erdherrn und sein Opfer unterbleiben, sofern dieser Platz nicht mehr Niemandsland ist, sondern schon durch frühere Verteilung auch des Buschlandes bereits in den Besitz einer Familie übergegangen ist (so insbesondere bei den SÜD-KASENA). Es ist üblich, von der ersten Ernte des Rodungsfeldes dem Erdherrn einen Korb Hirse, wohl auch eine Tabakskugel und ein Huhn, u. U. auch Brennholz, zu schenken. Es ist dies aber kein Zwang und nur selten wird es als regelrechte Steuer aufgefaßt.

5. Für einen *Neusiedler* hat der Erdherr in der oben beschriebenen Weise das zu rodende Buschstück zu weihen. Meist opfert er vorher am eigenen Ahnenaltar seinen Ahnen (d. h. insbesondere dem 1. Erdherrn) ein Huhn, um deren Vermittlung von Glück und Segen für den neuen Mitbürger zu erbitten. Bei den SÜD-KASENA bringt er das Huhnopfer — auch im Falle eines Altsiedlers — statt an der Rodung am Erdheiligtum dar und sagt dabei: „Der N. N. ist hungrig und braucht eine neue Farm." Dann weist er das Land zu. Falls der Neusiedler ein ganz armer Teufel ist, werden ihm die nötigen Opferhühner entweder vom Erdherrn oder — falls vorhanden — vom Häuptling oder auch von seinem Gastgeber, der ihn einführte, gestiftet. Bei den SÜD-KASENA gibt es bei den Clansektionen — die bereits im Besitz des Buschlandes sind — einen speziellen „Waldeigner" (kapŭrŭ-tu = eigentlich „Herr des Rodungslandes"), der die Zuteilung einer Rodungsstelle und das oben beschriebene Opfer vornimmt, nachdem der Erdherr den Neusiedler dieser Sektion zur Niederlassung zugewiesen hat.

6. Soll ein *neues Gehöft* errichtet werden — wie stets bei einem Neusiedler — so muß der Erdherr auch den Bauplatz zuweisen bzw. bestätigen und meist auch einsegnen. Bei den WEST-KASENA betet der Erdherr nach Besichtigung des ausgewählten Bauplatzes und Erteilung seiner Genehmigung am Bauplatz an Himmel und Erde um Segen und Gesundheit für die betr. Familie. Nach Errichtung des Hauses spricht der Erdherr nochmals die gleichen Gebete und opfert dazu ein eigenes Huhn am Bauplatz. Bei den SÜD-KASENA ist es der Priester des speziellen Erdheiligtums der betr. Clansektion, der vor Baubeginn am Bauplatz oder am Erdheiligtum opfert und nach Errichtung des Hauses nochmals. Die Opfer gelten der „Versöhnung" des betr. Erdheiligtums, ohne dem könnte der betr. Siedler nicht beerdigt werden. Bei den OST- und SÜD-KASENA beginnen Erdherr bzw. Erdpriester der Sektion symbolisch den Hausbau.

7. Beim Erdherrn ist auch die Erlaubnis zu einer *Beerdigung* einzuholen. Er kann sie verweigern, falls der Verstorbene der Erde noch ein Sühneopfer schuldig ist oder mit dem Erd-

herrn in Feindschaft gelebt hat und dieser einen Anspruch auf eine Buße zu haben glaubt. Ein streitbarer Erdherr läßt u. U. mit seiner Erlaubnis zur Beerdigung tagelang warten, bis die Familie des Verstorbenen die nötigen Bußzahlungen geleistet hat. Erst nach Anmeldung an den Erdherrn und Einholung seiner Erlaubnis darf die betr. Familie den Todesfall öffentlich verkünden.

Nach alter Sitte[43]) hat der Erdherr die Herrichtung eines neuen Grabes wie folgt einzuleiten[44]): Er opfert zunächst am Erdaltar ein Hühnchen, dem er in diesem Falle nicht wie üblich den Hals durchschneidet, sondern das er durch Aufschlagen des Kopfes auf die Erde tötet. Das Huhn wird auch nicht gegessen, sondern weggeworfen (denn sein Blut konnte ja nicht als Opferspeise auf die Erde fließen). Das Opfer wird gegeben, „damit die Erde (durch den Grabbau) dem Toten den Weg in die Erde frei gäbe". Am für das Grab vorgesehenen Platz setzt der Erdherr eine noch unbenutzte Kalebasse umgekehrt mit dem Rand auf den Boden und markiert durch Drehen der Kürbisschale unter Druck einen Kreis, wo der Totengräber den Grabschacht zu graben hat[45]). Dann gibt der älteste Sohn des Verstorbenen dem Erdherrn ein Hühnchen, das er am Grabplatz tot schlägt. Für gewöhnlich kondoliert der Erdherr im Namen der ganzen Siedlung den Hinterbliebenen.

8. Alle *herrenlosen Sachen* sind vom Finder dem für das betr. Grundstück zuständigen Erdherrn zu übergeben, der den Verlierer ausfindig machen muß. Ist er nicht zu ermitteln, so verbleiben die Fundsachen im Eigentum des Erdherrn. Dieser verkauft sie u. U. und richtet seiner Gemeinschaft aus dem Erlös ein Festmahl aus oder er weiht sie dem Erdheiligtum. Fundunterschlagung macht krank und erfordert Entsühnung durch den Erdherrn. Diesem gebührt auch die am Boden liegende Hälfte eines auf Grundstücken verendet gefundenen Wildes (auch wenn angeschossen). Von Elefanten mindestens der bodennächste Stoßzahn, wenn nicht gar von einem im Clanterritorium verendet aufgefundene Elefanten beide Stoßzähne und die Haut vom obersten Erdherren beansprucht werden (OST-KASENA).

9. Ein Erdherr hat dafür Sorge zu tragen, daß (heilige!) *Familienfelder nicht geteilt oder gar verkauft* werden, sonst müßte er sterben. (Denn der Erdherr hat sie ja bei der ersten Herrichtung geweiht und ungeteilt mit dem Segen der Erde versehen gehabt).

10. Ein *religiöses Gebot* bzw. Verbot heißt ţyulu, jede *Zuwiderhandlung* — einschl. Bruch eines Totemtabus — tyɔyɔ ţyulu bzw. kul-ţyulu) ist eine Sünde und eine Beleidigung der Erde, die vom Erdherrn zu bringende Sühneopfer erheischt. Ohne dem würden die Täter mit Krankheit oder gar Tod bestraft werden und das ganze Land durch Mißernten „verkommen". Als solche Vergehen rechnen: Niederlassung, Roden, Hausbau und Beerdigung ohne Erlaubnis des Erdherrn; Fundunterschlagung; Streit um Felder oder Teilung des Familienfeldes; Heimschaffen nicht selbst erlegter Löwen oder Leoparden; Abhauen oder Beschädigen heiliger Bäume; Holen von Brennholz aus einem heiligen Gehölz; Schlagen, Verwunden oder Töten eines Lebewesens an einem Erdheiligtum; Begraben einer Leiche mit Eisen im Körper, das vorher unbedingt — auch bei Kriegsgefallenen — entfernt werden muß.

11. Ganz schwere Verbrechen sind „*Verunreinigungen der Erde*". Als solche gilt das *Vergießen menschlichen Blutes* auf die Erde im Streit oder bei einem Mord. Bei Blutvergießen im Streit hat oft nicht nur der Täter, sondern auch der Verletzte — zumindest wenn er am Streit mitschuldig war — eine Sühne zu zahlen. Je nach Schwere des Falles und des Reichtums der Betreffenden beträgt sie mindestens ein Huhn, meist eine Ziege oder ein Schaf, aber auch ein Rind kann gefordert werden. Der Erdherr hat diese Tiere zur Sühne zu opfern, „damit die beleidigte Erde das Blut zurückgibt".

[43]) Ich kann leider nicht mit Sicherheit angeben, wieweit sie noch bei den SÜD-KASENA bewahrt ist.

[44]) = Brauchtum des OST-KASENA-Gaues Kampala.

[45]) Die Gräber haben nach oben einen ganz engen Schacht, der sich unten zu einer Art Grabkammer erweitert, von der aus seitliche Nischen zur Aufnahme der Leichen gegraben werden.

Dabei wird der Erde mitgeteilt, daß N. N. die Tat begangen habe und man die Erde um Verzeihung bitte. Ein solches Sühneopfer heißt pɛdyana = „Aufheben des Blutes" (OST-K.). Meist wird das Sühneopfer am Tatort gebracht, kann jedoch auch am Erdaltar vollzogen werden. Bei den SÜD-KASENA scheinen nur die schweren Fälle, insbesondere Mord, durch den obersten Erdherren am Haupt-Erdheiligtum der Erde im Busch gesühnt zu werden. (Zahlt der Täter die Opfertiere nicht, so tötet ihn die Erde.) Bei den OST-KASENA (und SÜD-K.?) muß der Erdherr neben der Leiche eines Ermordeten erst ein kleines Sühneopfer (Huhn oder Schaf) bringen, bevor die Leiche berührt und weggetragen werden darf.

12. Zu den Verunreinigungen der Erde gehört u. a. auch ein *Beischlaf auf der nackten Erde*, der faktisch weniger in Feldern als vielmehr im Busch vorkommen kann (im Hause schläft man ja auf Matten)[46]).

Früher scheint dieses Verbrechen sehr selten gewesen zu sein, denn die Täter riskierten eine automatisch folgende Krankheit oder gar den Tod. Dieser droht ihnen auch nach Entsühnung dann, wenn am Tatort Termiten aus der Erde kommen. Heute haben, nach den Klagen der Ältesten zu urteilen, die als Saisonarbeiter in Ghana korrumpierten jungen Männer vielfach die Scheu vor unmoralischen Handlungen verloren und verderben die jungen Frauen und Mädchen durch Geld und reiche Geschenke, so daß heute ein Beischlaf im Busch nicht mehr so selten ist.

Ertappte Sünder werden meist gehörig verprügelt und gefesselt vor den Erdherrn gebracht. Dieser hat die von beiden zu stellenden Buß-Tiere (wenigstens Schafe oder Ziegen, meist ein Rind) am Tatort zu opfern und dabei die Erde um Vergebung zu bitten. Der betr. Platz ist verflucht. Bei den OST-KASENA wurden früher beide Täter nackt zur Schau gestellt und dann lebendig verbrannt, wobei jeder Dorfgenosse — Kind oder Greis — einen Zweig oder Hirsestengel als Brennmaterial beizusteuern hatte. Heute hat sich an einigen Orten die Feuertodstrafe dahin abgeschwächt, daß zwar noch ein Scheiterhaufen über dem Paar errichtet wird, das man dann aber nach dem Anzünden entwischen läßt. Oder es wird nur ein Scheiterhaufen errichtet, zu dem jeder Passant auch später noch einen Zweig oder Hirsestengel wirft, ohne daß ein Feuer entzündet wird.

[46]) Nicht der Geschlechtsverkehr als solcher ist eine „Verunreinigung" der Erde, sondern sein Vollzug auf dem nackten Boden mit der Gefahr der „Befleckung" der Erde in wörtlichem Sinne. Meine Frage, ob die Tat auch dann als Sünde gelte, wenn sich das Liebespaar eine Matte mit in den Busch nähme, wurde verneint. Aber der Gewährsmann fügte hinzu, daß so etwas unmöglich sei, denn jeder wisse ja dann über die eigentliche Absicht des Pärchens Bescheid!

b) Kult des Himmels

Die Verehrung des Himmels (wɛ, we) ist nicht so auffällig wie der Erdkult, aber nichtsdestoweniger für die GURUNSI ebenso wichtig. Es gibt allerdings keinen gesonderten Priester des Himmelsgottes, sondern diese Funktion wird gleichzeitig vom Erdherrn wahrgenommen. Bei jedem Gebet und Opfer am Erdaltar ruft er erst den Himmel an.

1. Ausdrücklich wendet sich der Erdherr an den Himmel, um ihn um *Regen* zu bitten, und zwar bei Eröffnung des Ackerbaujahres vor Beginn der Feld- und Saatarbeiten (s. o. a, 1). Denn zur Erzielung guter Ernten genügt ja die Fruchtbarkeit der Erde allein nicht, es müssen auch rechtzeitige und genügende Regenfälle vom Himmel geschickt werden.

Selbstverständlich weiß jeder Bauer, daß es noch in jedem Jahr eine Regenzeit gegeben hat. Zum besseren Verständnis seiner großen Sorge um den Regen muß auf eine Besonderheit des tropischen Klimas in diesem Gebiet hingewiesen werden: Die in den geographischen Handbüchern zu findenden Angaben über Dauer und Menge der jährlichen Niederschläge sind statistische Mittelwerte aus einem größeren Beobachtungszeitraum. Davon können die tatsächlichen Niederschläge in jedem Jahr ganz erheblich abweichen. Besonders wichtig für den Bauern ist die Tatsache, daß die der eigentlichen Regenzeit mit einer kurzen Pause vorangehende kleine Regenzeit in Bezug auf Beginn, Dauer und Regenmenge sehr unterschiedlich ist. Wenn nun ein Bauer zu voreilig ist und zu früh gleich nach den ersten Regentropfen sät, so kann ihm das Saatgut verloren sein, wenn anschließend längere Zeit kein oder nicht genügender Regen fällt. Umgekehrt kann es einem zu vorsichtigen Bauern passieren, daß er mit längerem Zuwarten den richtigen Zeitpunkt verpaßt hat, wenn entweder nach der Saat nur noch wenig Regen fällt oder die folgende Regenzeit verhältnismäßig spät einsetzt oder sehr kurz ist und wenig Niederschläge bringt. So ist die Zeit der Saat äußerst kritisch und läßt die Bauern in den folgenden Wochen in Angst und Sorge des Regens harren.

2. Wenn infolge Ausbleibens rechtzeitiger Regenfälle eine *Dürre* droht, versammeln sich die Ältesten beim Erdherrn, um ihn um seine Vermittlung zu ersuchen, ,,da das Land verdirbt''. Dann bitten sie gemeinsam den Himmel um Regen. Dazu bringen die Ältesten je nach Wohlstand der Siedlung ein oder mehrere Hühner als Bittopfer mit. Ist dann Regen zur Zufriedenheit gefallen, so wird ein bei der Bitte gelobtes vierfüßiges Tier — u. U. auch ein großes — zum Dank geopfert. Wenn die Hirse schon sprießt, aber weiterer Regen ausbleibt, so versammelt sich bei den OST-KASENA alles Volk unter Anführung der Ältesten erst vor dem Gehöft des Erdherrn, dann mit diesem am Erdheiligtum. Beide Male tanzen die Frauen zu Musik und Gesang, um durch diese — möglichst fröhliche und lärmende — Festlichkeit den Regen anzulocken. Der Erdherr trägt am Altar die Bitte seiner Leute vor und dann regnet es sicher am nächsten Tag.

Sollten aber die Gebete des Erdherrn doch erfolglos geblieben sein, so ist als Ursache der Dürre eine Sünde zu vermuten, die den Himmel oder die Ahnen erzürnt hat und es muß der Schuldige herausgefunden werden, um ein geeignetes Sühneopfer bringen zu können.

In einigen Orten gibt es *Regenmacher* (dwatina) — auf die hier nicht näher eingegangen werden kann — die ebenfalls als ultima ratio bemüht werden, wenn die Bitten des Erdherrn ohne Erfolg blieben. Besonders angesehen ist unter den OST-KASENA der Regenzauber in Nankoum, Canton Kampala, und unter den SÜD-KASENA der von Saa, der gleichzeitig für die Gaue Ketiu und Chiana tätig ist. Im ersteren Gau wird nach der üblichen Regenbitte des Erdherrn beim Saatopfer auf weitere Bemühungen des Erdherren verzichtet und der Regenmacher vom Gauhäuptling um das Regenmachen (bzw. Regenbeenden) ersucht (s. Film Nr. 2). Der Regenmacher von Saa wird automatisch vom Erdherren beauftragt, den Regen zu ,,kontrollieren'', sobald die Hirse zu sprießen beginnt.

Bei den WEST-KASENA wendet sich bei Dürre der Erdherr auf Ersuchen der Ältesten mit Huhnopfern an einen heiligen Teich — in Koumbili mit zwei heiligen Krokodilen = alter ego-Tieren des Erdherrn und seiner Ersten Frau (s. Abb. 6 u. Film Nr. 2) —, vorher aber an einen konischen Himmelsaltar (wɛ), der für den ganzen Gau zuständig ist.

3. *Himmelsaltäre* gibt es zwar auch unter den OST-KASENA, aber nur kleine in Obhut von Gehöftvorständen. Große, vom Erdherrn betreute jedoch nur bei den WEST-KASENA. Ein solcher ist für den ganzen Gau nicht nur für Regen, sondern auch für Fruchtbarkeit im allgemeinen, Gesundheit, Reichtum, kurz, für Segen für die ganze Siedlung überhaupt, zuständig. Dafür erhält auch er durch den Erdherrn Opfer, meist zu unregelmäßigen Zeiten auf Geheiß des Wahrsagers.

4. Bei *Installierung eines Fremden* bittet der Erdherr auch den Himmel um seinen Segen für den Neusiedler.

c) Verantwortung für Wohlfahrt überhaupt

1. Der Erdherr wird nicht nur für gute Ernten verantwortlich gemacht, sondern für die Wohlfahrt aller in jeder Beziehung. So z. B. für die *Fruchtbarkeit* auch der Haustiere und der Frauen[47]) und für gute *Gesundheit*. Wenn Epidemien die Siedlung heimsuchen, hat er am Erdaltar (bei den WEST-KASENA auch am Himmelsaltar) zu opfern und nach Erlöschen der Seuche ein Dankopfer zu bringen.

2. Nach Möglichkeit soll er ein *Unheil* gar *nicht* erst in das Land *hereinlassen*, sondern

[47]) Der Erdherr von Ponkouya berichtete mir, er erhalte ein Honorar an Huhn und Tabak, wenn er eine sterile Frau geheilt habe.

durch entsprechende Opfer die Gefahr abwenden. Dies z. B. dann, wenn Seuchen in der Nachbarschaft aufgetreten sind; Heuschreckenschwärme sich in Richtung auf sein Land bewegen; Jäger aus den Spuren ersehen, daß Löwen oder andere schädliche Tiere im Begriff sind, aus dem Busch herauszukommen und in die Felder und Siedlungen einzudringen; übermächtige menschliche Feinde drohen oder ein Wahrsager auch noch anderes, oft imaginäres, Unheil im Kommen ansagt.

Zur Abwehr drohenden Übels können auch magische Mittel eingesetzt werden, z. B. das symbolische ,,Verschließen" imaginärer ,,Pforten" des Gaues, wie es im sehr altertümlich gebliebenen Gau Kampala üblich ist. Dessen Territorium wird von vier verschiedenen Clans besiedelt, drei autochthonen und dem später gekommenen des Gauhäuptlings. Jeder Clan besitzt auf seinem Gebiet mindestens je ein besonders wichtiges Erdheiligtum. Neben dem des Häuptlingsclans (ein alter Baobab) in Gougogo befindet sich ein heiliger Teich, dessen Quelle ebenso wie die eines heiligen Teiches neben dem Erdheiligtum (Berg) von Ssɛ mit dem Grundwasser der in der Nähe vorbeifließenden Roten Volta (ninyõ̤) in Verbindung steht. Die KASENA haben nun bemerkt, daß mit dem jahreszeitlichen An- und Abschwellen des Wasserstandes in der Roten Volta auch der ihrer heiligen Teiche sich ändert. Da ihnen natürlich das Gesetz der kommunizierenden Röhren unbekannt ist, schlossen sie auf eine unterirdische mystische Verbindung der beiden Erdheiligtümer. Folglich kann auch von Angehörigen des Häuptlingsclans ein Opfer an das Erdheiligtum in Ssɛ gebracht werden, indem man es an ihrem damit korrespondierenden Erdheiligtum in Gougogo bringt. D. h. die Seelen der hier geopferten Tiere gehen auf dem mystischen unterirdischen Wege zu ihrem Bestimmungsort in Ssɛ.

Die benachbarten Erdheiligtümer von Ssɛ und Mɛ̃ţyuŋgɔ bilden nun die ,,Ostpforte" von Kampala, die von Gougogo (Gugoɣo) und Kasuŋgɔ die linke bzw. rechte ,,Westpforte". Die Erdherren dieser Heiligtümer sind dafür verantwortlich, das kein außerhalb des bebauten Landes im Busch oder überhaupt in der Nachbarschaft festgestelltes Unheil durch ihre ,,Pforten" nach Kampala eindringt. Das ,,Pfortenverschließen" wird so vorgenommen, daß kleine Löcher in Bergflanken neben den Erdaltären durch 3—4 Feldhacken so verstopft werden, daß die Hackenklingen die natürlichen Löcher zudecken. (Das wird vorsichtshalber bei der Ostpforte automatisch alle 10 Jahre so getan.) Außerdem hat auch das Blut der am Erdaltar neben den Löchern geopferten Tiere die Kraft, diese Löcher und damit die ,,Pforte zu verschließen". Das Fleisch der Opfertiere wird dabei entgegen dem sonstigen Brauch nicht gegessen. Die Art der Opfertiere — Ziegenbock, Widder, Eselhengst, Stier von weißer oder schwarzer Farbe — wird vom Wahrsager von Fall zu Fall angegeben. Gegen Sturm werden Zweige vom heiligen Berg in Mɛ̃ţyuŋgɔ über die Löcher gelegt. Durch die derart verschlossenen Pforten kann kein Unheil eindringen.

Hat einer dieser vier Erdherren ein drohendes Übel bemerkt (oder ist er darauf aufmerksam gemacht worden), so hat er nicht nur schleunigst seine Pforte zu verschließen, sondern gleichzeitig einen schnellen Boten an den Gadhäuptling zu schicken, damit dieser den Ernherrn der entgegengesetzten Pforte verstäudigen kann, um auch seinerseits seine Pforte auf die gleiche Weise zu verschließen. Hat man versäumt, rechtzeitig eine Pforte zu verschließen, so muß diese Eintrittspforte offen bleiben, damit man durch sie das eingedrungene Übel durch Opferhandlungen an den Erdheiligtümern wieder hinausjagen kann.

In dieser ausgebauten Form wird das ,,Pfortenverschließen" nur in Kampala geübt. Im OST-KASENA-Gau Tiébélé wird bei dem vom Wahrsager angekündigten Nahen von Heuschrecken vom Erdherrn ein Loch im Erdheiligtum gemacht und dieses dann als imaginäre Eintrittspforte der Heuschrecken mittels einer Feldhacke symbolisch wieder verschlossen.

3. Saaten werden nicht nur von Dürre und Tieren bedroht, sondern auch durch *Sturm* (vĭyuu), der die Pollen der blühenden Hirse zu weit fortweht und sie so verdirbt. Für Kampala

„besitzt“ Mɛ̃ţyuŋgɔ „den Wind“, d. h. er kommt für gewöhnlich aus dessen Richtung. Weht zuviel Wind, so muß „Kampala“ ihn anhalten. D. h. sein Gauhäuptling muß dem Erdheiligtum von M. ein Besänftigungsopfer bringen, entweder einen weißen Stier, Esel, Widder oder einen schwarzen Ziegenbock, oder das Heiligtum verlangt selbst — durch Orakel bzw. Wahrsager — ein bestimmtes Opfertier. Dieses wird dann vom Erdherrn von M. geopfert. Weht umgekehrt während der Hirseblüte zu wenig Wind, so muß man dort auf die gleiche Weise ein Bittopfer bringen.

Bei den SÜD-KASENA spricht der Erdherr während der Blüte ein Lärm- und Musizierverbot aus, um die reifende Hirse nicht zu erschrecken bzw. um keinen Sturm anzulocken[48]).

4. Zwischen einem „normalen“ Löwen (nyoŋa oder nyuŋu), der nur Wildtiere frißt, und einem Löwen, der auch Haustiere oder gar Menschen anfällt (gyuru) und meist ein „Wer-Tier“ ist, wird ein Unterschied gemacht. Für letztere gilt auch das o. a. Mittel des „Pfortenverschließens“. Dabei wird aber (zur Vermeidung der Anlockung) ein menschenfressender Löwe von Erdherrn oder Häuptling stets „Hund“ (kəpurɛ) genannt. „Normale“ Löwen — wie auch Leoparden — werden nicht gejagt. Nur wenn sich eine Raubkatze durch Überfälle auf Haustiere oder Menschen als „Verbrecher“ bzw. gyuru ausweist, darf sie getötet werden. Das Gleiche gilt für ein heiliges Krokodil, das öfter als dreimal ein Haustier — etwa an der Tränke — gefressen hat. (Bis dahin gilt diese Tat als Strafe für eine Sünde des Besitzers.) Die Erlaubnis bzw. den Auftrag zur Tötung eines solchen tierischen „Diebes“ bzw. „Verbrechers“ erteilt in den Orten, wo kein Häuptling regiert, der Erdherr. Aber auch bei Vorhandensein von Häuptlingen ist meist noch die Zustimmung des Erdherren einzuholen, wenn er nicht auch dann überhaupt den Befehl dazu zu erteilen hat, wie noch in Ponkouya (OST-KASENA).

[48]) Lärmen und Musizieren während der Getreideblüte unterläßt man auch bei den OST- und WEST-KASENA, ob auf Geheiß des Erdherren hatte ich leider nicht gefragt.

5. Sehr gefürchtet als Verderber ihrer Mitmenschen werden *Hexer* (Subachen[48a])) bzw. Hexen. Ein solcher (W.- u. O.-K.: ķyiro, S.-K.: ţyiro, pl. ķyira) fängt die Seele eines Menschen, verwandelt sie in ein Tier, um sie dergestalt zu schlachten und zu verzehren. Wenn die Seele nicht rechtzeitig aus der Gewalt des Hexers befreit werden kann, sind schweres Siechtum und Tod ihres Besitzers unvermeidlich. Wenn ein *Mord* durch Seelenfraß, Gift oder offener Gewalttat — was von den GURUNSI ziemlich gleichartig behandelt wird — nicht aufgeklärt werden kann, auch kein mit dem „zweiten Gesicht“ begabter Hexenfänger (zəmpore) den Hexer hellseherisch erkennt, so kann man seine Zuflucht zum Wahrsager nehmen.

Gerade in den besonders traditionsfesten Landschaften wendet man sich jedoch zur *Aufklärung eines Mordes* mit Vorliebe an die Erde, „die alles weiß“. Der zuständige Erdherr bringt ein Huhnopfer am Erdaltar und sagt der Erde den Mordfall an und daß keiner den Mörder kenne, nur dem Toten und der Erde sei er bekannt. Dann bittet er die Erde um Anzeige des Mörders. Der wird daraufhin innerhalb dreier Tage wahnsinnig und gesteht den Mord, oder er wird krank und die Krankheit macht seine Schuld offenbar, so daß er gestehen muß („das Erdheiligtum hat mir die Krankheit geschickt“). Nur wenn dann die Verwandten des Mörders den Erdherrn vom Geständnis unterrichten und durch ihn mittels eines Sühneopfers an mitgebrachten Tieren die Verzeihung der Erde erwirken lassen, kann der Mörder wieder gesunden, andernfalls ist er dem Tode geweiht. Die SÜD-KASENA üben bei dieser Mörderermittlung noch einen moralischen Zwang auf das Erdheiligtum aus: Beim Huhnopfer sagt der Erdherr zum Erdheiligtum etwa: „Mein Mann N. N. ist ermordet worden, ohne daß der Mörder zu finden ist. Ich glaube jetzt, DU hast ihn getötet. Wenn das nicht der Fall ist, dann töte Du den Mörder!“ Daraufhin wird der Mörder durch die Kraft des Erdheiligtums sterben.

[48a]) s. Anm. S. 16.

Außerdem kann zur Ausfindigmachung eines Mörders, insbesondere eines Hexers, das zɔŋɔ-Ordal veranstaltet werden: Vier oder zwei junge Männer nehmen die Leiche auf ihre Schultern und werden von ihr — oft im Laufschritt! — „unfehlbar“ zuerst gegen das Gehöft des Mörders, dann unter den herausgefundenen Bewohnern gegen den Schuldigen getrieben. Mit Vorliebe nimmt man an Stelle der Leiche selbst — die oft schon begraben werden mußte — Haare und/oder ein Kleidungsstück des Ermordeten, Erde vom Erdheiligtum und bestimmte Zweige (z. B. vom Ebenholzbaum) und rollt dies alles in ein Mattenbündel ein, das in der gleichen Weise seine Träger dirigiert. Dieses zɔŋɔ-Ordal wird vom Erdherrn angeordnet bzw. von ihm erlaubt, der dazu erst die Genehmigung der Erde einholen muß. Er sagt ihr sowohl am Tatort wie am Erdheiligtum den Mord an und fährt fort: „Wir Menschen wissen nicht, wer der Mörder war, aber DU weißt es. Gib die Erlaubnis, daß wir den Mörder suchen!“ Die Leiche bzw. das Mattenbündel wird dann vom Erdherrn angeredet, daß keiner den Mörder kenne außer der Erde und Himmel (Gott) und dem Ermordeten selbst. Der Tote solle nun selber zeigen, wer ihn getötet habe. Wenn aber das Erdheiligtum ihn getötet habe, etwa weil er gestohlen oder sonstwie gesündigt habe, so solle er das Erdheiligtum ergreifen etc.

Ein des Mordes Angeschuldigter kann sich vom Verdacht durch einen *Schwur bei der Erde* reinigen, die ihn bei einem Meineid töten solle. Dazu läßt der Erdherr den Verdächtigten eine Prise Erde vom Erdaltar essen oder in Wasser aufgelöst trinken.

6. Wenn die Umstände es erfordern, verhängt der Erdherr ein befristetes oder unbefristetes *Tabu* (yure).

7. Auch zu unregelmäßigen Zeiten und Gelegenheiten hat der Erdherr jedesmal dann für die Gemeinschaft oder den Einzelnen ein Opfer am Erdheiligtum zu bringen, wenn der *Wahrsager* seine Notwendigkeit angesagt hat. Der Erdherr ist dazu verpflichtet, „sonst würde das Land verkommen“. Auch wenn er mit einem Auftraggeber in Feindschaft lebt, muß er dieser Pflicht genügen.

d) Soziale und politische Funktionen

1. Wir hatten gesehen, daß eine Hauptaufgabe des Erdherrn darin besteht, Beleidigungen der Erde durch Blutvergießen und andere Gewalttaten zu sühnen und die Gemeinschaft vor durch Verbrechen bewirkten Schaden — auch solchen in Gestalt von Strafen des Himmels und der Erde — zu schützen. Damit tritt er in eine Beziehung zum *Recht*. Entdeckte Verbrecher und Sünder müssen ihm demgemäß angezeigt werden, und es ist verständlich, daß er auch in der Be- und Verurteilung von Rechtsübertretungen gehört werden muß, also als *Richter* zu fungieren hat. Auch in seiner Eigenschaft als Betreuer des Erdheiligtums ist er mit der Rechtsprechung verbunden und u. U. sogar gehalten, sich gegen das Gewohnheitsrecht zu stellen: Dann nämlich, wenn es einem Rechtsbrecher gelingt, sich zum Erdheiligtum zu flüchten. Denn da an diesem heiligen Ort auch nicht die geringste Gewalttat begangen werden darf, *gewährt das Erdheiligtum* allen Verfolgten *Asyl*, auch wenn es sich nicht um einen Frevel gegen die Erde, sondern etwa um einen Ehebruch handelt. In leichteren Fällen kann das Verfahren gegen einen Asylsuchenden niedergeschlagen und ihm Verzeihung und Straffreiheit gewährt werden. In schwereren Fällen wird der Übeltäter zwar doch später vor Gericht gestellt; aber er hatte doch wenigstens den Vorteil erzielt, nicht gleich im Affekt getötet zu werden, sondern von einem ordentlichen Gericht abgeurteilt zu werden, das u. U. zu einem Freispruch gelangen oder ihm wenigstens das Leben belassen kann.

Es ist also folgerichtig, daß das Gutachten des Erdherrn bei Freveln gegen die Erde, oder gegen ein religiöses Gebot überhaupt (wie sie in a) 10. aufgeführt wurden) am höchsten gilt. Demgemäß ist bis heute überall der Erdherr der *oberste Richter in Fragen der Verletzung religiöser Gebote der Erde und des Himmels* geblieben, auch dort, wo Häuptlinge die oberste administrative und jurisdiktische Gewalt inne haben.

2. Der Erdherr aber ist *oberster Richter* seiner Gemeinschaft nicht nur bei Freveln, die mit seiner Funktion als Erd- und Himmelspriester

zusammenhängen, sondern auch *in* solchen des *gesamten religiösen Brauchtums*. Führt ein Häuptling den Vorsitz im Tribunal, so hat er den Erdherren als Beisitzer hinzuzuziehen und seine Entscheidung in Brauchtumsfragen zu respektieren.

3. Darüber hinaus wird der Erdherr in allen den Orten, wo entweder keine Häuptlinge installiert sind oder wohin sich die Macht eines Gauhäuptlings nicht wirksam erstreckt (in vom Gau-Vorort abgelegenen Siedlungen) als *oberste Instanz* auch *in Rechtsfragen säkularer Art* angesehen, insbesondere wenn ein Ältestenrat zu keiner Entscheidung kommen kann.

4. Abgesehen von der unter a) 5. beschriebenen *kultischen* Installierung eines Neusiedlers hat der Erdherr dabei auch rein „zivilrechtliche" Funktionen auszuüben, nämlich die *Gewährung des Niederlassungsrechtes* (und der „meldeamtlichen Registrierung"). Will sich ein fremder Bauer auf dem Territorium eines fremden Clans niederlassen, so genügt dazu nicht die Erlaubnis eines befreundeten oder verwandten Clanangehörigen (etwa eines Mutterbruders, der seinem Neffen eigenes Land abtreten will). Auf jeden Fall muß erst die Einwilligung des zuständigen Erdherrn eingeholt werden. Diese wird nie verweigert („denn die Erde ist für alle da und weist niemanden ab"), es sei denn, der Bewerber sei als „übler Kerl" bekannt oder gar der Hexerei verdächtig. In nicht übervölkerten Gegenden sieht man einen solchen Zuwachs — selbst aus fremdem Volkstum — sogar gern, um mehr Hilfskräfte für den Krieg oder für Gemeinschaftsarbeiten zur Verfügung zu haben. Bei der Vorstellung des Fremden an die eigene Erde oder Ahnen wird daher gern vermerkt, daß er den eigenen Leuten „helfen wolle". Bei den SÜD-KASENA, wo meist auch das Buschland des Clanterritoriums schon von Anbeginn an unter den Familien aufgeteilt wurde (bzw. unter den Clansektionen), hat der Erdherr das Recht, einen Neusiedler irgend einer Sektion oder Familie zuzuweisen und sie zu beauftragen, ihm eine Parzelle ihres Landes abzutreten.

5. Die *Anmeldepflicht eines Rodungsvorhabens* auch durch einen ansässigen Bauern verfolgt nicht nur den Zweck, die Rodung durch den Erdherrn in der unter a) 4. beschriebenen Weise weihen zu lassen, sondern auch den „zivilrechtlichen" der „Grundbucheintragung". D. h. der Erdherr hat dafür Sorge zu tragen, daß niemandes Besitzrechte auf Buschfelder — auch aufgelassene — geschmälert werde. Deshalb muß ihm die Anlegung mitgeteilt werden, sofern eben nicht auch das Buschland bereits im Nutzungsrecht der betr. Familie ist. An sich verbleibt das Nutzungsrecht am Boden — nur dieses kennen die GRUSI wie die meisten Afrikaner überhaupt — dem Erstbebauer und seinen Nachkommen. Es kommt aber häufig vor, daß eine Rodung wieder aufgegeben wird und dann Sekundärwald dort nachwächst. Aber auch nach 20 oder 30 Jahren haben der Erstbebauer oder seine Erben — selbst wenn sie inzwischen verzogen waren — das Recht, diese ehemals aufgelassenen Buschfelder wieder zu bebauen. Nicht selten aber war die erste Rodung schon in Vergessenheit geraten und ein anderer Bauer will dort roden. Dann erinnert sich vielleicht plötzlich ein Nachkomme des ersten Besitzers seiner Rechte und erhebt Einspruch gegen das Vorhaben seines Nachbarn. Ein solcher (häufiger) „Streit um Buschfelder" = kokaprõ kann nur vom Erdherrn geschlichtet werden, der dazu gegebenenfalls Zeugen verhört. Das Gleiche gilt für evtl. Streit um die Grenzen von Familienfeldern[49]). In der Regel wird ein vom Vater bebautes Buschfeld (kapŏro) den Nachkommen zugesprochen.

6. Ein Erdherr kann solche alten Rechte aber auch für verjährt erklären. Ferner ist er berechtigt, einem Bauern, den er für unwürdig hält, das *Nutzungsrecht am Boden* überhaupt zu *entziehen*. Auch aus diesem *Recht der Landvergabe und Landentziehung* leitet sich eine starke Machtstellung des Erdherrn ab und macht es verständlich, daß viele Bauern um seine Gunst mit kleinen Aufmerksamkeiten und Geschenken buhlen.

7. Sowohl in seiner Eigenschaft als Verwalter des Clanlandes wie auch als oberster Richter kann der Erdherr *rigorose Strafen* verhängen, die man nicht mit RATTRAY nur als „spiritual sanctions" bezeichnen kann: Nämlich

[49]) (13).

Beschlagnahme eines Teils der Habe eines Schuldigen bis selbst des ganzen Besitzes einer Familie einschließlich ihrer Felder. Damit wird faktisch ein Einzelner wie eine ganze Familie an den Bettelstab gebracht und zur Auswanderung gezwungen.

8. Von solch einer strafweisen Konfiskation ist zu unterscheiden die *Beschlagnahme von Vieh für Opferzwecke*, die der Erdherr ebenfalls aussprechen kann. Abgesehen von den o. a. regelmäßigen Opfern für das ganze Land, die durch Umlage oder Stiftung aufgebracht werden, kann ein Erdheiligtum ja auch durch den Wahrsager jederzeit ein beliebiges Opfer verlangen. Dafür nun kann (wenigstens von den OST- und SÜD-KASENA bezeugt) der Erdherr das nach seiner Art meist genauer bezeichnete Tier von irgend einem Besitzer beschlagnahmen. Besonders die Besitzer von ganz weißen oder schwarzen Tieren laufen Gefahr, früher oder später dazu herangezogen zu werden (vgl. das „Pfortenverschließen" in Kampala). Bei den SÜD-KASENA kann der Erdherr durch einen speziellen „Opfertierfänger" (bɔla-tu) Opfertiere auf der Weide einfangen lassen. Es würde sehr gegen die gute Sitte verstoßen, wollte ein Besitzer gegen eine solche entschädigungslose Enteignung auch nur murren, dient das Opfer doch auch dem Wohle seiner eigenen Familie.

9. Wenn es den Ältesten nicht gelingt, Streitigkeiten innerhalb und zwischen Familien und Clansektionen zu schlichten, wird als letzte Instanz der Erdherr als *Friedensvermittler* angerufen (sofern nicht ein Häuptling dieses Amt übernommen hat, dies aber meist zwischen größeren Verbänden — Dörfern — seines Gaues). Dies auch in dem Fall ,daß ein erzürnter Sektions- bzw. Clan-Ältester oder ein Häuptling eine Beleidigung etc. nicht verzeihen will. (Die Rolle eines Friedensvermittlers zum Häuptling kommt bei den WEST-KASENA dem Schmied zu.) Ein Erdherr kann Streitende dadurch auseinanderbringen, daß er sein Rükkenfell oder seinen Stab zwischen sie wirft.

Ist es zu offener Fehde zwischen verschiedenen Dörfern gekommen, so ist der Erdherr verpflichtet, möglichst Blutvergießen (als Beleidigung der Erde) zu verhindern; wenn doch eingetreten, wie im Einzelfalle einer Prügelei oder Mordes, zu entsühnen. Zur *Friedensvermittlung* bedient man sich gern beidseitiger Verwandter, d. h. des Sohnes einer in den feindlichen Ort verheirateten Clantochter, „Schwestersohn" (nako-bu) genannt. Falls vorhanden, beauftragt man noch lieber einen nach dem Anciennitätsprinzip noch höheres Ansehen genießenden „Vaterschwestersohn" (kaduko-bu). Bei den SÜD-KASENA läßt der Erdherr in den oder aus dem feindlichen Ort verheiratete Frauen[50]) Asche zwischen die streitenden Parteien streuen. Dadurch werden die Kämpfer zur Niederlegung der Waffen gezwungen und das Land „gereinigt".

10. Vor einem *Kriegszug* wird vom Erdherrn — z. T. auch bei Vorhandensein eines Gauhäuptlings mit speziellem Kriegsfetisch (darüber später mehr) — auch am Erdheiligtum mit einem kleinen Bittopfer um den Sieg in der bevorstehenden Schlacht gebetet und im Falle des Sieges das gelobte große Dankopfer dargebracht.

11. Immer wieder wird versichert: „mit allen Angelegenheiten muß die Erde einverstanden sein". D. h. aber faktisch, daß der Erdherr vor Fällen einer wichtigen Entscheidung — auch in *politischen* Fragen — zumindest mitangehört werden muß, selbst wenn ein Häuptling die oberste politische Gewalt in Händen hat. Ist ein solcher nicht vorhanden, so bleibt im Ältestenrat sowieso das letzte Wort beim Erdherrn.

12. In vielen Orten gilt auch heute der *Erdherr als oberster Chef*, auch in sozialen und politischen Belangen, vor allem in den Siedlungen auf dem flachen Lande, aber selbst in großen Orten mit wohlausgebildetem Gauhäuptlingtum, wie etwa in Kampala und Tiébélé. Darüber später mehr.

13. Sofern der Erdherr nicht überhaupt gleichzeitig das Amt des politischen Häuptlings versieht (wie z. B. in Koumbili und

[50]) Nicht am Kampf teilnehmende Frauen sind im Krieg stets unverletzlich! Asche ist heilig, unheil- und zauberabwehrend und als einfachste Opfergabe viel verwendet.

Ketiu), so hat er doch bei der *Ernennung eines Häuptlings* mitzuwirken, hat er Sitz und Stimme im Wahlkollegium. Immer soll die Erde mit dem neuen Häuptling einverstanden sein. In Chiana wie in Tiébélé wird dazu ein besonderes Erdorakel befragt, sonst die Erdheiligtümer. In vielen Orten ernennt der Erdherr den Dorfhäuptling, in Kampala sogar den Gauhäuptling. Nach ihrer Ernennung werden die neuen Häuptlinge den Heiligtümern des Landes, darunter — meist zuerst — den Erdheiligtümern durch den Erdherrn vorgestellt und bringen ihnen Opfer. Das Verhältnis Erdherr : Häuptling wird später eingehender erörtert werden.

III. Die Funktionen des Erdherrn bei den NUNA

entsprechen weitgehend denen der KASENA-Erdherren, es seien daher im folgenden nur die Abweichungen ausführlicher behandelt.

a) Erdangelegenheiten

Auch bei den NUNA wird die Beschäftigung mit ihnen im o. a. Sinne als Hauptaufgabe des Erdherrn angesehen.

1. Vor Beginn der Feldarbeiten wird *nicht überall* regelmäßig vom Erdherrn für den ganzen Gau bzw. Dorf ein *Bittopfer* an die Erde dargebracht. Bei den nordwestlichen NUNA bitten die Ältesten den Erdherrn, mit ihnen zum Erdaltar zu gehen und dort um gute Ernten, Gesundheit und Unfallfreiheit zu beten und ein Dankopfer zu geloben. In den östlichen und südlichen Gauen bringt der Erdherr ein Bittopfer nur dann an ein Erdheiligtum, wenn der Wahrsager die Notwendigkeit eines solchen Opfers angesagt hat. Hat ein Gauhäuptling die Vorherrschaft, so gibt dieser dem Erdherrn den entsprechenden Auftrag und stiftet wohl auch das vom Wahrsager angegebene Opfertier für seinen ganzen Gau, sonst wird es durch Umlage bei allen Familien gekauft.

Individuell wendet sich jeder pater familias außer an seine Ahnen nicht an einen Feldaltar, sondern an einen, in jedem Gehöft vorhandenen, „Ackerbau-Fetisch“ (valə-kɔara, Pouni: vademɛ̃). Es ist dies eine aus Erde vom Erdaltar und Hirsemehl geformte Kugel (also gewissermaßen ein häuslicher Ableger des Erdheiligtums) oder ein Töpfchen mit gleichem Inhalt auf dem Hausaltar. Dort betet er um gute Ernten und Gesundheit. Manchmal opfert er auch ein Huhn im Feld.

2. Ein *Erntedankopfer* für die ganze Gemeinschaft bringt der Erdherr bei den südlichen NUNA nur dann, wenn der Wahrsager es angeordnet hat, bei den nordwestlichen NUNA wieder auf Ersuchen und in Gegenwart der Ältesten. Sonst bringen die Familienvorstände einzeln ein Tier zum Erdherrn zum Opfer am Erdaltar, sobald sie darüber verfügen. Dies auch meist nur dann, wenn der Wahrsager es ihnen empfohlen hat. Jeder Pater familias opfert jedoch außer seinen Ahnen auch seinem Ackerbau-Fetisch, zumindest Hirsefladen, meist auch ein Huhn zum Dank, häufig auch im Feld. Fällt die Ernte sehr schlecht aus, so werden die gelobten Tiere nicht geopfert und die Ältesten beklagen sich beim Erdherrn, der dann einen Wahrsager um die Ursache der Mißernte befragt.

3. Zum *Einsammeln von Wildfrüchten* scheint eine Erlaubnis des Erdherrn *nicht* erforderlich zu sein.

4. Ebensowenig zur *Anlage einer Rodung* im Busch, der entweder reichlich zur Verfügung steht und/oder bereits auf die einzelnen Clansektionen aufgeteilt ist. Der Erdherr nimmt nirgends eine Weihe der Rodung vor, beginnt dort auch nicht mit der Arbeit wie bei den KASENA.

5. Ein *Neusiedler* hat zwar die Erlaubnis des Erdherrn zur Niederlassung einzuholen, wobei ihm ein bestimmtes Buschstück nur dann verweigert wird, wenn es heilig ist. Der Erdherr führt jedoch keine symbolischen Hackenschläge zur Weihe der Rodung aus.

Bezüglich der Einführungsopfer für einen Neusiedler ist das Brauchtum verschieden: Bei den südöstlichen NUNA (Sapouy, Léo) also Nachbarn der WEST-KASENA, findet sich das dortige Brauchtum wieder, daß der Erdherr an dem Rodungsplatz des Neusiedlers ein Huhn opfert. Bei den übrigen NUNA opfert er — wenn überhaupt (nur auf Anordnung des Wahrsagers) — für den Fremden am Erdaltar, bei den westlichen NUNA (Pouni) dagegen am Bauplatz für sein Gehöft.

6. Nur noch im Gau Léo opfert der Erdherr außer an der Rodung auch am *Bauplatz*, sonst ist diese Sitte nirgends (mehr?) bei den NUNA zu finden. Eine symbolische Einleitung der Bauarbeiten findet jedoch in Léo nicht statt.

7. Der Erdherr gibt die *Erlaubnis zur Beerdigung*, kondoliert den Hinterbliebenen und ist auch bei den Totenfeiern anwesend. Ob er wie bei den KASENA auch das Grab anzeichnet und beopfert, ist mir leider nicht bekannt.

8. *Fundsachen* und die der Erde zugewandte Hälfte eines verendeten Elefanten sind dem Erdherrn zu übergeben, in Dio sogar die Felle von Feliden, obwohl hier auch ein Häuptling vorhanden ist.

9. *Familienfelder* sind bei den NUNA ebenfalls unteilbar und unverkäuflich.

10. Die *Befolgung religiöser Gebote* (ţyulu) zu überwachen ist eine Hauptaufgabe des Erdherrn.

11. Als eine der schlimmsten *Beleidigungen der Erde* wird auch bei den NUNA das Vergießen menschlichen Blutes angesehen, das, wie üblich, durch vom Erdherrn zu vollziehende Tieropfer gesühnt werden muß. Auch hier spricht man vom „Aufsammeln des Blutes". Unterbleibt es, so haben die Übeltäter Unglück (Erkrankung, Sturz von einem Baum, Schlangenbiß usw.) zu gewärtigen.

12. Ebenso ernst wird ein *Beischlaf im Busch* gewertet, der Sühneopfer am Erdaltar oder Tatort erheischt. Im letzterem Falle wird er bei den zentralen NUNA durch den „Herrn des (betr.) Busches" (gao-tyu) gebracht. Im allgemeinen kommt dieses Vergehen höchst selten vor, da die Angst vor automatisch folgender und — zumindest wenn Termiten oder Ameisen am Tatort aus der Erde kommen — zum Tode der Sünder führenden Krankheit abschreckt. Nur bei den nordöstlichen NUNA wurde mir angegeben, daß das ertappte Liebespaar in voreuropäischer Zeit durch Erschießen hingerichtet wurde. Ich konnte nicht mit Sicherheit feststellen, ob in den anderen Gauen ein früher vollstrecktes Todesurteil mittlerweile in Vergessenheit geraten war oder wegen der doch automatisch folgenden magischen Bestrafung der Täter tatsächlich nicht für nötig erachtet wurde.

13. Die *Rache des beleidigten Busches* scheint bei den NUNA noch mehr als bei den KASENA gefürchtet zu werden. Nicht nur bei Blutvergießen und Beischlaf im Busch, sondern auch bei Tötung eines Hundes, Fundunterschlagung und Diebstahl (z. B. auch von angeschossenem Wild) im Busch, Jagdgang nach vorhergegangenem Geschlechtsverkehr ohne Reinigungsbad usw. „Der Busch duldet keine Unreinheit", „wenn man die Gesetze des Busches befolgt, lebt man ruhig". Der Busch rächt sich für Beleidigungen durch Dürre und Mißernten, Sendung von Krankheiten, Löwen, Schlangen und anderen schädlichen Tieren aus dem Busch. Z. B. suchten 1954 Löwen immer wieder das gleiche Quartier in Sapouy heim, rissen dort Rinder und andere Haustiere, töteten zwei Menschen und verwundeten zwei weitere schwer. Der nach der Ursache befragte Wahrsager stellte fest, daß die betr. Familie geschlechtlich gesündigt hatte. Nach einem entsprechenden Sühneopfer blieben die Löwen weg.

b) Kult des Himmels

Wie bei den KASENA ist der Himmel (dialektisch verschieden we, wi, yi, yie) das Höchste Wesen, Gatte der Erde, vor jedem Gebet an die Erde zuerst anzurufen. Opfer hat der Erdherr durch Vermittlung der Erde an ihn zu richten.

1. Soweit vor Beginn der Feld- und Saatarbeiten vom Erdherrn für die Gesamtheit oder für Einzelne Gebete und Opfer an einem Erdheiligtum gebracht werden, wird stets gleichzeitig der Himmel um reichlichen *Regen* gebeten.

2. Bei *Dürre* wird der Wahrsager um die Ursache befragt, d. h. eine begangene Sünde, die erst gesühnt werden muß. Fast immer ist dann der Erde selbst oder dem Himmel oder dem Busch oder einem heiligen Teich oder einem anderen Naturheiligtum ein Opfer —

stets durch den Erdherrn — zu bringen. Da es sich dabei um eine das ganze Land betreffende Angelegenheit handelt, sind dabei meistens die Ältesten und gegebenenfalls der Häuptling anwesend. Ein solcher gibt, sofern er die oberste Macht inne hat, dem Erdherrn den offiziellen Befehl hierzu, stiftet wohl auch selbst das Opfertier oder läßt es durch eine Umlage beschaffen. Bei den westlichen und nordwestlichen NUNA wird das Tier erst gelobt und nur im Fall der Erhörung der Bitte auch geopfert. In Dio entscheidet der Erdherr selbst, wenn er um Regen bitten muß und wartet dazu weder das Eingreifen der Ältesten noch das des Häuptlings ab. Er streut Asche auf das Grab des ersten Erdherrn und bittet ihn, sich bei Gott um Regen zu verwenden (das ist die übliche Unterrichtung der Ahnen und Bitte um ihre Unterstützung vor Ausführung eines Rituals). Dann begibt er sich nur in Begleitung seines „Schwestersohnes" als rituellen Zeugen und Ministranten zum Gebet an den Erdaltar.

Auch bei den NUNA gibt es vereinzelt Regenmacher, die in verzweifelten Fällen, wenn der Erdherr versagte, zu Hilfe gerufen werden.

3. Die uns von den WEST-KASENA bereits bekannten hohen Lehmkegel, mit dem Namen des Himmelsgottes belegt, finden sich auch bei NUNA (Abb. 7), mit Ausnahme der Landschaft Beune. Zum wenigsten ist ein solcher *Himmelsaltar* für den ganzen Ort — in Obhut des Erdherrn — vorhanden. Z. T. hat auch der sakrale Gauhäuptling einen zweiten in Obhut (Dio) oder es gibt einige zusätzliche unter der Betreuung von Sektionsältesten. In Sapouy ist das wi des Gaues in Obhut des Gauhäuptlings. Hier wurde es mir von einem intelligenten Gewährsmann als Stellvertreter des Himmels bezeichnet. Bei der breiten Masse jedoch scheint es weniger als ein Himmels-*Altar*, vielmehr als kraftgeladener *Fetisch* (als solcher auch bezeichnet) angesehen zu werden, der der Erde bzw. dem Häuptlingsfetisch „helfen" soll. Er spielt eine beträchtliche Rolle als „Segenbitter" für das ganze Land. In Sapouy wird ihm regelmäßig vor Beginn der Feldarbeiten ein Opfer um gute Gesundheit und Unfallfreiheit gebracht, sonst meist unregelmäßig je nach Aussage des Wahrsagers. Ein we- bzw. yi-Altar ist im allgemeinen zuständig für gute Gesundheit, Kindersegen, Regen und gute Ernte, für letztere erhält er oft auch ein Erntedankopfer. In Léo dient er in erster Linie der Entgegennahme der Regenbitte, in Silly dagegen wird dort gerade nicht um Regen gebetet.

c) Verantwortung für Wohlfahrt überhaupt

1.—4. Auch bei den NUNA ist der Erdherr für die *Wohlfahrt des ganzen Landes verantwortlich*, insbesondere für gute Ernten und Gesundheit. Dabei entsteht ihm eine starke Konkurrenz im — meist vorhandenen — sakralen Häuptling, der seine Verantwortung teilt und die des Erdherrn oft auf die Betreuung der Erde, des Busches und der Naturheiligtümer eingeschränkt und ihm z. T. auch die Obhut des Himmelsaltars abgenommen hat. Auch bei den NUNA soll Unheil aller Art möglichst schon vor dem Eindringen in das Land abgewendet werden. Ein „Pfortenverschließen" wie bei den OST-KASENA ist jedoch nicht bekannt. Man befragt vielmehr den Wahrsager, was bei drohendem Unheil zu tun sei. Neben der Erde und ihren Heiligtümern sind es auch die Himmelsaltäre und der Häuptlingsfetisch, die mit Opfern bei großen Gefahren für das Land, bei Dürre, Epidemien, Bedrohungen durch tierische Schädlingen usw. um Hilfe angerufen werden. Magische Praktiken zur Vertreibung von Sturm oder Anlockung von Wind sind mir nicht bekannt geworden.

5. Zum *Ausfindigmachen eines* seelenfressenden *Hexers* (kyiro, kyero, Pouni: tyĭl) oder eines *Mörders* dient einmal die Anzeige des Erdherrn an die Erde. Die macht daraufhin den Verbrecher krank oder irrsinnig, so daß er seine Untat bekennen muß. Oder die Leiche des Ermordeten, in seine Schlafmatte gewickelt, dirigiert vier Träger zum Mörder. Auch bei den NUNA kann bei diesem Ordal die Leiche durch Haare und Nägel wie Kleidungsstücke des Toten, mit Zweigen eines heiligen Baumes in eine Matte gewickelt und von zwei Männern getragen, die Leiche ersetzen. Vorher ruft der Erdherr im Beisein des Häuptlings und seines Gefolges den Erdaltar im heiligen Hain an und

sagt etwa: „Wir haben eine Leiche gefunden und kennen den Mörden (bzw. Hexer) nicht. Aber DU Erde, DU Himmel, DU Busch, DU heiliger Teich, DU heiliger Baum, DU heiliger Berg, ihr kennt den Mörder, nennt ihn uns!" Darauf legt er noch Erde vom Erdaltar auf die Haare etc. im Bündel (zelo, zyilɔ, Tabbou: zara). Dieses dirigiert dann die Träger unfehlbar zum Mörder. Ein solches zelo-Bündel wird lieber zum Ordal genommen als die Leiche selbst, da es länger zu gebrauchen ist und man dadurch mehr Zeit zur Suche hat.

Ist ein Hexenfänger (inaaro oder tyero) vorhanden, der mittels „Hellsehen" einen Subachen[50a]) beim Seelenfang ausfindig gemacht hat, so hat er seine Entdeckung dem Erdherrn mitzuteilen. Dieser verwarnt zunächst im Beisein der Ältesten den Hexer: „Der Wind hat mir zugeflüstert, daß Du die Seele des N. N. frißt. Wenn Du sie nicht freigibst und er stirbt, geht es Dir schlecht!"

Der Schwur bei der Erde (adwo-de-tiya) gilt auch bei den NUNA als schwerster (Reinigungs-) Eid.

6. Wie ernst die Erdherren ihre Aufgabe des Schutzes der Bevölkerung vor Epidemien nehmen, zeigt die Tatsache, daß sie in einigen Orten des westlichen NUNA-Landes seit kurzem begonnen haben, einen zur *Bekämpfung von Subachen*[50a]) (als vermutete Ursache für Seuchen) für besonders wirkungsvoll gehaltenen neuen fremden Fetisch (uaro bzw. ualo) von außen her (Cercle de Diébougou) einzuführen. Sie errichteten ihm Tempel und lassen ihm den von den Verkäufern vorgeschriebenen Kult angedeihen.

7. Wie bei den KASENA hat ein Erdherr auch zu unregelmäßigen Gelegenheiten an Erdaltären oder Himmelsaltären zu opfern, falls ein *Wahrsager* es für notwendig erachtet.

8. Für *Kindersegen* sind zwar vor allem die „Himmels"-Altäre zuständig, (aber mehr individuell angerufen), in Sapouy gibt es jedoch außerdem im Busch einen heiligen Hain (nakyiri-tyu), wo nicht nur auf Verlangen des Busches geopfert wird, sondern auch, damit es viele Kinder im Dorf gibt. Der Erdherr richtet Opfer und Gebet an die Erde, diese gibt dann dem Heiligen Hain den Befehl zum Kindersegen und jener gibt darauf die Kinder.

d) Soziale und politische Funktionen

1.—3. Auch bei den NUNA ist der Erdherr *oberster Richter in Erdangelegenheiten u. a. religiösen Fragen und Bewahrer des Brauchtums.* Er verhängt auch die Strafe für Übertretung religiöser Gebote (bɔ̃ oder bwã). Hat er sich mit einem Häuptling in die Macht zu teilen, so ist er mit diesem entweder gleichberechtigter Gerichtsherr (z. B. in Tabbou) oder mindestens Beisitzer auch bei profanen Anliegen. In Pouni ist er sogar, trotz Vorhandensein eines Gau-Oberhäuptlings, auch hierbei oberster Gerichtsherr. Bei den nordwestlichen NUNA wird ein ertappter Dieb zuerst zum Erdherrn geführt. Hier übergab früher der Erdherr Kapitalverbrecher den Kriegern zum Strafvollzug. Die Asylgewährung des Erdheiligtums ist ebenfalls, aber nicht überall, bekannt.

4.—5. Ein *Neusiedler* hat seinen Wunsch um Erlaubnis zur Niederlassung zwar dem Erdherrn vorzutragen und sich von diesem Land zuweisen zu lassen, nicht aber ein ansässiger Bauer die Absicht zur *Rodung.* Denn da das Buschland im Umkreis der Siedlungen schon von Anbeginn an auf die Clane bzw. Clansektionen aufgeteilt ist und zudem fast überall genügend freier Busch für Rodungsvorhaben zur Verfügung steht, so ist ein *Streit um Buschfelder* auch fast unbekannt. Streit um Felder bezieht sich fast immer auf Grenzverschiebungen von Familienfeldern und ist natürlich vom Erdherrn zu schlichten.

6.—8. Wieweit ein NUNA-Erdherr das *Nutzungsrecht am Boden entziehen* kann, ist mir nicht zur Genüge bekannt, um darüber ein sicheres Urteil abgeben zu können. Mir scheint, daß er zu dieser Strafe — falls überhaupt — jedenfalls viel seltener schreitet als bei den KASENA. Auch strafweise *Konfiszierung der Habe* eines Verurteilten wird fast stets vom Häuptling ausgesprochen (und nur wenn ein solcher fehlt vom Erdherrn oder Ältestenrat), der dem Erdherrn davon seinen Anteil bzw.

[50a]) cf. Anm. S. 16.

die als Sühneopfer an die Erde zu bringenden Tiere zuweist. Eine *Konfiskation von Opfertieren* für die Gemeinschaft scheint bei den NUNA nicht üblich zu sein.

9. *Friedensvermittler* im Streit zwischen Familien und Clansektionen sind meist die Ältesten oder der Häuptling. Zwischen Einzelnen und dem Häuptling ist es wie bei den WEST-KASENA der Schmied, der auch Asyl gewährt.

10. Wieweit in voreuropäischer Zeit der Erdherr an der *Kriegsvorbereitung* beteiligt war, konnte nicht mehr mit genügender Sicherheit eruiert werden. Es ist als wahrscheinlich anzunehmen, daß er ebenfalls die Erde um den Sieg angefleht und ihr gegebenenfalls Dankopfer dargebracht hat. In Sapouy wird überliefert, daß er mit dem Gauhäuptling zusammen dessen Fetisch die Kriegsabsicht angekündigt habe.

11. 12. Mit Ausnahme der südöstlichen NUNA gilt der Erdherr nicht nur als *oberster Chef* in den Dörfern, sondern z. T. sogar in Gauen mit wohlausgebildetem Oberhäuptlingtum wie Kassou, Dio, Pouni.

13. Ein sehr bedeutsamer Unterschied zu den KASENA ergibt sich daraus, daß der Erdherr bei den NUNA in besonderer Weise mit der *Installierung eines neuen Gauhäuptlings* befaßt ist. Nicht nur muß, wie bei jenen, die Erde mit dem neuen Häuptling einverstanden sein und er ihr vorgestellt werden und spielt der Erdherr eine Rolle bei der Nominierung, sondern sogar in Gauen mit wohlausgeprägtem Gauhäuptlingtum wie Sapouy und Pouni wird der Häuptling vom Erdherrn ernannt und installiert. Er nimmt auch während des Interregnums zwischen Tod des alten und Einsetzung des neuen Gauhäuptlings dessen Häuptlingsfetisch in Verwahrung. Darüber später mehr.

IV. Attribute, Rechte und Nachfolge eines Erdherrn bei den KASENA

a) Attribute und Rechte

Als *Amtstracht* eines Erdherrn oder Priesters eines Erdheiligtums — auf welchen wir später noch zu sprechen kommen — ist ganz allgemein die altüberlieferte Männertracht vorgeschrieben. D. h. ein Rückenfell (Schaf, Ziege, Antilope, Rind), das ungegerbt meist über der rechten Schulter mit den zusammengebundenen Vorderbeinen getragen wird. Noch zu Anfang dieses Jahrhunderts war dies bei der Masse der männlichen Bevölkerung das einzige Kleidungsstück; heute habe ich nur noch wenige alte Männer nur mit dem Fell bekleidet angetroffen; das Fell dagegen nur zusätzlich zur Baumwollkleidung getragen gesehen, wenn es nicht schon ganz aufgegeben wurde.

Der alten Forderung, daß jeder bei einer Kulthandlung am Erdaltar Anwesende das Fell zu tragen habe, wird nur noch in den konservativeren Gegenden, namentlich in den abgelegeneren Dörfern und bei den SÜD-KASENA, Genüge getan. Im OST-KASENA-Gau Tiébélé hatte noch vor kurzem der Erdherr außer dem Fell nackt zu fungieren. Nur im nordwestlichen Gau Guiaro sah ich den Erdherrn ohne Fell am Erdaltar. Heute ist überall ein einheimischer Dreieckschurz aus Baumwolle zugelassen (im Schnitt ähnlich einer Zwickel-Badehose ohne Beine). Verboten sind jedoch lange, weite Hosen, wie sie von Wohlhabenden gern getragen werden — und natürlich europäische Kleidungsstücke — sowie jede Art von Oberkleidung. Jeder bei einer Kulthandlung am Erdaltar Anwesende hat mit nacktem Oberkörper, ohne Kopfbedeckung und Schuhwerk, heranzutreten. Selbst Häuptlinge, die sonst gerade nie ohne Schuhwerk und (nie abgelegte) Kopfbedeckung erscheinen dürfen, unterwerfen sich diesem Gebot. In Kampala hat sogar der Gauhäuptling in Schurz und Fell zum Erdheiligtum zu kommen. Der Erdherr darf nie irgendwelches Schuhwerk bei einer Amtshandlung tragen.

Bei den OST- und SÜD-KASENA trägt der Erdherr eine Kalebasse, im Süden gern mit Kauri besetzt, als eine Art Helm auf dem Kopf (Abb. 3, 9, 10 und Film Nr. 1). Sie wird aus einem eiförmigen Kürbis geschnitten, um einen der Kopfform angepaßten ovalen Durchmesser zu erhalten. Sie ist gleichzeitig und ursprünglich die Schale für Libationen von Hirsewasser oder Bier, die indessen nicht immer dargebracht werden.

Zur Ausrüstung gehört ferner überall ein besonderes Opfermesser — manchmal in einer ledernen Umhängetasche mitgeführt — zum Schlachten der Opfertiere.

Stellenweise werden dem Erdherrn *Attribute* zugelegt, die ursprünglich zum Häuptlingskomplex gehörten, um seinen mit einem politischen Chef gleichen Rang zu betonen. Dies gilt insbesondere für die Gaue, wo der Erdherr gleichzeitig Gauhäuptling ist, wie im WEST-KASENA-Gau Koumbili und im SÜD-KASENA-Gau Ketiu. Hier trägt er z. B. — außer am Erdaltar — die rote Filzmütze, ein erst durch Mohammedaner ziemlich rezent eingeführtes Häuptlings-Abzeichen. In Kampala wird sie vom obersten Erdherrn zwar nicht getragen, ihm aber mit in das Grab gegeben. Hier trägt er auch einen Szepter-Stab der Häuptlinge. (Sonst besitzt ein Erdherr, der in der Regel erst als älterer Mann zu seinem Amt gelangt, wie andere Älteste oft einen Stützstab. Es wäre nicht ausgeschlossen, daß sich aus diesem Greisenstab überhaupt erst ein Abzeichen eines führenden Ältesten — z. B. Clanältesten — entwickelte und darüber hinaus ein „Häuptlingsstab" wurde.)

Sodann wurden vor Einführung der roten Obergewandung für Häuptlinge unter den importierten weitärmeligen Kitteln aus Baumwolle die von nahezu schwarzer Farbe am höchsten geschätzt. Da sie mehrfach in Indigo gefärbt werden müssen, sind sie am teuersten und faktisch nur mächtigen — und damit wohlhabenden — Oberhäuptern erschwinglich. Sie werden in einigen Orten außer den Häuptlingen auch den Erdherren als Grabkleidung gegeben. Das wird als zulässig angesehen: das Amt des Erdherren ist ja mit seinem Tode erloschen und somit kann o. a. Amtskleidung nicht mehr obligatorisch sein. Der alte Erdherr von Kampala (gestorben 1957) trug ein solches „schwarzes" Obergewand auch beim Empfang von Staatsbesuchen (Abb. 8), also nicht als Priester amtierend. In solchem Fall dürfen Erdherren überall auch Vollkleidung der üblichen — auch vornehmen Art — tragen, anscheinend aber keine europäische Kleidung. Jedenfalls habe ich nie einen — von Amts wegen konservativen — Erdherrn europäisch gekleidet gesehen. Bei sehr angesehenen Erdherren, z. B. dem von Tiébélé und Kampala, muß ein Besucher schon weit vor dem Gehöft alle Fußbekleidung ablegen und Geschenke mitbringen.

In Tiébélé hat der Erdherr einen besonderen „*Berater*" (= „Kanzler") und in Chiana einen „*Sprecher*", durch den er beim Opfern zur Versammlung bzw. zum Häuptling spricht. In den Orten, wo der Erdherr gleichzeitig Häuptling ist, umgibt er sich auch mit Beratern und Ministern, wie wir es als typisch für Gauhäuptlinge später kennen lernen werden. In Koumbili verfügt der Erdherr auch über einen rituellen Opferer (tyagoro = „Hühnertöter"), der ihm beim Opfern assistiert. Bei den SÜD-KASENA lassen die Erdherren das Opfer meist durch spezielle Priester der verschiedenen Erdheiligtümer ausführen, auf welche wir später zurückkommen werden. Ist der Erdherr zu gebrechlich, um noch an einem von seiner Wohnung weit entfernten Erdheiligtum Kulthandlungen verrichten zu können, so darf er sich *vertreten* lassen, wozu vorzugsweise der präsumptive Nachfolger verwendet wird.

Ein Erdherr hat das Recht seine Leute zur *Bittarbeit* zu beordern, um seine Felder zu bestellen und abzuernten, sein Gehöft ausbauen oder reparieren zu lassen. Als Entgelt hat er keinen Lohn zu zahlen, nur die Verpflegung zu stellen. (Auch jeder gewöhnliche Hausherr kann Bittarbeiter bestellen, dann aber vorwiegend aus seiner Verwandtschaft und ohne Vorrang vor den eigenen Arbeiten.)

Jeder oberste Erdherr eines Gaues behauptet, daß ihm die „kleineren" Erdherren in den Groupements oder Dörfern unterstellt seien und ihm gehorchen müßten und nur mit seiner Zustimmung installiert werden dürften. Diese selbst bestreiten dies aber meist. Die „*Oberhoheit*" eines solchen Gau-Erdherren beschränkt sich im allgemeinen faktisch darauf, daß er von seinen eigenen Clanangehörigen als oberster Chef respektiert wird und ein höheres Ansehen genießt als die lokalen Erdherren der Dörfer oder Quartiere, da deren „Erden" als „Kinder" der „Erde" des Gaues gelten. Jedenfalls wird ein Gau-Erdherr nie Kulthandlungen an den

Altären, die den anderen „kleinen" Erdherren unterstehen, vornehmen und sich auch kaum in deren Ernennung einmischen, höchstens sie im Amt bestätigen, um die eigene Oberhoheit zu dokumentieren.

b) Die *Nachfolge* eines Erdherren wird stets innerhalb der Familie bzw. Linie nach dem Senioratsprinzip geregelt. Wie bei der Leitung einer Großfamilie wird also der älteste erwachsene Mann — sofern er keine körperlichen oder geistigen Gebrechen aufweist, die ihn zum Amt untauglich machen — automatisch Nachfolger. In der Regel ist es der nächstjüngere Bruder. Sofern ein Angehöriger der Brudergeneration jünger als ein Sohn des Verstorbenen oder eines seiner Brüder ist, so wird er übergangen und das Amt zunächst diesem Sohn gegeben. Wenn Bedenken gegen die Ernennung eines präsumptiven Nachfolgers bestehen, z. B. wenn eine zahlenmäßig schwache Familie nur einen noch recht jungen Mann dafür stellen könnte, so entscheidet der Ältestenrat. Er wählt dann u. U. einen Angehörigen einer anderen Linie oder Familie, jedoch der gleichen Clansektion. Nur bezüglich der Erdherren von Tiébélé gab mir der Sohn des amtierenden Erdherrn ausdrücklich an, daß bei diesen die Nachfolge stets an den ältesten Sohn gefallen sei, da sich früher die Brüder ständig getrennt hätten. Das muß als große Ausnahme gelten[51]). In die Nachfolge von Erdherren können sich Häuptlinge nicht einmischen und versuchen es auch gar nicht. Allenfalls bestätigt ein Gauhäuptling nachträglich die bereits vorgenommene Nominierung des neuen Erdherren. Auf einige anscheinende Ausnahmen von dieser Regel, der Amtsenthebung lokaler Erdpriester durch „Chefs de Village", komme ich später zu sprechen.

Die Beerdigung eines Erdherren fand nach alter Sitte, die sich in den kleineren Siedlungen bzw. bei den nicht einen Gauhäuptling stellenden Clanen bis heute erhalten hat, in der Form eines Begräbnisses eines Clan- bzw. Sektions-Ältesten statt. Es ist nur im Aufwand evtl. vom Begräbnis eines gewöhnlichen Familienvorstandes verschieden. Dabei wird das Grab von Totengräbern der gleichen Siedlung gegraben. Ist der Clan des Verstorbenen in Clansektionen unterteilt, so werden u. U. Totengräber und vor allem die Leitung der späteren Totenfeier von einer reziproken Clansektion gestellt. Der Tod wird dem Erdheiligtum vom jüngsten Sohn des Hauses (auch wenn er noch ein Kind ist) mit den Worten angesagt: „Dein Sohn ist gestorben".

Als Beispiel für die Verhältnisse eines großen Gaues mit Gauhäuptling und oberstem Erdherren führe ich das Brauchtum von Kampala an: Wie schon früher bei der Schilderung des magischen „Pfortenverschließens" erwähnt, wird dieser Gau von mehreren Clanen bewohnt, von denen der Häuptlingsclan der zahlreichste mit verschiedenen Siedlungen ist. Jeder dieser Clane hat einen eigenen Erdherren, wobei der des Häuptlingsclans zwar dessen lokale „kleine" Erdherren „kommandiert", aber denen der anderen Clane nichts zu sagen hat. Im Gegensatz zu diesen anderen Erdherren wird er nicht von seiner eigenen Sektion beerdigt, sondern von einer anderen. Der Gauhäuptling steht nun nicht nur zum Erdherren seines eigenen Clans in einer institutionellen Beziehung, sondern auch zu den fremden: Der Tod jedes dieser Erdherren muß ihm sofort von einem Boten — der ein Huhn und Tabak als Geschenk mitzubringen hat — mitgeteilt werden. Der Bote kündigt den Tod mit den Worten an: „Dein Vater ist krank, er hat Fieber". Der Häuptling fragt zurück: „Wann?" Der Bote: „Gestern". Häuptling: „Man muß ihn gut versorgen!" Der Bote geht nun fort, kommt aber nach einigen Minuten mit der Meldung zurück: „Es ist aus". Der Häuptling weiß nun Bescheid und sagt entweder: „Gut, ich komme" oder — meistens — macht er Einwendungen, um die Familie des Verstorbenen zu zwingen, ihm Geschenke an Tabak, Hühnern oder auch größeren Tieren zur Besänftigung zu bringen. Dies vor allem, wenn es ein noch nicht beigelegtes Zerwürfnis mit ihm gegeben hatte. Denn erst nach Ankunft des Häuptlings im betreffenden Ort darf der *Tod* öffentlich *verkündet* werden, selbst wenn der Häuptling — etwa bei einem

[51]) Da dieser Erdherr nur seinen Sohn als Dolmetscher zuließ, konnte ich die Richtigkeit dieser Aussage nicht überprüfen.

schweren Zwist mit dem Verstorbenen — ein Jahr auf sich warten läßt. Dann wird der Tote zwar beerdigt, aber heimlich in der Stille und ohne die üblichen Feiern, Trommeln usw. Bei gutem Einverständnis (so in der Regel beim Tod des eigenen Clan-Erdherren) fragt der Häuptling: „Wer hat meinen Vater getötet?" Wenn der Häuptling nicht sofort zum Begräbnis kommen kann, ordnet er an, die Leiche „zu verbergen", d. h. inzwischen still zu begraben. Offiziell lebt der Tote dann noch.

Zum *Begräbnis* jedes der o. a. Erdherren erscheint der Oberhäuptling mit Gefolge und Ministern[52]) und bringt die Totenkleidung in guter Qualität mit. Das sind lange Hosen, großes Obergewand und Mütze in „schwarzer Farbe" (d. h. dunkelindigo), für den Erdherrn des eigenen Clans eine rote Mütze. Das Begräbnis eines Erdherrn wird also wie das eines Häuptlings veranstaltet mit der Ausnahme, daß ihm kein Schuhwerk und keine Beigaben in das Grab gelegt werden. War der Verstorbene reich, so erhält der Häuptling von den Hinterbliebenen ein Rind, sonst nur ein Schaf als Gegengeschenk. Das betreffende Tier muß er am Leben lassen und in seine Herde einstellen.

Nach dem Begräbnis wäscht sich der Häuptling die Hände mit den Worten: „Mein Vater ist gestorben".

Am Tage nach der Beerdigung werden, je nach Vermögen, ein Schaf oder ein bis zwei Rinder im Hof geopfert — wie beim Tod eines Häuptlings.

Am dritten Tag nach der Bestattung wird das Grab des Erdherren — wie das eines Gauhäuptlings — wieder geöffnet, um nach *Vorzeichen* zu sehen. Denn beide Chefs haben die Macht, nach ihrem Tode „das Land zu verderben". Deshalb steigen der älteste Sohn des Verstorbenen und die Totengräber — die von den Ältesten zum Grab begleitet wurden — hinein, um zu sehen wie der Tote liegt. Wenn nämlich die Lage der Leiche oder eines Körperteiles verändert oder eine Hand geschlossen vorgefunden werden, so ist dies ein schlechtes Omen: Der Tote will das Land verderben. In einem solchen Falle wird der Wahrsager nach dem Grunde und den Möglichkeiten zur Besänftigung des Toten befragt und die Leiche wieder in die richtige Stellung gebracht. Der Sohn verabschiedet sich mit den Worten: „Du verläßt uns jetzt, aber nimm das Glück (des Landes) nicht mit, sondern lasse es uns!"

Nach Abhaltung der *Totenfeiern* für einen verstorbenen Erdherrn des Häuptlingsclans vereinigen sich eines Vormittags unter einem großen heiligen Baobab vor dem Gehöft des Erdherrn — dem Erdheiligtum dieses Clans — alle Erdherren und Ältesten von „ganz Kampala" mit dem Gauhäuptling und seinem Gefolge unter Trommelschlagen. Die Erdherren haben eine neue Kalebasse für Libationen und ein neues Opfermesser mitgebracht, um sie herum wird getanzt.

Nun folgt die *Installierung des Nachfolgers*: Er steigt zunächst auf den Altar des Gründers seiner Clansektion und sagt seinen Ahnen an, daß man ihm „seine Erde" übergeben wolle. Darauf geht er zum Erdaltar unter dem heiligen Baobab und setzt sich davor nieder. Die Erdherren übergeben ihm das Opfermesser und die Kalebasse, dazu ein Huhn und einen Hammel, die er über dem Altar opfert. Mit diesem Moment der ersten Amtshandlung ist die „Herrschaft über seine Erde" auf ihn übergegangen. Ein Ältester derjenigen Clansektion, die auch die Totenfeiern veranstaltet hatte, hält als Herold eine Ansprache, mit der er die *Nomination* des neuen Erdherrn *verkündet* und ihm Glück wünscht. Niemand anderes spricht. Nur der neue Erdherr hält danach eine Rede, daß er nun „die Erde von ganz Kampala genommen habe und nun Chef von ganz Kampala geworden" sei. Er wünscht allen gute Gesundheit und gute Ernten. Anschließend werden keine weiteren Tänze veranstaltet. Der Oberhäuptling hatte sich ganz passiv verhalten und keinen Einfluß auf Wahl und Ernennung des neuen Erdherren durch die anderen Erdherren bzw. Ältesten genommen.

Auch an anderen Orten wird ein neuer Erdherr immer durch Übergabe des neuen Opfermessers (taŋwan' seo = Erdheiligtums-Messer)

[52]) Der Erdherr des Häuptlings-Clans jedoch nimmt weder am Begräbnis noch an der Totenfeier für einen anderen Erdherrn teil.

installiert und durch offizielle Vorstellung am Erdaltar und erstes Opfer darüber in sein Amt eingeführt. Falls ein (Gau-)Häuptling vorhanden ist, wird ihm die Ernennung des neuen Erdherrn nur nachträglich gemeldet.

V. Attribute und Nachfolge eines Erdherrn bei den NUNA

Als *Amtstracht* ist überall das Rückenfell zu tragen. Nur im Canton Pouni im äußersten Nordwesten, wo der Erdherr sich stark dem Gauhäuptling angeglichen hat, ist es in Wegfall gekommen und nur noch Nacktheit des Oberkörpers obligatorisch. In den zentralen Landschaften ist noch völlige Nacktheit — außer der Felltracht — vorgeschrieben, sonst überall dazu die Baumwoll-Zwickelhose an Stelle einer Langhose. In Léo ist die frühere Nacktheit noch in Erinnerung. Ebenso sind überall Schuhwerk und Kopfbedeckung verboten. Der von den OST- und SÜD-KASENA bekannte Kalebassenhelm wird bei den NUNA nicht getragen. Alle bei einer Kulthandlung am Erdaltar Anwesenden — einschließlich Häuptlinge — haben ebenfalls Oberkleidung, Schuhwerk und Kopfbedeckung abzulegen.

In Anlehnung an die *Regalia* des Gauhäuptlingtums dürfen die Erdherren in den zentralen Landschaften Tabbou und Beune sowie in Dio auch die rote Mütze tragen. In Beune — wo der Erdherr einziger Chef ist — stehen ihm auch Szepterstab und Parade-Lederkissen zu. In den zentralen und nordwestlichen Gauen wird ihnen auch das Vorrecht eines Häutlingsgrabes, nämlich einer besonders geräumigen und innerhalb eines Hauses zu grabenden Grabkammer, eingeräumt. Desgleichen schwarze Grabkleidung. Nur in Pouni ist die weiße Farbe dafür vorgeschrieben, wie für einen gewöhnlichen Mann. In Dio kann ihm Grabkleidung in roter Farbe gegeben werden.

Der Erdherr von Pouni wird auch darin einem Gauhäuptling gleichgesetzt, daß er eine *Suite* von „Ministern" bzw. „Beratern" (aus den Ältesten der Clansektionen und Linien gebildet) und einen „Sprecher" bzw. „Herold" unterhält, die höher im Rang stehen als die Minister des Gauhäuptlings. Außerdem haben einige Erdherren der zentralen und nördlichen Gaue noch einen rituellen „*Opferer*" als Assistenten, dem z. T. das Schächten der Opfertiere obliegt. In Sapouy und Tabbou wird er tya-pina (= „Hühner-Töter"), in Dio syɔ'u-tyu (= „des Opfermessers Herr") genannt, sonst „nako-byu" (= „Schwestersohn"). Zur Erläuterung sei eingefügt, daß ein Schwesternsohn bei den GURUNSI eine bedeutende soziale Rolle spielt. Da er ebenso eng mit der Familie seines Vaters wie der seiner Mutter verwandt ist, werden über ihn als Mittelsmann die freundschaftlichen Beziehungen zwischen beiden sonst nicht blutsverwandten sozialen Gruppen gepflegt. Von dieser natürlichen Verwandtschaft im konkreten Einzelfall ausgehend, pflegt man aber auch einen Angehörigen eines anderen Quartiers, das zum eigenen in einem Verhältnis reziproker Teilnahme an bestimmten Kulthandlungen (wie insbesondere gegenseitige Veranstaltung von Totenfeiern) steht, „Schwestersohn" zu nennen. Damit soll die auch ohne Blutsverwandtschaft bestehende enge „familiäre" Beziehung ausgedrückt werden. Manchmal wird diese „Schwestersohnschaft" auf eine tatsächliche frühere Heiratsverbindung zwischen beiden Quartieren zurückgeführt; manchmal wird aber auch ein Angehöriger einer reziproken Clansektion nako-byu genannt, mit dessen Quartier gar keine Heiratsverbindungen erlaubt sind, da die Quartiersgründer Söhne des gleichen Vaters waren. Im Einzelfall ist es schwer festzustellen, ob ein tatsächlicher oder ein im o. a. Sinne klassifikatorischer „Schwestersohn" als Gehilfe oder Delegierter des Erdherrn (z. B. für Kulthandlungen an einem entfernten Buschheiligtum) fungiert[53]). Für die NUNA selbst ist diese Frage auch ohne Belang.

[53]) TAUXIER (l. c. 170) war darauf gestoßen und berichtet, daß die Familie des Erdherrn von Sapouy von einem dorthin zurückgekehrten Neffen des Dorfes abstamme. Das kann in dieser Form schon deshalb nicht stimmen, da Sapouy dann bis zu diesem Zeitpunkt ohne Erdherrn gewesen sein müßte, was ganz unmöglich ist. Mir selbst ist diese Version nicht erzählt worden. Da mir als Informanten neben dem Erdherren auch ein hochintelligenter und in Tradition und Brauchtum bestens bewanderter jüngerer Bruder

Im übrigen wird wie bei den KASENA als Vertreter des Erdherrn — besonders eines gebrechlichen — auch sein zukünftiger Nachfolger beauftragt.

Die *Nachfolge* regelt sich auch bei den NUNA nach dem Seniorats- und Anciennitätsprinzip, wobei der Nachfolger geeignet und von den Erdheiligtümern (durch Orakel) acceptiert sein muß. Wenn Gauhäuptlinge vorhanden sind, haben sie keinen Einfluß auf die Nominierung des Erdherrn; u. U. sind sie bei seiner Einsetzung zugegen, ohne jedoch dabei eine Funktion auszuüben. Stammen beide aus derselben Linie, so begräbt einer den anderen als „Bruder". Dort, wo der „Schwestersohn" als ritueller Helfer des Erdherrn eine Rolle spielt, installiert er auch meistens einen neuen Erdherrn, indem er ihm öffentlich seine Rangabzeichen übergibt und zusammen mit seiner ersten Frau dem Erdaltar vorstellt und die erste Amtshandlung vornehmen läßt. Bei Tod und Installierung eines Erdherrn müssen auch die Familienvorstände jüngerer Sektionen bzw. Linien, die weiter entfernt siedeln, anwesend sein. Haben sie in ihrem Filial-Quartier einen eigenen „kleinen" Erdherrn, so muß bei dessen Tod und Einsetzung der Erdherr des Ursprungsclans anwesend sein.

VI. *Das Wesen des Erdherrntums*

Mein bisher vorgeführtes Material zeigt, daß die Funktionen eines Erdherrn doch noch weit mannigfaltiger sind, als es in den älteren Quellen berichtet wird. Er ist demnach nicht nur als Priester für den Erdkult zuständig, sondern auch für die Verehrung des Himmelsgottes. Und er hat darüber hinaus noch in vielfältiger Weise — ohne Verbindung mit dem Erdkult — für das geistige und seelische Wohl seiner Gemeinschaft verantwortlich zu wirken. Dazu hat er soziale Funktionen, die sich nicht nur aus seinem Erdpriestertum ableiten lassen, und er verhängt über Sünder nicht nur „rein spirituelle" Sanktionen. Offensichtlich war der Erdherr — und ist es vielenorts auch heute noch — auch ein weltlicher Führer und selbst mit politischen Aufgaben betraut. Folgerichtig bezeichnen ihn die GRUSI nicht nur in den Orten, wo noch kein Gauhäuptlingtum entstanden ist, als ihren obersten „Chef", sondern stellen ihn selbst in vielen solchen Gauen an Rang höher als den Gauhäuptling[54]). Die Bezeichnung eines Erdherrn als „religiöses Oberhaupt" bzw. „Hohepriester" ist demnach nicht ganz unrichtig, aber sie kennzeichnet nur eine Seite seines Wesens. Viel eher könnte er in die Reihe der „*Priesterhäuptlinge*" eingereiht werden.

Gerade in dieser Untersuchung, die sich nur mit den institutionellen *Führern* befaßt, muß betont werden, daß der Erdherr keineswegs der einzige Mann einer sozialen Einheit ist, der priesterliche Funktionen besitzt. Dem Ahnenkult kommt überall eine gleich große Bedeutung

des Gauhäuptlings — der sich des öfteren in besonders kniffligen Fragen noch von Ältesten exakte Auskünfte einholte — und dazu noch ein als „Historiker" mit der genauen Bewahrung der historischen Überlieferungen beauftragter Minister zur Verfügung standen, glaube ich nicht, daß eine so wichtige Tradition in der kurzen Zwischenzeit vergessen wurde. Vielmehr halte ich es für möglich, daß der Gewährsmann T.'s entweder nicht genau unterrichtet war bzw. seine Auskünfte falsch übersetzt wurden, oder daß er den Begriff des „Schwestersohnes" mit einem möglichen und nicht seltenen Faktum — der Übersiedlung eines Schwestersohnes bei Streitigkeiten mit seinen väterlichen Verwandten zum Mutterbruder — erläutern wollte. Es kann auch vorkommen, daß ein Familienvorstand eine Tochter so lange nicht verheiratet, bis sie im väterlichen Gehöft einen unehelichen Sohn geboren hat, falls keine leiblichen Söhne als Erben vorhanden sind. Ein solcher Tochtersohn (aber nicht „Schwestersohn") wird dann einem agnatischen Nachkommen gleichgesetzt und führt die Linie des Hauses weiter. Auch in einem solchen Falle müßte aber das Erdherrenamt in Sapouy schon früher bestanden haben.

[54]) Die europäische Verwaltung hat diese „weltliche" Führungsrolle des Erdherrn nicht nur dadurch verdunkelt, daß sie stellenweise den GRUSI administrative Häuptlinge vor die Nase setzte, sondern daß sie auch viele Erdherren zwang, selbst Dorf- und sogar Gauhäuptlinge zu ernennen bzw. schon existierenden z. T. die führende Rolle in politischen und Verwaltungsfragen abzutreten. Denn einem Erdherrn ist es ja strikte untersagt, „seine Erde" zu verlassen, das muß aber eine europäische Verwaltung von „Häuptlingen" mit Verwaltungsaufgaben verlangen.

zu wie dem Erd- und Himmelskult. Nur ist seine Ausübung auf eine große Menge von Kultgemeinschaften und seine Leitung damit auf eine Vielzahl von Priestern aufgesplittert: Je nach der gerade betroffenen Gruppe wirken Familienväter, Älteste von Linien, Clansektionen und Clanen bis zum Gauhäuptling als Ahnenpriester für ihre Gemeinschaften. Aber auch die Gauhäuptlinge haben, wie wir noch sehen werden, ebenfalls priesterliche Funktionen. Die GURUNSI kennen in allen Bereichen ihrer Lebensführung keine scharfe Trennung zwischen religiösen und profanen Handlungen, demnach auch keine Gegenüberstellung von religiösen und säkularen Autoritäten[55]).

Wie kommt es nun, daß im Amt des Erdherrn — nach unserer Auffassung — so unterschiedliche Funktionen verbunden sind? Liegt hier eine zufällige Verbindung verschiedenartiger Aufgabenbereiche vor oder läßt sich die soziale und politische Rolle des Erdherrn tatsächlich aus seiner Bedeutung als Priester ableiten oder gibt es schließlich im Denken der GURUNSI eine Gleichung, die alle Funktionen auf einen Nenner bringt? Eine Analyse des *Begriffes „Erdherr"* wird uns hier weiterhelfen:

„Erd-Herr" ist die annähernd wörtliche Übersetzung von Kasem: tega-tu (auch tɛga-tu), Nuna: ti(y)a-ti (oder dialekt. tiya-tyu, auch tyia-, häufig tya-ti).

tu (bzw. N.: tyu oder ti) bedeutet nun „Herr" im Sinne von „Eigner", „Besitzer", wie auch „maître" und „Chef"; d. h. den Inhaber der Verfügungsgewalt und -rechtes über eine Sache oder auch Person. So z. B. in kasem: sɔŋɔ-tu = „Gehöft-Herr" (= pater familias), diga-tu = „Frauenhaus-Herr", d. h. erste Frau des pater familias (= domina), lɔɣɔ-tu oder tyiu-tu = „Dorf-Herr" (= Dorfhäuptling), dwa-tu = „Regen-Herr" (= Regenmacher), nuna: tyu-ti = „Grigri-Herr" (= Besitzer und Hersteller von Amuletten etc.), syɔ'u-tyu = „Opfermesser-Herr" (= ritueller Opferer) usf.

Nun begründet aber „Herrschaft" und „Besitz" für die GURUNSI nicht nur Eigentumsrechte, sondern auch Pflichten, d. h. der Begriff -tu beinhaltet zugleich den Begriff der Verantwortlichkeit für wie gegenüber dem Beherrschten bzw. dem Besitz. Eine diga-tu ist also verantwortlich für alle ihr unterstellten weiblichen Angehörigen der Großfamilie, ihre Moral, Arbeit, Erziehung usw. wie auch für die korrekte Erledigung aller Haushaltspflichten. Ein sɔŋɔ-tu ist verantwortlich *für* das Verhalten aller seiner Familienangehörigen in einem Maße, daß er für alle ihre Schulden oder Missetaten gerade stehen muß, im Falle eines Mordes Blutrache erleiden oder durch Bußzahlungen für dieses oder ein anderes Verbrechen gegebenenfalls den Ruin der ganzen Familie hinzunehmen hat. Andererseits ist er *gegenüber* dem Gehöft verantwortlich für eine gute Verwaltung des Familienerbes, gleichmäßige Ernährung und Kleidung aller, Verheiratung der „Söhne" und „Töchter", Krankenpflege usf. Wie für das leibliche ist er aber auch für das seelische Wohl verantwortlich, also z. B. für Erziehung, für die Ausübung der für seine ganze Gemeinschaft wie für einzelne Mitglieder notwendigen religiösen Kulthandlungen, Wahrsagerkonsultationen, evtl. notwendige Beschaffung von Amuletten u. a. magischen Hilfsmitteln, Veranstaltung würdiger Bestattungs- und Totenfeiern usw. wie auch die Vertretung aller ihrer Interessen gegenüber Fremden. In gleicher Weise ist der Besitzer einer Medizin, eines Fetischs oder eines Heiligtums, Ahnenaltars, verantwortlich für dessen Wirkungen auf andere wie durch die vorgeschriebenen kultischen oder magischen Handlungen zu dessen Pflege gegenüber diesem seinem Besitz.

So ist auch ein tega-tu verantwortlich dafür, daß seine Erde die gebührende Verehrung erfährt und vor Beleidigungen geschützt wird, damit sie ihre segensreichen Wirkungen für die Gemeinschaft ausüben kann, wofür der Erdherr ebenfalls verantwortlich ist. RATTRAY hatte bereits diesen Aspekt erfaßt, als er schrieb[56]): "Priest-King: The word I have translated thus is, in the original, composed of two words, Teŋa (or variants) 'land', and a suffix -tu, which may

[55]) Ein „administrativer" Häuptling stellt natürlich keine Autorität für die GURUNSI dar.

[56]) l. c. 43.

roughly be translated by 'owner', the whole thus becoming 'owner of the land'. 'Owner' in this context means the person responsible to and for the land, its chief trustee, its high priest. This person is the spiritual head of the clan. I have decided to render his title by the compound word Priest-King." Und bezüglich des Erdherrn der NANKANSE[57]: "... Ten'dana is derived from two words, teŋa and dana. Dana is a suffix, having the meaning of 'owner of', 'possessor of', in the sense of 'being responsible', 'being trustee' for what one owns. Teŋa, which may, in some context, be losely translated by 'land', embraces, as we have seen, more than this; it is the clan settlement which includes the land, with all divisions from section right down to the basic unit, the single compound. ... Ten'dana thus means he who is in charge of and responsible for the teŋa — the settlement of the clan. As nothing happens in the life of the individual or of the clan, which is not ordained by some spiritual agency, this responsibility resolves itself into on governing their spiritual well-being. The Ten'dana thus becomes the Chief-Priest or Priest-King of his group."

So verdienstlich RATTRAY's Hervorhebung der Verantwortlichkeit eines -tu (bzw. -dana in Nankane) für sein Eigentum ist, so bleibt seine Sicht doch einseitig und wird nicht allen Aspekten des Erdherrn gerecht, und seine Ableitung der Autorität und der priesterlichen Funktionen des Erdherrn verwirrt mehr als sie klärt. Wie schon erwähnt, ist der Erdherr nicht der einzige Priester seiner Gemeinschaft und es sind für das „spiritual well-being" eines Clans auch die Ahnenpriester und gegebenenfalls der Häuptling zuständig. Zunächst sei festgehalten, daß im Begriff des -tu nicht nur seine *Pflichten* enthalten sind, die ihn als „trustee" und damit auch als Priester handeln lassen. Sondern als Eigner und Besitzer hat er auch dessen *Rechte*, d. h. eben die Verfügungsgewalt über sein Eigentum.

So wie -tu nicht durch ein einziges europäisches Wort übersetzt werden kann, so ist auch tega vieldeutig, keineswegs bedeutet es nur „clan settlement" oder „land". Einmal liegt in tega sowohl der Begriff „Erde" wie auch „Land" (= terra) im allgemeinen, gleichgültig ob bebaut oder Wildnis. (Vgl. die häufig gegebene Erklärung: „Die Erde ist überall die gleiche".) Der Begriff kann aber auch eingeengt werden auf „Ackerland" — im Gegensatz zu „Busch" (gao) — oder auf von der eigenen sozialen Einheit (das braucht nicht gleich ein Clan sein!) besiedeltes bzw. beanspruchtes Land (= territorium). Da ferner das Siedlungsland im Erdaltar repräsentiert wie symbolisiert wird, so wird häufig der Erdaltar als „Erde des Ortes X." bezeichnet, und davon ausgehend kann nun wieder der Erdherr selbst einfach mit dem Ortsnamen genannt werden.

Nicht zuletzt ist aber im Denken der GURUNSI (wie ihrer Nachbarn) mit tega *stets auch die göttliche Segens-Macht* gemeint, die die Feldfrüchte sprießen läßt und damit die Menschen ernährt. Ich finde dafür kein besser entsprechendes Wort als „*Erdgöttin*", wobei zu beachten ist, daß sie nie anthropomorph vor- oder dargestellt wird. Anscheinend deckt bei den GURUNSI der Begriff „Fruchtbarkeit" wie im deutschen sowohl die der Erde wie der Menschen und des Viehs (fertilitas und feconditas), so daß es verständlich wird, daß die tega bzw. ihr Heiligtum auch um Kindersegen angefleht werden können und die Saat der Feldfrüchte von den Frauen vorzunehmen ist. Da ferner tega — wie früher erwähnt — die Gattin des Himmels(gottes), des Höchsten Wesens, und zugleich wegen dessen unerrreichbarer Ferne die vornehmste Mittlerin zwischen ihm und den Menschen ist, so leuchtet es ein, daß sie die Befolgung nicht nur ihrer eigenen Gebote, sondern auch der des Himmels überwacht und der Kult des Himmels über sie als Vermittlerin erfolgt.

Betrachten wir nun im Lichte dieser Begriffsbestimmung die Funktionen und die soziale Stellung des Erdherrn noch einmal, so wird klar, daß sie sich alle aus dem im obigen Sinne erläuterten Begriffe des Erdherrn, d. h. aus der Vorstellungswelt der GURUNSI selbst heraus, zwanglos ableiten lassen.

[57]) l. c. 255.

Beginnen wir mit dem religiösen Aspekt, den Funktionen des Erdherrn als Erdpriester: Ohne weitere Erklärung leuchtet die Notwendigkeit der Saat-Bittopfer und der Erntedankopfer (Kap. B, C a 1—4) ein. Die Weihe einer Rodung und/oder eines Bauplatzes für einen Neusiedler und einer Grabstätte (a 5—7) ist *nicht* aus der Tatsache abzuleiten, daß der Erdherr der „Landeigner" ist — wie RATTRAY[58]) und TAUXIER[59]) meinen, sondern aus dem Aspekt von tega als Erdgöttin. Denn das Umbrechen der Felder wie das Ausschachten eines Grabes und auch der Hausbau (da für die Gewinnung des Lehmes für Mauern und Dach neben der Baustelle eine Grube ausgehoben wird) bedeuten eine Verletzung der Erdoberfläche, d. h. der Haut der Erdgöttin, also ihre „Beleidigung". Deswegen muß sie folglich ebenso um Genehmigung wie um Verzeihung gebeten werden — beim Feld wenigstens beim erstmaligen Umbrechen — und die betr. Kulthandlung ist neben dem Segenerflehen im Kern ein Sühneopfer. Dies wird auch aus den Erklärungen der GURUNSI selbst erhärtet: Unterläßt man diese Sühneopfer, so kann der betr. Siedler nicht beerdigt werden; denn er hat ja von der Erdgöttin noch keine Verzeihung erlangt und kann daher von ihr auch nicht als Toter in ihren Schoß aufgenommen werden! Auch die Entsühnung der „Beleidigungen" der Erdgöttin durch Blutvergießen und Beischlaf auf der nackten Erde (a 11, 12) gehören hierher. Ebenso das Verbot, durch die erstmalige Weihe geheiligte Familienfelder ganz oder stückweise zu verschenken oder gar zu verkaufen: Es erscheint den GRUSI absurd, die heilige Erde — d. h. aber doch eben auch die *Erdgöttin* — verkaufen zu wollen. Schon CARDINALL[60]) sah richtig, daß dies bedeuten würde, die Erdgottheit in Knechtschaft zu bringen. Der Mensch kann nur demütig um das Nutzungsrecht an Land bitten, das einem Unwürdigen nicht gewährt werden kann. Ferner werden Erde (und Busch) als Gottheiten gefaßt, wenn ihrer Rache wegen Übertretung religiöser Gebote durch Sühneopfer begegnet werden muß (a 10, 13). Ihr Priester erhält also höchste moralische Autorität, weil ohne seine Vermittlung keine Sündenvergebung erlangt werden kann — was die Sünder in das größte Unglück stürzt. (Nur Vergehen gegen die Ahnen gehen den Erdherrn nichts an und sind durch die Ahnenpriester zu sühnen.)

Der Kult des Himmels durch den Erdherrn erklärt sich aus seiner o. a. Eigenschaft als (ferner) Gatte der Erdgöttin (a 1—3).

Die unter c 1—4, 6—8 genannte Verpflichtung des Erdherrn, für die Wohlfahrt im allgemeinen auch ohne engeren Zusammenhang mit dem Erdkult — u. a. auch durch Befragung von Wahrsagern — zu sorgen, ergibt sich aus seiner Verantwortung als Landeigner und „landlord" (wie die englischen KASENA den tegatu auch nennen). Bei der Abwendung des Unheils fungiert er wieder als Priester der Erdgöttin und/oder des Himmelsgottes, da diese Übel fast stets als Strafen dieser Mächte für begangene Sünden aufgefaßt werden. Bei d 3 ist ebenfalls die Beziehung zum Himmel gegeben, der Wind bzw. Sturm wehen läßt.

Im Erdschwur und in der Anrufung bzw. Verwendung der Erde beim Mörder- und Subachenfang (c 5) zeigt sich noch ein magisch-religiöser Bezug, ebenso darin, daß Verbrechen ganz allgemein auch Sünden gegen göttliche Gebote darstellen. Es überwiegt bei der Befassung mit Verbrechen — auch Dieben — aber doch wohl eher der Gedanke an die Verantwortlichkeit des Landesherren für die Bewohner seines Landes. Jedenfalls zeigen diese Beispiele, daß die religiösen Funktionen des Erdherrn eng mit seinen sozialen verflochten sind.

Ganz folgerichtig ist der Erdherr oberster Richter (d 1—2) in allen „Erdangelegenheiten" und sonstigen religiösen Fragen einschließlich des Brauchtums und der Moral, denn Innehaltung des Brauchtums ist für die GURUNSI gleichbedeutend mit Befolgung religiöser Gebote. Daß der Erdherr früher allgemein und z. T. auch heute noch oberster Richter auch in säkularen Angelegenheiten (in ernsten, vom Ältestenrat nicht zu erledigenden Fällen) (d 3, 7) war und ist, ergibt sich jedoch aus seiner Stellung als Landlord. Bezeichnenderweise ist

[58]) l. c. 532. [59]) l. c. 310. [60]) l. c. 62.

er dort zum bloßen Beisitzer im Tribunal herabgedrückt worden, wo ihm seine Rolle als Territorialherr von einem Gauhäuptling abgenommen wurde.

Die Anmeldepflicht von Rodungsvorhaben von Altsassen und Neusiedlern beim Erdherrn (d 4—6) und dessen Recht auf Landvergabe und -entzug sowie zur Schlichtung von Streit um Felder leitet sich eindeutig aus seiner Eigenschaft als Land*eigner*, Land*besitzer* ab. Auch das Recht zur Beschlagnahme von Opfertieren (d 8) ergibt sich aus seiner Stellung als Landeigner und Landesherr, wobei natürlich auch die priesterlichen Funktionen hereinspielen. Den Anspruch auf Fundsachen erhebt er klarerweise als Landeigner (a 8).

Ebenso wirkt er als Landesherr bei der Friedensvermittlung (d 9) und Kriegsführung (d 10), wobei die Rolle des Erdherrn als territoriales und politisches Oberhaupt stark in den Vordergrund rückt, dasselbe gilt für sein Mitspracherecht in politischen Entscheidungen (d 11). Daß der Erdherr noch heute vielenorts von der Bevölkerung, in manchen Gauen mit Oberhäuptlingen sogar von diesen selbst als der „oberste Chef" angesehen wird (vgl. Kap. III d 12, 13; IV, V), dürfte den Leser nach dem bisherigen Bilde, das die früheren Berichterstatter entworfen hatten, überraschen. Ich komme darauf später zurück. Jedenfalls zeugt die Tatsache, daß der Erdherr in vielen Fällen den politischen Häuptling ernennt oder installiert — zumindest bei seiner Ernennung maßgebend mitwirkt —; vielfach während des Interregnums zwischen Tod des alten und Ernennung des neuen Häuptlings mit dem Ministerrat regiert oder gar während dieser Zeit den Häuptlingsfetisch in Verwahrung nimmt; häufig einen „administrativen" Häuptling für die Verwaltung ernennt und schließlich die ständig betonte Forderung „der Häuptling hat mit dem Erdherrn im Einverständnis bzw. beide haben gemeinsam zu regieren", für die noch immer starke politische Stellung des Erdherrn als Landesherr. Die manchenorts dem Erdherrn gegebenen Attribute und Vorrechte des Häuptlingtums sowie die völlige Machtlosigkeit des Oberhäuptlings bei der Regelung der Nachfolge eines verstorbenen Erdherren unterstreichen diese Rolle deutlich genug. Es ist demnach nur völlig korrekt, wenn englisch sprechende KASENA den Erdherrn je nach seinem Aspekt, den sie gerade im Auge haben, entweder als (fetish-)„priest" oder als „landowner" bzw. „landlord" benennen. (Daß ein Erdherr auch politische Funktionen haben kann, muß nach der alten Auffassung, die ihn nur als Priester sah, unerklärlich bleiben. Denn es ist ja bei den GURUNSI auch ein Ältestenrat vorhanden. Verständlich wird dies eben nur, wenn wir die Eigenschaften eines Erdherrn als gleichzeitiger Landeigner und Landesherr berücksichtigen.)

Vielleicht lassen sich durch folgendes Diagramm die Funktionen des Erdherrn gemäß der sprachlichen Ableitungen verdeutlichen:

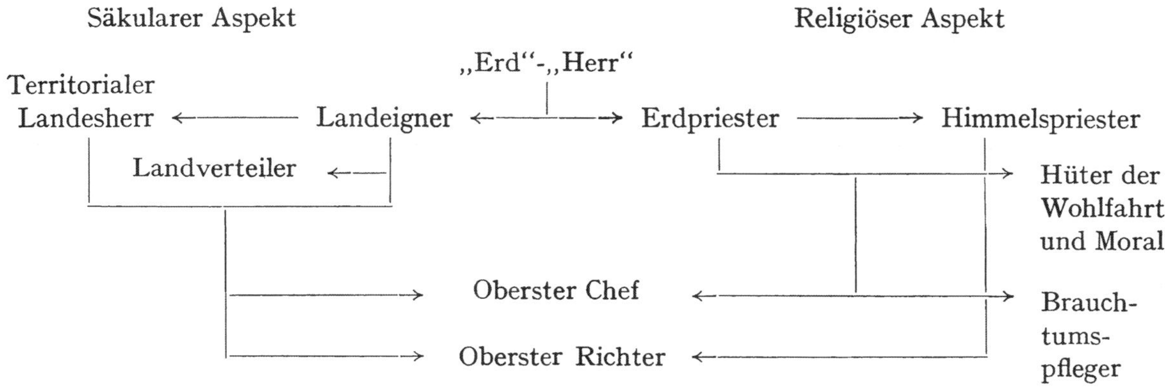

VII. Die Entwicklung des Erdherrntums und des Erdkultes

Noch klarer als durch die soeben versuchte funktionalistische und begriffliche Analyse wird das Wesen des Erdherrntums vielleicht durch eine historische Untersuchung seiner Entwicklung, die zugleich einige interessante Einblicke in die Formierung der „altnigritischen“ Kultur Obervoltas ergibt.

a) Die Entstehung des Erdherrnamtes

Bisher hatten wir erfahren, wie ein Erdherr fungiert und seine Nachfolge im Todesfalle geregelt wird. Wo kommen aber die ersten Erdherren her, wie wird man überhaupt ein Erdherr? Die GURUNSI sagen es selbst ganz klar: Wer sich als Erster im Busch auf einem Gelände niederläßt, auf das noch niemand Besitzansprüche erhebt, der wird durch diese Niederlassung und Besitzergreifung Erdherr des betreffenden Landes. Und zwar einmal rein säkular besitzrechtlich gesehen „Eigentümer“ dieses Landes, der Parzellen davon nach seinem eigenen Ermessen an Verwandte oder Freunde zur Nutzung abgeben kann. Später kommende Siedler haben ihn oder seine Erben um Landzuweisung zu bitten und treten dadurch zu ihm in eine Art Vasallenverhältnis, da sie ihr Landstück als erbliches Lehen vom „Erdherrn“ als „Landesherrn“ und „Landeigner“ erhalten. Allein in dieser Rolle als Landbesitzer und damit Landverteiler besitzt der Erdherr schon eine sehr bedeutende Machtstellung. Schon der erste Landnehmer war aber das Oberhaupt einer Familie oder Linie. Seine Nachkommen in direkter Linie werden gemäß dem geschilderten Seniorats- und Anciennitätsprinzip mit dem Anwachsen der Bevölkerungszahl und damit Erweiterung der familialen Urzelle zu einer Linie oder einem Clan bzw. Clansektion deren Älteste. Sie haben so auch in dieser Eigenschaft (verstärkt durch ihre leitenden Funktionen im Ahnenkult!) stets eine führende Stellung. Bis auf den heutigen Tag sind derart viele Erdherren gleichzeitig Älteste nicht nur von Großfamilien — was sie wegen des Senioratsprinzips sowieso fast immer sind — sondern auch von Clanen oder Clansektionen. Lokal ausgedrückt, sind sie dadurch die Oberhäupter von Weilern bzw. „Quartieren“ oder Dörfern — ja selbst von Gauen, wenn sich dem führenden Clan kleinere fremde Siedlungen angeschlossen haben —, und es ist nun nicht mehr verwunderlich, daß z. B. TAUXIER so häufig mit „Chef de village“ (oder „Chef de quartier“ oder „Chef de Canton“) sowohl Erdherren wie die — später zu besprechenden — Gauhäuptlinge wie „administrative“ Häuptlinge wie Sektions- und Clanälteste bezeichnet und dabei ihre Funktionen durcheinanderbringt.

Wie oben erwähnt, benötigt besiedelte Erde unbedingt eine kultische Verehrung und ist ein Landeigner daher auch verantwortlich für den Erdkult. Ist also noch kein zuständiger Erdpriester vorhanden, so muß der Landnehmer als solcher fungieren, anders hätte er ja keinen Segen, sondern nur Unglück zu erwarten. Für den afrikanischen Bauern Obervoltas, gleich welcher Sprache und Kultur, ist dies etwas so Selbstverständliches, daß er nie wagen würde, die von ihm besiedelte Erde ohne Kult zu lassen bzw. einen für sein Siedlungsland bereits vorhandenen Erdherrn zu ignorieren. Ein Neusiedler — auch gegebenenfalls ein Eroberer — unterstellt sich daher stets in Angelegenheiten des o. a. Erdkultes dem bereits ansässigen Erdherren. Selbst die Gründer des MOSI-Reiches (d. h. der DAGOMBA-Eroberer, aus deren Verschmelzung mit den altnigritischen Ureinwohnern erst die späteren MOSI entstanden), haben die autochthonen Erdherren im Amt belassen und sich in kultischen Angelegenheiten ihnen unterstellt. Ein sprechendes Beispiel vom Gründer der MOSI-Dynastie von Ouagadougou bringt DIM DELOBSOM[61]). Ganz im Gegensatz zu den Meinungen von TAUXIER, CARDINALL und RATTRAY gibt es in ganz Obervolta keine sicheren Beweise für die Tötung eines ansässigen Erdherrn durch einen Eroberer, sondern nur eine Legende, wie der Gründer des DAGOMBA-Reiches den ansässigen Erdherren *eines* Ortes ermordete. Bezeichnenderweise beschreibt ihn die Sage als einen einäugigen Riesen von schrecklichem Aussehen, als einen Ogre[62]).

[61]) (12) S. 213ff. [62]) (9) S. 3ff.

Nun ist es typisch für die GURUNSI, daß sich häufig nach dem Tode eines pater familias Halbbrüder trennen — meist wegen Familienstreitigkeiten — und sich wirtschaftlich selbständig machen. Sofern noch genügend freies Land im Besitz ihres Clans oder ihrer Sektion bzw. bei der des Mutterbruders vorhanden ist, siedeln sie sich dort an[63]), andernfalls müssen sie in die Fremde ziehen. Heute ist es schon schwierig geworden, noch bebaubares Buschland im Niemandsland zu finden, noch vor einigen Jahrhunderten muß das leichter möglich gewesen sein[64]).

Die Landsuche in kleinen Familiengruppen ist bis auf den heutigen Tag auch für andere Altnigritier Obervoltas und die MOSI typisch. (Ähnliche friedliche Ausbreitungstendenzen sind auch bei anderen afrikanischen Bauern festzustellen, vgl. die diesbezüglichen Berichte H. BAUMANN's über die COKWE[65]) und G. TESSMANN's über die PANGWE[66]). Das Gleiche erfahren wir aber auch aus den Traditionen der GURUNSI, die immer wieder berichten, daß der Ahnherr mit seinen Angehörigen auf der Suche nach geeignetem Land in die jetzige Heimat gekommen sei und sich entweder in ehemaliger herrenloser Wildnis niederließ und dadurch Erdherr dieser Siedlung wurde (vgl. Anhang Nr. 11, 19, 23); oder sich in einem damals spärlich besiedelten Gebiet auf dem Territorium eines bereits ansässigen Erdherrn ansiedelte, dem er sich unterstellte (vgl. Anhang Nr. 6, 12, 21—23). Im letzteren Falle kam es dann häufig zu Heiratsbeziehungen zwischen Alt- und Neusiedlern, namentlich wenn diese dem Landherren eine wertvolle Unterstützung durch Kriegshilfe (vgl. Anhang Nr. 13, 23) oder Arbeitshilfe leisteten.

b) Ämtertrennung Landesherr—Erdpriester

Mit dem zahlenmäßigen und räumlichen Anwachsen einer Siedlung durch Bevölkerungsvermehrung und Zuzug von fremden Siedlern oder freiwillige Unterstellung kleinerer fremder Familien- und Lokalgruppen in der Nachbarschaft sah sich ein Erdherr früher oder später oft nicht mehr in der Lage, die Ämter des Landesherrn und des Erdpriesters gleichzeitig zu versehen, namentlich in höherem Alter. Normalerweise übernimmt er aber wegen des Senioratsprinzips dieses Amt sowieso erst in vorgerücktem Alter und hat es bis zu seinem Tode inne. Er war also nicht selten gezwungen, sich in irgend einer Funktion vertreten zu lassen und mußte sich entscheiden, ob er einen anderen mit der Wahrnehmung der priesterlichen oder der politisch-administrativen Aufgaben betrauen sollte. Diese Ämtertrennung können wir im Keim und meist zeitlich befristet noch heute beobachten, wenn etwa ein betagter Erdherr seinen präsumptiven Nachfolger — gleichzeitig zu dessen allmählicher Einführung in die Amtsgeschäfte — oder einen „Schwestersohn" die Kulthandlungen an einem entfernten Erdheiligtum ausführen läßt, oder wenn er sich in den administrativen Pflichten durch einen „Sekretär" vertreten läßt. Als solchen kann er ebenfalls seinen zukünftigen Nachfolger oder auch ein anderes, jüngeres Familienmitglied ernennen. In dieser Weise sind seit der europäischen Okkupation viele „administrative" Häuptlinge von den Erdherrn ernannt worden, um sich von den vielen zusätzlichen Verwaltungsaufgaben zu entlasten, und weil sie einer Vorladung eines europäischen Verwaltungsbeamten nicht Folge leisten können.

[63]) (13).

[64]) Trotz hoher Kindersterblichkeit scheint bei Verschontbleiben von Kriegen und Epidemien doch eine verhältnismäßig schnelle Bevölkerungszunahme bei der Obervolta-Bevölkerung stattgefunden zu haben, da durch frühes Heiratsalter der Mädchen, schnelle Wiederverheiratung der Witwen und Trennung unfruchtbarer Ehen die höchstmögliche Zahl von Geburten gewährleistet wird. Mangels zuverlässiger Volkszählungen in früheren Zeiten sind exakte demographische Angaben noch unmöglich, ich verweise aber auf die immer prekärer werdende Übervölkerung des MOSI-Landes seit dem Beginn dieses Jahrhunderts. FR. BURGDÖRFER[67]) gibt nach Unterlagen der UN die jährliche Wachstumsrate der mittelafrikanischen Bevölkerung — als einer von modernen hygienischen Maßnahmen noch wenig erfaßten Population — mit 0,5—1,5% an. Nehmen wir als Mittel 1% jährliche Wachstumsrate an, so könnte die Bevölkerung Obervoltas um 1750 nur ein Viertel, 1550 nur $^1/_{16}$ der heutigen betragen haben(!); bei nur 0,5% Zuwachsrate immerhin um 1750 nur die Hälfte, 1550 nur ein Viertel(!).

[65]) (4). [66]) (35). [67]) (7).

Soll die Ämtertrennung für die Dauer erfolgen, so wird immer ein Angehöriger der eigenen Familie (bzw. Linie) — meist ein Bruder — zum Priester oder zum Verwaltungs-Häuptling ernannt und das Amt bleibt dann in dessen Familie — die sich häufig mit der Zeit zu einer eigenen Clansektion entwickelt — erblich. Eine bestimmte Regel dafür läßt sich nicht feststellen. Einmal schätzt der Erdherr die priesterliche Rolle höher ein und überläßt das Amt des politisch-administrativen Häuptlings einem jüngeren Bruder (und damit nach dem Anciennitätsprinzip einer nachrangigen Linie); ein andermal erachtet er die Stellung eines Landesherrn für wichtiger und übergibt dann das Priesteramt einem jüngeren Bruder. Es scheint auch vorgekommen zu sein, daß ein Erdherr das Priesteramt einer Familie (oder Sektion) überließ, auf deren Grundstück sich das Hauptheiligtum des Landes befand, auch wenn der Ahnherr dieser Familie nicht vom Vorfahren des Landesherrn direkt abstammt, sondern beide Familien nur durch frühe Heiratsbeziehungen verschwägert sind. Da — mit Ausnahme der später zu beschreibenden Gegenüberstellung von Oberhäuptlingen einer fremden Eroberergruppe zum autochthonen Erdherrn — in ungestörten Verhältnissen Erdpriester und Häuptling aus der gleichen Familie stammen, so konnten sie auch verhältnismäßig reibungslos „brüderlich" zum Wohle ihres Landes zusammenarbeiten oder einer den anderen als Bruder beerdigen. Die GURUNSI betonen stets, daß die allfällige Ämtertrennung — oft erst ganz rezent — erfolgt sei, weil die einem Erdherrn unterstellte Bevölkerung mit der Zeit zu zahlreich geworden sei.

TAUXIER[68]) war schon auf diese Tatsache der Ämtertrennung gestoßen, hatte sie aber nicht verstanden. Auf seine Frage, warum man die Ämter eines Erdherrn und eines Dorfhäuptlings getrennt habe, erhielt er die Antwort: „Das kommt von einer Teilung der Macht, die früher einmal zwischen zwei Brüdern durchgeführt wurde. Der ältere wählte sich Erdherr zu sein, der jüngere Chef de Village, und ihre Nachkommen behielten diese Ämter bei." TAUXIER hielt diese Erklärung für eine Ätiologie: „Ich brauche nicht darauf aufmerksam zu machen, daß diese Legende nichts erklärt. Dennoch enthält sie vielleicht einen symbolischen Teil der Wahrheit, indem sie dem älteren (d. h. der älteren Rasse) die Herrschaft über die Erde zuschreibt und dem jüngeren (d. h. irgend einer späteren überlagernden Rasse) die politische Herrschaft." Diese Aussage ist aber keine „Legende" oder „Symbol", sondern ein nüchterner historischer Bericht eines immer wieder bis in unsere Tage tatsächlich stattfindenden Ereignisses, wie ich selbst es häufig in den historischen Traditionen und Regentenlisten an historische Persönlichkeiten geknüpft vorgefunden habe. Daß in dieser „Legende" der ältere Bruder das Erdherrenamt behielt und dem jüngeren das Amt eines politisch-administrativen Dorfhäuptlings zuwies, entspricht genau der hohen Wertschätzung des Erdherrenamtes, das nach dem Prinzip der Anciennität auch dem älteren Bruder bzw. dessen Linie zukam. Denn ob nun berichtet wird, ein Erdherr habe einen Dorfhäuptling eingesetzt oder der „kleine" Erdherr einer Clansektion unterstehe dem Häuptling, der ihn absetzen könne, wenn er sein Amt nicht richtig versehe und dadurch die „Erde verkommen" lasse, in beiden Fällen habe ich festgestellt, daß das jeweilige Oberhaupt in der „älteren" Linie von dem ursprünglichen Erdherrn abstammt und somit dessen Rechte als Landesherr geerbt hat.

c) Die lokalen Erdheiligtümer und ihre Priester

Es kann aber nun ein Erdherr die Funktionen des Landesherrn und des Erdpriesters gleichzeitig beibehalten haben und trotzdem noch weitere Erdpriester unter und neben sich haben, oder sogar auch als oberster Erdpriester ohne politische Funktionen über andere Erdpriester gebieten. Zur Erklärung dieser und anderer Tatsachen müssen wir die historische Untersuchung der Entwicklung des Erdherrentums noch einmal wieder aufnehmen. Bisher hatte ich den tega-tu allein vorgestellt, was eine Vereinfachung des Bildes bedeutet und nicht alle Seiten des Erdherrntums wiedergibt. Ich hatte mich dazu veranlaßt gesehen, um nicht das

[68]) l. c. 310.

— im Laufe der historischen Entwicklung — äußerst kompliziert und komplex gewordene Wesen des Erdkultes gleich von Anbeginn an in seiner verwirrenden Vielfalt vorführen zu müssen. Dabei sei betont, daß die bisherigen Erläuterungen des Begriffes und Wesens eines Erdherrn keineswegs falsch waren, sie müssen nur noch erweitert werden.

Dazu wollen wir wieder auf die Niederlassung eines Erstsiedlers im herrenlosen Busch zurückkommen: Er wird sich stets einen Platz aussuchen, wo er nicht nur gute Erde und günstige Wasserverhältnisse vorfindet, sondern auch in den Schutz eines Erdheiligtums gelangen kann, d. h. in der Nähe eines solchen. Dafür werden Gewässer, markante Hügel oder Felsenformationen, dichte Gruppen von großen Bäumen oder Haine, mangels solcher auch einzelne mächtige Baumriesen wie z. B. Baobabs, angesehen. Bei der Rodung werden solche heiligen Haine oder Bäume natürlich stehen gelassen.

Ein solches Naturheiligtum heißt im Kasem: taŋwane (taŋwa(m), tɛŋwanɛ, tegwane), im Nuna: təŋwɔnɔ, dyɔŋa, (südl. Dial.), dyü̃ɛ̃ (zentral. Dial.), tya-yu = „Kopf der Erde" (Ost-Dial.), tya-gwalo = „Haupt-Erde" (NW-Dial.). Ein solches taŋwane ist nun der Opferplatz des Neusiedlers für den Erdkult, ein Erdherr kann daher auch taŋwane-tu (= „Herr des taŋwane") genannt werden.

Mit dem Fortschreiten der Rodungstätigkeit kann sich die Siedlung allmählich vom taŋwane hinweg entwickeln. Dann, oder wenn sich der Siedler von Anbeginn an nur in größerer Entfernung davon hatte niederlassen können oder wenn das Priesteramt später einer weiter entfernt wohnenden Familie übertragen wird, wird der Kult am taŋwane sowohl der ihm kultisch unterstellten Bevölkerung wie vor allem dem taŋwane-tu — insbesondere, wenn er schon gebrechlich ist — zu beschwerlich. Dann kann man die „Kraft" des taŋwane auch mitten in die Siedlung bzw. vor das Gehöft des Erdherrn übertragen[69]), wenn man heilige Steine vom Platz des Hauptheiligtums im Busch in den Ort bringt und daraus einen Altar in Gestalt eines Steinhaufens errichtet, nach Möglichkeit unter einem großen Baum oder in einem kleinen Hain. (Abb. 9—14). Nunmehr werden die Kulthandlungen normalerweise hier verrichtet, es sei denn der Wahrsager stellt fest, daß die Erde ein Opfer am taŋwane wünsche (oder das taŋwane wolle selbst ein Opfer haben). Sofern der Busch rund um einen heiligen Hain bzw. Baum oder Teich herum gerodet wurde, so gelangte damit das Hauptheiligtum von selbst mitten in die Siedlung — so namentlich bei dichterer Besiedlung, durch die eine Parksteppe geschaffen wurde —, und die Notwendigkeit entfiel, einen Dorfaltar als Ableger des taŋwane im Busch zu errichten.

Es ist nun zu beachten, daß auch eine Familie, die sich vom Stammhaus trennt und ein eigenes Grundstück rodet, sich wiederum nach Möglichkeit an einem Naturheiligtum ansiedelt oder wenigstens einen heiligen Baum beim Roden schont. Mit der Zeit kann sie sich zu einer eigenen Sektion auswachsen und dann hat deren Ältester als kleiner Landeigner auch wieder die Pflicht zum Kult dieses Heiligtums. Der wird für die größere Gemeinschaft kaum jemals wichtig und in der Hauptsache nur für das betreffende Grundstück und seine Bewohner vollzogen werden, für die größere soziale Einheit nur dann, wenn ein Wahrsager das Verlangen dieses Heiligtums nach einem Opfer kundgibt oder wenn gerade auf diesem Grundstück eine Beleidigung der Erde zu sühnen ist etc. Auf diese Weise aber kam es dazu, daß so häufig auch Clansektionen — zumindest wenn sie einen eigenen Weiler bewohnen — ihren eigenen „kleinen" Erdherrn haben. Der Erdherr des Clanes bzw. des umfassenderen Herrschaftsbereichs beansprucht nach dem Anciennitätsprinzip die Oberhoheit über einen solchen „kleinen" Erdherrn. Als Begründung dafür, daß er sich trotzdem niemals in dessen Kult und Nachfolge einmischt, wird angegeben, daß der erste Erdherr bereits das betreffende Landstück jener Familie zugewiesen und diese damit mit der Durchführung des Kultes ihrens taŋwane ein für alle Mal beauftragt habe.

Berücksichtigen wir ferner, daß mit dem An-

[69]) Dies auch auf weite Entfernung. Z. B. haben die aus Zecco im französischen Gebiet nach Navrongo in N.-Ghana eingewanderten Neusiedler ihr taŋwane, d. h. Steine davon, in ihre neue Heimat mitgebracht.

wachsen einer großen Siedlung oder durch den Zusammenschluß mehrerer zu einem Gau oder einer Landschaft (was schon vor dem Auftreten von politische Herrschaften gründenden Eroberern der Fall war!) auch ursprünglich fremde kleine Siedlungsgruppen bzw. soziale Einheiten zu einem größeren Verband zusammenwuchsen und jede ihr besonderes Erdheiligtum mit Erdherren besaßen, so wird es verständlich, daß wir fast stets mehrere Erdheiligtümern in den größeren Siedlungen finden. Aus diesem historischen Prozeß ergeben sich auch verwickelte hierarchische Verhältnisse: Der Erdherr des führenden Clans beansprucht die Herrschaft über die „kleinen" Erdherren auch nicht blutsverwandter sozialer Einheiten (und wird darin von seinen Leuten unterstüzt), jene bestreiten sie ihm oft genug. Manchmal hat schon früh eine — durch Heiratsbeziehungen unterstützte — freiwillige Unterordnung der kleineren Gruppen unter einen mächtigeren Landesherrn stattgefunden, so daß dessen Nachfahren auch heute noch als Oberherren der anderen taŋwane-tina anerkannt werden (z. B. für beide SÜD-KASENA-Gaue Chiana und Ketiu der tega-tu von Ketiu). Im OST-KASENA-Gau Kampala findet der formelle Anspruch des Erdherrn des Häuptlings-Clans auf Oberherrschaft über „ganz Kampala" nur beim eigenen Clan Gehör, (das Gleiche gilt für die Landschaften des großen Gaues Tiébélé). In praxi haben die vier obersten Erdherren der anderen Clane Kampala's ihre Gleichberechtigung durchsetzen können. Mit der Zeit hat sich hier ein abgewogenes rituelles Zusammenwirken der fünf Erdherren zu Gunsten des ganzen Gaues herausgebildet, wie ich es beim „Pfortenverschließen" geschildert habe (s. S. 19).

Die GURUNSI selbst sehen die Hierachie so, daß „das mächtigste taŋwane (taŋwane-farə) die anderen kommandiert", sein Besitzer folglich als oberster Erdherr die anderen taŋwanetina. In Wahrheit wird es stets so gewesen sein, daß die mächtigere bzw. angesehenere soziale Einheit ihrer Meinung Geltung zu verschaffen wußte, daß ihr eigenes taŋwane „mächtiger" als die anderen sei. Im allgemeinen ist es so, daß die kleineren Erdherren mit lokal und sozial begrenztem Wirkungsbereich mehr als Betreuer des in ihrer Obhut stehenden taŋwane, also in erster Linie als Priester, angesehen werden — ob sie nun vorwiegend auch „Erdherr' wie bei den NUNA oder „taŋwane-tu" wie bei den KASENA (namentlich den südlichen) genannt werden; — während nur bei den Erdherren der größeren sozialen Einheiten gleichzeitig die Eigenschaft als „Landesherren" zur Geltung kommt, obwohl auch sie in gleicher Weise den Erdkult auszuüben haben.

d) Der Busch-Herr

Noch verwirrender wird das Bild des Erdkultes dadurch, daß noch eine weitere Kategorie von Priestern existiert, die in Beziehung zum Erdkult steht, und zwar speziell zum Busch. Bei den SÜD-KASENA hat — wie o. a. — jede Clansektion einen Erdpriester (taŋwane-tu), daneben aber auch noch einen „Owner of the forest", besser „Herr des Rodungslandes" (kapürü-tu), der das Buschland zum Roden vergibt und kultisch betreut. Er ist es, der z. B. eine neuanzulegende Rodung durch Huhnopfer einweiht (während hier für die Installierung eines Fremden durch Opfer am taŋwane der betr. Sektion und durch symbolischen Beginn seines Hausbaues der taŋwane-tu zuständig ist). Wegen der Vergabe von neuem Farmland wird nach einem Sprichwort der kapürü-tu für wichtiger gehalten als der taŋwane-tu, obwohl er im Rang unter ihm steht und sogar vom Landbesitzer verjagt werden kann.

Bei den WEST-KASENA tritt vereinzelt ein Priester auf, dem die kultische Betreuung des Busches obliegt, der „Busch-Herr" (gao-tu). Noch häufiger gibt es spezielle Buschherren bei den NUNA, wo es auch mehrere in einem Gau geben kann, jeder für ein bestimmtes Buschstück zuständig. Es gibt sie aber nicht überall, sondern vorwiegend in den zentralen und nördlichen Regionen. Sie werden vor allem in Angelegenheiten der *Jagd* tätig, indem sie z. B. für einzelne Jäger oder für die (heute wegen Verbotes der Regierung fast ganz aufgegebenen) Gemeinschaftsjagden um Jagdglück intervenieren; oder wenn ein Jäger versehentlich ein „vom Busch geliebtes" Tier erlegt hatte und dafür mit Krankheit oder Irrsinn geschlagen wurde[70]), oder wenn der Busch durch andere Sünden (z. B. Beischlaf, Mord, Diebstahl, Hundetötung im Busch) beleidigt wurde. Sodann sind sie zuständig für die früher beschriebenen Weihen von Rodungen. Außerdem haben sie — wie bei allen Kulten üblich — dann ihrem Busch ein Opfer zu bringen, wenn er es laut Aussage des Wahrsagers fordert. Wo keine gesonderten Buschherren vorhanden sind, werden alle diese Funktionen vom Erdherrn wahrgenommen. Aber selbst dann, wenn gesonderte Buschherren neben bzw. unter einem (obersten) Erdherren fungieren, kann trotzdem der letztere auch mit Angelegenheiten des Busches zu tun haben. Z. B. wird bei den früher beschriebenen großen Feiern des Saat-Bittfestes und des Erntedankes der ganzen Siedlung regelmäßig auch der Busch nach der Erde vom Erdherrn um seinen Segen gebeten bzw. ihm dafür gedankt. Wir kommen damit zum Schluß unserer Untersuchung des Erdkultes auf eine gewisse Ambivalenz in der Einstellung zur Erde und zum Busch zu sprechen, die sich überall bemerkbar macht. Ihre Untersuchung dürfte uns zu größerer Klarheit bezüglich des Wesens und der Entwicklung des Erdkultes und damit des Erdherrntums verhelfen.

e) Der Kult des Busches

Betrachten wir dazu zunächst die Einstellung der GURUNSI zum Busch: Das Wort „Busch" übersetzen sie stets mit *gao* (sing.!), meinen damit aber nicht den abstrakten Begriff von „Busch im allgemeinen" — wie das beim Begriff tega als „Erde überhaupt und überall" auch der Fall sein kann — sondern ganz konkret ein bestimmtes Buschstück in der Nachbarschaft ihrer Siedlung. Nur selten — etwa bei einem „Quartier" in einer großen Parksteppe — wird es vorkommen, daß nur ein einziger „Busch" an die Felder des Quartiers anschließt. Meist gibt es in der Umgebung einer Siedlung mehrere Buschgebiete (jedes hat dann meist seine eigene topographische Benennung). Die GURUNSI können allerdings auch abstrakt vom „Busch im allgemeinen" sprechen, dann müssen sie die Pluralform (K: garo, N: gɛ̃) verwenden. Auch an „alle Buschstücke", d. h. eben an den Busch im allgemeinen, sind Opfer möglich, aber das ist eine Ausnahme.

Bezüglich der NUNA gibt TAUXIER[71]) an, daß der Busch die zweite große Gottheit sei, die Vegetationsgottheit im allgemeinen, der Erde sehr nahe verwandt, da er ihre Tochter sei. Bäume bzw. heilige Haine seien sowohl die Kinder der Erde wie gleichzeitig Teile des Busches. Die Auffassung, daß der Busch die „Tochter" der Erde sei, habe ich nirgends angetroffen und ich möchte bezweifeln, daß sie von den Gewährsleuten T.'s selbst stammt. Bäume — insbesondere Nutzbäume auf dem bebauten Land — können als „Kinder der Erde" (te-biyə) angesehen werden, das ist aber nicht die Regel. Als „Kinder der Erde" werden vor allem die einen Erdaltar bildenden Steine benannt. Dagegen ist es richtig, daß heilige Haine als Teil (bzw. Rest) des Busches aufgefaßt werden. Noch besser müßte man sagen, daß sie seine Repräsentanten sind (wie auch Berge usw.), in denen das Wesen des Busches konzentriert ist.

Eine Anschauung des Busches als „Vegetationsgottheit im allgemeinen" ist mir nicht begegnet, vielmehr wird die Erde als solche angesehen. Dabei hat der Bauer seinen Nutzen von der Vegetationskraft der Erde, ihrer Fruchtbarkeit, als erstes im Auge, nämlich, daß sie seine Feldfrüchte und Nutzbäume wachsen läßt. Wenn der Erdherr Gebete und Opfer außer an die Erde auch an den Busch richtet, so wird hier wieder bäuerlich gedacht: indem der Busch in seiner Eigenschaft als Geber von Rodungsfeldern, Buschfeldern, und damit ebenfalls als Spender von Getreide angesprochen wird. Die Erde — von der man ja stets den Aspekt als Himmelsgemahlin im Auge behält — wird immer als eine höhere Macht als es der Busch ist angesehen. Damit hat auch der Erdherr einen höheren Rang als ein Buschherr und

[70]) (14).

[71]) (l. c. 104, 191ff).

kann für den Busch bestimmte Opfer auch am Altar der Erde — zur Weiterleitung — bringen. Man kann auch hören, daß die Erde den Busch „kommandiert". Als typisches Beispiel hierfür nenne ich den heiligen Hain *nakyiri-tyu* im Busch von Sapouy (NUNA). Dort wird vom Erdherrn (einen Buschherrn gibt es hier nicht) geopfert, wenn der Busch durch den Wahrsager sein Verlangen danach kundgibt, vor allem um Kindersegen für das Dorf. Obwohl es sich um ein im Busch gelegenes Heiligtum handelt, wird das Opfer doch an die Erde gerichtet. Diese gibt dann dem Busch den Befehl, den Kindersegen zu vermitteln und der führt ihn aus. Eine solche Zurückdrängung des Busches, ja Unterstellung des Busches unter die Erde, ist besonders in den Orten zu beobachten, wo die Nutzung des Busches keine große Rolle spielt, die Siedlungen nach Ausweis der von ihr geschaffenen Parksteppen auf ein beträchtliches Alter zurückblicken und ein oberster Erdherr eine große Rolle spielt.

Neben dieser o. a. mehr bäuerlichen Einstellung zum Busch ist aber noch eine andere, der jägerischen Mentalität entsprossene, festzustellen. Im allgemeinen wird nämlich die Erde als ausgesprochen agriculturelle Gottheit dem Busch als etwas davon verschiedenes, als eine Macht sui generis, gegenübergestellt. Das geht z. B. auch daraus hervor, daß der Busch die ihm angetanen Beleidigungen selbst — und nicht durch die Vermittlung der Erde — rächt. Ebenso daraus, daß bei befürchtetem oder eingetretenem Unheil für die ganze Siedlung der Busch allein (wie auch ein taŋwane oder ein Häuptlingsfetisch) oder wenigstens gesondert von der Erde mit Opfern angefleht wird, das Unheil zu verhüten bzw. zu vertreiben oder — falls er selbst es als Strafe verhängt hatte — durch die Sühne besänftigt wieder zurückzunehmen. Im Gegensatz zum zivilisierten Siedlungs- und Ackerland ist der Busch die Wildnis schlechthin, das Reich der wilden Tiere und der Buschgeister (K: ţyiţyiri, N: nikyiri), in dessen Inneres sich nur der tapfere Jäger — gesichert durch viele Amulette, Fetische und magische Handlungen — hineinwagt. Der Jäger vor allem ist es, der den Busch vor und während eines Jagdganges verehrt, der sich ihm gegenüber demütig zu verhalten hat, um Jagdglück in der Form bittet, der Busch möge ihm „ein ungehorsam gewesenes Kind", ein von ihm nicht „geliebtes" Tier, als Strafe zur Beute geben[72]). Als Rächer einer erlittenen Beleidigung wird der Busch wohl auch mehr gefürchtet als die Erde; kann er doch nicht nur einem „unreinen" und charakterlich unzulänglichen oder gegen seinen Willen handelnden Jäger mit Krankheit, Irrsinn[72]), Unfall, Tod bestrafen, sondern auch dem Bauern wilde Tiere aller Art auf den Hals schicken, die ihm die Felder verwüsten, Vieh und Angehörige töten oder verwunden. Als ihm angetane Beleidigungen rächt er ferner Mord, Beischlaf, Fundunterschlagung und Diebstahl im Busch sowie Fällen von Bäumen (auch einzelnen für Holzschnitzereien aller Art) ohne seine vorher eingeholte Genehmigung.

Die Sühneopfer wie die Bittopfer um Jagdglück haben — sofern vorhanden — die Buschherren, d. h. die Eigner des betr. Einzelbusches, auszuführen. Der einzelne Jäger muß sich außerdem noch selbst direkt an den Busch wenden, indem er ihm von seiner Jagdbeute (oft auch von seiner Wegzehrung) seinen Anteil abgibt, da der Busch der „Herr des Wildes" ist. (Ein Elefant oder Löwe als kräftigste bzw. gefährlichste Wildtiere können zwar in den Fabeln als „Häuptling der Wildtiere" auftreten. Sie sind aber nie „Herr" oder „Eigner" der Tiere und bleiben stets dem Befehl des Busches unterstellt (nicht der Erde!)). Seine Diener als Wildhüter sind die schon genannten, sehr gefürchteten Buschgeister.

Diese Buschgeister (die TAUXIER und insbesondere CARDINALL mit der Buschgottheit selbst verwechselten) hausen vorzugsweise an besonders wilden bzw. markanten Stellen des Busches wie in dicken Gehölzen; auf Bergen oder Hügeln oder Felsgruppen; an Flüssen oder Teichen, die zudem an ihren Ufern mit nahezu undurchdringlichen Dickichten und Waldstreifen umgeben sind. An solchen Plätzen manifestiert sich der Wildnis-Charakter des Busches

[72]) (14).

am deutlichsten und reinsten, erscheinen in ihnen sein Wesen und seine Kraft und Macht am geballtesten, konzentriertesten zu sein. So ist es durchaus folgerichtig, daß an ihnen – gewissermaßen als Verkörperungen des Busches — die Opfer für ihn durch Busch- bzw. Erdherren oder Jäger dargebracht werden, daß sie die „Buschheiligtümer" sind, die ich einleitend „Naturheiligtümer" genannt hatte.

Diese Verkörperung des Wesens des Busches in den o. a. markanten Plätzen läßt es verständlich erscheinen, daß der (einzelne!) Busch bzw. sein Heiligtum viel mehr als die Erde im Denken der GURUNSI individualisiert, ja personifiziert wird. Es zeigt sich dies ebenso in der Rolle des Busches als „Herr des Wildes", der ein Tier „lieben" oder „bestrafen" kann (während zum Beispiel die Erde nie als „Herrin" von irgend etwas angesprochen wird), wie als zorniger Rächer von Beleidigungen, der Verbrecher persönlich bestraft, der aber auch freudige Gemütsbewegungen zeigt, z. B. durch vor ihm veranstaltete Tänze und Musik erheitert und dadurch günstig gestimmt werden kann.

Die GURUNSI übersetzen den Begriff des einzelnen Busches (bzw. seines Heiligtums) dem Europäer als eine Gottheit für sich, oder als ein „génie", oder auch — missionarischen Gewohnheiten folgend — als „diable". Sie meinen damit aber im allgemeinen keine Gottheit von der Art des Himmels und der Erde und auch keinen Geist von der Art der Busch- und Totengeister, sondern eine im Range zwischen beiden Kategorien stehende Macht. Wir können dafür am besten den Begriff „Dämon" (welches Wort den europäische Sprachen sprechenden GRUSI unbekannt ist) setzen. Am ausgeprägtesten und deutlichsten findet sich diese Dämonisierung, eine bis zur Anthropomorphisierung gehende Personifizierung des Busches bzw. des Buschheiligtums bei den SÜD-KASENA. In der Geschichte vom Ahnherrn Wusiga der heute getrennten Gaue Chiana und Ketiu (vgl. Anhang Nr. 23) wird von dessen Bitte an ein Buschheiligtum Goli, bezeichnet als „fetish god", um Kindersegen berichtet. Nachdem dieser gewährt wurde, betrügt Wusiga den Goli um das ihm gelobte Dankopfer — seinen erstgeborenen Sohn. Er täuscht ein solches Menschenopfer vor, indem er den Leib eines geschlachteten Hundes, gefüllt mit Blut und Menschenhaar, am Heiligtum (= Fluß) niederlegte und dazu Babygeschrei imitierte. Der dadurch hervorgelockte Dämon Goli war empört über den versuchten Betrug und rief andere Buschdämonen zusammen. Diese aber glaubten ihm nicht, hielten Hundeeingeweide und Menschenhaare wie Babygeschrei als Beweise für ein Menschenopfer, das Goli egoistischerweise allein fast ganz aufgefressen habe, ohne sie zum Schmaus (obligatorisch) einzuladen. Eine solche Personifizierung findet auch bei anderen Buschheiligtümern der KASENA statt, die sich versammeln und als Fürsprecher für die Menschen zu Gott gehen können, wobei der mächtigste Dämon – d. h. das Hauptheiligtum – die anderen kommandiert. Bei den SÜD-KASENA wurde mir sogar gesagt: „Das Buschheiligtum ist unser Gott!" Und zwar sind diese Buschdämonen die Lokalgötter der verschiedenen Siedlungen, während die Erdgöttin ihnen übergeordnet und natürlich als überall vorhanden nicht von einer bestimmten ethnischen Einheit als ihre Nationalgottheit mit Beschlag belegt werden kann.

Diese Buschheiligtümer bzw. Buschdämonen sind es nun, die bei den KASENA taŋwana genannt werden (s. S. 69ff). Die NUNA haben dafür teils das gleiche Wort in der Aussprache təŋwɔnɔ, dann dyɔŋa (von dem ich nicht weiß, ob es sprachlich mit taŋwane verwandt ist) und dyüɛ̃. Im Unterschied zu den KASENA wird aber von den NUNA das Haupttheiligtum im Busch vorwiegend tya-yu („Kopf der Erde") genannt, genau wie auch ein nur in der Siedlung befindlicher Haupt-Erdaltar[73]). Wenn die NUNA nicht das Heiligtum, sondern den personifizierten bzw. dämonisierten Busch bezeichnen wollen, so sprechen sie vom gao („Busch"), die SÜD-KASENA dagegen vom taŋwane. Die nördlichen KASENA können dafür beide Worte verwenden, die WEST-KASENA mit Bevor-

[73]) Hier wird also auch in der Benennung der Vorrang des Erdkultes vor dem Buschkult zum Ausdruck gebracht.

zugung von gao, die OST-KASENA mehr von taŋwane. Damit wird nun auch klar, daß der NUNA-gao-tu und der KASENA-taŋwane-tu identisch sind. Beide sind, wie beim Begriff tega-tu ausführlich erläutert, die „Eigner" wie die kultischen „Betreuer", d. h. „Priester" des Busches, beide führen die Kulthandlungen am Buschheiligtum aus. Ein Unterschied ist nicht im Wesen gegeben, sondern nur in der Benennung, die bei den NUNA auf den „Busch" als ganzes, bei den KASENA auf dessen Verkörperung im Buschheiligtum bezogen ist. Der „kapŭrŭ-tu" der SÜD-KASENA (s. S. 15, 42) hingegen dürfte nur eine Absplitterung vom taŋwane-tu bzw. tega-tu sein, indem dessen Funktionen, die Zuteilung von Rodungsparzellen im Busch und deren kultische Betreuung, einem gesonderten Funktionär überlassen wurden. Veranlaßt durch die Tatsache, daß bei den SÜD-KASENA das gesamte Land auf die einzelnen Clansektionen aufgeteilt ist und der oberste Erdherr als „Landesherr" priesterliche Funktionen nur mehr für die Gesamtheit ausführt, lokalen Erdkult und lokale Landvergabe jedoch den einzelnen Sektionen überläßt.

Es sei noch hinzugefügt, daß sich in die Personifizierung und Dämonisierung des Busches bei den GURUNSI auch Züge des Fetischismus mischen. Das kommt darin zum Ausdruck, daß sie die taŋwana gern in die Kategorie der „Fetische" einreihen, d. h. in kraftgeladene und willensbegabte Gegenstände, die man durch kultische Verehrung und auch magische Praktiken zum persönlichen Vorteil wie zum Wohle der Gemeinschaft zu handeln veranlaßt, deren Zorn man aber auch erregen kann und dann besänftigen muß.

Bei den KASENA, insbesondere den OST-KASENA, hängt sich an die taŋwana u. U. auch eine Art Schutzgeistglaube an. D. h. man kann sich als Verehrer eines bestimmten taŋwane in dessen Schutz begeben und von ihm Segen und Vorteile aller Art (Reichtum, Gesundheit bzw. Gesundung, Kindersegen) erhalten. Dieser Schutz hält lebenslänglich an und erstreckt sich auch auf die Nachkommen, sofern der Schützling selbst in seiner Verehrung beständig bleibt und die für die Gewährung der Bitte gelobten Opfer (bis zu einem Rind) auch bringt. Ein Wortbrüchiger wird von dem taŋwane bestraft, z. B. durch Todesfall in der Familie (der o. a. Wusiga mußte deshalb nach seinem Treubruch aus dem Bereich des taŋwane Goli fliehen und noch heute können seine Nachkommen nicht wagen, dorthin zu kommen!). Jeder Schützling macht von Zeit zu Zeit eine Wallfahrt zu seinem taŋwane und bringt ihm ein Opfer. Daheim errichtet er ihm einen Altar, der etwa die Rolle einer Kapelle zu einer Hauptkirche eines Heiligen spielt, aber auch selbst wieder einen fetischistischen Zug und den eines „Beschützers" aufweist (s. Abb. 15, 16). Ein Gewährsmann verdeutlichte mir den Charakter eines solchen Altars als „Ableger" des eigentlichen taŋwane mit dem Gleichnis des Ablegers einer Knollenfruchtpflanze, die man in ein neues Beet pflanzt. Die Verehrung von und damit Wallfahrten zu besonders mächtigen taŋwane kann weit über dessen Landesgrenzen hinausgehen. So kommen z. B. auch fremdsprachige Verehrer der taŋwana von Gugogo und Ssɛ im Kanton Kampala von weit her. Umgekehrt war der letztverstorbene Chef dieses Kantons ein Schützling des TALLENSI-taŋwane von tɔŋɔ (ein heiliger Berg) in den Tongo-Bergen und hatte sich einen tɔŋɔ-Altar in seinem Gehöft errichtet (Abb. 15, 16.) Sein Neffe, der aktuelle peo[73a]) von Kampala, setzte diesen Kult fort und hatte ebenfalls schon eine Wallfahrt zum tɔŋɔ-taŋwane gemacht. Es versteht sich, daß die taŋwane-tina solcher Wallfahrts-taŋwana an dessen Ansehen teilhaben und daraus u. U. erhebliche Profite ziehen *können*, wie es mein Gewährsmann z. B. vom tɔŋɔ-Priester behauptet.

f) Die Entwicklung vom Buschkult zum Erdkult

Nun haben wir diese Buschheiligtümer bzw. Verkörperungen oder Repräsentationen des Busches, die taŋwana, aber auch als Erdheiligtümer kennen gelernt (S. 41f.), sei es als Haupterdheiligtum einer Siedlung im Ort, sei es im Busch gelegen und durch den Erdherrn betreut. Solche und ähnliche Unklarheiten und Wider-

[73a]) = Häuptling.

sprüche in der Anschauung und Bewertung der Erde und des Busches, des Erdherrn und des Busch- bzw. taŋwane-Herrn, wie sie in dem vorgelegten Material manchmal bis zur Verworrenheit aufscheinen, sind den GURUNSI selbst nur selten bewußt. Einmal haben sie fast nur von ihren lokalen Einrichtungen und Vorstellungen genaue Kenntnisse, nicht aber von den Verschiedenheiten in anderen Gegenden, zum anderen denken sie über ihre überlieferten Kultformen usw. nicht kritisch nach und schon gar nicht in europäisch klassifizierender und schematisierender Weise. Ich möchte dieses bunte und vielfältig schillernde Mosaikbild, das Erd- und Buschkult heute darbieten, als das Ergebnis eines historischen Prozesses, eines langsamen Kulturwandels, auffassen, dessen lokal unterschiedlich fortgeschrittene Phasen sich in einer verschieden starken Durchdringung von Busch- und Erdkult spiegeln.

Als einen Versuch seiner Erhellung gebe ich nachstehend und dieses Kapitel abschließend eine Skizze von der mutmaßlichen Entwicklung des Erdkultes und damit des Erdherrentums, wie sie aus dem vorgelegten Material meiner Feldforschungen gefolgert werden kann:

Die Beziehungen des Busches zur Jagd — die durch an den Busch und seine Bewohner geknüpfte Mythen und Fabeln noch unterstrichen werden, im Rahmen dieser Arbeit aber nicht vorgelegt werden können — sind so eindeutig, daß die kultische Verehrung des Busches durch die GURUNSI schon in der Wirtschaftsstufe des Jägertums verwurzelt gewesen sein muß. Die Gestalt des Buschdämons bzw. des Buschgottes als Herr des Wildes und der Buschgeister tritt überall in afrikanischen Jägerkulturen auf, wie es H. BAUMANN so schön herausgearbeitet hat[74]). Neu und in diesem Zusammenhang interessant ist die sich aus dem GURUNSI-Material ergebende Tatsache, daß ein bestimmter und mit jeweils speziellem Namen belegter Busch in einem markanten Platz, einem Buschheiligtum verkörpert bzw. personifiziert und an dieser Stelle kultisch verehrt wird. Demnach ist also die Verehrung von Naturheiligtümern wie Bergen, Felsen, Gewässern, Bäumen, schon der alten Jägerkultur Obervoltas zuzuschreiben. Von den rezenten afrikanischen Wildbeutern wissen wir, daß eine soziale und Wirtschafts-Einheit, etwa ein Clan oder Subclan, nur ein begrenztes Territorium zur Verfügung hat, innerhalb welchem die einzelnen Gruppen frei herumschweifen können. Es besteht kein Grund zu der Annahme, in unserem Gebiet müsse es früher anders gewesen sein. Dann ist es aber nur natürlich, daß jeder Wildbeuterclan den Herrn seines Busches immer am gleichen Platz innerhalb seines Territoriums verehrte, zumal wenn zu bestimmten Gelegenheiten alle Familiengruppen dazu zusammenkommen mußten. Fast zwangsläufig wird man dazu einen markanten und nicht zu verfehlenden Punkt im Gelände ausgesucht haben, wie eben einen der oben genannten Plätze, an denen sich zudem der Wildnischarakter besonders deutlich manifestiert und die meist auch der Schlupfwinkel gefährlicher Wildtiere waren, sowie als bevorzugte Behausung von Buschgeistern bzw. des Buschdämons selbst leicht vorgestellt werden können. Der Busch erfordert aber eine kultische Verehrung, gibt doch nur sein Wohlwollen als „Herr der Wildtiere“ dem Jäger Jagdglück und damit seine Nahrung.

Da bei den GURUNSI gerade die Buschheiligtümer bevorzugt um Kindersegen gebeten werden (das heißt in der heutigen Auffassung erbitten diese als Vermittler die Kinderseelen von Gott), — was gar nicht gut in eine bäuerliche Umwelt paßt, die vielmehr auch verstorbene Ahnen wiedergeboren werden läßt, den Himmel als Seelenspender und seine Gattin, die Erde, als Vermittlerin dazu kennt —, so erscheint es wahrscheinlich, daß auch diese Sitte schon in die Jägerkultur zurückreicht. Bezüglich des Wahrsagens hatte ich an anderer Stelle nachgewiesen[75]), daß es ebenfalls schon in der Wildbeuterphase bekannt war. (Ein gegen den „Herrn der Wildtiere“ frevelnder Jäger muß Wahrsager werden, um Krankheit oder Irrsinn als Strafe zu entgehen; der mitschuldig gewordene Buschgeist wird sein inspirierender

[74]) (5).

[75]) (14).

Hilfsgeist!). Da magische Praktiken besonders in den Jägerkulturen gepflegt werden, so liegt es nahe, die oben angeführte Anrufung eines personifizierten taŋwane zum Fang eines Verbrechers und die Sitte, das zum Mörder-(Subachen-)Fang benützte Leichen- (bzw. Ersatz-)Bündel mit Erde vom taŋwane wirksam zu machen oder zu diesem Ordal erst die Genehmigung des taŋwane einzuholen, bereits der Jägerkultur zuzuschreiben. Der Charakter des Busches als Hüter der Moral und als Verbrechen strafende Macht wird unterstrichen durch die Auffassung der NUNA: „Der Busch duldet keine Unreinheit" und „Wenn man die Gesetze des Busches befolgt, so lebt man ruhig". Es ist ja nur zu verständlich, wenn Steppenjäger ihre Buschgottheit, deren Kult ihnen wegen des Jagdglückes und des Schutzes vor den Gefahren der Wildnis am vordringlichsten erscheinen muß, auch für den ferner benötigten Segen in Anspruch nehmen, das heißt aber Verschontbleiben von Krankheiten und Seuchen — verursacht durch Subachen oder Sünden — und Kindersegen. Wenn aber die SÜD-KASENA noch heute ihr taŋwane „unseren Gott" nennen, dann bringen sie eben diese Anschauung zum Ausdruck.

Daß aber ein Buschheiligtum eine solche hohe Wertschätzung erfährt und gerade hier am ausgesprochensten als personifizierter Dämon erscheint, deutet meines Erachtens darauf hin, daß sich unter den SÜD-KASENA eine jägerische Mentalität besonders zähe erhalten hat. Dazu stimmt, daß sie auch in anderen Lebensbereichen urtümliche Traditionen und Brauchtum besonders konservativ bewahrt haben und sich bei ihnen z. B. eine Beeinflussung durch Schmiede am spätesten und schwächsten unter allen GURUNSI bemerkbar macht. Damit wird meine andernorts[76]) in Bezug auf die Wirtschaft ausgesprochene These gestützt, in den heutigen Altnigritiern Obervoltas sei noch eine jägerische Grundschicht zu erkennen, die in einer neolithischen Kulturphase Hirsebau und Klein- und Großviehhaltung als ganzen Komplex übernommen habe.

Mit der Aufnahme des Ackerbaues durch ehemalige Wildbeuter änderte sich zunächst die Rolle des Busches und seiner Verehrung nur geringfügig. Der Bodenbau war zuerst nur in der Form des Brandrodungsfeldbaues möglich — denn überall war ja nur Wildnis. Dazu wurde noch in bedeutenderem Umfange als heute die Jagd betrieben; die Traditionen der GURUNSI sprechen häufig davon, daß der Ahnherr sich im Busch ein Landstück ausgesucht habe, das gut zum Farmen erschien und zugleich eine ergiebige Jagd versprach. Vom Busch erbat man nun nicht mehr nur Jagdglück, sondern auch Erlaubnis zum Roden und gute Ernten auf dem Buschfeld. Der Eigentümer des Busches, der gao-tu oder taŋwane-tu, hatte seine kultische Verehrung des Busches auf die kultische Betreuung der Buschfelder und des taŋwane als Spender auch von Getreidenahrung auszudehnen. In den Besitzverhältnissen änderte sich nichts, sowohl Jäger wie Bauern hatten nur das Nutzungsrecht im Busch.

Erst mit längerer Dauer der Besiedlung am gleichen Ort und stärker angewachsener Besiedlungsdichte änderte sich das Landschaftsbild durch Schaffung von Parksteppen erheblich. Diese kultivierten „zivilisierten" Landschaften stellten sich in auffälligen Gegensatz zur Wildnis, zum Busch, der nicht nur räumlich, sondern auch in seiner Bedeutung zurückgedrängt wurde. Mit der angestiegenen Bevölkerungszahl war der Wildbestand durch Abschuß und Vergrämen immer stärker zurückgegangen, die Jagd damit unergiebiger geworden. Dafür widmete man seine Arbeitskraft fast ausschließlich dem Bodenbau, der aus der anfänglichen gemischten Wirtschaftsweise zur das Kulturgepräge vorwiegend bestimmenden Wirtschaftsform erwuchs. Die Rodungsfelder im Busch wurden immer wieder zu Dauerfeldern und damit zu Keimzellen neuer Parksteppen umgewandelt[77]). Damit wanderten aber auch allmählich die Buschheiligtümer oder taŋwana als bei der Rodungstätigkeit verschonte Reste des Busches — insbesondere in der Gestalt heiliger Haine, zu welchen auch die häufigen

[76]) (13).

[77]) (13).

heiligen Teiche innerhalb von unberührbaren Hainen zu rechnen haben und heilige Bäume — automatisch in die Siedlungen. Oder es wurde, wie oben angeführt, nötig, Ableger von im Busch verbliebenen taŋwana — insbesondere von heiligen Bergen und Felsen — in Gestalt von Steinaltären mit Material vom Buschheiligtum in die Siedlung zu bringen. Auch in diesem Falle wurden diese Steine gern in einen stehengebliebenen oder allmählich angewachsenen Hain gebracht, zumindest unter einem großen Baum (etwa alten Baobab) niedergelegt. Mit dem Kulturwandel vom Jägertum zum Bauerntum mußten aber die taŋwana immer mehr den Charakter von vorwiegend für den Bodenbau zuständigen Heiligtümern annehmen. Immerhin ist es auffällig und nur durch diesen Kulturwandel zu erklären, daß die vorwiegend bäuerliche Bevölkerung so zäh an den alten Buschheiligtümern, ja zu Dämonen personifizierten Buschgestalten, als Haupt-Heiligtümern ihres *Erd*kultes festgehalten hat. Noch heute überwiegen im Busch gelegene taŋwana als oberste Erdheiligtümer bei den GURUNSI; während einfache Altäre im Dorf, die nicht als heilige Haine noch einen Bezug zum Busch aufweisen, bei weitem in der Minderzahl sind.

Die innige Verbindung des agrikulturellen Brauchtums mit dem Busch wird durch das Maskenwesen der NUNA unterstrichen[78]). Die Hauptaufgabe der (nicht geheimen) Maskentänzergesellschaft besteht in der Veranstaltung des Frühlingsfestes, nach dessen Abhaltung erst die Saatarbeiten beginnen dürfen. Es ist ein ausgesprochenes Fruchtbarkeitsfest, das sowohl gute Ernten wie Kindersegen und gute Gesundheit bewirken soll. Ohne seine Abhaltung könnte man keine guten Ernten erhoffen. Die in rote Fibergewänder verhüllten Tänzer tragen Aufsatzmasken, die neben einigen mythischen Gestalten (und kosmischen Symbolen) eine große Anzahl von Wildtieren einschließlich großer Stelzvögel (jedoch nie Raubtiere) darstellen. Die Maske von höchstem Rang, vom Meister der Maskentänzer selbst getragen, stellt einen als „uralt" bezeichneten und symbolisierten Affen dar, (dessen menschenähnliche Maske eher an eine ursprünglich gemeinte Wiedergabe von — heute nicht hier vorkommenden — Menschenaffen als an die einer anderen Affenspecies denken läßt). Es gelten nun nicht nur jene Masken, die Tiere des Busches darstellen, sondern alle als „Wesen des Busches". Nach der Ursprungsmythe sind die Menschen dadurch in den Besitz der Masken gekommen, daß sie Buschwesen beim Tanz überraschten, und als diese daraufhin in den Erdboden versanken, ihnen die Köpfe, das heißt die Masken abrissen. In einigen NUNA-Orten kommen die Masken dementsprechend plötzlich aus dem Busch heraus in das Dorf getanzt. In anderen, wo sie aus dem Maskenhaus heraus auftreten, verschwinden sie wenigstens symbolisch im Busch (s. Film Nr. 11). Auffallenderweise hat der Erdherr nichts mit der Maskentänzergesellschaft zu tun. Auch diese überraschende Idee, das Ackerbaujahr durch Wesen des Busches rituell zu eröffnen[79]) und diese Vertreter des Busches für Fruchtbarkeit sowohl der Felder wie der Frauen verantwortlich zu halten, ist meines Erachtens nur aus der früheren überragenden Bedeutung des Busches für die Jäger-Pflanzer zu verstehen. Sie ist eine Parallele zum so tief bei den GURUNSI eingewurzelten Glauben, eine andere Verkörperung des Busches, nämlich ein taŋwane, könne sowohl Ernte- wie Kindersegen bewirken.

Erst mit der allmählichen Schaffung großer Flächen ständig kultivierter Felder konnte der Begriff des „Ackerlandes" anschaulich werden und damit der Aspekt „Land" im übergeordneten Begriff „Erde" (tega) stärker ins Bewußtsein dringen, ja als Gegensatz zu „Busch" = Wildnis empfunden werden. Folgerichtig wird nun auch der Eigner des Siedlungsgebietes nicht mehr „Buschherr", sondern „Erdherr" genannt und kommt dabei auch seine Bedeutung als „Land(es)herr" stärker zur Geltung. Dasselbe gilt für den Kult: Der Altar im Dorf wird nicht nur taŋwane, sondern auch „Kopf

[78]) Die meisten seiner Züge wie auch der Stil der Masken sind nahezu identisch mit denen der benachbarten BOBO.

[79]) Vgl. die tji-wara-Masken der BAMANA, deren Maskenwesen mit dem der BOBO, NUNA, DOGON, NIONIOSE höchstwahrscheinlich verwandt ist.

der Erde" oder „Erde des Ortes XX" oder schlechthin „Erde" genannt, obwohl man sich seines Ursprungs aus dem Buschheiligtum meist noch bewußt ist. Die Züge eines *Busch*heiligtums werden beim taŋwane überhaupt zurückgedrängt zugunsten des neuen Charakters als *Erd*heiligtum (mit Ausnahme der SÜD-KASENA). Ja, es wird schließlich bei den NUNA sogar das höchste Heiligtum im Busch als höchstes *Erd*heiligtum angesehen und ebenfalls „Kopf der Erde" genannt. Da die Erde „überall die Gleiche" ist und eine Erdgöttin und Himmelsgemahlin im Gegensatz zu unzähligen individuellen Buschdämonen nur als eine einzige gedacht werden kann, verblaßt mit dem Vordringen der Erdverehrung auch die Individualisierung der taŋwana, die nun mehr als Manifestation der Erde gelten. Parallel mit dieser Entwicklung wird der Busch zunächst nur als besondere Macht neben der Erde, dann als ihr untergeordnet und endlich gar als Teil der Erde betrachtet. Entsprechend steht der tega-tu dann über dem gao-tu bzw. taŋwane-tu oder er ist selbst gleichzeitig für den Kult des Busches zuständig.

Die früheren selbständigen Busch- bzw. taŋwane-Herren konnten schon deshalb meist nicht als überflüssig angesehen und abgeschafft werden, da die zuerst mit kleinen Gemeinschaften verstreut siedelnden Grundstückseigentümer, seien sie von fremdem oder gleichem Ursprung wie der tega-tu des größeren Gemeinwesens, zu dem ihre Nachkommen nun gehören, sich alle bei einem taŋwane angesiedelt hatten, das weiterhin kultisch betreut werden mußte. Beim allmählichen Zusammenschluß solcher kleinen, ehemals verstreuten, Siedlungen zu einem größeren Verband unter Leitung eines Landesherrn wird zwar, wie ich schon schilderte, das taŋwane der führenden sozialen Einheit das Haupterdheiligtum, während den anderen taŋwana nur eine geringere, lokale Bedeutung beigemessen wird. Aber deren „Herren" bleiben weiterhin als Priester dieser taŋwana bzw. als Buschherren in Funktion, nur meist geringer im Ansehen als der oberste Erdherr bzw. dessen Kommando unterstellt. Wie mit dem Beispiel des Gaues Kampala belegt, können jedoch Haupt-taŋwana nicht verwandter sozialer Einheiten, die zu einem gemeinsamen Gau zusammengeschlossen wurden, auch mit dem taŋwane des mächtigsten Clans rivalisieren. Bei den SÜD-KASENA schließlich zeigt es sich, daß das taŋwane einer autochthonen Siedlung — obwohl diese einem mächtiger gewordenen Nachbarn politisch unterstellt wurde — seine Vorrangstellung behaupten und sogar das Hauptheiligtum des erst später entstandenen Gaues werden kann. Dessen oberster Erdherr beansprucht zwar die Leitung des Erdkultes für seinen ganzen Gau, fungiert auch als Erdpriester und behielt sich auch das Recht vor, bei Kulthandlungen für den ganzen Gau an diesem Heiligtum selbst anwesend sein zu müssen; aber er läßt die Kulthandlungen vom taŋwane-tu dieses Heiligtums als Nachkommen von dessen erstem autochthonen taŋwane-tu ausführen und mischt sich nicht in die Regelung von dessen Nachfolge ein. Wie schon früher erwähnt, konnte — und kann noch heute — ein tega-tu, der mehr als „Landesherr" fungieren will, einer anderen Familie seiner Linie das erbliche Amt des Erd*priesters* übertragen. Wie das oben angeführte Beispiel des SÜD-KASENA-Gaues Chiana zeigt, muß er aber den Kult eines als besonders mächtig angesehenen taŋwane in der Familie des dort schon ansässigen Landeigners belassen. (In der Überlieferung des tega-tu-Clans wird dieser Vorgang allerdings meist statt richtig als „Bestätigung" im Amt des taŋwane-tu fälschlich als „Ernennung" dargestellt.) Der enge und genetische Zusammenhang von gao-tu bzw. taŋwane-tu mit dem tega-tu wird durch ihrer aller gleiche alte Amtstracht (s. S. 47) unterstrichen.

Die Widersprüche, die sich aus den unterschiedlichen Bewertungen der Busch- und Erdheiligtümer wie ihrer Priester durch die GRUSI selbst ergaben und die das Bild vom Erdkult und den Funktionen der Erdherren zunächst so verwirrten, klären sich nun in der historischen Perspektive. Wenn wir in einigen Orten feststellen konnten, daß 1. das Erdheiligtum eigentlich ein Buschheiligtum, ja sogar ein personifizierter Buschdämon ist, daß man hier gar kein Opfer — auch ein rein agrikulturelles —

an die „Erde“ im allgemeinen, sondern nur an ein bestimmtes Buschheiligtum bringen kann, der Priester daher vorwiegend taŋwane-tu genannt wird, 2. in anderen — wohl der Mehrzahl — hörten, daß trotz mehr oder weniger überwiegender Bedeutung der Erde der Busch doch noch als eine selbständige Macht angesehen und kultisch verehrt wird, bei Anliegen von besonderer Wichtigkeit für die ganze Gemeinschaft auch allein oder jedenfalls getrennt von der Erde Opfer erhält, mit wichtigen Entschlüssen oder Handlungen auch alle Buschheiligtümer einverstanden sein müssen, der Erdpriester sowohl tega-tu wie taŋwane-tu genannt werden kann; schließlich 3. in wieder anderen Orten als weitere Möglichkeit erfuhren, daß Busch und Erde dasselbe bedeuten bzw. der Busch nur als ein Teil der Erde gilt oder von ihr kommandiert wird, der Erdherr auch für die kultische Betreuung des Busches zuständig ist, allenfalls noch vorhandene Busch- bzw. taŋwane-Herren nur von minderer Bedeutung sind und nur noch selten — insbesondere in Angelegenheiten der Jagd! — in Funktion treten, selbst ein im Busch befindliches Hauptheiligtum nun („Kopf der“) „Erde“ und sein Priester nur tega-tu genannt wird; so spiegeln sich darin nur drei verschiedene Phasen des Kulturwandels vom Wildbeutertum bzw. Jäger-Pflanzertum zum Bauerntum[80]) mit nebenbei betriebener Jagd und Sammelwirtschaft der heutigen GRUSI wieder.

Es soll mit diesen Ausführungen nicht behauptet werden, daß sich die geschilderte Entwicklung an allen Orten des heutigen Siedlungsgebietes der GRUSI in genau den gleichen Formen abgespielt habe. Aus einer Lokalinterpretation allein lassen sich ja keine sicheren Schlüsse bezüglich Ort und Zeitpunkt eines früheren Kulturwandels gewinnen. Wenn auch die übrigen altnigritischen Völkerschaften des Obervoltagebietes und ihre Nachbarn schon nach den bisher vorliegenden Berichten eine enge kulturelle Verwandtschaft untereinander erkennen lassen, so fehlen doch neuere gründliche Forschungsergebnisse, die gleichermaßen intensiv Wirtschaft, Gesellschaft und Religion sowohl morphologisch wie funktional und historisch untersucht hätten. Für unser Problem ist es aber ziemlich belanglos, ob das wildbeuterische Substrat der GURUNSI den Kulturwandel in deren heutigen Wohnsitzen oder in einem ferneren Gebiet durchgemacht hat; ob die autochthonen Steppenjäger den Bodenbau von benachbarten Bauern abgesehen und von sich aus übernommen und anderen Jägergruppen weiter vermittelt haben; ober ob in ihr Schweifgebiet Bauerntrupps als Siedler eingedrungen sind, die die Wildbeutergruppen teils absorbierten, teils zur jeweils lokalen Übernahme ihrer Wirtschaftsweise veranlaßten, teils die Wildbeuter Gebliebenen vor sich herdrängten. Denn wenn die eindringenden Bauern nicht durch Vermischung mit den vorgefundenen Jägern die aufgezeigten bedeutsamen Züge der jägerischen Mentalität von diesen übernahmen, dann müssen sie diese schon mitgebracht, das heißt aber zu einem früheren Zeitpunkt in ihren ehemaligen Wohnsitzen den gleichen Kulturwandel durchgemacht haben. Aus verschiedenen Gründen, die ich hier nicht alle anführen kann[81]). scheint es mir am wahrscheinlichsten zu sein, daß die Übernahme bäuerlicher Wirtschaftsweise durch Steppenjäger weiter im Norden des heutigen GRUSI-Siedlungsgebietes begonnen hatte — ein allmähliches und stetiges Vorrücken der GRUSI nach Süden ist deutlich festzustellen — und dieser Wandlungsprozeß sich allmählich südwärts ausgebreitet hat. Dabei hatten die vordringenden bäuerlichen Siedlungsgruppen — mit noch stärkerer jägeriscber Betätigung — eine Wildbeutergruppe nach der anderen teils entweder absorbiert oder zur Übernahme des Bodenbaues veranlaßt, teils eine zeitlang zurückgedrängt. Also ein ähnlicher Vorgang, wie wir ihn beim Eindringen von Sudan- und Bantu-Bauern in den Kongowald mit einer ebenfalls wildbeuterischen Pygmäen-

[80]) Die Haltung von Klein- und Großvieh konnte auch schon auf der ersten Kulturstufe mit Agrikultur verbunden sein, denn noch heute wird das Vieh vorwiegend im Busch geweidet. Bezüglich der GRUSI hatte ich dies andernorts bereits nachgewiesen (13).

[81]) (13).

Urbevölkerung feststellen können[82]). Aus dieser in unterschiedlichem Maße und zu verschiedenen Zeiten erfolgten Vermischung der Jäger mit den Bauern lassen sich auch die festgestellten Unterschiede am zwanglosesten erklären. Daß gerade bei den südlichsten GURUNSI, den SÜD-KASENA, die jägerische Mentalität noch am stärksten zu spüren ist, scheint mir darauf hinzudeuten, daß sie als letzte bäuerlich geworden sind, als die Steppenjäger-Schicht nicht weiter nach Süden ausweichen konnte, da hier schon andere, mächtigere ethnische Einheiten saßen, die auch dem weiteren Vordringen der GURUNSI in teils heftigen Kämpfen Halt geboten[83]).

Daß erst mit dem Anwachsen dichter besiedelter offener Landschaften mit größeren Siedlungsverbänden die Funktionen eines politischen „Landesherrn" bei den Erdherren stärker zur Geltung kommen konnten, geht aus dem bisher Gesagten hervor. Wieweit das Erdherrentum vom Gauhäuptlingtum beeinflußt wurde, werden wir später untersuchen.

[82]) Erst nach Abschluß dieses Manuscriptes ersah ich aus W. C. GABEL, European Secondary Neolithic Cultures, J.R.A.J., 88, 1, June 1958, daß sich im nördlichen Ausbreitungsgebiet neolithischer Bauernkulturen ganz ähnliche Kontakt- und Akkulturationserscheinungen mit Wildbeutern abgespielt haben. Danach haben neuere vorgeschichtliche Untersuchungen ergeben, daß im nördlichen Europa von Frankreich über England bis Mitteleuropa und Skandinavien die neolithischen Frühbauern zunächst in ein symbiotisches Verhältnis zu mesolithischen Jägern und Fischern der Waldländer traten, dann diese absorbierten. Damit drangen aber in stärkerem Maße mesolithische Kulturelemente und -züge in Wirtschaft, Technik und Ergologie (als allein archäologisch nachweisbar, sicher aber auch in Gesellschaft und Religion) der rein bäuerlichen neolithischen Kulturen ein und veränderten sie erheblich.

[83]) Bei den KASENA und NANKANA von Navrongo, Ghana, hat sich die gleiche Tradition wie bei der altnigritischen NIONIOSE-Vorbevölkerung des MOSI-Landes (11, 52) erhalten, wonach die Vorfahren bei ihrer Einwanderung eine primitive Vorbevölkerung vorfanden, die in Höhlen hauste und von ihnen erst Acker- und Hausbau lernte. Mit einer Mythe vom „Hervorkommen der ersten Menschen aus einer Höhle (bzw. Berg)" hat dies sicher nichts zu tun. Ob diese Sagen aber wirklich ortsgebunden sind oder schon aus einer früheren Heimat der Altnigritier mitgebracht und dann an die neue Heimat fixiert wurden, läßt sich nicht mit Sicherheit feststellen. Gegen die letztere Möglichkeit spricht die Tatsache, daß diese Urbewohner-Sagen nicht bei allen GURUNSI bekannt sind.

C. Der Häuptling (peo)

Das Häuptlingtum der GURUNSI bietet ein wesentlich prächtigeres und farbigeres Bild dar als das des Erdherrntums. Leider stößt der Feldforscher aber auch hier auf die gleiche zunächst verwirrende Vielfalt des mit dem Häuptlingtum verbundenen Brauchtums. Es weist von Gau zu Gau so beträchtliche Unterschiede auf, daß die von den früheren Berichterstattern geübte Verallgemeinerung lokaler Tatbestände als gefährlich und irreführend erscheinen muß. Gerechterweise muß vermerkt werden, daß den älteren Autoren die Erkenntnis des eigentlichen Wesens des GRUSI-Häuptlingtums verwehrt bleiben mußte. Denn gerade den Kern ihres diesbezüglichen Brauchtums, die religiöse Fundierung ihres Häuptlingtums, umgeben die GURUNSI mit einem Geheimnis[84]), das sie Fremden, insbesondere Europäern und namentlich Verwaltungsbeamten und Missionaren, nur höchst ungern preisgeben[85]).

Von dieser Untersuchung bleiben die von den europäischen Verwaltungen eingesetzten „Chefs" oder „Chiefs" beziehungsweise ihnen als solche

[84]) Gewährsmänner benannten solches Brauchtum geradezu als „die Geheimnisse des XY-Gaues"!

[85]) Man denke nur an meine einleitenden Feststellungen, daß bis heute stellenweise Strohmänner des echten Häuptlings der französischen Verwaltung als angebliche Häuptlinge präsentiert werden, und daß die Afrikaner nur umso verschlossener werden müssen, je mehr sie ihre Sitten und Kulte als Götzen- oder Teufelsdienst oder zumindest konfusen Aberglauben bzw. als unmoralisch von den Weißen ver-

präsentierten Verwaltungsfunktionäre der einheimischen Gesellschaften, die ich „administrative Häuptlinge" genannt hatte, als jüngste Fremdeinflüsse ausgeschlossen. Von ihnen unterscheiden die GURUNSI in Haute-Volta die echten, mit allen brauchtumsmäßigen Riten ernannten und geweihten Häuptlinge als „Chefs Coutumiers". Bisher hatte ich sie zum Unterschied von den „administrativen Häuptlingen" und den zum Teil als Dorfhäuptlinge fungierenden Ältesten von Clanen oder Clansektionen sowie den Erdherren „Gau-Häuptlinge" beziehungsweise „Oberhäuptlinge" genannt. Nunmehr wollen wir eine einheimische Benennung hierfür einführen. Weitverbreitet findet sich die Bezeichnung peo (dial. auch K: pɛɔ, pɛ, pio, bei schnellem Sprechen pyu, N: peo, piɔ, pyo)[86]). Dieses Wort können wir am besten mit dem Begriff „Fürst" übersetzen. (Von den GURUNSI wird auch oft von „königlicher" Familie und „königlichem" Blut gesprochen.) Es entspricht dem „naba" der Mole-Dagbane-Sprachen. Wenn betont werden soll, daß der „Oberhäuptling" als „Chef Coutumier" vorschriftsmäßig über den Häuptlingsfetisch kwara verfügt (s. Kap. IX), so wird er im Kasem kwara-tu, im Nuna kwara-tyu resp. kwara-ti genannt. Die NUNA bevorzugen diese Bezeichnung sogar vor peo. Da mit der Benennung „kwara-Herr" jedoch auch ein ritueller Funktionär bzw. Priester benannt wird, auf den wir später zu sprechen kommen werden, werde ich im folgenden den Oberhäuptling[87]) zur Vermeidung von Verwechslungen durchwegs peo benennen.

Die Ansichten der älteren Autoren über Art und Entstehung des Häuptlingtums bei den GRUSI hatte ich schon in der Einleitung zitiert (Kap. A V.). Im folgenden soll nun mein eigenes Material vorgeführt werden. Aus seiner verwirrenden Vielfältigkeit werden wir durch geduldige Analyse das Wesen und die Entwicklung dieses Häuptlingtums herausarbeiten können.

I. *Die Funktionen des peo bei den KASENA*

a) Pflichten

Im Verlauf unserer Untersuchungen werden wir beträchtliche lokale Unterschiede in den Zügen des Häuptlingtums feststellen können, die sich um zwei Haupttypen gruppieren. Allen gemeinsam ist die Anschauung von den Pflichten eines peo. Sie lassen sich dahin zusammenfassen, daß er überall für die Wohlfahrt seines Landes und seiner Untertanen in jeder Hinsicht verantwortlich gemacht wird. Dürren, Mißernten, Seuchen, Unfruchtbarkeit von Frauen und Vieh, unglücklicher Verlauf von Kriegen, Schäden durch wilde Tiere usw. werden ihm zur Last gelegt. Jeden Untertanen wie den ganzen Gau hat er gut zu schützen.

Der aktuelle junge Chiana-peo (SÜD-KASENA), Mr. R. A. Ayagitam II, zeichnet die Idealgestalt eines peo wie folgt: Er ist das Haupt

urteilt hören. Es bedurfte erst des Heranwachsens einer neuen Generation gebildeter, aufgeschlossener und mit europäischem Wesen besser vertrauter Afrikaner, um in einigen ihrer führenden Persönlichkeiten die Hoffnung erwecken zu können, daß eine wissenschaftliche Untersuchung und Darstellung ihrer Sitten und Vorstellungen ein besseres Verständnis der Weißen für ihr Leben und Denken und damit vielleicht eine Anerkennung des von ihnen für wertvoll erachteten Brauchtums einschließlich der Pflichten und Rechte ihrer Häuptlinge erwecken könnte. Wie einleitend bemerkt, hatte auch ich längere Zeit benötigt, bis sich mir das eigentliche Wesen des Häuptlingtums der GRUSI enthüllte. Ich verdanke dies dem Vertrauen, das mir afrikanische Freunde schenkten und das angesichts mancher früherer Erfahrungen, die sie mit Weißen glauben gemacht zu haben, sehr hoch eingeschätzt zu werden verdient.

[86]) Die Behauptung Zwernemanns (36, S. 11), im Ostkasem sei das Singularaffix -o nicht erhalten, ist nicht korrekt. Hier, wie in anderen Kasem-Dialekten steht es u. a., wenn -peo als Suffix dem Namen des vom betreffenden Häuptling beherrschten Gaues angefügt wird, z. B. Kampala-peo. Dagegen fällt das -o Affix auch im Süd-Kasem weg, wenn peo- in genitivischen Zusammensetzungen voran steht, z. B. pɛ-sɔŋɔ, Gehöft des Häuptlings.

[87]) Wenn ein peo in der Regel auch über einen „Gau", d. h. ein größeres Territorium mit von verschiedenen Clanen bewohnten Siedlungen als ein „Oberhäuptling" regiert, so gibt es davon doch auch Ausnahmen, d. h. auch „Dorfhäuptlinge", die kwara-Herren sind.

einer großen Familie, deren Mitglieder seine Untertanen sind. Er ist ihr Herrscher, ihr Richter, ihr Berater und ihr moralischer Führer; ein Hort der Stärke in Zeiten der Not; ihr Anführer im Krieg. Er ist ein mächtiger und mutiger Eroberer; ein Wohltäter, ein gütiger und weiser Herr. (Ein anderes Mal drückte mir der gleiche Fürst seine eigene moderne Meinung mit den Worten aus, ein guter peo wünsche lieber Frieden als Siege und wolle das Land nicht durch Krieg vermehren.) Bei der feierlichen Ernennung eines peo werden ihm öffentlich seine Pflichten und daraus sich ergebenden Rechte erläutert. Im Chiana-Gau hat sich das alte Zeremoniell besonders gut erhalten. Es seien daher als Beispiel die Pflichten angeführt, die dem jetzigen Chiana-peo bei seiner Einsetzung am 17. 5. 1950 angemahnt und die seit der Ernennung des ersten peo in gleicher Weise aufgezählt wurden:

Die Bevölkerung gerecht zu behandeln, ihre Wünsche zu beachten, nicht mit den Frauen seiner Untertanen anzubändeln, freigebig zu sein, sie nicht auszubeuten. Er solle Mitgefühl für den gemeinen Mann haben, da er selbst einst einer von ihnen war[88]). Er hat Brauchtum und Recht zu wahren und die Ratschläge der Priester wie seiner Minister bezüglich der Aufrechterhaltung der Wohlfahrt des Landes zu befolgen. In Kriegszeiten hat er zu kommandieren. Ferner hat er die Pflicht, dem Häuptlingsfetisch, den Ahnenaltären (des Gaugründers und seiner Nachkommen), den taŋwana und allen anderen Fetischen Opfer zu bringen, um dadurch sein Bestes zur Bewahrung guter Gesundheit, Herbeiführung von Regen, Erzielung guter Ernten, Vermehrung der Bevölkerung und Fernhalten allen Übels zu tun. Er hat ferner die religiösen Gebote und alle Heiligtümer (Fetische) zu achten und sich stets der Würde seines Häuptlings-Fetischs angemessen zu benehmen, deshalb auch zu vermeiden, seine heilige Person mit „Schmutz" im physischen wie spirituellen Sinne in Kontakt zu bringen. Im Moment der Krönung wird dem neuen Herrscher nochmals eingeschärft, er habe „sein Leben dem Dienste an seinem Volke zu weihen".

b) Die Rechte eines peo

Im eben zitierten Gau Chiana werden bei der Ernennung eines peo als seine Rechte proklamiert: Als oberster Landesherr ist er Eigner allen Landes, seine Untertanen als Nutznießer des Landes haben ihm dafür Naturalsteuern (Hirse, eventuell Tabak und Hühner) zu zahlen. Bei Unbotmäßigkeit kann er einen Untertanen von seinem Land verweisen, eventuell außer Landes verjagen oder, wenn er ihn wohnen läßt, ihm Tribute wie einem Fremden auferlegen. Da er als Herrscher für die Bewahrung des Staates und das reibungslose Funktionieren seiner Institutionen; für das wirtschaftliche, soziale und geistige Wohl der Gemeinschaft zu sorgen hat; kann er jede für das Gemeinwohl für nötig erachtete Maßnahme „bis nahe an Tyrannei und Mißachtung der Rechte seiner Untertanen" ergreifen; namentlich unbedingten Gehorsam, Mitarbeit und Gefolgschaft aller Untertanen verlangen. Alle ihm unterstellten Häuptlinge und Ältesten haben ihm den Treueid zu schwören und Kriegsfolge „zu jeder Zeit, bei Tag und Nacht, wohin auch immer" zu leisten. Deserteure, Landes- und Hochverräter und persönliche Beleidiger kann er an Leib und Leben strafen oder mit hohen Bußen belegen. Zu jedem Zeitpunkt kann er seine Minister und die Ältesten zu Beratungen und Gerichtsverhandlungen einberufen. Er hat ferner Anspruch auf Gerichtsgebühren und Zahlung von zwei Rindern durch eine Familie, deren Vorstand plötzlich verstorben ist. Ebenso darf er für Opferzwecke auf Feldern eingefangene Tiere seiner Untertanen entschädigungslos beschlagnahmen. Alle Kriegsbeute ist ihm zu übergeben. Er beansprucht das Recht, an allen Heiligtümern einschließlich der Erdheiligtümer (taŋwane) persönlich zu opfern.

Nun ist zu bemerken, daß diese rigorosen Rechtsansprüche den Extremfall eines typisch „feudalen" Fürstentums darstellen. Sie dürften auch früher nur in wenigen Fällen in voller

[88]) Als Symbol seiner Fürsorge für seine Untertanen ißt und trinkt ein peo bis auf den heutigen Tag kein ihm gereichtes Gericht oder Getränk völlig allein, sondern gibt stets einen Rest an seine Umgebung ab.

Konsequenz realisierbar gewesen sein. Selbst in solchen streng durchorganisierten Gauen konnte der peo alle seine Ansprüche nur selten bis in das Hinterland des von seinem eigenen Clan (oder Familie) beherrschten Vorortes durchsetzen. Der Chiana-Gau selbst wurde 1926 wegen der ständigen Rivalitäten zwischen dem peo und dem tega-tu und ihrer Anhänger um die Vorherrschaft von der englischen Verwaltung in die zwei neuen Gaue Chiana und Ketiu aufgeteilt. Letzteren beherrscht der tega-tu, dem auch die Landesheiligtümer (taŋwana) unterstehen und der von der Bevölkerung Chianas selbst als oberster Erdherr anerkannt wird. Dieser würde aber dem Chiana-peo niemals den Zutritt zu den höchsten taŋwana, die sich auf seinem Boden befinden, erlauben und beim Versuch dazu würden ihn die Ketiu-Leute totschlagen. Wenn der Chiana-peo dort Opfer bringen muß, hat er die betreffenden Tiere dem Erdherrn von Ketiu zu schicken, damit er sie purch den zuständigen taŋwane-tu opfern lasse. Es handelt sich also bei den zitierten Rechten um *Ansprüche,* die nicht immer von der ganzen Bevölkerung anerkannt wurden und werden und deren Möglichkeiten zur Erzwingung von Fall zu Fall verschieden waren.

Als allgemein von den KASENA einem peo zuerkannte Rechte können gelten: Gehorsamleistung für Befehle, die zumindestens unter Mitwirkung des Ältestenrates beschlossen wurden; Kriegsfolge; Aufgebot zur Bittarbeit für Feld- und Erntearbeiten und Hausbau; Einberufung der Ältesten zu Versammlungen und Gerichtssitzungen; oberste Gerichtsbarkeit (mit Einschränkungen, u. U. ist — wie Kap. B II d) erwähnt — der Erdherr oberster Gerichtsherr, jedenfalls ist er stets zumindest als Beisitzer heranzuziehen); Anspruch auf Gerichtsgebühren und zum Teil auf brauchtumsmäßig festgelegte Teile von Opfertieren, Jagdbeute und verendet gefundenem Wild; von Elefanten gebührt ihm meist einer oder beide Stoßzähne (eventuell Teilung mit dem betreffenden Erdherrn), fast stets die Felle von Feliden (ein peo darf jedoch selbst keine Löwen jagen, da der Löwe der „peo" der Wildtiere ist und Fürsten nicht miteinander kämpfen dürfen); ebenso war ihm früher alle Kriegsbeute zu übergeben. Diese ging aber nur zum geringsten Teil in seinen Besitz. Von den weiblichen Kriegsgefangenen steckte er die schönsten in seinen Harem. Von dem erbeuteten Vieh wurde oft bis zur Hälfte den Heiligtümern und Fetischen des Landes — als Urhebern des Sieges — geopfert, nur einen kleinen Teil davon konnte der peo für sich selbst behalten, den Rest schenkte er dem Erdherrn, Priestern, Ministern und tapferen Kriegern, ebenso einen Teil der Kriegsgefangenen als Sklaven. Die tapfersten unter ihnen suchte man zum Eintritt in das eigene Heer zu gewinnen. Je nach Macht und Ansehen konnte der peo die schönsten gefangenen Frauen in seinen Harem einreihen oder seinen „Söhnen" und Gefolgsleuten, namentlich den tapferen Kriegern als Sklaven schenken. So viel als möglich der Beute an Vieh und Kriegsgefangenen ließ der peo gegen Pferde und Waffen verkaufen.

Sehr unterschiedlich wurden schon immer die Abgaben gehandhabt. Nur selten wird es sich um regelmäßig zu zahlende Steuern gehandelt haben, zumindest nur um geringfügige Abgaben, denn zu hohen Steuerleistungen war die durchschnittlich relativ arme Bevölkerung gar nicht in der Lage. Heute werden Abgaben von der Ernte dem peo durchwegs als freiwillige Gaben und eher in geringerem Maße als dem Erdherrn gebracht. Auch früher schon dürfte einem peo der Arbeits- und Kriegsdienst seiner Leute wichtiger gewesen sein. Eine Parallele zur in Chiana beanspruchten Zahlung von zwei Rindern von den Familien plötzlich verstorbener Familienvorstände habe ich nur noch in Kampala angetroffen. Hier erhält der peo beim Tode eines Dorfhäuptlings seines eigenen Clans ein Schaf oder ein Rind, von dem ihm selbst aber nur ein kleiner Teil zukommt, das meiste hat er nach brauchtumsmäßig festgelegtem Schlüssel an die anderen Clansektionen zu verteilen. Der peo fungiert hier also nur als Verteiler in der gleichen Weise, wie es Älteste bei Verteilung von Opfertieren unter die Familien und Linien tun. Sodann erhält er, wie in Kap. B IV b) beschrieben, beim Tode eines Erdherrn ein Tier für sich, muß dafür aber auch die kostspielige Grabkleidung stiften. In welchem

Maße ein peo Strafen und Bußzahlungen im eigenen Interesse (Hochverrat, Majestätsbeleidigung, Ungehorsam) verhängen konnte, hing immer vom Verhältnis seiner eigenen Machtstellung zu der des Ältestenrates und der betroffenen Familie ab[89]).

c) Die sozialen Funktionen des peo

Vor der europäischen Besetzung des Landes hatte ein peo weit weniger Verwaltungsaufgaben zu lösen, als ein Europäer gemeinhin bei einem „Häuptling" in Analogie etwa zu einem Bürgermeister voraussetzt. „Öffentliche Arbeiten", wie etwa Bau von Wegen, Dämmen, Brücken wurden kaum jemals, Errichtung von Gemeindebauten und Tempeln niemals durchgeführt; Steuer- und Einwohnerlisten wurden von den Analphabeten natürlich nie geführt, Eheschließungen und Geburten nicht registriert. Die Angelegenheiten der kleineren und größeren sozialen bzw. Siedlungs-Verbände wurden weitgehend in Selbstverwaltung geregelt. Was über die Kompetenz des pater familias hinausging, wurde dem Ältestenrat zur Entscheidung übergeben. So verblieben dem peo folgende Funktionen:

1. Wo ein peo die einzige oder oberste Gewalt inne hat, besteht ihm als Herrscher bzw. Landesvater gegenüber eine *Meldepflicht* aller bemerkenswerten, wichtigen bzw. ungewöhnlichen Ereignisse und von erkannten bzw. befürchteten Gefahren aller Art (einschließlich magischer) für das Land.

Einen Teil der Meldungen entscheidet er allein, es sind dies

2. Der Wunsch eines Fremden, sich niederzulassen, den der peo — unabhängig von der früher erwähnten Befugnis des Erdherrn — zu genehmigen hat, da ja der Fremde sein Untertan werden will.

3. Der Tod eines pater familias oder Ältesten wie Dorfhäuptlings, Erdherrn bzw. taŋwane-tu muß ihm angezeigt werden. Erst nach Einholung seiner Erlaubnis darf der Tod öffentlich verkündet und der Tote begraben werden (sofern der peo am Ort eine besondere Machtfülle besitzt). War der peo mit der betreffenden Familie — selbst Clansektion — verfeindet, so hat er jetzt eine Gelegenheit, Sühnegeschenke zur Besänftigung seines Zornes von den Hinterbliebenen zu erzwingen. Andernfalls läßt er sie u. U. längere Zeit auf seine Zustimmung zum Begräbnis warten, das schließlich gegebenenfalls „heimlich", das heißt nicht öffentlich vorgenommen werden muß. Das bedeutet eine große Schmach für den Toten wie für dessen Verwandtschaft.

Zum Begräbnis hat der peo in Amtstracht zu erscheinen. Für einen verstorbenen angesehenen alten Mann läßt er den Tod und den Beginn der später abgehaltenen Totenfeiern mancherorts durch seine Trommeln vom großen Abfallhaufen (puri) vor dem peo-Gehöft verkünden.

4. Der Fund eines unbekannten Toten ist ebenfalls dem peo zu melden, der (nach Wahrsagerbefragung) zu entscheiden hat, ob der fremde Tote auf seinem Territorium bestattet werden soll. Das ist immer der Fall, wenn in angemessener Frist keine Angehörigen des Toten in der Nachbarschaft gefunden werden können. Dann vertritt der peo die Verwandten des Toten beim Begräbnis. Die Habe des Toten bewahrt er auf, bis eventuell Angehörige des Toten ausfindig gemacht werden können. Diese benötigen sie, um damit als Ersatz für den Toten selbst die Totenfeiern am Heimatort nachholen zu können.

5. Ein Todesfall durch Blitzschlag ist ebenfalls dem peo anzuzeigen, der einen dafür Zuständigen, sei es Regenmacher, Erdherr oder Schmied, mit der Entsühnung des Toten zu beauftragen hat.

6. Ein peo ist ferner von jedem Verbrechen zu benachrichtigen. Bei einem Mord durch Gewalttat oder — was dem gleichgesetzt wird — durch vermuteten Seelenfraß hat gegebenenfalls der peo, u. U. mit dem Erdherrn zusammen, das in Kap. B III b 5. beschriebene Leichentragen-Ordal zum Ausfindigmachen des Mörders bzw. Subachen anzuordnen. Die An-

[89]) Ein peo kann u. U. versuchen, von den Hinterbliebenen, je nach Wohlstand, ein Geschenk von einer Tabakkugel bis zu einem kleineren oder größeren Tier zu erpressen, indem er zunächst die Bekanntgabe des Todesfalles und Erlaubnis zur Beerdigung verweigert. Er hat aber keinen Rechtsanspruch darauf.

wendung eines weiteren Ordals (samena) — dessen Beschreibung hier zu weit führen würde — zum Fang eines Hexers, kann nur durch einen peo oder Clan- bzw. Sektions-Ältesten erlaubt werden. Ein solcher folgt nur ungern und selten einer entsprechenden Bitte, da die Anwendung diese Ordals „ein Dorf verkommen läßt". (Das heißt, es können leicht Unschuldige vom Hexenfänger benannt und eine Panikstimmung kann erzeugt werden, die immer mehr Hexer suchen will und ein allgemeines Mißtrauen jedes gegen jeden schafft.)

7. Sehr häufig beansprucht ein peo, daß Fundsachen zuerst ihm zu überbringen seien, die er aber dem Erdherrn weitergibt.

8. Außerordentlich häufig wird ein peo bis auf den heutigen Tag in Anspruch genommen, wenn eine Frau entlaufen ist bzw. entführt wurde. Sind die Bemühungen ihres Gatten oder seines Ältesten um Rückgabe bzw. Rückkehr der Frau vergeblich geblieben, so wird der peo eingeschaltet. Wohnt der Entführer in einem Dorf seines Gaues, so wird der peo dem Dorfhäuptling (Clanältesten) des Liebhabers den Befehl geben, die Frau zum Gatten oder zumindest — falls der Fall erst vor Gericht geklärt werden soll — zu ihren Eltern zurückzuschicken. Lebt die entlaufene Frau jedoch in einem anderen Gau, so fordert der peo des Gatten den peo des anderen Gaues durch Boten zur Herausgabe der Frau auf. In früheren Zeiten wurde damit eine Kriegsdrohung verbunden und nach nochmaliger ergebnisloser Aufforderung auch in die Tat umgesetzt.

9. Hat ein peo seltsame Träume, so befragt er einen Wahrsager, ob der Traum irgendwie seine Herrscherpflichten berührt. Manchenorts konsultiert er den Wahrsager in gewissen Zeitabständen regelmäßig zum Wohle des Landes; dazu in jedem Falle besonderer Ereignisse.

10. Wir sehen, daß die nach eigenem Willen zu treffenden Entscheidungen eines peo doch im allgemeinen nur minder belangvolle Fragen betreffen, in denen das Allgemeinwohl nicht wesentlich auf dem Spiel steht oder durch Willkür des peo erheblich beeinträchtigt werden könnte. Er ist weit davon entfernt, ein Despot zu sein oder sein zu können. Denn in allen für das ganze Land wichtigen Entscheidungen ist er an die Zustimmung oder mindestens Beratung durch seine Minister, Priester und Ältestenrat gebunden. Wieweit er seine eigene Meinung durchsetzen kann, hängt von seiner lokal verschiedenen Machtstellung ab. Ein Herrscher, der ein Willkürregiment zu führen versucht und dabei seine Pflichten und das Brauchtum verletzt, kann verjagt werden. Mir wurden in verschiedenen Gauen namentliche Beispiele der letzten Generationen genannt, wo unwürdige Herrscher abgesetzt wurden. Die Ratsversammlungen können vom peo aus eigener Entscheidung oder auf Ersuchen von Ältesten bzw. Ministern einberufen werden. Die Befehle des peo werden von den bei der Versammlung anwesenden Ältesten der Clane und Clansektionen den Ältesten ihrer Linien oder Großfamilien mitgeteilt, die ihrerseits jedes einzelne Gehöft verständigen.

11. Heute dürfte der häufigste Anlaß zu Beratungen das Eintreffen von Anordnungen der europäischen Verwaltung sein.

12. Im übrigen sind es vor allem Unglück und Gefahren, die das ganze Land bedrohen oder heimsuchen. Fällt etwa der Regen nicht rechtzeitig oder nicht in genügender Menge, gibt es Mißernten, Seuchen (= „Hexer verderben das Land"), Invasionen von Heuschrecken oder Raubtieren, wird durch Omina oder Wahrsagerauskünfte Unheil prophezeit, so melden die Ältesten das dem peo offiziell („Das Land verkommt") und ersuchen ihn um Abwendung der Gefahr bzw. Behebung der Not durch alle ihm zu Gebote stehenden Mittel. Je nach Fall, Wahrsagerauskunft und Ergebnis der Beratung wird er also etwa den Erdherrn, taŋwane-tu oder den Regenmacher in Aktion setzen, Hexersuche oder magisches „Pfortenverschließen" (s. Kap. B II C 2) anordnen, oder sich an seinen Häuptlingsfetisch oder an seine Ahnen um Hilfe wenden.

13. In einigen Fällen verlangt ein peo, daß die Untertanen sich nicht direkt an den Erdherrn wenden, sondern erst durch seine Vermittlung. Sicher wird diese Anordnung aber nur wenig und dann nur am Sitz des peo — nicht im Hinterland — und meist wohl auch nur von

den Angehörigen des Clans des peo befolgt. Nicht selten behaupten die Fürsten, ein Erdherr dürfe überhaupt nur auf ihren Befehl hin Amtshandlungen ausführen, welches Recht von diesen selbst fast stets bestritten wird.

14. Neben dem Eingreifen bei allgemeinen Notständen obliegt dem peo vor allem die Rechtsprechung. Mit Ausnahme der Gaue Koumbili und Ketiu, wo die Erdherren die obersten Richter sind, beansprucht der peo die oberste Gerichtsbarkeit. Wenn es sich jedoch um Gerichtssitzungen wegen Verstoßes gegen das Brauchtum handelt, fungiert entweder der Erdherr als Oberster Richter oder es muß zumindest seine Meinung als Beisitzer gehört werden. Nur der Chiana-peo sieht — wegen seiner Feindschaft mit dem eigentlichen Erdherrn (s. o.) — davon ab und ersetzt ihn in seinen priesterlichen Funktionen durch den Betreuer des Häuptlingsfetisches (kwara-tu), auf dessen Funktion wir später zu sprechen kommen werden. Wenn es sich jedoch um einen Rechtsstreit in „Erdangelegenheiten" handelt, so ist stets der Erdherr dafür als Oberster Richter zuständig. Ein Tribunal wird entweder auf Ersuchen eines Klägers oder — mangels eines solchen bzw. bei Unkenntnis des Täters oder bei Verbrechen gegen das Gemeinwohl — vom peo einberufen. Der Kläger hat bei Einreichung der Klage eine Gerichtsgebühr an den peo zu zahlen, damit er den Beklagten vorlade, der Beklagte hat den gleichen Wert zu hinterlegen. Beide Gebühren werden einbehalten, auch die der obsiegenden Partei. Sie wird vom Gerichtsherren nach Schwere des Falles und Vermögen der streitenden Parteien festgesetzt. Dies ist ein wirksames Mittel, um Streithansel von einer Bemühung des Gerichtes abzuhalten, denn oft übersteigen die Gerichtskosten den Streitwert bei weitem, vor allem wenn vom Schuldigen weder Schadenersatz noch Bußzahlung eingetrieben werden können. Bagatellsachen werden nicht vom peo entschieden, sondern von den Ältestenräten und gegebenenfalls Dorfhäuptlingen. Auch zu Streitfällen, die vor sein Tribunal gebracht wurden, erscheint der peo oft nur in bedeutenden Angelegenheiten, insbesondere, wenn sie das ganze Land betreffen oder Ursache für Kriege zwischen Dörfern und Gauen werden können oder Kapitalstrafen erfordern[90]).

Der Gerichtshof setzt sich bei einem Typus des peo aus seiner später vorzuführenden Equipe einschließlich Beratern aus dem Kreise des Ältestenrates, dem Erdherrn, unter Umständen auch dem Betreuer des Häuptlingsfetisches (z. B. SÜD-KASENA, und anscheinend auch im Ost-Kasena-Gau Tiébélé) und gegebenenfalls deren „Sprechern" zusammen. Der „Kanzler" fungiert — bei oder ohne Anwesenheit des peo — als Vorsitzender und Verhandlungsleiter, der „Sprecher" als „Untersuchungsrichter", der beide Parteien und Zeugen verhört[91]). Die übrigen Beisitzer haben das Recht, in die Verhandlung einzugreifen, machen davon aber nur sehr zurückhaltend Gebrauch. Auch der peo mischt sich nur selten in die Verhandlung ein, das heißt, wenn er glaubt, daß die Richter eine wichtige Tatsache übersehen oder falsch beurteilt haben. Nach der Verhandlung wird vom Gerichtshof im Geheimen über das Urteil beraten (sei es, daß sich der Gerichtshof zurückzieht oder alle übrigen Anwesenden außer Hörweite wegschickt). Falls einer der Richter der Meinung ist, der peo sei im Begriff ein Fehlurteil zu fällen, macht er ihn in geziemender Weise darauf aufmerksam, er darf jedoch dem peo niemals öffentlich einen Irrtum nachweisen. Beharrt dieser auf seiner Meinung, so gilt sein Urteil unwiderruflich.

Ertappte Verbrecher, wie Diebe, Mörder, Hexer, Ehebrecher (innen) usw. werden mit der Anzeige dem peo übergeben, der sie in seinem Gehöft gefangen setzt und von dort durch einen Büttel dem Tribunal vorführen läßt.

Ein besonders pompöses Zeremoniell bietet die Einleitung einer Gerichtssitzung in Chiana, fall durch ein schweres Verbrechen auch gegen das religiöse Brauchtum verstoßen wurde. Dann wird vom peo der Betreuer des Häuptlings-Fetisches (kwara-tu) informiert und hinzugezogen, von einem besonderem Trommler eine

[90]) Heute ist die Verhängung von Todesstrafen oder langen Haftstrafen den Gerichten der europäischen Verwaltung vorbehalten.

[91]) „Anwälte" gibt es auf keiner Seite.

spezielle kwara-Trommel (kwara-gulu) gerührt. Der „Sprecher" des kwara-tu, der kwara-nu-tu (kwara-Priester) und sein Berater kommen mit dem Ältesten der peo-Familie zusammen und gehen unter dem Schlagen der Gerichtstrommel („große Verbrechenstrommel") zum Tatort. Von dort rufen sie die Ältesten des betreffenden Ortes hinzu. Inzwischen bereitet sich der peo in seinem Gehöft auf sein Erscheinen vor. Dann läßt der kwara-tu durch seinen Sprecher die Ältesten vom Verbrechen und den Tätern unterrichten. Nun kommt der peo — schwarz gekleidet mit roter Mütze — auf einem schwarzen Esel angeritten, der vom ältesten Minister geführt wird. Das Szepter des peo wird von seinem „Kanzler" getragen, der „Sprecher" trägt auf dem Rücken das kwara im kwara-Sack (kwara-lɔɔ). Neben dem Esel gehen die anderen Minister, das übrige Gefolge schreitet hinterdrein. Unter Umständen haben bis zu diesem Zeitpunkt der kwara-tu und die Ältesten die Untersuchung bereits beendet und der Beklagte seine Schuld schon eingestanden, dann braucht der peo nur noch das Urteil zu sprechen. (In klaren Fällen ohne Schwierigkeiten kann dies auch schon der kwara-tu ohne Beisein des peo).

Als Beispiel für das bei dem anderen peo-Typ, insbesondere bei den nördlichen KASENA, weitgehend übliche einfachere Verfahren möchte ich noch kurz das von Kampala erwähnen. Auch hier werden nur die Streitfälle, die vom Ältestenrat bzw. Dorfhäuptling nicht entschieden werden konnten, bzw. die schweren und „auswärtige Beziehungen" berührenden vor den peo gebracht. Dieser Instanzenweg ist stets einzuhalten. Bei einem Dorfhäuptling (= Clanältester und zugleich Landherr) wie beim peo wird das Tribunal am Versammlungsplatz (dalee) unter einem (heiligen) Schattenbaum oder Schattendach, wo jede Clansektion bzw. — bei einem peo — jeder Clan seinen bestimmten, erblichen Sitzplatz hat, abgehalten. (Bei Regenwetter in einem bestimmten Amtshaus naŋkɔŋɔ — „Gerichtshalle" und „Rathaus" zugleich — neben dem Tor des Häuptlingsgehöftes). Als Richter und Beisitzer fungieren nur die Ältesten — und gegebenenfalls der Erdherr —, als meist stumm bleibender Vorsitzender der Dorfhäuptling bzw. der peo, der das Urteil spricht. Auffallend ist, daß alle Parteien einschließlich Zeugen und Zuhörern Oberkleidung, Schuhwerk und Kopfbedeckungen abzulegen und sich in demütiger Haltung zu nähern haben. Das entspricht völlig der Vorschrift beim Herantreten an ein Erdheiligtum! Auch hier haben beide Parteien je nach ihrem Vermögen eine Gerichtsgebühr (Huhn bis Rind) zu zahlen, die als Geschenke an den Häuptlingsfetisch gelten (man nennt sie „das kwara grüßen und ihm danken"), weil man ihn bemüht hat.

15. Ein peo erhält nicht nur Gebühren für Inanspruchnahme des Gerichtes, sondern auch Bußzahlungen, die vorwiegend in Vieh, daneben auch in Schmuckstücken geleistet werden. Ist eine Strafe wegen „Verstoßes gegen religiöse Gebote" (yuri) ausgesprochen worden, so sind die Tiere in erster Linie als Sühneopfer an die beleidigte höhere Macht gedacht. Der peo hat dann die als Sühneopfer an die Erde bzw. Busch oder an ein taŋwane bestimmten Tiere dem zuständigen tega-tu bzw. taŋwane-tu zu übergeben. Häufig bringt er selbst auch seinem kwara ein Opfer. Oft genug bleibt ihm dabei aber noch ein Rest der Bußzahlung für sich selbst.

Ist eine Strafe wegen „Übertretung eines nicht religiös fundierten Gesetzes" (buŋa) verhängt worden, so hat der peo erst recht eine Gelegenheit zur Bereicherung, insbesondere bei Ehebruchsaffären, die er deshalb auch möglichst seiner eigenen Rechtsprechung vorbehält. Denn Strafen wegen Ehebruchs werden sehr hoch angesetzt, aber nicht etwa dem betrogenen Gatten gezahlt (der sonst seine Frau „verkauft", das heißt prostituiert, hätte), sondern an den peo. Dieser läßt, wenn die betreffende Familie die zu zahlenden Tiere nicht aufbringen kann, ihr Besitztum plündern. Der peo opfert von den erhaltenen Tieren etwa nur eines an sein kwara, die anderen stellt er in seine Herde ein. War der Ehebruch mit einer Häuptlingsfrau begangen worden, so kann der peo die Bußzahlung natürlich nicht selbst annehmen, aber er übergibt sie seinen Brüdern, wodurch sie doch seiner Familie zugute kommt.

16. Wird ein aus einem fremden Gau stammender Übeltäter erwischt, so benachrichtigt der peo den Herrscher jenes Gaues und läßt den Schuldigen so lange — ohne ihm Wasser zu geben — in Ketten oder in einen Holzblock legen, bis seine Verwandten ihn auslösen.

17. Dem peo unterstehen die Märkte. Er ist verantwortlich für den Marktfrieden, zu dessen Aufrechterhaltung er einen Marktaufseher — häufig den Häuptling des betreffenden Dorfes — ernennt. Ein peo kann eine Marktgerechtsame aufheben bzw. neu an einen Ort vergeben. Bei den SÜD-KASENA pflegt der peo mit Gefolge einen würdevollen Umgang an jedem Markttag um den Markt zu machen. Auf dem Markt werden auch Anordnungen des peo verkündet. Früher erhielt er von jeder feilgebotenen Ware eine Abgabe.

d) Politische Funktionen

1. Eine „Innenpolitik" kann in den in Frage stehenden kleinen Staatswesen nur in sehr bescheidenem Umfang betrieben werden. Sie ist vor allem darauf gerichtet, den Frieden unter den einzelnen Clanen bzw. Dörfern des Gaues aufrecht zu erhalten oder bald wieder herzustellen.

Ein peo hat natürlich ein Interesse daran, seine Machtstellung aufrecht zu erhalten, eventuelle Mißstimmungen und Intrigen gegen seine Person aufzufangen. Sofern er ausgesprochene Minister besitzt, verwendet er einen davon, den wichtigsten, als „Innen"- und „Polizeiminister", der Spitzel — vor allem auf dem Markt — anstellt. Er hat auch für Aufrechterhaltung von Ruhe und Ordnung zu sorgen.

Ein Oberhäuptling kann Unterhäuptlinge, vor allem von größeren Siedlungen wie Landschaften (Groupements), als Vasallen einsetzen, indem er sie mit einem kwara — gewissermaßen einem Ableger seines eigenen — belehnt. Darüber später mehr. Diese Unterhäuptlinge haben dabei einen Lehnseid zu schwören.

2. Wichtiger war die „Außenpolitik", die Beziehung zu fremden Gauen. Hier handelt es sich einmal um die Beilegung von Streitigkeiten, die durch Übergriffe der Untertanen entstanden und die früher so leicht zu Kriegen führten. In erster Linie war die Entführung einer schwarzen Helena eine solche Kriegsursache, dann Diebstahl und Raub. „Weiberaffären" machen noch heute allen Chefs de Canton viel zu schaffen.

Zum anderen scheint aber die Kriegführung früher überhaupt eine Hauptaufgabe eines peo gewesen zu sein. Diese Funktion ist seit der europäischen Befriedung natürlich in Wegfall gekommen und so auch die Erinnerung daran im Bewußtsein der Bevölkerung sehr verblaßt. Aus den Traditionen und manchem Brauchtum geht aber die Rolle eines peo als Kriegsführer eindeutig hervor. Im Gau Guiaro (WEST-KASENA) konnte mir die frühere Art der Kriegsführung noch ziemlich genau beschrieben werden. Danach berief im Ernstfall der peo die Notabeln (Minister und Älteste) zum Kriegsrat zusammen, der auch Wahrsager befragen ließ. War ein entsprechender Beschluß gefaßt, so gab der peo die Befehle zur Mobilmachung usw. Am Tag vor dem Aufbruch zur Schlacht ließ der peo sowohl dem Haupt-taŋwane durch den Erdherrn ein Bittopfer bringen, wie er selbst auch vor seinem kwara und dem Altar des Gaugründers opferte und die Ahnen des Landes anrief, dem Heer voranzuschreiten. Vom Ahnenaltar wie vom Abfallhügel vor seinem Gehöft hielt er anfeuernde Reden an die Krieger, den Ahnen und dem kwara keine Schande zu bereiten, unter deren Schutz sie stünden. In der Schlacht hielt sich der Fürst im Hintertreffen, umgeben von seiner Leibwache und den Prinzen und kämpfte persönlich nicht mit (schon gar nicht gegen einen anderen peo, das war verboten). Im Kampf kommandierte der „General" von der peo-Gruppe aus die Hauptleute der Dörfer und Quartiere. Ähnliches gilt für die anderen größeren Gaue der nördlichen KASENA.

In Kampala konnten wir eine Totenfeier für verstorbene Fürsten miterleben. Dabei werden stets Kriegstänze und Kampfhandlungen in möglichst realistischen Pantomimen ausgeführt. Interessanterweise führte hierbei der peo selbst in rotem Mantel seine Leute an (während der Guiaro-peo nur als Zuschauer beteiligt war) und wurde ihm als Kriegsführer gehuldigt (s. Abb. 22, 25, 27 und Film Nr. 5), was doch wohl die alte Kriegsführer-Rolle des peo überliefert. Außerdem ist es bis heute das Recht des Kampala-peo, seine Männer zu mobilisieren und er berichtete voller Stolz, daß ihm sämtliche wehrfähigen Männer auch bei einem nächtlichen Appell sofort Kriegsfolge leisten würden. Vergleichbares hat sich noch in letzter Zeit zugetragen, so bei Übergriffen fremder Jäger und vor allem 1947, als der französische Administrator die Wahl des aktuellen peo nicht anerkennen, sondern einen ihm genehmen Mann als Chef de Canton einsetzen wollte. Damals waren die Krieger Kampalas herbeigeeilt, um ihren legitimen Herrscher zu verteidigen und entschlossen, mit ihren Pfeilen, Äxten und Speeren den Kampf mit der Garde de Cercle aufzunehmen.

Der Chiana-peo berichtete mir, daß der Kriegsrat vom Kriegsführer („Feldmarschall" und „Kriegsminister") mit dem Ältestenrat abgehalten wurde, wobei der peo vom Ältesten seiner Sektion vertreten wurde. Dieser hätte auch die Krieger im Namen des kwara und der Ahnen gesegnet und vom Abfallhügel mit dem Kriegsführer zusammen mit Ansprachen ermutigt. Der peo sei während des Krieges *daheim* geblieben und das Heer nur vom Kriegsführer angeführt worden, der im Kampf ein *rotes* Obergewand trug. Dies steht nun im Widerspruch zu den alten Überlieferungen von den Kriegstaten der früheren Fürsten, wie auch zu der bis heute anscheinend wörtlich überlieferten Krönungszeremonie, bei der der neue peo ausdrücklich an seine Pflicht erinnert wird, im Krieg zu kommandieren! Dazu spricht auch die Eidesformel der Unterhäuptlinge und Ältesten, dem peo jederzeit Kriegsfolge zu leisten und ihm in den Krieg zu folgen, wohin immer er sie auch führen wolle, dafür, daß der peo früher tatsächlich selbst die Führung des Heeres inne hatte oder es begleitete. Da ferner der Kriegsführer ein rotes Obergewand im Kampf trägt, das sonst überall ausschließlich einem peo vorbehalten ist, so dürfte hier der peo in späterer Zeit vom Kriegsführer in der eigentlich ihm zukommenden Funktion vertreten worden zu sein, wohl um sein kostbares Leben keiner Gefahr auszusetzen.

e) Kultische Funktionen des peo

Außer den genannten administrativen und politischen Aufgaben hat ein peo aber auch eine Reihe von kultischen Funktionen wahrzunehmen, die in der bisherigen Berichterstattung viel zu kurz gekommen sind. Sie ergeben sich aus seiner Verantwortung für die Wohlfahrt des Landes und aus der Mentalität der GURUNSI, die hierfür rationale Maßnahmen allein als völlig unzureichend ansieht. Nachdem heute die kriegerischen Aufgaben in Wegfall gekommen sind, gelten in den Orten, wo ein peo oberster Herrscher ist, seine kultischen Funktionen als die wichtigsten.

1. *Der kwara-Kult*

Gegenüber zwei höheren Mächten ist ein peo stets allein verantwortlich und hat demzufolge ihren Kult selbst auszuführen oder — falls er dafür spezielle rituelle Funktionäre bzw. Priester zur Verfügung hat — zu leiten: Die wichtigste von ihnen ist sein Häuptlingsfetisch, das „kwara", dem wir später ein eigenes Kapitel widmen müssen. Die andere ist sein Vorfahre, der erste peo bzw. der Gaugründer.

Das kwara wurde früher in erster Linie in Anspruch genommen, um Sieg im Krieg zu verleihen. Dafür erhielt es vor dem Auszug in die Schlacht Bittopfer, nach einem Sieg reichliche Dankopfer vom peo. Sodann wirkt es auch bei der Rechtsfindung mit, anscheinend besonders bei der Verhängung von Kapitalstrafen. Deshalb gelten Gerichtsgebühren und vor allem Bußzahlungen als an das kwara gerichtet, das auch stets wenigstens einen Teil davon als Opfertiere erhalten muß („das kwara hat sie gegessen"). Für den SÜD-KASENA-Gau Chiana erwähnte ich schon, daß in schweren Fällen das kwara zum Tribunal bzw. Tatort gebracht wird. Der Eid beim kwara gilt als besonders schwerer und wegen der bei Meineid zu fürchtenden prompten Rache des kwara als sehr gefährlicher Schwur. Bei Notfällen wird unter Umständen das kwara allein oder im Verbande mit anderen Heiligtümern um Hilfe angerufen und beopfert, jeweils durch den peo als seinen „Herrn" und Betreuer und Diener. Das ist vor allem bei Seuchen der Fall, aber auch in allen den Fällen von Unglück, für deren Verursachung bzw. Behebung der Wahrsager das kwara für zuständig erklärt. Bei einigen SÜD-KASENA erhielt auch das kwara Sühneopfer bei Blutvergießen und in Chiana neben Erde und Gaugründeraltar einen Anteil an den Saatbittopfern und den Ernte-Dankopfern.

2. *Ahnenkult*

Wie einleitend schon erwähnt, ist der Ahnenkult bei den Altnigritiern von besonderer Wichtigkeit, den jeder Älteste für seine soziale Einheit auszuführen hat. Da nun ein Gau (oder auch Groupement) stets von mehreren Verwandtschaftsverbänden besiedelt wird, könnte ein Clanältester niemals den Ahnenkult zum Wohle des ganzen Gaues durchführen. Als für alle Siedlungen gleichermaßen zuständiger Ahne kann daher logischerweise nur der Gau- bzw. Dynastiegründer angesehen werden. Er wird daher angerufen, wenn sein ganzes Reich in Gefahr ist, um sich bei den höheren Mächten für die Untertanen seines Nachfolgers zu verwenden oder um — zusammen mit seinen verstorbenen Nachfahren — die Geisterarmee der verstorbenen Krieger anführend dem Heer der Lebenden in die Schlacht vorauszuziehen. Wie im Ahnenkult allgemein üblich, erhielt der Ahne des Fürstenhauses Dankopfer bei allen Gelegenheiten, in denen er seiner Familie und dem Land geholfen hat, nach siegreichem Krieg, gebannter Seuche, guter Ernte. Für den Kult des Gaugründers besitzt jeder peo vor seinem Gehöft den Altar (nabaarə, auch nabarɛ, nabara) [92]) dieses Ahnen (meist mit dessen Namen benannt), wo er zu ihm betet und opfert. Auf ihm sitzt oder steht er während der Ratsversammlungen und anderen Kulthandlungen, um sich von seinem Vorfahren inspirieren zu lassen und als seine Inkarnation zu erscheinen (Abb. 17, 21, 22, 24, 61). Der Kult des ersten Herrschers ist für einen peo annähernd gleich wichtig wie der seines kwara, beider Kult ist allein schon durch die Tatsache verbunden, daß der Gaugründer (nicht immer der erste Vorfahre der Dynastie!) normalerweise auch der erste Besitzer des kwara war.

Wie auch sonst im Ahnenkult üblich, ist der peo ferner gehalten, jedesmal dann seinem Vorfahren ein Opfer zu bringen, wenn er — durch den Mund des Wahrsagers — ein solches verlangt. Sodann hat er alle die Tiere am Ahnenaltar zu opfern, die ein Einzelner oder eine kleinere Siedlungs-Einheit aus irgend welchen Gründen dem Gaugründer darbringen muß.

Ein peo hat nicht nur den Dynastiegründer zu verehren, sondern auch die (kostspieligen) Totenfeiern für seinen Vorgänger zu veranstalten. Das möchte als selbstverständlich gelten, weicht aber doch etwas vom familiären Totenkult der GRUSI ab. Denn dabei veranstaltet ja immer der jeweilige älteste Mann der Familie als Nachfolger im Amt des pater familias die Totenfeier. Auch bei den Herrschern ist meist der älteste Mann der Leiter der Angelegenheiten der Familie bzw. Linie oder Clans, nur selten fällt diese Stellung gleichzeitig dem peo zu, häufig vielmehr seinem Onkel, unter Umständen auch älterem Bruder. Im Totenkult wird hier also die Nachfolge des als Fürst und nicht als Ältester regierenden Nachkommen hervorgehoben und ihm der Totenkult des verstorbenen peo als Ranghöherem überlassen. Die rituell richtige Abhaltung der Totenfeier für einen verstorbenen peo ist auch deshalb besonders wichtig, da ein solcher — wenn erzürnt — „das Land verderben" kann und außerdem sein Nachfolger erst nach dem durch die Totenfeier erzielten Eingang des Verstorbenen in das Totenland — mit dem seine Regierung erst völlig erloschen ist — sein Amt als vollgültiger peo antreten kann.

Ein peo hat nicht nur Funktionen im Kult der Ahnen seiner eigenen Dynastie, sondern auch im Ahnenkult von angesehenen Männern. Sofern der Erdherr vom selben Ahnen wie der peo abstammt, hat er von diesem „als Bruder" beerdigt zu werden. In Kampala erstreckt sich diese Pflicht des peo auch auf wichtige Erdherren fremder Clane, die ebenfalls als „Chefs" und dem peo ebenbürtig angesehen werden (s. Kap. B IV b, C I c 3). Ebenso läßt ein peo häufig den Tod eines Ältesten und den

[92]) wörtlich „Urgroßvater" bzw. „Ahne".

Beginn der Totenfeier durch seine Trommeln vom Abfallhügel vor dem Häuptlingsgehöft verkünden. Hierfür dürfte ein Grund darin liegen, daß ein verstorbener alter Mann, das heißt Familienvater, auch heute noch als tapferer Krieger durch obligatorische Kriegstänze geehrt wird. Die hierfür benötigten Kriegstrommeln aber befinden sich in Verwahrung des peo.

3. *Weitere Kulthandlungen*

Aus seiner Verantwortung für das Wohl aller Untertanen folgert der peo das Recht, auch für Kulte an anderen Heiligtümern zuständig zu sein und von allen wichtigen Vorkommnissen und drohenden Gefahren verständigt zu werden. Finden die Wahrsager z. B. heraus, daß zur Behebung eines Notstandes ein Opfer an ein Erd- oder Buschheiligtum gebracht werden muß, so gibt der peo — fast stets nach der Beratung mit dem Ältestenrat und Priestern — dem zuständigen taŋwane-tu den Befehl für das vorgesehene Opfer. (Wie oben angeführt, würden diese bzw. der oberste Erdherr die erforderlichen Kulthandlungen auch ohne Befehl des peo vorgenommen haben. Aber in den Orten, wo ein peo die oberste Macht besitzt, beansprucht er auch, aus seiner Verantwortung heraus zumindest die für das ganze Land notwendigen Opfer anordnen zu dürfen. Selbst ausführen darf er sie ja nie, höchstens dabei anwesend sein und vielleicht zum Besten des Allgemeinwohles ein größeres Opfertier stiften.) Sollte ein Erdherr seine Amtspflichten vernachlässigen, so behauptet ein peo oft, das Recht zu dessen Amtsenthebung zu besitzen, da der betreffende Erdherr „das Land verkommen lasse". De facto wird er sich mit diesem Anspruch höchstens bei „kleinen Erdherren", das heißt Sektions-taŋwanetina mit beschränktem Wirkungskreis, seines eigenen Clans durchsetzen können. Über die Funktionen, die der Kampala-peo beim magischen „Pfortenverschließen" seines Gaues hat, hatte ich schon S. 19f berichtet.

Da ein peo auch mit der Hauptsorge der Bauern — rechtzeitige und ausgiebige Regenfälle — belastet und für Dürre verantwortlich gemacht wird, so hat er auch in diesem Falle rechtzeitig einzugreifen. Das heißt, er hat auf Ersuchen der Ältesten entweder den Erdherrn (selten mit diesem zusammen) um Regen beten zu lassen oder — sofern vorhanden — einem Regenmacher einen Befehl zum Regenzauber zu geben. Kampala z. B. ist stolz darauf, einen weiblichen Regen zu beherrschen, der die männlichen Regen anzieht, so daß der Regenzauberer von Nankoum sowohl für Kampala selbst wie für weitere KASENA-Gaue Regen herbeizaubern kann. Der peo gibt ihm dazu den Befehl und gleichzeitig Geschenke für den Regenzauber. Außerdem hat er ihm jährlich einen schwarzen Hammel als Opfer zu stiften, aus dessen Fell der jährlich erneuerte Sack-Behälter für den eigentlichen Regenzauber bereitet wird. Der Regenzauber kann in Kampala wie in Ponkouya und Pô herumgeschickt werden und Tribute als Dank für den gelieferten Regen heischen (Hirse und Hühner). Davon gibt der Regenzauberer dem peo einen Teil ab, der auf diese Weise schon bis zu zweihundert Hühner als Geschenk erhalten haben will. Auch wenn an den für Ketiu wie Chiana zuständigen Regenzauberer von Saa Anordnungen gegeben werden, muß der Landesherr gleichzeitig Geschenke (bis zu einem Rind) überbringen bzw. übersenden.

Da ein peo für die Fruchtbarkeit verantwortlich ist, erwartet man bei ihm auch eine kinderreiche Ehe und sieht ein diesbezügliches Versagen des peo als schlechtes Vorzeichen an. Wenn ein Häuptlingsehepaar unfruchtbar ist, wird auch das Land unfruchtbar, während die Fruchtbarkeit des peo auch das Land, das heißt Frauen, Vieh und Erde, fruchtbar macht. Deshalb warten alle ängstlich auf die ersten Anzeichen einer Schwangerschaft bei der ersten Frau des peo. Tritt diese nicht innerhalb eines Jahres nach der Thronbesteigung ein, so gilt dies als Zeichen dafür, daß das kwara mit dem peo (oder seiner Frau) unzufrieden ist und ihm seinen Segen entzogen hat. Gegebenenfalls muß der peo für eine sterile erste Frau eine andere in deren rituellen Rang setzen.

Ein peo, der in dieser oder einer anderen Angelegenheit versagt hat, das heißt irgend ein Unheil über das Land hat kommen lassen, wird ängstlich nach der Ursache forschen, welche Macht er durch eine unwissentlich begangene rituelle Sünde beleidigt haben könnte, um sich durch Sühneopfer — unter Umständen an alle Heiligtümer und Fetische selbst in ruinierender Weise dargebracht — das verlorene Wohlwollen zurückzuerlangen.

II. *Funktionen des peo bei den NUNA*

a) Die Pflichten eines peo

sind die gleichen wie bei den KASENA: mit allen Mitteln für das Wohlergehen des ganzen Landes bemüht zu sein, dazu für die kultische Verehrung aller Heiligtümer des Landes ebenso wie für gerechte Rechtsprechung zu sorgen, im Krieg zu führen. Er hat aber auch die Pflicht, die Beschlüsse des Ministerrates bzw. — bei besonders wichtigen Anlässen — die der Volksversammlung zu achten, an die er anscheinend noch mehr als ein KASENA-peo gebunden ist. Zum Unterschied vom letzteren muß er überall auf Verlangen des als Mittler angerufenen Schmiedes einem Beleidiger Verzeihung gewähren, so schwerwiegend er auch dessen Verfehlung ansehen möge.

b) Die Rechte eines peo

sind ebenfalls annähernd dieselben wie bei den KASENA: Anspruch auf Gehorsam, Kriegsfolge und Arbeitsdienst der Untertanen; Einberufung von Rats- und Gerichtsversammlungen; Anspruch auf bestimmte Teile von Tieren, die als Opfer an Heiligtümern und bei Totenfeiern geschlachtet wurden sowie meist auch von der Jagdbeute, auf Felidenfelle; auf alle Kriegsbeute, die wie bei den KASENA (cf. S. 95) verteilt bzw. verwendet wurde; Gerichtsgebühren und Anteile an Bußzahlungen wegen krimineller Vergehen (in Sapouy kann bei Zahlungsunfähigkeit als Ersatz eine Tochter der betr. Familie dem peo ohne Brautpreiszahlung zur Ehe gegeben werden); manchmal auch — mehr freiwillige — Abgaben vom Ernteertrag und eine Art Anerkennungsgebühr bei Niederlassung eines Fremden; Verhängung von Todesstrafen oder Exilierung bei Hoch- und Landesverrat, Spionage, Mord, Ehebruch mit einer Frau des peo. Das Erpressen von Geschenken oder der Zahlung von Tieren beim Tode eines alten Mannes bzw. Notabeln scheint hier unbekannt zu sein. Auch hat er Anspruch auf ein eigenes Grab im Hause selbst.

c) Die sozialen Funktionen eines peo

sind ähnlich denen eines KASENA-peo, wobei administrative Aufgaben vorwiegend den Ältestenräten überlassen bleiben.

1. Alle besonderen Ereignisse und drohenden Gefahren sind dem peo zu melden, der daraufhin Ratsversammlungen einberuft und den Wahrsager konsultiert; in einigen Orten wird zuerst der Erdherr benachrichtigt.

2. Niederlassung eines Fremden unterliegt seiner Genehmigung.

3. Der Tod eines angesehenen Mannes ist zwar dem peo zu melden, aber die Erlaubnis zur Beerdigung ist nicht vom peo wie bei den KASENA, sondern vom Erdherrn zu geben. Wohl aber erscheint der peo sowohl zur Bestattung wie zur Totenfeier und kondoliert — oft erst nach dem Erdherrn — den Hinterbliebenen im „Namen des Ortes". In Sapouy sagt der peo dabei zum aufgebahrten Toten: „Du gehst jetzt in das Totenland, grüße die Ahnen und bitte sie um gute Ernten und Gesundheit. Wir wissen nicht, warum Du von uns gegangen bist, ob Dich die Ahnen gerufen haben oder das kwara oder ein anderer Fetisch. Lasse uns es wissen" (d. h. durch Orakel), „damit wir für die begangene Sünde" (als eventuelle Todesursache) „ein Sühneopfer darbringen und Verzeihung für Dich erbitten".

4. Der Fund eines unbekannten Toten ist dem peo anzuzeigen, der wie bei den KASENA für seine Beerdigung und Aufbewahrung der Kleider usw. zu sorgen hat.

5. Bei Tod durch Blitzschlag oder Ertrinken tritt nur der Schmied (oder auch Regenmacher) als Verzeihungbitter in Funktion.

6. Mord, Blutvergießen und Seelenfraß sind zwar dem peo zu melden, die allfällige Anordnung eines Ordals zum Ausfindigmachen eines unbekannten Mörders oder Subachen durch Tragen der Leiche oder ihres Substitutes bleibt dagegen dem Erdherrn vorbehalten, der peo

ist dabei höchstens anwesend. Nur in wenigen Orten ordnet er stattdessen eine Befragung seines kwara an.

7. Fundsachen sind an einigen Orten dem peo zu übergeben.

8. Bezüglich der entlaufenen Frauen gilt das gleiche wie bezüglich der KASENA beschrieben (cf. S. 57).

9. Ebenso bezüglich Wahrsagerbefragung.

10. und 11. Auch das Recht und die Pflicht zur Einberufung von Ratsversammlungen und Befehlsübermittlungen sind die gleichen, doch scheint die Absetzung eines unfähigen peo nicht möglich bzw. üblich zu sein.

12. Wie bei den KASENA ist das Eingreifen bei Unglück und Gefahren, von denen das ganze Land heimgesucht oder bedroht wird, eine Hauptaufgabe des NUNA-peo.

13. Nur in außergewöhnlichen Notfällen, wo Wahrsager bzw. Ältestenrat das Eingreifen des Erdherrn für notwendig halten, wird der peo dem Erdherrn den entsprechenden Befehl erteilen. Im allgemeinen handeln die Erdherren ohne Befehle des peo, auch auf Bitten Einzelner.

14. Die Rechtsprechung ist ein Hauptanliegen des peo wie bei den KASENA. Im Unterschied zu diesen wird jedoch der peo auch bei der Verhängung von Strafen wegen Verstoßes gegen religiöse Gebote (allgemein bɔ̃, Léo: buã) oft herangezogen und verhängt sie mit seinen kultischen Funktionären und dem Erdherrn gemeinsam (z. B. in Sapouy) oder gar allein (z. B. in Léo, Dio). Andererseits kann auch bei Vorhandensein eines peo der Erdherr allein der Oberste Richter auch in profanen Angelegenheiten sein (wie z. B. in Tabbou und Pouni). In dem bedeutenden Gau Kassou ist der peo gleichzeitig Erdherr und somit eo ipso Oberster Gerichtsherr auch in religiösen Fragen.

Die Gerichtsverhandlungen finden unter dem Schattendach für Tribunale (piẽpũ) statt, wo unter dem Vorsitz des peo der aus dessen Ministern (= Quartier-Ältesten) und eventuellen kultischen Funktionären gebildete Gerichtshof sich niedersetzt. Im Umkreis davor stehen die Zuschauer. Der „Sprecher" des peo wiederholt dessen Worte laut und dolmetscht bei fremdsprachlichen Verhandlungen. Nach der Rede des Klägers, der Beklagten und Einvernehmung von Zeugen — wobei jeder Minister Fragen stellen darf — werden alle Parteien und Zuhörer weggeschickt und eine Beratung abgehalten. Wenn alle Richter übereinstimmen, wird den wieder zurückgerufenen Parteien und Zuhörern das Urteil vom Sprecher verkündet.

Auch hier haben Kläger und Angeklagte eine Gerichtsgebühr zu zahlen, die nach dem Reichtum der Betreffenden festgesetzt wird.

Früher konnte der peo auch die Todesstrafe bzw. Exilierung verhängen, und zwar bei Hoch- und Landesverrat, Spionage, Ehebruch mit einer Frau des peo, Mord. Ursprünglich scheinen überhaupt nur diese Verbrechen neben Entführung einer Frau vor das Gericht des peo selbst gebracht, die übrigen Fälle von den Gerichten der dörflichen Ältestenräte erledigt worden zu sein.

15. In Bezug auf den Anspruch auf einen Teil der vom Gericht verhängten Bußzahlungen, der als Sühneopfer dem kwara zu geben ist, gilt etwa das gleiche wie bei den KASENA.

16. Ebenso bei Festnahme eines Delinquenten aus fremden Gau

17. und der Aufrechterhaltung des Marktfriedens.

18. Bei den NUNA hat ferner der peo das Recht, die Höhe des Brautpreises für den ganzen Gau festzusetzen, das heißt unter Umständen zu ändern.

19. Ferner wurde mir eine weitere administrative Aufgabe des peo (in Kassou) mitgeteilt: Seinem Sekretär sind alle Knabengeburten anzumelden, damit Klarheit über die Altersfolge besteht. Ich vermag nicht zu sagen, ob dieser Brauch an vielen Orten besteht, ich möchte es bezweifeln.

d) Politische Funktionen

1. Wie bei den KASENA hat innenpolitisch der peo für Aufrechterhaltung von Frieden, Gesetz und Ordnung in seinem Gau zu sorgen. Die Dorfhäuptlinge stehen unter seiner Oberhoheit, viele sind kleine peo's, die vom Souverain ebenfalls mit einem kwara belehnt wurden. Häufig sind es autochthone Häupt-

linge, die nach Verlust ihres kwaras im Kriege dieses vom siegreichen Eroberer zurückerhielten und damit ihr Vasallenverhältnis zu ihm anerkannten.

2. Auch bei den NUNA war die Behandlung „außenpolitischer" Beziehungen zu fremden Gauen wichtiger, insbesondere bei Streitigkeiten, die zum Kriege führen konnten, wie vor allem Frauenentführung und andere Übergriffe. Überall wird der peo mit der Kriegführung in Beziehung gesetzt. Wenn auch durch die lange Friedenszeit die Erinnerung an die kriegerischen Funktionen häufig schon verblaßt ist, so sprechen doch die Traditionen über die kriegerische Vergangenheit und verschiedene Anzeichen deutlich dafür. Danach hatte der peo mit dem Ministerrat über eventuellen Krieg zu beschließen und die Mobilmachung anzuordnen. Das Heer wurde vor dem Auszug im Namen des kwara und des Gaugründers ermutigt und gesegnet. In Pouni gilt als Hauptfunktion des peo ganz ausdrücklich die Kriegführung. In Sapouy wird berichtet, daß der peo im Kriege nicht mit in das Feld gezogen, sondern zu Hause geblieben sei. Angesichts der Überlieferung von den Heldentaten der peo's, kann es sich dabei nur um eine jüngere Entwicklung als Abweichung vom früheren Brauch handeln. Als Vertreter des peo führt der „Kriegsherr" (yɔ-ti) das Heer in die Schlacht, der stets ein „Bruder", das heißt Familienangehöriger des peo sein muß. Nachdem der peo vor dem Grab des Gaugründers eine Ansprache an das versammelte Volk mit Bekanntgabe des Entschlusses zum Krieg gehalten hat, spricht der Kriegsführer vor dem Aufbruch zu den Ahnen, denen er das Heer anvertraut und die ihm vorausschreiten sollen. Außerdem wurde vom Wahrsager ein angesehener Mann der peo-Familie bestimmt, der sich im Kriegsfalle für den peo zu opfern hat. Sein Schlachtentod gilt als gutes Omen, daß nun der Sieg winke.

e) Kultische Funktionen

Neben Kriegführung und Politik hatte auch ein NUNA-peo wichtige kultische Funktionen zu erfüllen und über die Innehaltung des Brauchtums zu wachen, vielleicht in noch stärkerem Maße als bei den KASENA.

1. Wie bei diesen obliegt ihm dabei als Hauptaufgabe der Kult seines Häuptlingsfetisches, des kwara, das ausgesprochen für Kriegsglück zuständig ist, weniger deutlich für die Rechtsprechung. Es wird hier auch nicht zum Gericht gebracht wie etwa bei den SÜD-KASENA.

2. Auch hier hat er den Kult des Gau- bzw. Dynastiegründers zu versehen. Im Unterschied zu den KASENA vollzieht er ihn jedoch nicht an einem Altar, sondern am Grabe (wie beim Kult jedes Ahnen), das bei den NUNA Gestalt und Funktion des nabare-„Altars" der KASENA hat. Nur an einigen Orten gibt es daneben noch eine weitere Verehrungsstätte für den ersten Ahnherrn des peo (im Osten nabarã, im Westen nyabarɛ̃ genannt), die meist als Sitz des Ahnen selbst gilt wie als „Thron" des regierenden peo dient. Hier opfert er unter Umständen, das heißt, wenn ein Wahrsager es für notwendig erachtet (Abb. 46—48). Das kwara wie der Ahnherr werden nur in wichtigen Angelegenheiten, die den ganzen Gau betreffen, angerufen und beopfert. Dabei wird der Gaugründer auch um gute Ernten gebeten. In Dio ist dabei auch der Erdherr anwesend. Im Ahnenkult von Familien- und Clanältesten ist die Rolle des peo auf Kondolation beschränkt.

3. Je mehr Machtfülle ein peo neben oder über dem Erdherrn besitzt, desto größer ist auch seine Verantwortung für das Wohl des ganzen Gaues und damit seine Verpflichtung für die Durchführung des zum Segen des ganzen Landes erforderlichen Kultes. So schaltet er sich dann etwa auch in den Kult der Erde und des Himmels ein und beansprucht, dem Erdherrn die Befehle zu den entsprechenden Kulthandlungen erteilen, oder wenigstens dabei auch am Haupt-Erdheiligtum anwesend sein zu dürfen. In Dio hat er wie der Erdherr ebenfalls einen Himmelsaltar yie in Obhut, der seinem kwara „helfen" soll, in Sapouy überhaupt nur er selbst. Oder es werden Erde und kwara als gleich wichtig für gute Ernten und gute Gesundheit angesehen und dementsprechend von den Ältesten, Erdherrn und peo gleichzeitig

mit Bittopfern bei Beginn der Landarbeiten und mit Erntedankopfern bedacht (z. B. in Sapouy, Kassou, Silly). In Sapouy fühlt sich der peo allein verantwortlich für Regen und gute Ernten und betet darum an sein kwara. In Tabbou wendet sich bezeichnenderweise der Clan des Erdherrn an die Erde, der Clan des peo an dessen kwara um Regen. In Dio dagegen bittet der peo erst dann das kwara um Regen, wenn der Erdherr mit seinem Gebet erfolglos geblieben ist. In Pouni dagegen dominiert der Erdherr völlig im Kult.

III. *Das Gefolge des peo bei den KASENA*

Jeder peo hat ein Gefolge von Amtsträgern, die ihn sowohl bei seinen administrativ-politischen wie kultischen Funktionen unterstützen. Der Umfang und die Zusammensetzung seiner Suite sind in den einzelnen Gauen verschieden. Dabei ist die Größe des Gaues nicht von entscheidender Wichtigkeit; vielmehr scheint in diesen kennzeichnenden Varianten — die wir sowohl bei den Funktionen wie den Insignien und anderen Themen des Häuptlingtums ebenfalls antreffen — ein Unterschied im Wesen des Häuptlingtums überhaupt auf. Wir können bei den GRUSI zwei Haupttypen — mit Übergangsformen — des Häuptlingtums feststellen: Der eine von einfachem, schlichtem, mehr dörflichem Charakter; der andere mit komplizierteren, reicheren und prunkvolleren Formen. Der erstere soll zunächst im folgenden der A-Typus, der zweite der B-Typus genannt werden.

a) *Der A-Typus* — wie er etwa im Ost-KASENA-Gau Kampala repräsentiert wird — kennt

1. als „*Berater*“ die Ältesten der Clane bzw. Clansektionen (nãkwã) [93]. Diese Ältesten bilden die Ratsversammlung sowohl bei Angelegenheiten der Verwaltung und Politik wie der Rechtsprechung, fungieren dann also als Richterkollegium. An ihren Entscheid ist der peo sehr stark gebunden. Es handelt sich hier ganz offensichtlich um den typisch altnigritischen Ältestenrat. Irgendwelche Rangabzeichen sind unbekannt.

2. Bei gewissen Staatsaktionen werden die Worte des peo an das versammelte Volk von einem „*Sprecher*“ oder „Herold“ laut wiederholt. So etwa früher bei Ansprachen des peo an seine Krieger vor einem Auszug zur Schlacht. Sodann bei Totenfeiern für einen verstorbenen Häuptling (der auch als junger Mann als „Greis“ (nãŋkwẽ) angesehen wird). Dabei fungiert der „Sprecher“ gleichzeitig als „Leiter der Totenfeier“ (luɛ-tu) (Abb. 22, 23). Es wird — wie dies auch bei Begräbnis und Totenfeier eines gewöhnlichen Hausherrn Brauch ist — dazu der Älteste einer reziproken Clansektion genommen, mit der gegenseitige rituelle Beziehungen und Verwandtschaft bestehen, weshalb deren Ältester als „Schwestersohn“ (nakobu) gilt. Der Herold wird daher auch nicht mit einem besonderen Titel als „Sprecher“ oder „Herold“ bezeichnet, sondern als „Schwestersohn“. Bei den sonstigen Staatsgeschäften wiederholt einer der Ältesten die Worte des peo laut.

3. Für den Kriegsfall wurde ein *Heerführer* (babiyɔ) ernannt. In Kampala ist es der oben angeführte Quartierälteste als „Schwester-

[93]) Die KASENA unterscheiden zwei Arten von „Ältesten“, deren sprachliche Wurzel zwar gleich ist, aber zwei verschiedenen Klassen zugeordnet wird: Der Älteste eines Clans oder einer Clansektion (bzw. ein Dorf- oder Quartierchef) mit administrativ-politischer Befehlsgewalt im Sinne eines „Chef“ — daher auch ein Erdherr hierzu gerechnet wird — heißt nãŋkwĩ oder nãŋkwẽ (auch ohne Nasalierung nakwi ausgesprochen, so insbesondere bei den SÜD-KASENA), plural nãŋkwã (nakwa). Der Älteste einer Familie oder Linie, der nicht kommandiert, aber kultische Funktionen (insbesondere im Ahnenkult) zu verrichten hat, also mehr im Sinne von (Ahnen-) Priester, wird nãŋkuyã (SÜD-KASENA nakuya), plural nãŋkwĩ (nakwi) genannt. Da hierbei nach dem Anciennitätsprinzip die Altersfolge im genealogischen Sinne gemeint ist, kann auch ein an Jahren junger Mann, der Vorstand einer abstammungsmäßig „älteren“ Familie ist, „Greis“ genannt werden. nãŋkuyã wird auch als ehrenvolle Benennung eines Greises verwendet, der keinerlei Funktionen hat. Dr. ZWERNEMANN war der Bedeutungsunterschied der beiden sprachlich unterschiedlichen Begriffe noch nicht bekannt, als er darin einen dialektischen Unterschied zu sehen vermeinte (36 S. 12, 17, 99).

sohn", der auch als Herold fungiert. Er trägt als Abzeichen einen mit Amuletten besetzten Kriegskittel und einen Kommandostab (Abb. 23, 44).

4. *Barden (guŋwana)* begleiten den peo bei allen offiziellen Ausgängen, Besuchen und Empfängen, sowie kultischen Handlungen und müssen dafür zu jeder Tages- und Nachtzeit zur Verfügung stehen. Als Musikinstrumente verwenden sie ausschließlich unter dem linken Arm gehaltene Sanduhrtrommeln mit Schnurspannung und Bogen-Schlägel sowie hölzerne „Spitzpfeifen", wie sie auch für die Pfeifsprache benutzt werden. Zur eigenen instrumentalen Begleitung singen sie Loblieder zum Ruhme ihres tapferen und mächtigen Herren und seines stolzen, mit Kriegsruhm beladenen Gaues. Gewisse Melodien sind für den Herrscher vorbehalten und stellen eine Art Nationalhymne dar. Diese Hofmusikanten — in Kampala sind es vier, zwei Trommler, zwei Pfeifer — erhalten für ihre Dienste großzügige Geschenke, werden aber nicht vom peo unterhalten, verdienen sich vielmehr ihren Lebensunterhalt als Bauern (Abb. 24, Film Nr. 9). In Kampala werden sie „Frauen" des peo genannt. Ihr Amt ist erblich in der Familie.

5. Im Krieg und bei verschiedenen Kulthandlungen, insbesondere zur Ankündigung von Totenfeiern, wird ein Satz verschieden großer zylindrischer Doppelfelltrommeln mit Schnurspannung (gulu) verwendet. Diese Trommeln werden im Häuptlingsgehöft aufbewahrt und unterstehen einem Chef der Trommeln und der Trommler, gulu-tu. Diese sowie Hornbläser und Pfeifer bilden die *kultische Musikkapelle*.

6. Die *Fürstin* (= erste und Hauptfrau) spielt keine herrschende Rolle. Sie hat nur in der Familie des peo — wie allgemein üblich — Autorität über die anderen Frauen, den Frauen anderer Familien hat sie jedoch nichts zu sagen. Öffentlich tritt sie nur bei der Krönung des peo in Erscheinung, was wohl mit ihrer Aufgabe zusammenhängen dürfte, durch eigenen Kindersegen die Fruchtbarkeit des Landes zu garantieren. Darin könnte man eine rituelle Funktion der Fürstin sehen. Wird sie nicht innerhalb eines Jahres nach der Ernennung schwanger, so ist (in Kampala so berichtet) die Bevölkerung ob dieses schlechten Omens unglücklich. Erweist sie sich gar als steril, so wird sie ohne ihr Wissen durch die zweite Frau des peo ersetzt. Dieser läßt sich von der letzteren Wasser geben, das er mit Hirsemehl zur altüblichen Opferspeise (muna) verrührt und damit dem kwara eine Libation darbringt. Dies wird als Ersatz für die nicht mehr mögliche öffentliche Vorstellung der zweiten Frau vor dem kwara als offizielle rituelle Fürstin angesehen. Sonst tritt die erste Frau des peo bei keiner seiner Amtshandlungen öffentlich in Erscheinung. Er läßt sich dabei nur von wenigstens drei jungen Frauen als Dienerinnen (z. B. zum Fächeln, s. Abb. 21, 24) begleiten. In der Stille kann die Fürstin allerdings durch Ratschläge — falls sie entsprechend klug ist — Einfluß auf die Regierung ihres Gatten gewinnen. Da sie meist die Person höchsten Vertrauens ist, überträgt ihr der Fürst gern die Aufgabe, ihn zu rasieren und Haare wie abgeschnittene Nägel heimlich zu beseitigen.

7. Beim A-Typus opfert der peo vor seinem kwara oder Ahnenaltar selbst, wenigstens die kleineren und einzelne große Tiere. Wenn er schon sehr gebrechlich oder bei bestimmten rituellen Angelegenheiten — z. B. der für Kampala erwähnten Totenfeier für drei verstorbene Fürsten mit vielen Opfertieren — dazu nicht in der Lage ist, kann ein kräftiger junger Mann zum Schlachten bestimmt werden. Im Gau Koumbili ist für diese Aufgabe schon das ständige Amt eines rituellen „*Opferers*" tyagoro („Huhntöter") eingerichtet, der dem peo bei den Opfern assistiert. (Ich sah ihn mehrfach das Opfertier eigenhändig schlachten, das vom „Opferer" nur gehalten wurde, Abb. 120, Film Nr. 2).

8. Von ganz besonderer Wichtigkeit für einen peo ist der Hüter bzw. „*Herr*" *der* „*kwara-Mutter*" (kwara-nu-tu), auf deren Bedeutung wir bei Besprechung des kwara zurückkommen werden. Er hat die Aufgabe, einen neu gewählten peo mit seinem Häuptlingsfetisch — ohne dessen Besitz er nicht als legitimer Herrscher brauchtumsmäßig regieren und Kulthandlungen ausführen könnte — zu belehnen und damit einzusetzen. Während der Regierungs-

zeit eines peo tritt er nur dann noch in Funktion, wenn jener einen Vasallenhäuptling mit einem kwara belehnen will, dann hat der kwara-nu-tu ein solches herzustellen und seinem peo zur Weitergabe auszuhändigen. Ein Thronprätendent ist folglich sehr auf sein Wohlwollen angewiesen, denn der kwara-nu-tu hat ein gewichtiges Wort bei der Wahl eines neuen peo mitzureden. Ist er vom übrigen Wahlkollegium überstimmt und haben insbesondere alle Heiligtümer, vor allem auch das kwara selbst und der Dynastiegründer, durch Orakel ihre Zustimmung erteilt, so kann er sich freilich der Ernennung des Gewählten nicht länger widersetzen. Wohl aber kann er ihn noch längere Zeit auf die Belehnung mit dem kwara warten lassen. Thronprätendenten pflegen deshalb dem kwara-nu-tu so „fürstliche" Geschenke, wie sie nur irgend aufbringen können, zu geben, um ihn für sich günstig zu stimmen[94]).

Das hohe Ansehen eines kwara-nu-tu geht daraus hervor, daß er ebenfalls als ein „Chef" respektiert wird und ihm Regalia eines solchen zugebilligt werden. So darf er in Kampala seine rote Mütze und einen Kommandostab bzw. Szepter tragen. Zu seiner Amtstracht gehört hier auch das Rückenfell wie bei einem Erdherrn, jedoch nicht dessen Kalebassenhelm, wie er auch nicht als ein tega-tu bzw. taŋwane-tu angesehen wird. In Kampala hat der peo zum Begräbnis eines verstorbenen kwara-nu-tu zu erscheinen und ihm die gleiche Grabkleidung wie einem Erdherrn (s. S. 29ff) zu stiften (schwarzes Obergewand und rote Mütze), wofür er von dessen Familie ein Rind als Gegengabe erhält. Nach der Beerdigung wäscht sich der Erdherr die Hände und sagt: „Mein Vater ist gestorben". Die Regelung der Nachfolge eines kwara-nu-tu (nach dem Senioratsprinzip) bleibt dessen Familie vorbehalten, der peo kann sich nicht einmischen.

[94]) Der kwara-nu-tu des OST-KASENA-Gaues Tiébélé hatte den aktuellen peo lange Zeit zappeln lassen und große Geschenke von ihm erpreßt, da jener als junger Mann eine Affäre mit einer Frau der Sippe des kwara-nu-tu gehabt hatte und die geforderte Sühneleistung nicht (voll) bezahlt war.

b) Der B-Typus
sei am Beispiel von *Chiana* vorgestellt:

1. Vier bis fünf *Berater* (nakwa) werden auch hier aus den Ältesten der Clansektionen gewählt, aber sie sind zweitrangig nach den eigentlichen Ministern 2) und 3), mit denen zusammen sie den *Ministerrat* des peo bilden. Bei Gericht stellen sie die Beisitzer.

2. Als „Sprecher" bzw. „Herold" (pătăro, englisch als „speaker" wie „linguist" oder „interpreter" bezeichnet) gibt es hier einen besonderen Minister. Bei einer Gerichtssitzung fungiert er als Untersuchungsrichter, bei Verhandlungen mit Fremdsprachigen als Dolmetscher. Zu einer Gerichtsverhandlung wegen Übertretung eines religiösen Gebotes trägt der Sprecher im Gefolge des peo das kwara herbei. Er wird nicht aus der Mitte der Ältesten genommen, sondern vom peo aus seiner engsten Verwandtschaft gewählt, da er besonders vertrauenswürdig sein muß.

3. Das gleiche gilt für einen weiteren Minister, den „*Kanzler*" (nakuya, englisch als councillor oder adviser bezeichnet). Während eines Interregnums führt er bis zur Einsetzung eines neuen peo die Regierungsgeschäfte, er ist auch der Mittelsmann zwischen peo und kwara-tu (s. 10). Sowohl er wie der „Sprecher" sollen besonders weise und dem peo treu ergebene Männer sein. Bei einem Vertrauensbruch werden sie vom kwara-tu mit einer Strafe bis zu mehreren Rindern belegt, im Wiederholungsfalle abgesetzt. Nur der Kanzler und der Sprecher haben jederzeit — auch nachts — Zutritt zum peo, niemand sonst kann ihn ohne ihre Vermittlung sprechen. Nur sie können und dürfen von ihm abgelegte Kleidung tragen. Einmal weil sie „stark" genug sind, die auch in seine Kleidung übergegangene übernatürliche „Kraft" des kwara zu ertragen, haben sie doch ebenfalls teil an der Kraft des kwara. Zum andern, weil sie vertrauenswürdig genug sind, keine Zauberei mit Hilfe der peo-Kleidung zu betreiben. Bei einer Gerichtssitzung wegen Verstoßes gegen das religiöse Brauchtum bringt der Kanzler in Begleitung des peo dessen Szepter. Bei Opfern an den Gaugründer haben alle Minister anwesend zu sein. Auf ihre Rolle bei der Ein-

setzung eines neuen peo kommen wir später zu sprechen.

4. Der *Heerführer* babiyɔ oder tyifar-pɛ wird nicht nur aus aktuellem Anlaß ernannt, sondern bleibt ständig im Amt, in Friedenszeiten fungiert er als Kriegsminister. Er ist für die Rüstung und ständige Kriegsbereitschaft verantwortlich gewesen (Instandhalten der Waffen, Pfeile neu vergiften lassen usw.). Vor Kriegsausbruch hielt er mit den Ältesten (naŋkwa) Kriegsrat und feuerte vor Aufbruch in die Schlacht zusammen mit dem Ältesten des Häuptlings-Clans vom Abfallhügel des peo-Gehöftes aus die Krieger an. Die Kriegstänze vor und nach der Schlacht führte er selbst an (s. Film Nr. 8). Während des Kampfes hatte er von der Front des Zentrums aus das Oberkommando über die Anführer der Clansektionen (babiyo) zu führen und gegebenenfalls mitzukämpfen. Es wurde stets versucht, einen solchen Heerführer als ersten zu töten, denn dann würde sein Heer nicht weiterkämpfen. Das sei aber nie passiert, da seine Amulette und Zauber so mächtig sind, daß alle Pfeile und Kugeln vor ihm niederfielen oder abprallten.

Als Abzeichen, gewissermaßen als „Marschallstab", trug der Kriegsführer einen aus Zaubermitteln gefertigten Speer (der nicht dasselbe wie ein peo-Szepter ist). Ferner trägt er einen Kittel mit vielen Amuletten und besitzt überdies starke Kriegszauber bzw. -fetische. Darüber (nur aus Chiana bezeugt) ein rotes Obergewand, außerdem aber merkwürdigerweise noch ein langes Antilopenfell auf dem Rücken.

5. *Barden*, deren Amt in ihrer Familie erblich ist, gibt es auch hier. Der peo erfüllt alle ihre Wünsche — damit sie sich nicht über ihn lustig machen —; sie müssen aber auch ständig zu seiner Verfügung stehen, gegebenenfalls selbst nachts, auf jeden Fall bei allen Staatshandlungen. Sie spielen ihm aber auch zur Erheiterung während seiner Mußestunden vor. Auch hier gibt es bei Preisliedern auf den peo bestimmte Melodien für jeden peo, die sein Eigentum sind. Die Musiker werden mehr geehrt als verachtet, geehrt nicht zuletzt als Bewahrer alter musikalischer Traditionen.

6. *Kriegsmusiker*. Die von den Barden neben der Spitzflöte (uwɛ) benutzte kleine Sanduhrtrommel (buruŋbuŋa) soll früher auch im Krieg verwendet worden sein. Dazu stimmt, daß ich sie auch zu Kriegstänzen spielen hörte. Anscheinend wurde sie aber wohl mehr zur Begleitung von Heldenliedern, — die die Krieger anfeuern sollten — geschlagen. Als Kulttrommel für den Krieg — bei der Weihe der Krieger vor dem Altar des Gaugründers und vor dem kwara, vor dem Aufbruch zur Schlacht, bei Kriegstänzen und während des Kampfes selbst, diente jedoch in erster Linie die alte doppelfellige Zylindertrommel mit Schnurspannung (gulu) in mehreren Größen. Dazu kamen außer den hölzernen Spitzflöten noch Blashörner aus Antilopenhorn. Die Musikanten dieser kultischen Musikinstrumente rekrutieren sich nicht aus Berufsmusikanten, sondern aus Männern (d. h. früher Kriegern) des peo-Clanes unter Leitung eines Chefs der Trommeln bzw. der Trommler (gulu-tu). Man könnte sie als eine Art „Militärmusiker" als *Kriegsmusiker* bezeichnen.

Diese Musikkapelle tritt auch bei Totenfeiern von alten Männern auf — die dabei ja stets als große Kriegshelden gefeiert werden —, bei denen die Veranstaltung von Kriegstänzen obligatorisch ist; ferner bei der Einsetzung eines neuen peo. Die Trommeln gelten als Eigentum des kwara und werden mit den anderen oben angeführten Instrumenten im peo-Gehöft verwahrt (während die Barden ihre Instrumente bei sich zu Hause aufbewahren). Das ranghöchste Musikinstrument ist die kwara-Trommel, von einem speziellen Trommler geschlagen und auch bei Gerichtsverhandlungen wegen eines Verstoßen gegen das religiöse Brauchtum verwendet. Außerdem gibt es für Gerichtssitzungen wegen Kapitalverbrechen noch eine „große Verbrechenstrommel".

7. Früher besaß der peo eine ständige *Leibwache*, die in neuerer Zeit nur noch bei Einsetzung eines neuen peo in Erscheinung trat.

8. Wie beim A-Typus wird nur die erste Frau des peo als Fürstin anerkannt und spielt sie nur bei den Einsetzungsfeierlichkeiten eines peo eine bescheidene öffentliche Rolle. Ebenso

wird sie gern zum Schneiden und Verbergen der Haare eines peo herangezogen.

9. Wenn der peo seinem kwara oder dem Altar des ersten peo Opfer zu bringen hat, so tötet er kleinere Tiere selbst. Das Töten von Rindern obliegt jedoch einem beamteten „*Opferer*“ sɔyuu-tu („Herr des Opfermessers“), der aus der Sektion des peo stammen muß. Er gehört zum kultischen Gefolge des peo und hat auch bei dessen Einsetzung anwesend zu sein.

10. Der peo als Besitzer des Häuptlingsfetisches kann hier nicht „Herr des kwara“ genannt werden, dieser Titel ist vielmehr einem besonderen Minister, dem *kwara-tu* mit zugleich politisch-administrativen wie kultischen Funktionen vorbehalten. Der kwaratu berät den peo in allen Funktionen des Häuptlingtums, insbesondere in seinem Verhältnis zum kwara. Er gehört auch zum Ministerrat. Dabei steht er noch über dem „Kanzler“, den er — wie auch den „Sprecher“ — bestrafen oder absetzen kann. Der peo hat die Pflicht, sich stets mit ihm zu beraten und nur im Einverständnis mit ihm zu regieren. Der kwara-tu leitet auch die Gerichtsverhandlungen — insbesondere in Angelegenheiten eines Verstoßes gegen das Brauchtum —, unterrichtet durch seinen eigenen Sprecher die Ältesten über das betreffende Verbrechen noch vor Erscheinen des peo und verkündet oft selbst schon das Urteil. Er streicht auch mit dem kwara-nu-tu (cf. 10) Bußzahlungen (als an das kwara gerichtet) in dem Falle ein, daß der peo bei seiner Einsetzung die vorgeschriebenen Geschenke an ihn und den kwara-nu-tu nicht gegeben hat (s. S. 94). Auf jeden Fall muß ihn der peo bei schweren Vergehen gegen das Brauchtum erst konsultieren, bevor er Entscheidungen trifft. Wenn der peo Opfer an das kwara bringen will oder muß, hat der kwara-tu dabei nicht nur anwesend zu sein, sondern muß auch sein Einverständnis dazu gegeben haben. Desgleichen ist er bei Opfern an den ersten peo an dessen Altar (nabaraa) anwesend. Wenn dieser erneuert werden muß, so bringt er als erster, noch vor dem peo und den Ältesten und Familienvätern, einen Klumpen Erde zur Erneuerung des Altars (Abb. 24, 58). Seiner ältesten Tochter obliegt es, den Altar in gute Form zu bringen und die Oberfläche zu glätten [95]). Seine älteste Schwester bereitet die Verpflegung für die Anwesenden zu. Nach Fertigstellung des erneuerten Altars opfert der kwara-tu alle vom peo und den Sektionsältesten gestifteten Opfertiere mit Ausnahme eines Huhnes und eines Schafes, die vom „Opferer“ getötet werden, wenn der peo nun den Altar einsegnet. Anschließend wird um die Innereien und Federn der Opfertiere von allen Anwesenden, einschließlich peo und kwara-tu, getanzt, „um die Kraft des nabaraa („Ahne“) auf sich zu übertragen“.

Von ganz besonderer Wichtigkeit für den peo ist der kwara-tu durch seine Rolle bei der Einsetzung eines neuen peo. Sofort nach dem Tode eines peo läßt er dessen kwara aus dem peo-Gehöft zu sich bringen und hält es während des etwa einjährigen Interregnums in Verwahrung. Während dieser Zeit muß er dann auch etwa an das kwara notwendige Opfer selbst bringen. Mit dem kwara belehnt er den Nachfolger; alle Zeremonien bei dessen Wahl, Einsetzung und öffentlicher Vorstellung leitet der kwara-tu (s. Kap. VIIb), und ohne seine Zustimmung kann kein Thronprätendent peo werden. Die Anwärter „betteln“ dementsprechend mit vielen Geschenken um seine Gunst.

Folgerichtig erklärte mir der aktuelle Chiana-peo den kwara-tu als den wichtigsten Funktionär des Häuptlingtums, noch vor den Ministern rangierend. In den politisch-administrativen Angelegenheiten bilde der kwara-tu mit dem peo eine Einheit, beide seien durch das kwara als Symbol und Essenz des Häuptlingtums verbunden. Er erhält auch die reiche Grabkleidung eines verstorbenen peo, die der Leiche vor Verschluß des Grabes wieder ausgezogen wird.

Der kwara-tu wird insofern selbst als ein Chef anerkannt, als er ebenfalls über einen „Herold“ (kwara-yĭgĭnu = „der dem kwara vorangeht bzw. davorsteht“), Szepter und peo-Mütze (s. Abb. 40), verfügt. Bei allen An-

[95]) Das Verputzen und Härten von allem Mauerwerk mittels Schlagen ist Frauenarbeit.

sprachen, die der kwara-tu zu halten hat, sei es vor Gericht, sei es bei Opfern oder bei der Einsetzung eines neuen peo, wiederholt sein Herold, wie der des peo seine leise (d. h. „würdig") gesprochenen Worte laut an die Versammlung. Der Herold des kwara-tu dient einem jungen peo auch — neben dem kwara-tu selbst — als Berater in allen Fragen der Zeremonien und Riten des Häuptlingtums, über die er natürlich bestens Bescheid weiß [96]. Das Amt des kwara-tu ist in seiner Familie, das heißt der des ersten kwara-Besitzers, erblich.

Es ergibt sich also die erstaunliche Tatsache, daß der peo zwar die oberste Autorität in seinem Lande darstellt, der kwara-tu jedoch kaum weniger Macht als er selbst besitzt. Denn der peo hat ja den kwara-tu in allen wichtigen Angelegenheiten zu konsultieren und seine Einwilligung zu allen Entschlüssen einzuholen. Verantwortlich dafür ist einmal die Tatsache, daß die Macht des peo eine vom „kwara-Besitzer" (der ist ja der kwara-tu) abgeleitete ist [97], insofern, als er das kwara und damit seine Autorität als peo vom kwara-tu als Lehen empfängt. Normalerweise auf Lebenszeit, aber bei schlechter Führung kann ihm der kwara-tu das kwara auch wieder entziehen, wie es dem Vorgänger des Vaters des aktuellen Chiana-peo geschah. Zum anderen ist dies aus der kultischen Rolle des kwara-tu bei der Verehrung des kwara zu erklären, hat er doch erst seine Einwilligung zu geben, wenn der peo seinem kwara opfern will.

II. Der *„kwara-Mutter-Herr"* (kwara-nu-tu) tritt hier an Bedeutung hinter dem kwara-tu zurück. Er gehört ebenfalls zu der kultischen Equipe des peo, verfügt auch über einen Herold und ist bei allen Kulthandlungen am kwara — und natürlich der kwara-nu, deren Beopferung er erst zu erlauben hat —, am Altar des ersten peo und bei Einsetzung eines neuen peo anwesend. Er gehört auch dem Wahlkollegium wie dem Gerichtshof in Brauchtumsfragen an. Dabei steht er unter dem Befehl des kwara-tu, erhält aber merkwürdigerweise von einem neu eingesetzten peo fünf Rinder, der kwara-tu nur zwei. Man erklärte mir dies damit, daß der kwara-nu-tu nur bei dieser einmaligen Gelegenheit größere Geschenke vom peo erhalte und deshalb ein Ausgleich nötig sei. Vielleicht wurde aber dadurch der eigentlich sinngemäß höhere Rang der kwara-„Mutter" — deren Betreuer er ist — gegenüber dem kwara als ihrem „Kind" ausgedrückt und ist die höhere Rangstellung des kwara-tu nur eine (spätere) lokale Eigenart von Chiana. Auch das Amt dieses Priesters ist in seiner — mit der Familie des kwara-tu verwandten — Familie erblich (s. Anhang Nr. 24, 25).

c) Varianten und Übergangsformen

I. Zum B-Typus gehört das Häuptlingtum des nordwestlichen KASENA-Gaues *Guiaro*, jedoch mit einigen markanten Abweichungen. Der peo hat auch hier *Kanzler* und *Berater*, als *Herold* fungiert jedoch *der Chef der Trommler*.

Der *Heerführer* wird anders, nämlich kwavanɔ benannt.

Die *Leibwachen* kann man auch als „Leibjäger" bezeichnen, denn sie treten in Jagdausrüstung auf, statt des allgemein üblichen Bogens sind sie mit Steinschloß-Flinten bewaffnet. Bei einem zeremoniellen Ausgang gehen sie zu beiden Seiten und einige Schritte vor dem peo, ihre Flinten halten sie dabei stets schußbereit und knallen von Zeit zu Zeit in die Luft, insbesondere, wenn der peo selbst solo tanzt. Dabei hat wenigstens ein Minister selbst mitzutanzen (Abb. 29, 30, 32, 33 und Film Nr. 6).

Abweichend von den übrigen KASENA-Gauen hält der Guiaro-peo einige *Pagen*, die allein seine Insignien berühren dürfen. Wie die Pagen des MOSI-Kaisers tragen sie Doppel-Armreifen aus Gelbguß (jedoch keine Frauenfrisur) und kauern halb knieend vor dem sitzenden peo (Abb. 27, 29, 32). Geht oder reitet er aus, so begleiten sie ihn stets, seine Insignien tragend. Dabei schreiten auch einige *Frauen* voran, die alle paar Schritte den *Weg*

[96]) Der aktuelle Chiana-peo beorderte schließlich den Sprecher des kwara-tu als meinen Informanten, um mir bezüglich des Häuptlingtums die exaktesten Auskünfte zu verschaffen.

[97]) Auf die historische Begründung kommen wir später zu sprechen.

kehren (Abb. 29, 30 und Film Nr. 6, der den feierlichen Auszug des peo, in der Art eines Kriegsaufbruchs inszeniert, zeigt. Ich wurde dabei lebhaft an die Bronzeguß-Gruppen des Königs mit Gefolge der süd-nigerianischen Königskultur [BENIN, YORUBA, s. Abb. 34] erinnert).

Zur Zeit des Großvaters des aktuellen peo gab es noch *Gelbgießer* als *Hofkünstler* an seinem Hof.

Als „*Opferer*" (Ʈyiru-gɔrɔ = „Ahnenopferer") wird von jedem peo bei Regierungsantritt aus den versammelten Ältesten der älteste Greis ernannt. Er erhält ein schwarzes Obergewand, Armreifen, Opfermesser und als Würdezeichen einen Pferdeschwanz-Wedel. Stirbt er vor dem peo, so ernennt dieser als Stellvertreter einen Sklaven, da bei Lebzeiten eines peo kein zweiter näkwĩ als Opferer ernannt werden darf. Dieser Opferer vertritt den peo vorwiegend im Ahnenkult — in einem heiligen Hain vollzogen —, nicht jedoch vor dem kwara.

Die jungen Prinzen — Söhne und Brudersöhne des peo — dürfen, ebenso wie dessen Brüder, nicht im Palast des peo wohnen, damit sie nicht in Versuchung geraten, illegitim nach der Herrschaft zu streben. Sie werden nach der Entwöhnung ihren Müttern weggenommen und woanders aufgezogen.

2. In *Pô*, dessen Brauchtum ähnlich dem von Kampala ist, gibt es einen „Sprecher" und dazu einen „Richter" (saria-diru) genannten Minister, der anscheinend dem sonstigen Kanzler entspricht. Beide werden beim Tode eines peo nicht gewechselt, sondern bleiben auch unter dem neuen Herrscher im Amt, das in ihren Familien erblich ist.

Ein institutioneller „Opferer" ist unbekannt, der peo opfert selbst. Ebenso gibt es keine fegenden Frauen im Gefolge, doch Pagen mit Armreifen, ebenso Barden.

Der kwara-nu-tu belehnt den peo mit dem kwara und nominiert ihn. Beim Tode des peo erbt der kwara-nu-tu alle seine Kleider und sein Reitpferd. Beim Tode des kwara-nu-tu hat der peo wie in Kampala ein schwarzes Obergewand als Grabkleidung zu stiften. Auch hier weist der kwara-nu-tu eine große Machtfülle auf — besonders im Kult — und wird durch das Recht auf Haltung eines „Sprechers" und Tragen einer roten Mütze und eines Szepters selbst als ein Chef anerkannt.

3. *Koumbili*, vor der Verheerung durch die Djermakriege der höchstangesehene KASENA-Gau, dessen Herrscher sogar noch von den SÜD-KASENA als ranghöchster peo angesehen wurde, gehört zum A-Typus. Als Besonderheit muß erwähnt werden, daß der peo gleichzeitig Erdherr wie kwara-tu und kwara-nu-tu ist. Von Koumbili stammt auch das kwara des westlich von Pô gelegenen Gaues *Tiakané*, der folglich keinen kwara-nu-tu besitzen kann. Hier wird die schon erwähnte Belehnung eines neuen peo durch den kwara-tu vorgenommen.

4. Der größte OST-KASENA-Gau *Tiébélé* hat zwar ein sehr ähnliches Brauchtum wie Kampala (A-Typus), da er uns aber noch öfters beschäftigen wird, seien einige Besonderheiten des peo-Gefolges mitgeteilt: Als „Sprecher" (pataro) fungiert hier wie beim B-Typus ein ständiger Minister, der von einem neuen peo aus der Reihe derjenigen „Ältesten" ernannt wird, die ihm zum Amt verholfen haben und auf dessen Loyalität er sicher rechnen kann. Er ist der wichtigste Minister und betätigt sich auch als „Innen"- und „Polizeiminister", der Spitzel auf dem Markt und bei sonstigen Zusammenkünften unterhält.

Früher soll es auch *Leibjäger* und *fegende Frauen* im Gefolge gegeben haben, jedoch nie *Pagen*.

Barden als Berufsmusikanten begleiten noch heute den peo bei allen Ausgängen. Kein Angehöriger des Häuptlingsclanes darf jedoch auf einer Sanduhrtrommel (guŋgoŋa bzw. guŋguŋa) spielen, sonst würde er an Achtung verlieren, da die Barden etwas verachtet sind, wenn sie auch in jede Familie heiraten können.

Dafür werden die *Kriegsmusikanten* aus der Verwandtschaft des peo genommen. Die wichtigsten Instrumente sind ein Satz von vier verschieden großen Zylindertrommeln. Deren größte wird immer vom „*Tambour-Major*" gulu-tu geschlagen.

Außer ihm gibt es noch einen *Trommelwächter* (gulu-yĭgĭnu), dessen Amt in einer mit dem peo verwandten Familie erblich ist. Er hat neu hergestellte Kulttrommeln mit einem Huhnopfer einzuweihen und jedesmal zu entscheiden, ob die Trommeln aus dem Gehöft des peo, wo sie verwahrt werden, herausgebracht werden dürfen. Dadurch ist der Trommelwächter von großer Bedeutung, denn wohl kann *er* ohne Befehl des peo die Trommeln herausbringen lassen, der peo dagegen hat ihn darum zu bitten. Bei einem Zerwürfnis zwischen beiden kann der peo sehr in Verlegenheit kommen, denn ohne Schlagen der Kulttrommeln kann kein Greis beerdigt bzw. seine Totenfeier abgehalten werden.

Ein institutioneller „*Opferer*" ist hier unbekannt. Der peo opfert im allgemeinen selbst, unter Umständen kann er zum Schlachten eines Opferrindes irgend einen Mann seiner Familie bestimmen.

Wichtigster Priester für das Häuptlingtum ist hier wieder der kwara-nu-tu, der während eines Interregnums das kwara des verstorbenen peo an sich nimmt und den neuernannten Nachfolger damit belehnt. Von Kronprätendenten wird er entsprechend hofiert. Er hat außerdem ständig die „kwara-Mutter" in Obhut und fertigt auf Bestellung durch den peo Vasallen-kwaras zur Belehnung von Unterhäuptlingen an. Im Gegensatz zu Chiana bestehen hier keine engen noch gar freundschaftlichen Beziehungen zwischen peo und kwara-nu-tu. Letzterer gehört auch nicht dem Clan des peo an, sondern einem schon vor dessen Niederlassung ansäßig gewesenen. Die Nachfolge eines kwara-nu-tu wird nach dem Senioratsprinzip von dessen Familie selbst geregelt ohne Einmischungsmöglichkeit des peo.

5. Der Canton Tiébélé umfaßt aus mehreren Dörfern bestehende Landschaften oder groupements, die schon die Größe kleinerer Gaue haben und unter dem Befehl eines eigenen peo stehen, der Vasall des Oberherrn von Tiébélé ist. Da in solchen kleinen Häuptlingschaften die Verhältnisse wesentlich primitiver als in den größeren Gau-Fürstentümern sind, sei mit *Kaya* wenigstens ein Beispiel gebracht:

Hier hat der peo keine eigentlichen Minister, sondern der gut altnigritische Ältestenrat — aus den Ältesten aller Dörfer seiner Landschaft gebildet — stellt seinen „*Ministerrat*", mit dem zusammen er regiert und der bei feierlichen Anlässen auch seine Suite bildet. Den Vorsitz im Ältestenrat führt aber der Erdherr von Kaya, der eine größere Autorität als der peo genießt und dessen Meinung in Brauchtumsfragen ausschlaggebend ist.

Der Erdherr ist es auch, der hier mit dem Ältestenrat den Nachfolger eines verstorbenen peo wählt und einsetzt und während des Interregnums die Regierungsgeschäfte führt. Die Kronprätendenten bitten beide um ihre Ernennung. Da das kwara vom Oberherrn in Tiébélé zu Lehen gegeben ist, gibt es hier keinen kwara-nu-tu. Das kwara bleibt daher beim Tode eines peo in dessen Gehöft. Hier wird es vom Ältesten des Hauses ständig bewacht und von ihm dem Nachfolger bei seiner Ernennung durch eine Symbolhandlung übergeben.

Die Opfer am kwara und Altar des Dynastiegründers führt der peo allein aus (eventuell durch einen ad hoc bestimmten Schlächter), einen institutionellen „*Opferer*" gibt es also nicht.

Der peo behauptet, daß er auch über eine Leibwache und fegende Frauen in seiner Suite verfügte. *Pagen* waren nie üblich. Heute habe ich nur *Barden* im Gefolge des peo bemerkt.

6. *SÜD-KASENA*

Die kleineren SÜD-KASENA-Gaue folgen etwa dem für Chiana beschriebenen Brauchtum. In *Kayoro* regiert der peo ebenfalls mit einem zahlreichen Ministerrat, der aus den Ältesten (nakwa) als Beratern gebildet wird, sowie aus dem pataro, der hier jedoch als Kanzler gilt und einem Sprecher, hier posi genannt. Letzterer fungiert bei Gericht als Untersuchungsrichter.

Der kwara-tu belehnt wie üblich den peo mit dem kwara, das jedoch während eines Interregnums im peo-Gehöft bleibt und einem neu ernannten peo nur symbolisch durch eine Ansprache des kwara-tu übergeben wird.

Eine völlige Ausnahme bildet nur der Gau *Ketiu*, dessen Häuptling der Erdherr (tega-tu) ist. Ein kwara ist hier nicht vorhanden — man verabscheut es vielmehr —, folglich auch kein kwara-tu oder kwara-nu-tu.

IV. *Das Gefolge des peo bei den NUNA*

a) A-Typus

Auch bei den NUNA können wir einen A- und einen B-Typus feststellen, zugleich Übereinstimmungen wie Unterschiede zum Häuptlingtum der KASENA.

Als Beispiel für den A-Typus führe ich den kleinen Gau *Dio* der nordwestlichen NUNA an, der heute dem Canton Silly verwaltungsmäßig unterstellt ist, mit dessen Brauchtum große Ähnlichkeiten bestehen.

1. Als *Berater* fungieren hier ebenfalls die Ältesten der Clansektionen und Großfamilien (sg. sã-tyu, pl. sã-tina) und der Erdherr. Der Ältestenrat bildet also den Ministerrat. Bei Gerichtsverhandlungen wirkt er als Richterkollegium. Der peo hört während der Verhandlung nur zu und fällt zum Schluß, nachdem die Ältesten die ganze Angelegenheit durchdiskutiert haben und zur Entscheidung gekommen sind, das Urteil. Der Erdherr ist ebenfalls anwesend, mischt sich aber nur bei Brauchtumsfragen ein. Die Ratssitzungen werden in der Amtshalle (naparo, s. Abb. 47, 48) abgehalten.

2. Einer der Ältesten macht den „*Sprecher*", der keinen besonderen Titel hat und bei seinem Eigennamen genannt wird. Bei Gericht ist er der Untersuchungsrichter.

3. Ein besonderer *Heerführer* oder Kriegsminister ist nicht vorhanden.

4. *Barden* dagegen gehören zur Suite des peo.

5. Die erste Frau gilt als *Fürstin*, die indes wie bei den KASENA nur bei der Installierung des peo öffentlich in Erscheinung tritt.

6. Bei wichtigen Anlässen opfert für den peo ein „*Opferer*", und zwar ist dies sein „Schwestersohn" (nako-byu). Nur dieser darf in den „Tempel" (d. h. einen besonderen Raum im peo-Gehöft) des kwara hineingehen.

7. Bei für den peo weniger wichtigen Anlässen opfert ein anderer *Opferer*, der syɔ^{u}-tyu („Herr des Opfermessers"), der gleichzeitig auch — und zwar vor allem — für den Erdherrn opfert.

8. Ein kennzeichnender Unterschied zwischen NUNA und KASENA besteht darin, daß die NUNA-Häuptlinge einen den KASENA unbekannten weiteren Priester in ihrer kultischen Equipe haben, den „Verzeihungbitter" folona („den Staubwerfer"). Die GURUNSI gehen dabei von der Vorstellung aus, daß man von niemandem ein Geschenk annehmen kann, der sich wegen einer zugefügten Beleidigung noch nicht entschuldigt hat. Ebenso kann man keiner höheren Macht ein Geschenk (Opfer) anbieten, wenn man sie erzürnt und wegen des Vergehens nicht um Verzeihung gebeten hat. Es gehört sich also, vorsichtshalber vor Darbietung irgend eines Opfers den Empfänger erst um Verzeihung, auch ob eines unwissentlich begangenen Vergehens zu bitten. Dazu reibt man sich Staub (fóò) auf den linken Unterarm, wirft Staub auf Kopf und Nacken und über die linke Schulter als Zeichen der Demut und Unterwerfung. Bei Staatsriten tut dies bei den NUNA der rituelle „Verzeihungbitter" für die ganze Opfergemeinschaft und bittet dabei um Verzeihung.

9. Eine weitere Besonderheit der NUNA ist, daß sie *nicht*, wie die KASENA, einen *kwara-tu oder kwara-nu-tu* neben dem peo kennen. Bei ihnen wird vielmehr der peo selbst als Besitzer und Hüter sowohl des kwara wie gegebenenfalls einer „kwara-Mutter" „kwara-Herr" (kɔara-tyu bzw. kɔara-ti) genannt. Die bei den KASENA dem kwara-tu oder kwara-nu-tu vorbehaltene Belehnung des peo mit seinen Insignien bei der Installierung wird in Dio vielmehr vom oben angeführten „Schwestersohn" des peo vorgenommen. Über die Innehaltung des Brauchtums haben peo und Erdherr gemeinsam zu wachen. Bei einem Verstoß gegen das Brauchtum wird die Strafe (bwõ) vom peo verhängt.

10. Zur kultischen Equipe des peo könnte man noch zwei Männer rechnen, die bei bestimmten Gelegenheiten das kwara aus seinem Tempel herauszutragen haben. Merkwürdigerweise werden sie ko-biye („Vatersöhne") genannt, mit welchem Wort die KASENA eine Clansektion oder Linie benennen.

b) Der B-Typus

Als Beispiel wähle ich den Gau *Sapouy*, dem im Brauchtum Kassou sehr nahe steht.

1. Als *Berater* (ohne spezialisierte Fachgebiete) dienen zwar auch Älteste (sã-tina), aber es ist nicht mehr der volle altnigritische Ältestenrat, sondern jede Sektion (Quartier) des peo-Clanes (in Sapouy vier) stellt einen Angehörigen als ausgesprochenen *Minister* für den *Ministerrat.* Und zwar ernennt der Älteste jeder Sektion (= „Chef de Quartier" nunu-ti) seinen präsumptiven Nachfolger, das heißt nächstjüngeren Bruder, zum Minister auf Lebenszeit für einen neu ernannten peo (nicht dieser selbst!). Stirbt während seiner Amtszeit der Quartiersälteste, so wird der Minister gleichzeitig Quartiersältester. Nach dem Tode seines Herrn berät er noch dessen Nachfolger, aber gewissermaßen privatim und ohne an Zeremonien und Riten teilzunehmen. Den Ratschlägen und Anordnungen eines Ministers wagt kein Bauer zu widersprechen. Auch der peo muß alle Amtsgeschäfte mit dem Ministerrat besprechen und ist an dessen Beschluß gebunden. Bei großen Staatsangelegenheiten kann auch eine Volksversammlung einberufen werden, doch bleibt auch dann der Beschluß des Ministerrates ausschlaggebend.

Der Ministerrat fungiert auch als Gerichtshof unter dem Vorsitz des peo, wobei jeder Minister Parteien und Zeugen verhören kann. Das Urteil soll durch einstimmigen Beschluß des Richterkollegiums gefunden werden. Die Minister haben den peo bei allen zeremoniellen Ausgängen zu begleiten und bei von ihm vorgenommenen Kulthandlungen anwesend zu sein. Im Kriege versuchen die Minister einen gut renommierten Giftmischer ausfindig zu machen, der dem Kriegsführer dazu verhelfen soll, gefährliche Gegner mittels Gift (durch in den feindlichen Ort verheiratete Töchter des eigenen Landes beigebracht) aus dem Wege zu räumen.

Wenn der peo zeremoniell ausgeht, so verlassen die Minister nach der Rangfolge vor ihm den Palast und tanzen vor der Türe einen Rundtanz, bis der peo herausgeschritten ist. Ebenso begleiten sie einen allfälligen Solotanz ihres Fürsten (wie auch im KASENA-Gau Guiaro.)

2. Der peo hat zusätzlich zu den oben angeführten Ministern einen „*Sprecher*" bzw. „Herold" (tyame). Bei zeremoniellen Ausgängen geht er dem peo voraus und wiederholt die Worte des Fürsten laut an die Zuhörer. Das Gleiche tut er bei jeder Amtshandlung des peo, dem er die an diesen gerichteten Worte ebenfalls wiederholt. Bei fremdsprachigen Verhandlungspartnern dolmetscht er.

Er ist auch bei Gerichtsverhandlungen anwesend, wiederholt dort ebenfalls alle vom peo gesprochenen oder an diesen gerichtete Worte und verkündet das Urteil. Außerdem ist er bereit, dem peo bei jeder Gelegenheit die Schuhe (oder Sandalen) zu reichen, wenn er aufstehen will.

Der Sprecher ißt den Rest der dem peo gereichten Speisen. Nur er und die oben angeführten Minister dürfen dem stets allein speisenden peo dabei zusehen.

3. Einen besonderen „*Kanzler*" kennen die NUNA nicht.

4. Von Wichtigkeit war stets der *Heerführer* (yɔ-ti), der im Frieden als Kriegsminister im Amt blieb. Er war für stets kriegsbereite Rüstung, das heißt Instandhaltung der Waffen, Herstellung von Kriegszauber und Kampfamuletten, Ankauf von Waffen (in späterer Zeit Flinten und Munition sowie Pferden) aus dem Erlös der Kriegsbeute verantwortlich. Zu Kriegsgerichtsverhandlungen wurde er ebenso hinzugezogen wie zu den Beratungen des peo mit dem Ministerrat über alle kriegerischen Angelegenheiten, insbesondere über einen eventuellen Beschluß zur Kriegführung. In diesem Falle oblag ihm schnellste Mobilmachung. Vor dem Aufbruch zur Schlacht ist er mit der kultischen Equipe des peo anwesend, wenn dieser vor versammeltem Heer dem kwara und dem Gaugründer die Kriegsabsicht ankündigt und um ihren Beistand bittet. Dann spricht er selbst zu den Ahnen, daß er ihnen die Truppen anvertraue, die sie vor ihm zum Siege führen mögen. Die anschließenden Kriegstänze führte er selbst an. Beim Auszug zur Schlacht ritt er seinen Kriegern voran.

Über das Verhalten des Heerführers im Kampf wurden mir vom Bruder des letzten yɔ-ti und vom Bruder des aktuellen peo zwei verschiedene Versionen mitgeteilt. Nach dem ersteren hätten die Heerführer beider Heere zwischen den Fronten die Schlacht durch einen Zweikampf eröffnet. Weicht einer der beiden zu seinem Heer zurück, so folgen die Krieger des Überlegenen und werden mit denen des weichenden Generals handgemein. Wird ein Heerführer besiegt bzw. getötet, so flüchtet sein Heer in die Heimat zurück oder ergibt sich. Nach der zweiten Version ist die Hauptaufgabe des yɔ-ti die Befehlserteilung, nicht jedoch, sich zu schlagen, er hält seinen Kommandostab auch während der Schlacht in der Hand. Wenn angegriffen, verteidigte er sich natürlich. Man versuchte zwar stets, den gegnerischen Heerführer als ersten abzuschießen. Er brauchte sich aber bei seiner Verteidigung nicht besonders anzustrengen, da seine starken Amulette und Kampfzauber ihn genügend schützten, so daß er zum Beispiel nach dem Kampf die auf ihn abgefeuerten Kugeln aus der Gewandtasche ziehen konnte[98]). War er aber doch gefallen oder gefangen genommen worden, so wurde das Kommando sofort von einem Unterführer übernommen und das Heer kämpfte weiter. Offenbar haben beide Versionen recht, nur betrifft die erste die altertümliche Kampfesweise in internen dörflichen Kleinkriegen[99]), die andere die Kampfesweise der „jungsudanischen" Eroberer und in „nationalen" Vernichtungs-Kriegen.

Der Kriegsführer mußte stets ein „Bruder", das heißt naher Verwandter des peo sein. Als Abzeichen trug er eine amulettbesetzte Mütze (keinen Helm wie die Krieger), einen mit Amuletten übersäten Kriegskittel und darüber eine rote Schärpe, dazu einen Kommandostab (Abb. 44, 67).

5. *Hofmusikanten* hatten wie bei den KASENA den peo bei seinen Ausgängen zu begleiten. Sie folgten auch dem Heer in die Schlacht und feuerten es zur höchsten Tapferkeit an. Als eigentlicher *Hof-Barde* galt nur der Chef der Musikkapelle. Er erhielt kein fixes Gehalt, aber wenn der peo mit ihm zufrieden war, erhielt er „soviel Geschenke, daß er genug zum Leben hatte".

6. Bei einem zeremoniellen Ausgang des peo gehen ihm *Leibjäger* voran und feuern, wenn er tanzt. Früher hielt sich ein peo eine *Leibwache* aus Adligen, die durch tapfere und hoch geehrte Kriegsgefangene verstärkt wurde. Zu Beginn der französischen Besatzung waren in Sapouy gerade Leibwachen aus Söhnen der alten Erobererschicht abgeschafft worden, während sie im benachbarten Kassou noch einige Zeit nach der Art der MOSI-Fürstensöhne (nakomse) Raubzüge zu unternehmen versuchten[100]).

Heute ist die Erinnerung daran schon geschwunden.

7. *Pagen* gehören ebenfalls zum Gefolge des peo, die allein ihm seine Insignien bringen oder tragen dürfen.

8. Auch hier gingen bei einem zeremoniellen Auszug den *Weg kehrende Frauen* dem peo voran, damit seine Füße keinen Schmutz berührten.

9. Bezüglich der *Fürstin* gilt das zum A-Typus Gesagte.

10. Hatten wir es bisher vorwiegend mit administrativ-politischen Funktionären zu tun, so wenden wir uns nun der mit ausgesprochen *kultischen* Funktionen beauftragten *Equipe* des peo zu.

Der *Opferer* tyagwɔna („Hühnertöter") stammt aus dem Clan des peo, sein Amt ist in der Familie erblich, die Nachfolge wird nach dem Senioratsprinzip geregelt. Er ist nur auf Geheiß des peo tätig und opfert alle die Tiere, die nicht vom Erdherrn zu töten sind, das heißt die im Kult des Häuptlingtums darzubringen sind, also vor allem an das kwara und den Gaugründer. Wenn er opfert, steht (oder sitzt) die Equipe des peo hinter ihm (Abb. 49—51). Der peo sagt ihm jede zu verrichtende Opferhandlung an und der Opferer wiederholt diese Worte satzweise,

[98]) Der o. a. Bruder des yɔ-ti verkaufte mir u. a. eine Medizin, die kugelfest macht. Ein zufällig hinzukommender NUNA war so fest von deren Wirkung überzeugt, daß er sich erbot, gegen ein Honorar zur Beweisführung als Zielscheibe für einen Flintenschuß zu dienen.

[99]) Sie wurde uns in Koumbili in einem Scheingefecht vorgeführt. S. Film Nr. 8.

[100]) (32) S. 173f.

auch die entsprechenden Gebete des peo an den Opferempfänger (s. Film Nr. 10). Bei hohem Alter des Opferers läßt er größere Opfertiere durch junge Männer seiner Familie schlachten, wie zum Beispiel der aktuelle Opferer, der ca. 110—120 Jahre alt ist (Abb. 50).

Von jedem Opfertier — auch wenn der peo ohne Einladung an andere Familien in seinem Gehöft selbst geopfert hat — erhält er das Halsstück. Früher bekam er aus einer Kriegsbeute noch eine Keule jeden geschlachteten Tieres.

11. Der *Verzeihungbitter* (folona bzw. foləna) fungiert wie zum A-Typus beschrieben. Bei kultischen Handlungen des peo (z. B. Totenfeiern) fungiert er an Stelle des tyame als Sprecher, der die Worte des peo wiederholt. Von Opfertieren erhält er eine Hinterkeule, von einer Kriegsbeute zusätzlich eine weitere Keule. Sein Amt ist erblich in einer Familie eines fremden Clans, dem der Gaugründer dieses Amt übertragen hatte. Nur der Opferer und der Verzeihungbitter dürfen außer dem peo das kwara sehen, aber nur solange sie noch im Amt sind. Von beiden wird auch zusammen mit dem peo und dem Erdherrn eine Strafe wegen Verstoßes gegen das religiöse Brauchtum (bɔ̃) festgesetzt und verhängt. Diese Equipe befragt auch bei Dürre nach eventuellem Versagen der Regenbitte des Erdherrn und des Regenzaubers des Regenmachers (dwa-ti) den Wahrsager, um alle Heiligtümer (kwara, Erde, Himmel, heilige Gewässer und heiligen Berg) um Regen zu bitten, der dann auch 1—2 Tage später fällt. Die gleichen Leute gehen vor Beginn der Erntearbeiten mit dem peo zum Wahrsager, um zu erfahren, an welches Heiligtum Opfer um gute Ernten zu bringen sind. Das Gleiche gilt für den Fall, daß Gefahren den Gau bedrohen. Bei der Ankündigung des Entschlusses zur Kriegführung an das kwara sind sie ebenfalls anwesend.

Jeder Minister und Priester, der mit dem peo Kulthandlungen ausgeführt hatte, hat das Recht auf ein Grab *im* Hause, an dem geopfert wird (was sonst nur einem Ahnen der 3. Generation in einer nach dem Anciennitätsprinzip bevorrechtigten Linie zusteht).

12. Der *präsumptive Nachfolger* des peo hat bei allen Opferhandlungen anwesend zu sein.

13. Wie schon zum A-Typus gesagt, gibt es bei den NUNA keinen kwaranu-tu, der einen neuen peo mit dem kwara belehnt. Erstaunlicherweise ist es in Sapouy der Erdherr, der nach dem Tode eines peo das kwara zu sich holt, während des Interregnums verwahrt und den neuen peo damit investiert.

c) Varianten und Übergangsformen

Der Nachbargau und „Erbfeind" von Sapouy ist *Kassou*, einst der mächtigste NUNA-Gau. Sein Häuptlingtum gehört in etwa zum B-Typus, weist aber einige Abweichungen zu dem in Sapouy überlieferten Brauchtum auf: Der Ministerrat aus den Quartierältesten bildet ebenfalls mit dem „Sprecher" (hier sozo'one genannt) den Gerichtshof unter dem Vorsitz des peo, aber dieser verkündet selbst das Urteil und nimmt mit Befragungen der Parteien und der Zeugen tätigen Anteil an der Verhandlung. Dem „Sprecher" als „Sekretär" des peo sind alle Knabengeburten zu melden, damit Klarheit über die Altersfolge herrscht. Pagen und Leibgarde sind nicht vorhanden.

Ein Verzeihungbitter ist hier *nicht* bekannt. Zur Equipe des peo gehört aber wieder ein „Opferer", hier bubu genannt, der beim Opfern hinter dem peo steht. Nur er darf auch das kwara sehen. Er opfert auch an die Erde, da der peo gleichzeitig Erdherr ist. Folglich kann hier der Nachfolger eines verstorbenen peo auch nicht vom Erdherrn mit dem kwara belehnt und eingesetzt werden, das tut hier vielmehr der Ministerrat.

Auch der südöstlichste NUNA-Gau *Léo* ist hier einzureihen. Zur Equipe gehört hier wieder jeder Quartierälteste (san-tyu), ein Sprecher bzw. Herold (nazoo), ein Opferer (dyaŋwana), dazu aber hier wieder ein Verzeihungbitter (təlaana). Dazu die üblichen Hofmusikanten und (früher) Leibwache, dafür keine Pagen (mehr?).

Zum A-Typus gehört das Häuptlingtum im nordwestlichen NUNA-Gau *Silly*, dessen Brauchtum fast identisch mit dem für Dio geschilderten ist. Nur opfert hier der peo nicht selbst, sondern hat einen institutionellen Opferer sugɔnɔ („Schneider des Messers"), der beim Opfern neben dem peo steht und nach dessen Gebet das Opfertier tötet. Nur er darf außer dem peo das kwara sehen und nur er allein darf in den kwara-Tempel eintreten. Dieser ist es auch, der einen neuen peo (nach Wahl durch Erdherrn und Ältestenrat) ernennt. Der Verzeihungbitter (folona) bittet auch für den Erdherrn bei dessen Beerdigung um Verzeihung.

Noch schlichter als in Dio zeigt sich das Gefolge des peo im zentralen Gau *Tabbou*: Hier gibt es außer dem Ältestenrat als Ministerrat weder einen Sprecher, noch Pagen, Leibwache, Musikanten, noch Verzeihungbitter und der Opferer (tyapina) steht gleichzeitig dem Erdherrn zur Verfügung, aus dessen Clan er auch stammt. In Versammlungen, bei Gerichtsverhandlungen und Brauchtumsangelegenheiten muß der peo die Macht und Autorität mit dem Erdherrn teilen.

Ähnliches gilt für den am weitesten nach Nordwesten vorgeschobenen Gau *Pouni*. Auch hier gehört jeder Quartierchef (doo-tyi) sowie je nach Wichtigkeit der Angelegenheit auch der eine oder andere angesehene Hausherr (diye-tyi) als Berater zum Ministerrat. Zur Suite des peo gehört nur ein Sprecher und Berater (təfɔrɔ). Über einen Opferer (= „Schwestersohn", d. h. Ältester eines reziproken Clans) verfügt nur der Erdherr und der Opferer fungiert gleichzeitig als Verzeihungbitter, den es also hier nicht gesondert gibt. Das Gefolge des Erdherrn (ebenfalls ein Sprecher und Berater wie die o. a. Minister) hat höheren Rang als das des peo. Ja, die Ältesten fungieren in erster Linie als Berater des Erdherrn, der von allen — einschließlich peo — als höchste Autorität anerkannt wird und der auch der oberste Richter ist. Selbst der Kult des Gaugründers, der sonst immer dem peo obliegt, ist hier dem Erdherrn vorbehalten.

Angeblich besaß der peo von Pouni ehemals ebenfalls Leibjäger, Musikanten und beim Ausgang fegende Frauen. Das ganze Gepräge dieses Häuptlingtums widerspricht dieser Angabe jedoch völlig und ich sehe darin nichts anderes als die Absicht, nach dem Vorbild anderer Herrscher mit diesen Angaben imponieren zu wollen.

Die erste Frau des peo spielt keine Rolle und es ist gänzlich unwichtig, ob sie bei dessen Installierung dabei ist oder nicht. An Stelle eines kwara-nu-tu ernennt der Erdherr den peo und stellt ihn der Bevölkerung vor.

V. *Die Hoheitszeichen und Attribute des peo bei den KASENA*

Die gleichen Unterschiede zwischen A- und B-Typus können wir auch in Bezug auf die Regalia des peo feststellen.

a) A-Typus

Als Beispiel für den A-Typus wollen wir wieder Kampala wählen:

1. Ein peo unterscheidet sich in seiner *Kleidung* stets von gewöhnlichen Bauern. Im Alltag trägt er — außer bei Jagdgängen — städtische Vollkleidung, das heißt lange, weite Hosen und ein weites Obergewand mit langen, weiten Ärmeln. (Dazu eine meist bestickte Mütze). Die ältere Tracht ist aus schmalen, weißen, weißblau gestreiften oder blauen Baumwollstreifen zusammengenäht. Auch HAUSA-Toben sind sehr geschätzt. Neuerdings dringen von der Goldküste noch reichere und weitere Gewänder, teils aus einheimischen Baumwollstreifen, teils aus europäischen breitbahnigen Leinen-, Baumwoll- und selbst Seidenstoffen geschneidert und mit reicher Kurbelstickerei verziert bei den KASENA vor (Abb. 8, 17, 21, 36, 39, 40). Diese Art Vollkleidung versucht sich jeder Älteste und Wohlhabende als Staatsgewand zuzulegen.

Als *Amtstracht* muß der peo stets Vollkleidung tragen, bei einem Begräbnis bzw. Totenfeier eines Familienvorstandes mindestens gewöhnliche Vollkleidung in weiß, zur besonderen Ehrung aber eine dunkel-indigo gefärbte HAUSA-Tobe als Obergewand. Wenn der peo zeremonielle oder kultische Staatshandlungen vorzunehmen oder seinen Gau nach außen zu repräsentieren hat, trägt er einen *roten Mantel* und/oder eine *rote Filzkappe*. Rote Farbe in der Kleidung steht nur einem Chef zu und kennzeichnet ihn. Die rote Mütze gilt als hauptsächlichste Häuptlingsinsignie. Sie ist für jeden unberührbar und ein peo darf sie auch vor einem französischen Beamten — gleich welchen Ranges — und in dessen Haus nicht abnehmen. (Das alter-ego-Krokodil des peo hat ebenfalls eine rote Kappe, d. h. einen rötlichen Hornzapfen!). Ohne rote Mütze wird kein verstorbener peo von seinen Vorgängern in das Totenreich eingelassen[101]).

Anläßlich der Veranstaltung von Totenfeiern für verstorbene Häuptlinge konnten wir den Kampala-peo in verschiedener Tracht sehen: Bei Entgegennahme von Huldigungen durch den ganzen Gau und bei der Verteilung der Opfertiere trug er über einem roten Mantel noch eine *dunkelblaue* HAUSA-*Tobe* (Abb. 21, 24), als Anführer der Krieger bei Kriegstänzen sowie bei der Vorführung von Scheingefechten nur den *roten Mantel* als Obergewand (Abb. 22, 25, 26), in den er sich auch bei Staatsbesuchen (Film Nr. 7) und während des Empfangs der Gauhäuptlinge durch den französischen Administrator in Pô während des französischen Nationalfeiertages kleidete; schließlich hatte er während einer anderen Phase der Totenfeier seinen *Kriegskittel* (mit Amuletten benähter bräunlicher, ärmelloser Kittel) angelegt.

Zur ständigen wie zur Amtstracht eines peo gehört ferner *Schuhwerk*, da er die Erde nie mit bloßen Füßen betreten darf. (Nur am Erdheiligtum muß er, wie früher beschrieben, mit der Oberkleidung auch Mütze und Schuhwerk ablegen). Im Alltag und früher überhaupt werden Sandalen getragen, wie andere vornehme und reiche Leute trägt ein peo auch gern als Pantoffel angezogene Halbschuhe in Feinlederarbeit, die wie die Vollkleidung von MOSI-, HAUSA-, DYULA- und anderen Händlern bezogen werden.

101) Ein Mann sah einen 1930 verstorbenen peo als Wiedergänger und erkrankte daraufhin. Ein Wahrsager stellte später fest, daß sich der Tote deshalb bemerkbar mache, weil man ihm seine rote Mütze seinerzeit nicht mit ins Grab gelegt hatte. Im August 1955 ließ der aktuelle peo das Grab öffnen, wo sich tatsächlich keine rote Mütze vorfand, die nunmehr dem Toten nachträglich gegeben wurde.

Auch als *Grabkleidung* darf nur einem peo ein Gewand in roter Farbe gegeben werden, seine rote Mütze muß er in das Grab gelegt bekommen. Dazu wird nur einem peo Schuhwerk mit in das Grab gestellt, aber vor dem Schließen des Grabes wieder herausgenommen. Wie bei einem wohlhabenden Manne wird die Leiche in ein Rinderfell gewickelt zu Grabe getragen, das jedoch wieder aus dem Grabe herausgezogen wird. Dafür wird die Leiche im Grabe auf das frisch abgezogene Fell eines für die Bestattung geschlachteten Rindes gelegt.

2. Ein weiteres wichtiges Abzeichen ist ein Häuptlingsstab als *Szepter*, häufig als „Kommandostab" bezeichnet. Der des Kampala-peo ist ein einfacher Stock, mit einigen Kauri und Lederfransen besetzt. Gern wird auch etwas rotes Tuch und/oder Stücke von Löwen- oder Leopardenfell appliziert. Eingelassen ist etwas Medizin vom kwara, wodurch der Stab mit dessen Kraft geladen ist, so daß folglich das Szepter von niemandem berührt werden darf.

3. Einen *Fliegenwedel* aus dem Schwanz eines Rindes, Esels oder Pferdes trägt jeder Älteste als Würdezeichen. Ein peo desgleichen. Häufig ist er gleichzeitig ein Amulett. Der Kampala-peo verfügte außerdem über einen speziellen Schwanzwedel, der ihn vor einem Sturz vom Pferd bewahren sollte, wenn er ausritt. Denn das wäre ein ganz unglückliches Omen und würde ihn als peo unmöglich machen (Abb. 66).

4. Ein weiteres wichtiges Abzeichen eines peo ist ein großer *Abfallhügel*, puri, vor dem Tor des peo-Gehöftes. Er kann eine Höhe von mehr als vier Metern erreichen und ist das Wahrzeichen eines politisch und kultisch selbständigen Gaues. Von den Gewährsleuten wurde er gern als das Gegenstück zur europäischen Fahne erklärt. Hier finden alle das Häuptlingtum betreffenden Kulthandlungen statt, von ihm aus wird auch zum Krieg und zu Totenfeiern aufgerufen (Abb. 21, 28, 54).

5. Zu Füßen des puri befindet sich ferner der *Altar* (nabaarə bzw. nabaare = Urgroßvater) *des Gaugründers*. Der peo hat ihn nicht nur in seiner Obhut und opfert ihm in Angelegenheiten des ganzen Gaues, sondern bei

Amtshandlungen (außer Gerichtssitzungen) sitzt oder steht er auch darauf (Abb. 21, 22). Denn der nabaarə ist einmal gewissermaßen der Thron des peo, um dort als Verkörperung des Staates zu repräsentieren, zum andern soll durch Sitzen oder Stehen auf dem nabaarə die Kraft dieses Vorfahren auf den Herrscher übergehen und der Ahne durch den Mund seines Nachkommen sprechen können. Allein Angehörige der Häuptlingsfamilie dürfen auf den Altar steigen. Nur aus Lehm erbaut, leidet ein solcher Altar trotz der hartgeschlagenen Oberfläche sehr durch die Regengüsse und zerbröckelt und verfällt mit der Zeit (Abb. 24, 55, 69). Eine Erneuerung darf aber nur einmal während der Regierungszeit eines Herrschers vorgenommen werden — und erst nach Veranstaltung der Totenfeier für den verstorbenen peo —, ein junger Häuptling wartet daher so lange, bis vom nabaarə fast nichts mehr zu sehen ist (Abb. 20, 22). An der Erbauung oder Erneuerung eines nabaarə müssen sich alle Clansektionen unter Trommelschlagen und Tanz beteiligen und ein Rind opfern. Dieser Ahnenaltar hat immer beim peo zu bleiben. Muß ein solcher abgesetzt werden, so hat er mit seiner Familie das Häuptlingsgehöft zu räumen.

6. Formell darf nur ein peo einen *Palast* mit aufgesetztem Oberstock bewohnen, in praxi beginnen aber immer häufiger reiche Leute dieses Verbot zu mißachten.

7. Dagegen wird noch streng darauf geachtet, daß *Felle von Löwen oder Leoparden* dem peo abgeliefert werden. Löwenfelle werden auf den Sitzplatz des peo gelegt (z. B. auf den nabaarə, Abb. 24) und beim zeremoniellen Ausgang vor ihm hergezogen (Abb. 26) (eigentlich sollen Felle unter seine Füße gebreitet werden); denn ein peo darf auch nicht auf der bloßen Erde sitzen. Die Felle von Löwen haben dabei den Vorzug, da sowohl ein peo — von den Barden — gern mit einem Löwen verglichen und ein Löwe als peo der Wildtiere angesehen wird. Deshalb soll ein peo auch keinen jagen, da ein peo nicht mit einem anderen kämpfen darf, ja, ein Löwe darf überhaupt nur in Notwehr oder im Falle eines verbrecherischen Wer-Löwen getötet werden. Wird ein Löwe erlegt, so hat der Jäger den Kadaver dem peo zu bringen, wird dabei symbolisch „angegriffen" und zu einer Bußzahlung von einem Huhn und einem Hammel verurteilt, da er einen Chef getötet habe. Mit der Bußzahlung hat der Jäger eine Totenfeier für den erlegten Löwen (bei einem Leoparden nur mit einem Hahn) zu veranstalten. Bei Erlegung eines „Verbrecherlöwen" erstattet der peo dem Jäger das Sühneopfer und schenkt ihm mit seiner Danksagung noch einen weiteren Hahn, Hammel, Salz und eine Tabakskugel. Wird eine Raubkatze von einem Jäger des peo-Clanes erlegt, so muß sie erst auf den Gaugründeraltar gelegt werden, um den Ahnen vorgestellt zu werden. (Das Fleisch aller Raubtiere wird übrigens auch gegessen, nach rituellem Verteilungsschlüssel bekommt auch der peo einen Anteil neben dem Fell).

8. Ein peo pflegt sich nach der Ernennung einen *Herrschernamen* beizulegen bzw. er wird ihm gegeben. Gern wird dazu ein Gleichnis als Devise gewählt. Der aktuelle Kampala-peo zum Beispiel heißt mit seinem Herrschernamen piyuu-buge = „Bergquell" mit dem Sinn: „ein Bergquell erschöpft sich nie" — im Gegensatz zu einem während der Trockenzeit versiegenden Wassertümpel in der Ebene —, das heißt, die „Herrscherkraft" des peo soll „unversieglich" sein.

9. Ein peo muß einen Häuptlingsfetisch kwara besitzen, dem wir ein eigenes Kapitel widmen wollen.

b) B-Typus

Für den B-Typus mögen Guiaro und Chiana als Beispiele dienen: In *Guiaro* sind dieselben Insignien und Regalia vorhanden wie beim A-Typus, als neu kommen hinzu:

10. eine Halskette mit 7 rechteckigen *Silberplatten*, in Treib- und Punztechnik mit einfachen Ornamenten verziert (s. Abb. 27, 32).

11. Bei jedem zeremoniellen Verlassen des Palastes wird von einem Diener ein großer *Sonnenschirm* mit grünen und gelben Sektoren ständig über dem schreitenden, reitenden oder sitzenden peo gehalten und dabei nahezu unablässig gedreht (s. Abb. 29, 31, 32 und Film Nr. 6).

12. Desgleichen wird ihm ein *Parade-Sitzkissen* in Feinlederarbeit nachgetragen, auf das allein er sich setzt (Abb. 29, 32 und Film Nr. 6). Bei einer Bestattung wird es dem verstorbenen peo als Kopfkissen in das Grab gegeben.

13. Über die *Kriegs- und Kulttrommeln* des peo hatten wir schon in Kapitel Bb) 6 berichtet.

14. Nur in Guiaro wurde mir berichtet, daß dem toten peo eine lederne *Gesichtsmaske* in das Grab gegeben wird.

Der *Kommandostab* darf außer vom peo noch von einem Pagen berührt werden (s. Abb. 27).

Jeder peo errichtet sich nach seiner Nominierung ein *neues* eigenes *Palais*.

Als Grabkleidung ist die schwarze Farbe vorgeschrieben. Dazu hat nur ein peo Anrecht auf Schuhwerk (und zwar werden ihm hier grüne Reiterstiefel von MOSI-Arbeit ins Grab gestellt) und Speisen als Grabbeigaben.

Chiana weist denselben Reichtum an Abzeichen des peo auf, einige Varianten seien kurz erläutert: In der *Kleidung* steht dem peo zwar ebenfalls die rote Farbe für Mütze und Gewandung zu, aber während der Krönungsfeierlichkeiten trägt er ein schwarzes Gewand. Bezüglich der Grabkleidung hängt die Farbe von der Familientradition ab, statt Stiefeln werden dem peo alteinheimische Sandalen aus Antilopenfell in das Grab mitgegeben. Die Leiche trägt bei der Bestattung auch allen Schmuck, Amulette und Pferdeschwanzwedel sowie das Szepter; sie ist in das Fell eines frisch erlegten Leoparden eingehüllt. Aber nur dieses wird der Leiche im Grab belassen, alle Kleidung und Paraphernalia werden wieder herausgenommen.

Im *Szepter* ist Medizin aus dem kwara eingefüllt. Ist das alte verrottet oder zerbrochen, so wird die Medizin in einen neuen Stab als Behälter umgefüllt. Ist nur der Bezug aus Löwen- oder Leopardenfell zerschlissen, so wird dieser allein erneuert. Das Szepter wie die übrigen Insignien und Amulette des peo werden dem Nachfolger vererbt.

Als *Wedel* gebührt dem peo ein schwarzer oder weißer Pferdeschwanzwedel.

Der *Gaugründer-Altar* (nabara) spielt eine besonders wichtige Rolle im Kult des Häuptlingtums und auch für den Krieg. Hier werden die zur Schlacht ausziehenden Krieger im Namen des nabara gesegnet, nachdem der Ahne vorher um Verzeihung und Hilfe gebeten worden war. Der peo hat vor einem Gebet und Opfer an sein kwara stets erst den nabara zu nennen, „denn er war schon früher da als das kwara". Der Altar ist für Kriegsglück, Schutz des Lebens und der Gesundheit des ganzen Gaues zuständig. Für einen neu ernannten peo ist ihm ein Stier zu opfern. Die Riten bei Erneuerung des Altars hatten wir schon früher kennen gelernt (s. S. 71).

Felidenfelle gebühren wie üblich dem peo und ein erlegter Löwe wird auch hier wie eine Leiche heimgetragen und erhält eine Totenfeier mit Huhn- und Hammelopfer. Dazu wird noch von Kriegstänzen bei der Totenfeier zu Ehren der Tapferkeit der Ahnen berichtet.

Die *Silberplatten* werden bei den SÜD- und OST-KASENA vorwiegend an der Häuptlingsmütze (wie eine Krone) und nicht an einer Halskette getragen (Abb. 39, 40).

Ein *Sonnenschirm* ist erst *rezent* eingeführt worden. Früher war er nicht üblich.

Ein *Sitzkissen* ist zwar (als Neueinführung?) bekannt, wird aber nicht mit in das Grab gegeben. Dafür wird die Leiche wie in Kampala auf das Fell eines frisch geopferten Rindes gelegt, dessen Schädel dem Toten als Kopfkissen dient.

Die *Trommeln* gehören dem *kwara*.

c) Varianten und Übergangsformen

1. In etwa zum B-Typus gehört Pô, doch ist hier kein Paradekissen für den peo üblich und hat seine Grabkleidung von schwarzer Farbe zu sein, die wieder aus dem Grab herausgezogen wird.

2. Eine Zwischenstellung zwischen Kampala und dem B-Typus nimmt *Tiébélé* ein. Zusätzlich zu den bezüglich Kampala genannten Attributen stehen dem peo ein Sonnenschirm und ein Kissen zu, letzteres ersetzt er allerdings in Gegenwart von Europäern durch einen modernen Klapp-Liegestuhl, der jetzt allenthalben von den Häuptlingen jeder Art gern benutzt wird. Als Besonderheit sei erwähnt,

daß sich am Versammlungsplatz (s. Abb. 55, 59) vor dem nabaarə ein verfallenes Rundhaus befindet, eine ehemalige „Amtshütte" naŋkɔŋɔ. Eine solche wird auch bei den SÜD-KASENA vor dem Gehöft als erstes Gebäude bei der Errichtung eines Gehöftes erbaut als „Wohnhaus der Ahnen", die ja bei einer Versammlung inspirierend anwesend sein sollen. Zwei kegelförmige Hühnerställe aus Lehm (luri) am Eingang sind für die Seelen der den Ahnen geopferten Hühner gedacht. Etwas dahinter sind die Reste einer weiteren kleineren verfallenen Rundhütte als symbolisches Torhaus. Über zwei Gabelpfosten wird ein Querbalken als Zeichen dafür gelegt, daß das Tor geschlossen ist, das heißt, daß die Amtsgeschäfte beendet sind und der peo nicht mehr zu sprechen ist. Der große heilige Schattenbaum gegenüber dem Ahnenhaus ist als schattiger Sitzplatz auch vor Gehöften von Clan- und Familienältesten häufig vorhanden. Auffallend aber ist die große Anzahl von steinernen Sitzplätzen[102]) an seinen Wurzeln. Jeder Älteste eines Groupements (Konglomeration von Dörfern unter einem Vasallen-peo) und Quartiers und der älteren Linien hat dort seinen *erblichen Sitzstein* (kambɛ). Zu Füßen des nabarə, auf dem der peo während Versammlungen sitzt, liegen ebenfalls Steinplatten als Sitze der Ältesten des Häuptlingsclans. Zur Seite des nabarə ist ein „Fetisch"-Gabelpfosten nüe eingerammt, wo Opfertiere vor der Opferung am nabarə angebunden werden. Sühnezahlungen an Opfertieren für ein Verbrechen (z. B. Hexerei) werden ebenfalls dort angebunden und einige Zeit als Beweis für die stattgefundene Zahlung öffentlich zur Schau gestellt (Abb. 58).

Der peo bewohnt hier noch ein ganz traditionelles Riesengehöft aus lauter Rundhäusern und verzichtete auf ein Stockwerkpalais, das auch nicht beim Tod des Vorgängers gewechselt wurde. Als einzige Konzession an den Herrscherprunk ist der Palast als städtisches rechteckiges Kastenhaus erbaut (Abb. 52, 53).

3. Noch schlichter als beim oben geschilderten A-Typus zeigen sich die kleinen Häuptlinge in den kleinen Gauen oder Groupements, die ja auch meist Vasallen sind. In diesen Formenkreis gehört auch der einst mächtige WEST-KASENA-Gau *Koumbili*, der aber insofern eine Sonderstellung einnimmt, als sein peo gleichzeitig Erdherr ist. Er trägt als Staatskleidung kein rotes, sondern ein blaues Gewand von schlichterem altertümlicheren Schnitt (Abb. 6, Film 2 und 3). Dazu heute eine rote Mütze, die aber erst rezent eingeführt sein kann. Denn noch sein Vorgänger zu BINGER's[103]) Zeit trug eine Mütze mit zwei Kranichschnäbeln (Abb. 64), die heute noch von einem Trommlerchef (Abb. 65) und Heerführer (Film Nr. 8) getragen werden. Die Grabkleidung (Langhose und Obergewand) hat aus schwarzer Farbe zu sein, dazu werden noch die Mütze und Schuhwerk in das Grab gestellt. Seine Frau wird in einem roten (d. h. rotgestreiften) Umschlagtuch beerdigt. Als Vorrecht des peo wird diese Kleidung bei der Leiche belassen. Nur der Szepterstab dient als Insignie, kein Schirm und Paradekissen. Der peo bewohnt auch kein Palais, sondern das übliche runde Schlafhaus der Männer auf der Parterre-Terrasse (Abb. 59). In der etwas in den Boden vertieften Torhalle befinden sich Sitzbänke (Abb. 62, 63).

Interessant sind auch die Regalia des SÜD-KASENA-Gaues *Ketiu*. Dieser wurde erst 1926 als selbständiger Gau von Chiana abgetrennt. Vordem waren die Vorfahren des aktuellen Herrschers von Ketiu die obersten Erdherren (tega-tina) von ganz Chiana und dazu die Sektionsältesten von Ketiu, das nach dem Anciennitätsprinzip den Vorrang vor allen anderen Sektionen beansprucht. Der Erdherr ist nicht gleichzeitig Herr eines kwara — das er im Gegenteil verachtet — und damit kein eigentlicher peo im bisher beschriebenen Sinne. Er möchte sich aber doch dem peo von Chiana auch in den Regalien gleich stellen, daher gelten folgende Insignien gleichzeitig als Staatsreliquien: (Abb. 69). Eine rote Filzmütze mit blauer Quaste (yipusəŋa), eine blaue Mütze mit rot-weißen Applikationen und weißer Stik-

[102]) Die man sonst nur selten und dann in geringerer Zahl findet.

[103]) (6).

kerei (yilatye/wukuri), ein rotes Obergewand (garoŋa). Bezeichnend ist nun, daß diese drei Kleidungsstücke von den Zaberma-Sklavenjägern dem Vater des aktuellen Häuptlings, dem Nationalheros Atumwɛ, „geschenkt" wurden, „um Freunde zu sein", nachdem Atumwɛ die Zaberma geschlagen hatte. (Die Zaberma wollten sich daraufhin in Ketiu niederlassen, Atumwɛ lehnte dieses Gesuch jedoch ab und schickte dafür ein Rind als Gegengabe in ihr Hauptquartier Kasana (Subdivision Leô in Haute Volta). Ganz offenbar können die Zaberma in der Annahme der typischen peo-Gewandung keine Annahme eines „Geschenkes", sondern nur die Belehnung des damit Vasall gewordenen Herrschers von Ketiu durch die Zaberma als Oberherren gesehen haben. Zu den Insignien gehört noch ein Schwert (als damals den KASENA noch fremde Waffe), das sich Atumwɛ gekauft und im Kampf verwendet hatte. Ferner ein Roßschwanz-Wedel. Dieser wurde aus dem Schwanz eines dem Zaberma-Anführer Babatu im Kampf weggeschossenen Schimmels hergestellt. Schließlich werden auch als Königstrommeln Reliquien aus den Zaberma-Kriegen verwendet, nämlich damals eroberte zwei große Bechertrommeln mit Pflockspannung (tampana) und zwei gleiche kleinere (gandara) (Abb. 68). Es ist immerhin interessant, wie hier die Entstehung von Insignien aus zufälligen Gegebenheiten verfolgt werden kann.

Der Ketiu-Häuptling verfügt ebenfalls über einen Abfallhügel und Ahnenaltar vor seinem Gehöft, in dem er einen Stockwerkspalast bewohnt. Der ist jedoch nicht in orientalischer Bauweise, sondern in Anlehnung an europäische Bauweise mit einer offenen Veranda und gewalmten Strohdach — wie auch in Chiana — erbaut. Schirm und Paradekissen wie Häuptlingsstab gehören nicht zu den Insignien.

Beim Begräbnis eines Herrschers dient wieder das Fell eines Opferrindes als Unterlage und sein Kopf als Kissen der Leiche. Mit der Grabkleidung wird ein fast protzenhafter Prunk betrieben. Mit der Leiche werden bestattet und im Grab belassen: Je eine weiße und schwarze Pumphose, 10 Obergewänder von weißer und schwarzer Farbe bzw. grau gemustert im Gesamtwert von früher etwa fünfzig Rindern. Die rote Farbe ist dabei verboten! Die rote Häuptlingsmütze wird entgegen sonstigem Brauch nicht mitbegraben, sondern je eine schwarz-weißgestreifte und eine Perlhuhn-graue gestreifte Mütze.

VI. *Hoheitszeichen und Attribute des peo bei den NUNA*

a) Der A-Typus

Als sein Vertreter sei wieder der Gau *Dio* gewählt. In der *Kleidung* ist auch bei den NUNA Vollkleidung als Amtstracht vorgeschrieben und kommt auch hier nur dem peo die rote Farbe zu. In erster Linie als die uns schon bekannte rote Filzmütze (yiposoŋ). Ein rotes Obergewand dagegen scheint — zumindest heute — nicht (mehr?) bei den NUNA getragen zu werden, vielmehr möglichst ein dunkelblaues Staatsgewand. Doch kann einem verstorbenen peo die — im Grab belassene — Grabkleidung in weißer oder roter, jedoch nicht in schwarzer Farbe gegeben werden. Schuhwerk ist auch hier vom peo zu tragen, wird jedoch nicht mitbestattet, dagegen die rote Mütze.

Ein *Szepterstab* (panadla) gehört ebenso zu den Paraphernalien wie ein *Parade-Sitzkissen* (gampuri-si). Das letztere wird dem verstorbenen peo als Kopfkissen im Grab belassen, das Szepter jedoch an den Nachfolger vererbt. Eines *Schwanzwedels* (nabili) bedient sich ein peo wie jeder Älteste als Würdezeichen, er wird als einzige Beigabe neben dem Kissen in das Grab mitgegeben.

Bei allen NUNA wird *kein Abfallhügel* vor einem peo-Gehöft aufgeschüttet und er ist demnach auch im Kult unbekannt.

Ebensowenig kennen die NUNA *Altäre der Gaugründer* in der bei den KASENA beschriebenen Form. Bei ihnen wird vielmehr der Kult bedeutender Ahnen an ihren *Gräbern* vollzogen, die meist genau die gleiche Gestalt wie die Ahnenaltäre der KASENA aufweisen (Abb. 18).

Bei den KASENA hatten wir festgestellt, daß der Altar des Gaugründers zwei Funktionen vereinigt: er dient dort einmal als Opferstätte im Ahnenkult, zum anderen als Thron des peo bei Versammlungen. Für die letztere Funktion kennen die nordwestlichen NUNA einen besonderen *Sitzplatz aus Steinplatten* am Versammlungsplatz, auf dem nur der peo sitzen darf. Dieser Thronsitz wird „Urgroßvater" (nyabarɛ̃) genannt, mit welchem Namen die KASENA den Ahnenaltar bezeichnen. Opfer für den Gaugründer werden hier jedoch nur dann gebracht, wenn er — durch den Mund des Wahrsagers — den Wunsch hat verlauten lassen, ausnahmsweise an dieser Stelle ein Opfer zu erhalten. In Dio besteht das nyabarɛ̃ aus einer steinernen Sitzplatte mit Rückenlehne im Amtszimmer (naparo) des peo (Abb. 47, 48).

Stockwerksbauten als *Paläste* sind gerade bei den nordwestlichen NUNA besonders ausgeprägt und in orientalischem Stil aufgeführt (Abb. 18, 19).

Felidenfelle sind in Dio dem Erdherrn abzuliefern, der sie bei entsprechender Laune dem peo weitergeben kann. Als Sitzunterlage benutzt er die hierfür allgemein üblichen Schaf- oder Rinderfelle, so auch auf seinem nyabarɛ̃.

Ein *kwara* muß auch ein NUNA-peo besitzen, um als solcher anerkannt zu werden. Darauf werden wir im Kapitel IX zurückkommen.

b) Der B-Typus

sei wieder am Beispiel von *Sapouy* vorgeführt.

Als *Amtskleidung* ist Vollkleidung zu tragen, wobei ich den peo eine Kulthandlung am Grab des Gaugründers in Weiß gekleidet vollziehen sah. Nur in der üblichen Filzmütze taucht die rote Farbe auf sowie in der *Grabkleidung*, die rot sein muß. Auch das Schuhwerk wird dem peo (und nur diesem) mit in das Grab gegeben. Ein peo darf die Erde nie mit bloßen Füßen betreten oder ohne Unterlage darauf sitzen. Bei einem Verstoß gegen dieses Gebot muß er eine Buße von zwei bis vier Rindern an seine vier Minister zahlen. Die Tiere werden vom Opferer am Grabe des Vorgängers geopfert.

Szepter und Wedel (aus Pferdeschwanz) sind die höchsten Insignien, die nur von Pagen berührt werden dürfen. Der Wedel wird mit in das Grab gegeben. *Silberplatten* wie bei einem KASENA-peo sind unbekannt.

Wenn ein peo zeremoniell ausgeht, werden ein Rinderfell und ein *Paradekissen* mitgetragen, die ihm zum Niedersetzen dienen. Das Kissen wird als Kopfkissen der Leiche mitbestattet. Über dem peo wird ein großer *Sonnenschirm* getragen, der das Himmelsgewölbe symbolisiert. (Beim Heraustreten des peo aus seinem Palast wird gerufen ‚wena' „der Himmel geht aus"!). Vor dem Fürsten *kehren Frauen* den Weg. Das Zeremoniell ist also das gleiche wie bezüglich Guiaro beschrieben. (Doch sind Totenmasken unbekannt).

Auch hier erbaut sich jeder neue peo einen eigenen *neuen Palast*, wobei Zinnen und (von HAUSA eingehandelte) Straußeneier darauf (Abb. 19) nur einem großen Herrscher erlaubt sind. Ein vor dem Palast des verstorbenen peo liegender großer rötlicher Lateritbrocken (pãsela = „Berg besteigen") gilt als Abzeichen für einen kwara-Herren.

Das Grab eines Fürsten (pyɛ lɛbə̃re) wird im Amtszimmer (naparo) oder zumindest im Gehöft errichtet. Das des Gaugründers — dessen Gehöft mittlerweile vom Erdboden verschwunden ist — spielt, wie bei den NUNA üblich, eine große Rolle als Kultplatz. Hier betet und opfert der peo in Angelegenheiten des ganzen Gaues, verkündet er einen Kriegszug vor dem versammelten Heer, das um das Grab herum die Kriegstänze aufführt. In Sapouy wird es durch drei Lateritbrocken gekennzeichnet, neben denen sich ein Steinhaufen als spezieller Altar des Gaugründers (in gleicher Gestalt wie ein Erdaltar) befindet (Abb. 49, 50). Mit nabarã wird hier der Gaugründer (oder auch ein Clan- bzw. Sektionsgründer) benannt und damit gleichzeitig dessen Kultplatz gemeint.

Über ein *kwara* muß natürlich auch beim B-Typus ein peo verfügen, siehe dazu Kap. IX.

c) Varianten und Übergangsformen

Wie bezüglich des Gefolges stimmt auch in den Regalia *Kassou* weitgehend mit Sapouy überein, nur daß hier keine Felle unter die Füße des peo gebreitet werden und über ihm kein Schirm gehalten wird[104]).

Ähnlich verhält es sich in *Léo*, wo ebenfalls keine Felle, aber auch kein Paradekissen dem peo beim Niedersetzen dienen. Als Begründung dafür, daß ein peo die Erde nicht mit bloßen Füßen betreten dürfe, wurde angegeben, damit er nicht „vergiftet" würde (womit Behexung mittels seiner ausgehobenen Fußtapfen gemeint ist, keinesfalls wegen einer dadurch bewirkten „Beleidigung" der Erde).

Silly stimmt wieder weitgehend mit Dio überein, nur hat hier der peo eine uns schon von Guiaro bekannte Halskette mit *Silberplatten* (pazãŋ) als zusätzliche Insignie. Die Grabkleidung hat dafür wieder weiß zu sein. Der *Sitz* des peo (nyabarɛ̃) aus Steinplatten wird als „Sitz des Gaugründers" und als dessen Gründung angesehen. Er befindet sich am Versammlungsplatz unter einem Schattendach vor dem Stadttor. Daneben steht ein hölzerner Gabelpfosten „Holz des Urgroßvaters" (nenewa) mit einem Schlangenrelief (Abb. 46). Die Erinnerung an seinen Errichter (als den man den Gaugründer vermutet) und an seine eigentliche Bedeutung ist verloren gegangen, das Schlangenrelief gilt als Zeichen der Unberührbarkeit. Opfertiere werden nicht an den Pfahl gebunden, obwohl hin und wieder vor bzw. neben dem Steinsitz für den Gaugründer geopfert wird.

Ganz schlicht zeigt sich wieder *Tabbou*, das als Insignien nur die rote Mütze und den Wedel kennt, die beide mitbestattet werden. Die dem Toten belassene Grabkleidung hat von schwarzer Farbe zu sein, Schuhwerk wird nicht in das Grab gegeben. Als weitere Regalia gelten noch Anrecht auf einen Stockwerkspalast (den sich auch sonstige Vornehme bzw. Reiche errichten), auf ein Einzelgrab im Hause und auf einen Transport der Leiche in einem Rinderfell zum Grabe (gewöhnliche Leute werden nur in der Grabkleidung zu Grabe getragen), das dort wieder herausgezogen wird.

Eine Zwischenstellung nimmt wieder *Pouni* ein: Die Totenkleidung soll von roter Farbe sein, die rote Mütze wird in das Grab gegeben, aber kein Schuhwerk, doch ein Kissen. Bei zeremoniellen Versammlungen sitzt der peo auf einem — für angesehene Männer bei den meisten NUNA üblichen — Langstuhl (Abb. 74), der mit Fellen von Rindern oder Feliden bedeckt wird. Der peo verfügt jedoch über kein Szepter bzw. Kommandostab, gegebenenfalls bedient er sich eines Stützstabes wie andere Greise auch. Angeblich soll früher ein Sonnenschirm vorhanden gewesen sein, was mir ganz unwahrscheinlich erscheint (vergl. das S. 79 über Pouni Gesagte).

VII. *Riten bei Tod nud Ernennung eines KASENA-peo*

Höchst aufschlußreich sind die mit der *Nachfolge* eines verstorbenen peo verbundenen Zeremonien und Riten, bei denen wir wiederum sehr bemerkenswerte Unterschiede zwischen den einzelnen Gauen feststellen können.

a) Recht eingehend schilderte mir der peo von *Kampala* das dortige diesbezügliche Brauchtum (A-Typus).

1. *Vorzeichen künden das bevorstehende Ableben eines peo an.* Ein Sonnenhalo gilt ganz allgemein als Vorzeichen für den Tod eines „großen Mannes". Im speziellen beginnt bei jedem Manne die Seele (gyooro) drei Jahre vor seinem Tode[105]) den Körper zeitweilig zu verlassen und herumzuirren. Zauberer oder Leute mit dem „zweiten Gesicht" können sie sehen und daran erkennen, daß sie mit schiefgeneigtem Kopf ein Opfertier (das beim Begräbnis getötet wird) hinter sich her zieht.

Im Falle des Vorgängers des aktuellen Kampala-peo ereignete sich folgendes: Beim Begräbnis des drei Monate vor dem Ableben des peo gestorbenen obersten Erdherrn von Kampala sahen die übrigen Erdherren im Grabe neben dem toten Erdherrn das gyooro des peo, der selbst inmitten seiner Frauen saß. Das Opfer von sechs Rindern war vergeblich, die Seele des peo ließ sich nicht aus dem Grab

[104]) Angeblich hätte früher ein Schirm zu den Regalia gehört.

[105]) bei einer Frau vier Jahre vorher.

fortbringen. Nun wußte man, daß der peo (d. h. seine Seele) in Wirklichkeit schon mit dem verstorbenen Erdherrn fortgegangen war. Der neue oberste Erdherr ließ dem aktuellen peo als von ihm begünstigten präsumptiven Nachfolger durch den Ältesten des reziproken Clans (als „Schwestersohn" des peo) Bescheid sagen. Auch der alte peo wurde von Freunden schonend von dem Omen unterrichtet. Später wußte er auch seine Todesstunde schicksalergeben voraus. Er ordnete seine Angelegenheiten, insbesondere ließ er seinen präsumptiven Nachfolger rufen und betraute ihn zur Einführung in sein Amt mit allerlei Regierungsgeschäften, delegierte ihn auch als seinen Vertreter zur Abhaltung der Totenfeiern für den kürzlich verstorbenen Erdherrn.

Weitere sichere Omina für den bevorstehenden Tod eines peo sind: Tod der Lieblingsfrau oder des besten Freundes (bzw. „Sprechers" oder anderen Ministers) und eines Barden. Ein Hofmusikant stirbt immer vor seinem peo.

2. Der *Tod* des peo wird vor der Öffentlichkeit *verheimlicht*, bis ein Nachfolger ernannt ist. Besuchern wird gesagt, der peo sei krank bzw. ausgegangen. Das Begräbnis findet so weit als möglich heimlich statt.

3. Beim *Begräbnis* des peo hat das Dorf Nankoum die Totengräber (gleich aus welchem Quartier, der Älteste bestimmt sie) zu stellen[106]. Sie dürfen sich nicht weigern, obwohl sie eine höchst undankbare Aufgabe übernehmen müssen: Der Totengräber des peo stirbt nämlich innerhalb eines Jahres auf magische Weise. Als Entschädigung darf er die gesamte Kleidung des peo, oder was er offen liegen gelassen hat (auch Geld), an sich nehmen. Bei der Bestattung darf nur der älteste Sohn als Nachfolgeberechtigter den Kopf des Toten anfassen, der nächste Bruder die Brust usf.

Über die Grabkleidung hatten wir schon gesprochen. Drei Tage nach der Bestattung wird das Grab eines peo (wie das des Erdherrn!) wieder geöffnet. Totengräber und der älteste Sohn des Verstorbenen steigen hinein, um zu sehen, „wie der Vater liegt", das heißt ob der Tote sich gerührt hat. Es kommt vor, daß ein Beerdigter sich völlig in Unordnung gebracht, umgedreht hat und dergleichen[107]. In diesem Falle wird er wieder in die richtige Lage gebracht. Hat sich aber bei einem beerdigten peo (und Erdherrn) die Lage der Leiche oder eines Körperteiles inzwischen verändert oder wird eine Hand nunmehr geschlossen vorgefunden, so ist das ein ganz böses Vorzeichen für den Willen des Toten, „das Land zu verderben". (Dazu ist ein verstorbener peo wie ein Erdherr in der Lage). Es wird daraufhin ein Wahrsager befragt, wie der erzürnte Tote wieder besänftigt werden kann. Der im Grabe Abschied nehmende älteste Sohn sagt zum Toten: „Du verläßt uns jetzt, aber lasse uns das Glück (des Landes) und nimm es nicht mit Dir fort".

4. Die *Totenfeiern* werden auch für einen jung verstorbenen peo wie für einen alten Mann (d. h. tapferer Krieger) veranstaltet, nur mit mehr Aufwand und einigen kleinen Abweichungen. Eine ausführliche Schilderung aller Zeremonien und Riten einer viele Tage währenden Totenfeier würde den Rahmen dieser Arbeit sprengen[108]. Es sei nur soviel gesagt, daß die Totenfeier der noch unter den Lebenden weilenden Seele des Verstorbenen den Weg in das Totenreich und damit ihre Transformation in ţyiru = „Ahne" ermöglichen soll. Dazu müssen allermindest ein Rind geopfert und als Höhepunkt und Abschluß die Waffen des Toten zerhackt und verbrannt werden. Erst mit diesem Zeitpunkt ist daher die Amtszeit des alten peo — dessen Seele ja bis dahin noch auf der Erde weilte! — (wie auch bei jedem Ältesten) erloschen und kann ein Nachfolger installiert werden.

[106]) Ein gewöhnlicher Sterblicher kann von jedem Totengräber jeden Ortes beerdigt werden, nur der oberste Erdherr von Kampala muß ebenfalls von einem reziproken Clan beerdigt werden.

[107]) Weitere Detailangaben lassen den sicheren Schluß zu, daß in Unkenntnis sicherer Todesmerkmale — z. B. Leichenflecke — hin und wieder auch Scheintote beerdigt wurden und zum Teil sogar wieder aus dem Grab herausgekrochen sind. Sie werden dann als Hexer angesehen und entsprechend grausam behandelt.

[108]) Sie muß daher der geplanten Monographie vorbehalten bleiben.

Abgesehen von der Verwendung x-beliebiger Totengräber kann eine Begräbnis- und Totenfeier immer nur von der reziproken Clansektion veranstaltet werden, dessen Ältester als „Schwestersohn“ (nako-bu) den „Herrn der Totenfeier“ (luwɛ-tu) macht, der auch die Waffen zu vernichten hat. Bei der Totenfeier eines peo wirken sogar zwei „Totenfeier-Herren“ mit: Die oberste Leitung, insbesondere aller außerhalb des Gehöftes stattfindenden Zeremonien (u. a. Waffenvernichten und Kriegstänze) hat der Älteste von Nankoum, er wird assistiert vom Ältesten von Faanya als „Totenfeier-Herr“ im Inneren des Gehöftes (Abb. 22, 23). Jede Clansektion erhält für ihre Bemühungen je ein Rind als Geschenk.

Während man normalerweise eine Totenfeier durch Boten an alle einzuladenden Familien ankündigt, erfolgt eine Ankündigung einer Totenfeier für einen peo durch Trommelschlagen (mit speziellen Rhythmen) und Abfeuern von Flinten vom Abfallhügel (puri), weil man vom Tode eines peo nicht öffentlich spricht. Bei Totenfeiern ist es Brauch, sehr viel Hirsebier zu trinken, bei denen eines peo aber nur ganz wenig, um gerade noch der Form zu genügen. Man befürchtet nämlich, daß sonst der Verstorbene viele Tote nach sich zieht. Trotz dieser Vorsichtsmaßnahme ist es vorgekommen, daß während der Gelage eine Menge Leute gestorben sind.

5. Ein peo versucht nämlich, ein großes *Gefolge in das Totenreich* nachzuziehen. Dort wird er von seinen Vorgängern schon erwartet und regiert dann über die während seiner Regierungszeit Verstorbenen. Auf jeden Fall folgen ihm seine Frau und seine Hofmusikanten bald in den Tod nach, in wie weit entfernte Orte sich letztere auch zu retten versuchen. Auch aus allen Schichten der Bevölkerung und aus dem weiteren Gefolge und der Dienerschaft des peo folgen ihm viele bald in das Jenseits, ebenso unweigerlich der Totengräber.

6. Die Regierung eines peo kann nicht nur durch dessen Tod, sondern unter Umständen auch durch dessen *Absetzung* enden. Wenn ein peo später wegen körperlicher Gebrechen (Krankheit, Erblindung, Lähmung) seine Regierungsgeschäfte nicht mehr voll wahrnehmen kann, so ist er trotzdem nicht absetzbar, man gibt ihm dann einen Stellvertreter. Ist er dagegen in irgendeiner Form geisteskrank geworden, so wird er abgesetzt. Frevelt ein peo jedoch offensichtlich gegen religiöse Gebote, gegen Heiligtümer und Fetische (insbesondere gegen sein kwara) oder gegen seine Herrscherpflichten, so „läßt er das Land verkommen“. Dann setzt ihn die empörte Bevölkerung ab oder verjagt ihn gar außer Landes[109]). Erleidet dagegen ein peo viele Fehlschläge (Mißernten, Seuchen) und erweist sich dadurch als unfähig, ohne sich offenkundig versündigt zu haben, so kann man ihn nicht absetzen bzw. bestrafen (oder gar töten „wie bei den MOSI“). Er war ja brauchtumsmäßig mit Zustimmung der Landesheiligtümer eingesetzt worden. Man kann nur die Wahl des ungeeigneten Mannes bedauern und darauf warten, daß ihn die Fetische — die durch das Pech des peo ihre Unzufriedenheit und Zurückziehung ihrer Gunst bekundet haben — bald abberufen, denn solch ein ungeeigneter peo stirbt doch bald.

Wird ein peo brauchtumsmäßig abgesetzt oder verjagt, so muß auch seine ganze Familie das Gehöft verlassen und sich anderswo ansiedeln, um dem neuen peo den beim Stammgehöft befindlichen Altar des Gaugründers übergeben zu können.

7. Das *Interregnum* bis zur Einsetzung eines Nachfolgers nach abgehaltener Totenfeier für den Verstorbenen sucht man möglichst abzukürzen und dabei so lange als irgend angängig den Tod des alten peo zu verheimlichen. Denn während dieser herrscherlosen Zeit herrscht *Anarchie*, jeder kann ungestraft Verbrechen begehen, selbst Zauberei und Seelenfang betreiben. Auch Angriffe von Löwen sind dann leicht möglich, da kein Herrscher für Ordnung (z. B. das früher beschriebene „Pfortenverschließen“) sorgt.

[109]) Z. B. wurden von den Vorgängern des akt. peo noch 1924 und 1930 zwei abgesetzt und einer nach Ghana verjagt. Der eine, weil er durch Sünden gegen religiöse Gebote das Land als „schlechter peo“ ins Unglück gestürzt, der andere, weil er einer Frau die Ohren abgeschnitten hatte.

Während des Interregnums wird der Häuptlingsfetisch, das *kwara*, nicht aus dem Gehöft geholt, sondern verbleibt dort Tag und Nacht in seinem „Tempel" (kɔara-diga = kwara-Haus) unter Bewachung des speziellen Wächters, über dessen Leiche allein der Weg zum kwara geht.

8. Für die *Nachfolge* in der Herrschaft gilt das Prinzip einer eingeschränkten Primogenitur. Das heißt, in erster Linie thronberechtigt ist der älteste „Sohn" des verstorbenen peo in klassifikatorischem Sinne. Als „Sohn" wird also nicht nur ein leiblicher Sohn, sondern auch ein Brudersohn gerechnet. Ein peo „weint daher, wenn ihm als erstes Kind eine Tochter, einem Bruder dagegen der erste Sohn geboren wird". Dieser älteste Sohn wird aber nicht automatisch Nachfolger, sondern nur, wenn er körperlich, geistig und moralisch einwandfrei und zum peo fähig ist. Nicht nur ein regierungsunfähiger, sondern auch ein regierungsunwilliger Sohn, der sich gar nicht um die Nachfolge bewirbt oder eine Wahl gar zurückweist, wird übergangen. Man könnte ja doch nichts mit ihm anfangen und er würde sicherlich nicht den rechten peo abgeben. „Man beläßt ihm dann den Hof seines Vaters", das heißt, man macht ihn zum pater familias des peo-Gehöftes[110]). Es gehört aber zur Form, daß sich *mehrere Prätendenten um die Nachfolge bewerben*, auch wenn der älteste Sohn prädestiniert erscheint. Dies geschieht auch regelmäßig, da doch immer wieder ein anderer die Hoffnung hegt, daß der älteste Sohn aus irgend einem Grunde abgelehnt wird.

Nimmt jedoch ein Nichtberechtigter an der Bewerbung teil oder sucht er bzw. ein an sich berechtigter Anwärter gar Hilfe bei der Verwaltung, um gegen den Willen der Bevölkerung seine Nominierung mit Gewalt durchzusetzen, so versündigt er sich gegen das religiöse Brauchtum. Er hat dann unweigerlich eine Bestrafung durch die Höheren Mächte, vor allem durch das kwara, zu gewärtigen[111]).

9. Die *Bewerbung* der Aspiranten erfolgt erstaunlicherweise in den Formen einer Brautwerbung. Denn der Häuptlings-Fetisch, das kwara — ohne den keiner peo werden kann — gilt als Frau des peo und Tochter des kwara-nu-tu. Nach dem Tode eines peo ist es folglich „verwitwet" und kann sich wie jede menschliche Witwe einen neuen Gatten wählen. Die Thronprätendenten bewerben sich demzufolge „um die Hand" des kwara, das heißt, sie bringen dem kwara-nu-tu als dem derzeitigen Vater und Vormund des kwara die üblichen Brautgeschenke eines Brautwerbers. Außerdem versuchen sie natürlich mit allen Mitteln weitere einflußreiche Männer des Wahlkollegiums günstig für ihre Kandidatur zu stimmen, vor allem den Erdherrn.

10. Die *Auswahl* des geeigneten Nachfolgers erfolgt im Stillen möglichst schon bei Lebzeiten des Vorgängers — vor allem, wenn sein baldiges Ableben zu erwarten ist — um das Interregnum möglichst kurz zu halten. Das *Wahlkollegium* wird von den Quartiersältesten und Erdherren unter Vorsitz des „obersten Erdherrn von Kampala", das heißt dem tega-tu des peo-Clans, gebildet. Letzterer hat die ausschlag-

[110]) So geschah es z. B. in Ponkouya, wo nicht ein Sohn, sondern ein jüngerer Bruder des verstorbenen peo dessen Nachfolger wurde.

[111]) Der Kampala-peo berichtete mir des öfteren mit höchster Genugtuung als Beweis dafür das Schicksal zweier Rivalen: Beide stammten ebenfalls aus der fürstlichen Familie und wurden von den Chefs der benachbarten Gaue Pô, Tiébélé und Guiaro (welche Einmischung an sich schon einen schweren Verstoß gegen das Brauchtum darstellte) sowie von der französischen Verwaltung unterstützt. Diese wollte 1947 mit Gewalt den einen, angeblich einen Sanitäter bzw. Veterinär aus Banfora (Cercle de Bobo-Dioulasso, in der Luftlinie 420 km von Kampala entfernt), wegen seiner europäischen Erziehung einsetzen. Gerade die letztere Tatsache machte ihn aber anscheinend in den Augen der traditionsbewußten Bevölkerung erst recht unannehmbar und geradezu verhaßt. Dessen Leichenreste — nur noch am Fingerring identifizierbar — wurden 20 Tage nach brauchtumsmäßiger Ernennung des aktuellen peo im Busch bei Banfora aufgefunden, wohin der angeblich wahnsinnig Gewordene nackt gelaufen sei. Der andere wurde ebenfalls innerhalb von drei Wochen mit seinem Sohn vom Blitz erschlagen. Diese „übernatürliche Bestrafung" der frevelnden — übrigens vorher wegen ihres Brauchtumsverstoßes verwarnten — Bewerber hat einen tiefen Eindruck auf die Bevölkerung von Kampala gemacht und sie in ihrem Glauben an die Rechtmäßigkeit des aktuellen peo (der nicht der ältere Sohn war) noch mehr bestärkt.

gebende Stimme und scheint ziemlich selbstherrlich bei der Wahl eines Nachfolgers vorzugehen, ohne seine Zustimmung könnte niemand zum peo nominiert werden. Auf jeden Fall müssen die durch Orakel befragten Erdheiligtümer (taŋwana) und das kwara zustimmen, auch Wahrsager werden bei Unstimmigkeit oder Zweifeln befragt. Werden keine ernsthaften Einwände gegen den Willen des Erdherrn vorgebracht, so läßt dieser dem Auserwählten einen diesbezüglichen Wink geben und allmählich in seine Amtsgeschäfte einführen (s. Kap. VII a)).

Vor allem wird ihm das Versteck des kwara verraten — wenn dies nicht schon der alte peo getan hatte —, damit er sich rechtzeitig, möglichst noch vor dem Tode des Vorgängers, in seinen Besitz setzen und ihm kein anderer Bewerber zuvorkommen kann. Denn ohne kwara kann kein Häuptling Kulthandlungen als peo ausführen und genießt keine Autorität. Wenn ein Prätendent das kwara verborgen hält, aber ein anderer rechtmäßiger peo geworden ist, nützt dem Dieb das kwara allerdings doch nichts. Denn gegebenenfalls verprügelt man ihn und entreißt ihm schließlich das kwara mit Gewalt, um es dem rechtmäßigen peo zu übergeben. Sollte allerdings die Kolonialverwaltung einen Prätendenten als ihren Kandidaten zum Chef de Canton ernennen, so verbirgt der brauchtumsmäßig gewählte peo mit Unterstützung der Bevölkerung das kwara vor ihm[112]).

Auch Omina werden vom Wahlkollegium beachtet. So wurde zum Beispiel das Prestige des Kampala-peo durch ein Abenteuer des Achtzehnjährigen sehr gehoben: Als Hirte war er von einem Leoparden angegriffen und auf den Rücken geworfen worden. Die Tatzen auf seiner Brust verbiß sich die Bestie in seinen linken Arm, ohne ihn zu zermalmen. Neun zu Hilfe eilende Männer wurden sämtlich verwundet. Schließlich gelang es dem Hirten, mit seiner rechten Hand seine Flinte zu fassen und den über ihm stehenden Leoparden zu erschießen. Daß ihm dies gelang und keiner den Wunden erlag, wurde als ein bedeutsames gutes Vorzeichen angesehen. Als sich der Leopardensieger zehn Jahre später um die peo-Würde bewarb, erinnerte man sich dieses Vorfalles und sagte sich: „Wenn *der* Mann an der Spitze steht, muß alles gut werden".

Ein verstorbener peo kann ebenfalls Zeichen geben, daß er mit der Wahl seines Nachfolgers nicht einverstanden ist, zum Beispiel indem er Löwen und Leoparden angreifen, Felder durch Heuschrecken verwüsten läßt, Hungersnöte und Krankheiten schickt.

Ist sich der Ältestenrat mit dem Erdherrn in der Wahl einig, so muß noch der kwara-nu-tu um seine Zustimmung ersucht werden. Hält er damit zurück, so muß der Kandidat ihn „besänftigen" und ihm so lange Geschenke und Opfer bringen, bis er zustimmt. Falls alle anderen und besonders die Fetische mit der Wahl einverstanden waren, kann er allerdings die Ernennung des gewählten Nachfolgers nicht verhindern, sondern nur verzögern und dabei eben Geschenke erpressen.

11. Die *offizielle Wahl* kann natürlich erst nach der Verkündung des Todes des alten peo stattfinden. Sie ist mehr eine Formsache, denn das versammelte „Volk" — d. h. die Quartiers- und Familien-Ältesten — wird nie zu widersprechen wagen und der Wahl seiner führenden Ältesten und besonders des Erdherrn zustimmen.

12. Die *Ernennung des neuen peo* wird durch den Erdherrn von Kampala vorgenommen und öffentlich verkündet. Zur Weihe stellt der Erdherr den neuen peo mit seiner ersten Frau dem höchsten Erdheiligtum seines Clans in Gougogo vor.

13. Anschließend erfolgt die *Investitur* durch den kwara-nu-tu (die auf jeden Fall die Zu-

[112]) Als ein französischer Administrator gewahr wurde, daß der von ihm gegen den Willen der Bevölkerung eingesetzte Chef de Canton keinerlei Autorität und Loyalität der Bevölkerung genoß, obwohl er ein als Bewerber berechtigter „Sohn" der fürstlichen Familie und höchst begabt und geeignet für seinen Posten ist, griff er zur Gewalt. Er ließ durch einen Überfall seiner Gardisten das kwara dem rechtmäßigen Besitzer entreißen und seinem Günstling übergeben. Der Erfolg war allerdings gleich null. Der Chef de Canton kann nach wie vor nur auf die Unterstützung des kleinsten Teiles der Bevölkerung, seiner engeren Verwandtschaft und „Collaborateure", rechnen.

stimmung des Erdherrn haben muß). Zunächst werden der Kandidat und seine erste Frau (nur wenn sie eine gute Führung aufweist) vom kwara-nu-tu dem im Dorf Nankoum befindlichen Ursprungsort des kwaras, der heiligen „kwara-Grube" (kɔarabɔɔ), vorgestellt. Aus ihr entnimmt der kwara-nu-tu eine Prise Erde und tupft sie dem neuen peo mit Segenswünschen auf Kopf, vordere Schulterblätter und Brust (der Kampala-peo führte es mir wie ein Bekreuzigen vor). Außerdem gibt er dem peo eine Prise Erde zum Nachfüllen in sein kwara unter Nennung seines Namens.

Anschließend kehrt das ganze Gefolge zum Gehöft des peo in (N)Yagoo zurück. Dort werden peo und Gattin von der jubelnden Bevölkerung auf Schultern und Köpfen zuerst zum Altar des Gaugründers vor dem Gehöft getragen und dort niedergesetzt (Abb. 20, 21), dann in gleicher Weise zum Altar des Gründers der Sektion des peo in seinem Gehöft (Abb. 24). Damit wird das Häuptlingspaar als Repräsentanten des Gaues den Ahnen vorgestellt.

Sodann werden die beiden in den Vorraum des kwara-Hauses (Abb. 15) gebracht und dort dem kwara vorgestellt. Hier übergibt nun der kwara-nu-tu dem neuen peo (symbolisch, nicht handgreiflich) das kwara und setzt ihm die rote peo-Mütze auf. Damit ist der peo endgültig als solcher „inthronisiert". Währenddem tanzt und musiziert die Bevölkerung vor der Tür. Ihr wird der neue peo vom kwara-nu-tu vorgestellt als neuer „Gatte des kwara", das sich ihn erwählt habe.

14. Der neue peo hat seine *Eignung* als erstes dadurch *nachzuweisen*, daß seine Frau spätestens innerhalb eines Jahres schwanger wird. Ihre Brüste werden ständig genau beobachtet und alle sind zufrieden, wenn sich bald Anzeichen einer Schwangerschaft herausstellen. Auch eine bereits schwangere Frau wird dem kwara vorgestellt. Wird sie von ihm zurückgewiesen, so stirbt sie. Dann — oder wenn keine Schwangerschaft eintritt oder der peo Fehlschläge hat — ist das Land unzufrieden, denn es ist ein Zeichen, daß man sich bei der Wahl getäuscht hat. Der peo wird Wahrsager befragen und kein Geld scheuen, um die mit ihm unzufriedenen Heiligtümer bzw. Fetische zu versöhnen. Stellt der Wahrsager die erste Frau als steril fest, so wird an ihrer Stelle die zweite Frau dem kwara vorgestellt, wie in Kap. III a 5) beschrieben. Bleibt das kwara weiter unzufrieden mit dem peo, so stirbt er bald.

15. Mit dem Abschluß der Totenfeiern für einen verstorbenen peo ist auch dessen Regierungszeit zu Ende. Man braucht nun keine Angst mehr zu haben, daß der Verstorbene noch weiteres Gefolge in den Tod nachholt. Damit erlöschen aber auch alle Ämter der Amtsträger des alten peo: *„neuer Chef, neue Diener"*. Der Nachfolger wählt sich meist neue Minister und auf jeden Fall neue Musikanten, zumal die alten doch bald ihrem früheren Herrn nachfolgen. Ererbte Musikanten werden nie weiter im Dienst behalten, für sie gilt dasselbe Sprichwort wie für Frauen: „Ererbte Frauen (= Witwen) sind nicht dasselbe wie die eigenen (= selbst gewählten) Frauen!"

b) Chiana (B-Typus)

Dem Chiana-peo und dem Sprecher des kwara-tu verdanke ich eine ausführliche Beschreibung seiner Ernennung, die genau nach den überlieferten Riten bei der Einsetzung des ersten Chiana-peo vorgenommen wurde (s. Anhang Nr. 24, 25). Auch dabei können wir wie bezüglich des Gefolges und der Regalia ein kompliziertes Zeremoniell beobachten.

1. Als *Omen* für den bevorstehenden Tod gelten wie üblich das Herumwandern der Seele (ḍyuroo) und der Tod von Ministern und Musikanten. Sodann kann ein peo seinen Tod kurz vorher durch Verwandlung in einen Löwen anzeigen, der in seltsamer Weise auftritt — etwa in das Dorf kommt, ohne Schaden anzurichten.

2. Der *Tod des peo wird* so lange als möglich *verheimlicht* und stets umschrieben. Dem Sprecher (pataro) (s. Kap. III b) 2) wird er von den Hinterbliebenen mit den Worten mitgeteilt: „Der peo hat Kopfweh bzw. Fieber". Daraufhin berichtet der Sprecher dem kwara-tu (s. Kap. III b) 10), daß der peo Fieber bekommen habe. Am gleichen Tag wird dem Sprecher noch gesagt, daß das Fieber heftig bzw. die

Krankheit ernst sei, und dieser berichtet auch das dem kwara-tu. Noch während der Berichterstattung werden vom heiligen Baum sabriʒenaa[113]) Zweige abgehauen. Damit wird über dem Kopf der Leiche gefächelt und sie dabei aufgefordert, das Land hinter sich zu lassen ohne jemanden (in den Tod) mitzunehmen.

Nachdem der Sprecher die „Erkrankung" des peo dem kwara-tu mitgeteilt hat, beordert ihn dieser, nochmals in das peo-Gehöft zu gehen und sich nach dem Zustand des „Kranken" zu erkundigen. Nun sagen die Ältesten der peo-Clansektion dem Sprecher, daß der peo gestorben sei und dieser berichtet es wieder dem kwara-tu.

3. Das *Begräbnis* findet dann schnellstens an einem geheim gehaltenen Ort statt. Die Totengräber sind zum Stillschweigen verpflichtet. Bei der Beerdigung ist der älteste Sohn des Verstorbenen anwesend. Wenn der Leichnam vom Haus zum Grab getragen wird, so fegt man auch den Weg hinter der Leiche mit den oben angeführten Zweigen, damit der Tote nicht wieder in das Haus zurückfindet. Als Unterlage der Leiche dient ein Rinderfell, dessen Schädel als Kopfkissen. Außer dem in Kap. V b 1) erwähnten Leopardenfell wird die Leiche nackt im Grab belassen, die wieder herausgezogene Grabkleidung wird dem kwara-tu geschenkt, die erst mitbestatteten Paraphernalia werden dem ersten Sohn übergeben. Sie werden in der peo-Familie an den jeweiligen Nachfolger vererbt.

4. Hier wird das *Interregnum* schon vom Begräbnis des peo an gerechnet. In Chiana wird nun — im Gegensatz zu Kampala — der Nachfolger nicht schon heimlich vor dem Ableben des Vorgängers ausgesucht und ihm auch nicht schon vor oder beim Tode des alten peo das kwara zugespielt. Da das kwara aber nie ohne Betreuer sein darf, kann es während des Interregnums auch nicht im peo-Gehöft belassen werden. Vielmehr sendet der kwara-tu nach Erhalt der Todesnachricht in der auf den Tod folgenden Nacht einen seiner Repräsentanten zusammen mit dem „Sprecher" in das Häuptlingsgehöft, um das kwara zu sich (zurück) zu holen. Ein Transport des kwara darf immer nur des nachts erfolgen und es muß dabei in ein schwarzes *Frauen-*„Kleid" (d. h. dunkelindigoblaues Umschlagtuch) gekleidet sein. Denn das kwara gilt ja als weiblich, als „Tochter" des kwara-tu. Deshalb könne es auch von einer leiblichen Tochter des peo repräsentiert werden. Jedenfalls wird eine solche in kindlichem Alter vom Wahrsager ausgesucht und in das Gehöft des kwara-tu geholt, um den Aufbewahrungsraum („Wohnzimmer") des kwara in Ordnung zu halten, sie bleibt solange beim kwara-tu als dessen „Frau"[114]). Bevor das kwara nicht zum kwara-tu gebracht ist, können Tod und Totenfeier für den verstorbenen peo nicht angekündigt werden.

Während des Interregnums führt der Kanzler des verstorbenen peo die Regierungsgeschäfte, etwa an das kwara nötige Opfer werden vom kwara-tu gebracht.

5. Nach der Wegholung des kwara wird der Tod des alten peo durch die Ältesten der peo-Sektion den anderen Sektionsältesten angesagt mit den Worten: „Der peo hat seinen letzten Trunk getan!" Darauf wird noch am selben Tag der erste Teil der *Totenfeiern* ausgeführt. Vom Dach der Eingangshalle (cari) *verkündet* der Sprecher, von Trommeln und Blashörnern begleitet, *öffentlich den Tod des peo* und ruft das ganze Dorf vor dem Abfallhaufen (puri) zusammen. Im Haus wird der Tod des peo von den Ältesten (Ministern) pantomimisch vorgeführt, dann folgen Wehklagen und Beweinung. Jeder kommt der Reihe nach in seiner besten

[113]) Den botanischen Namen konnte ich leider nicht ermitteln.

[114]) Ich bin im Zweifel, ob der Informant damit „Ehefrau" oder „Dienerin" gemeint hat. Ein Ehevollzug kann mit dem ausdrücklich als „kindlich" gekennzeichneten Mädchen sicher noch nicht stattfinden. Die GRUSI pflegen aber als „Frauen" eines peo — wie jeden Gehöftvorstandes — neben dessen Ehefrauen alle im Gehöft lebenden Frauen zu bezeichnen. Darunter auch unreife Mädchen, die zunächst als „Dienerinnen" in das Gehöft geholt wurden um später an ein männliches Familienmitglied — evtl. den Vorstand selbst — verheiratet zu werden. Die geschilderten Funktionen der peo-Tochter deuten aber ganz auf eine solche Dienerin-„Frau" hin.

Kleidung herein. Jede Clansektion des Gaues hat zu kommen. Die Krieger führen dreimal Kriegstänze rund um puri und Gehöft auf. Währenddem werden Geschenke an Geld, Hühnern, Schafen und Hackenblättern für den Toten gebracht und in die Leichenmatte zusammengebunden. Das geschieht außerhalb des Hauses, um den Geist des Toten vom Haus zu trennen und damit die Möglichkeit zur Ernennung eines neuen peo zu geben. Die Matte wird anschließend verbrannt, die Geschenke werden von den Ältesten der peo-Sektion eingeheimst. Damit ist der erste Teil der Totenfeier beendet.

6. Nunmehr hat ein Nachfolger bestimmt zu werden. *Nachfolgeberechtigt* ist in erster Linie der älteste Sohn des verstorbenen peo, wobei hier als solcher nur ein leiblicher Sohn gilt, jedoch ohne Belang, von welcher Mutter er abstammt. Wenn er körperlich, geistig und charakterlich den an einen peo zu stellenden Ansprüchen genügt, so hat er Nachfolger zu werden. Er darf also weder blind noch leprös sein noch eines seiner Glieder ermangeln, keine geistigen Defekte haben und muß auch eine moralisch einwandfreie Führung aufweisen. (Er darf z. B. keine Liebschaften mit verheirateten Frauen des Dorfes gehabt haben.) Wenn der älteste Sohn wegen eines der genannten Mängel oder zu jungen Alters zur Regierung unfähig ist, so können jüngere Söhne oder Brüder als Bewerber auftreten. Nach den Traditionen zu urteilen, scheint dies aber immer der Fall gewesen zu sein, auch wenn der älteste Sohn gekürt wurde. Ob aus formalen Gründen oder weil sich doch die Brüder eine Chance erhofften, ist nicht festzustellen.

Wenn der Mannesstamm der peo-Familie ausgestorben ist, studieren kwara-tu; kwaranu-tu; Erdherr; Kanzler, Sprecher und Minister des verstorbenen peo die Genealogie der „königlichen" Familie, um — auch mit Konsultation des Wahrsagers — den der Hauptlinie am nächsten stehenden Mann von wirklich „königlichem" Blut ausfindig zu machen. (Warum ein peo aus „königlichem Blut" sein soll, werden wir später untersuchen.)

Wenn ein Bewerber das kwara rauben wollte, so könnte ihm das nichts nützen, denn man würde es ihm sofort wieder wegnehmen und dem rechtmäßigen Nachfolger übergeben.

7. Nach Abhaltung des ersten Teiles der Totenfeier *bewerben sich die Prätendenten* beim kwara-tu. Sie versammeln sich bei ihm, nur in baumwollenen Dreieckschurz und Rückenfell gekleidet, barfüßig, eine Kürbisschale auf dem Kopf und eine Axt auf der Schulter. Der Chiana-peo interpretierte mir diesen Aufzug als „Bettlertracht", zum Zeichen dafür, daß sie um die peo-Würde „betteln". Kalebassenhelm und geschulterte Axt lassen mich an dieser Auslegung zweifeln. Die geschilderte Tracht und Ausrüstung ist jedenfalls genau die Amtstracht der Erdherren und taŋwane-tina (vgl. Kap. B VIIc) Abb. 4, 9, 13 und Film Nr. 1).

Der kwara-tu veranstaltet nun ein *Orakel*, da kein Sterblicher wissen kann, wer von den Prätendenten würdig genug zur Nachfolge ist. Nur die Erde (und Gott) wissen es. So nimmt nun der kwara-tu von jedem Bewerber einen Hirsestengel und begräbt sie alle in seinem eigenen Abfallhaufen, damit die Erde eine Auskunft gäbe: Wessen Stock nach einem Jahr noch nicht verrottet ist, der ist wahrscheinlich der geeignete Nachfolger.

Nach dem Vergraben der Hirsestengel im puri hofieren die Anwärter, „die das Rückenfell suchen", ein ganzes Jahr hindurch das kwara wie ein heiratsfähiges Mädchen (als „Tochter" des kwara-tu!). Sie bringen die gleichen Geschenke (Perlhühner, Salz, Tabak, kleine Geldgeschenke), wie sie einem von Freiern umworbenen Mädchen gegeben werden.

8. Etwa ein Jahr nach dem Tode des alten Häuptlings wird die *Wahl des Nachfolgers* vorgenommen. Der kwara-tu beruft alle Ältesten zu sich. Er sagt ihnen etwa: „Der verstorbene peo war ein guter Mann, der sich um sein Land sorgte, so daß niemand vor Hunger oder wegen einer Krankheit starb. Alle wären traurig, ihn zu vermissen. Aber wenn ein alter Baum stürzt, so sprießen immer wieder neue Bäume aus seinen Wurzeln. Es sei jetzt also Zeit, einen neuen peo zu haben. Man solle nun die Söhne des verstorbenen Häuptlings betrachten und aus ihnen einen Nachfolger wählen.

Die Ältesten besprechen die Angelegenheit unter sich, dann beauftragen sie den kwara-tu mit der Auswahl. Dieser läßt nun auch den kwara-nu-tu, den Erdherrn, den Opferer, den Kanzler und den Sprecher des verstorbenen Häuptlings zu dessen anwesenden Ministern (= Älteste) hinzukommen, um in seinem Haus das Wahlkollegium zu bilden. Der kwara-tu schickt dann den kwara-nu-tu und den Sprecher zum Wahrsager, „um den Nachfolger zu sehen". Stimmt dessen Aussage nicht mit der der Erde (durch das inzwischen befragte Hirsestengelorakel) überein, so wird der Wahrsager neuerdings über die Ursache dieser Unstimmigkeit konsultiert. Der Wahrsager benennt auch die Opfer, die am Erdheiligtum (taŋwane), kwara und Altar des Gaugründers zu bringen sind.

Nach Erhalt der Auskunft des Wahrsagers beruft der kwara-tu das Wahlkollegium zum zweiten Male zu sich und sagt ihnen, daß er inzwischen das kwara befragt habe. Er habe gefunden, daß „seine Tochter den N.N. als Mann heiraten wolle". Alle Anwesenden stimmen zu und werden entlassen.

9. Nunmehr erfolgt die eigentliche *Nominierung* des neuen peo, die in verschiedene Zeremonien unterteilt ist.

Zunächst sendet der kwara-tu das kwara in das Häuptlingsgehöft *zurück*. Wie beim Wegholen des nachts, verhüllt und in Begleitung des Repräsentanten (kwara-yĭgĭnu, s. Kap. C III b) 10)) des kwara-tu, der jungen Tochter des verstorbenen Häuptlings und des Heroldes. Dieser verkündet vom Dach der Eingangshalle durch Trommeln, daß „der und der Sohn des peo die Witwe seines Vaters geheiratet habe".

Dann wird der neue peo zusammen mit seiner ersten Frau, dem Sprecher und dem Kanzler in das heilige kwara-Haus (kwara-diga) zur Vorstellung vor dem kwara und zu seiner symbolischen Übernahme gebracht. Hier werden sie für drei Tage in *Klausur* eingeschlossen. Nahrung wird den Eingeschlossenen von der kwara-Tochter, die im peo-Gehöft bleibt, bereitet. Während der ganzen drei Tage sitzt der Herold vor der Tür. Während der Klausur haben die beiden Berater — der Kanzler gilt als Mittelsmann zum kwara-tu — den neuen peo über die Wünsche des kwara, die Zeremonien und Riten zu seiner Verehrung, über die Pflichten und das Benehmen eines peo zu unterweisen. Während der Klausur haben der kwara-tu und seine Leute alle nötigen Angelegenheiten für den Häuptling zu erledigen.

Am Tage nach dem Überbringen des kwara kommen der kwara-tu mit seinem kwara-yiginu, der kwara-nu-tu und die Minister frühmorgens zum Gehöft des peo und rufen alle Ältesten von Chiana auf, sich hier zu versammeln. Dann wird ihnen vom kwara-tu durch den Herold verkündet, daß man ihnen einen neuen peo gewählt habe. Wenn alle einverstanden sind, wird die Krönung des neuen peo vorgeschlagen. Die Feinde des neuen peo — vor allem diejenigen bei der Wahl unterlegenen Mitbewerber, die sich ihrem Bruder nicht unterwerfen wollen — kommen nicht. Sie haben aber dann das Land zu verlassen.

Der peo hat nun dem kwara und der kwara-nu, das heißt dem kwara-tu und dem kwara-nu-tu, das gleiche Geschenk zu machen, mit dem der erste Chiana-peo das kwara vom Verkäufer erwarb (s. Anhang Nr. 24, 25). Es sind dies sieben Rinder, davon werden fünf der kwara-Mutter und zwei dem kwara gegeben. Von den ersten fünf war eines dem kwara-nu-tu vor Ausführung der Totenfeier für den verstorbenen Häuptling als dessen „Totenfeierkuh" (yinnanao) zu geben. Ein anderes Rind wird der kwara-nu vom kwara-nu-tu in Gegenwart seiner Ältesten und des neuen peo geopfert. Dabei sind Herold und Opferer nicht anwesend. Ein weiteres Rind wird vor dem Ahnenaltar des kwara-nu-tu geopfert. Die restlichen zwei Rinder — und zwar ein Stier und eine Kuh — werden lebend in die Herde dem kwara-nu-tu eingestellt. Ebenso müssen die zwei dem kwara-tu gegebenen Rinder — ebenfalls Stier und Kuh — lebend in dessen Herde belassen werden[115]).

[115]) Bis zur evtl. später erfolgten Zahlung dieser Rinder kann der peo keine vom Gericht verhängten Bußzahlungen annehmen, sondern kwara-tu und kwara-nu-tu streichen sie ein.

Außerdem gehören zu diesem Ernennungs-Geschenk noch: ein schwarzes Obergewand, drei Armreifen, dreißig Hackenblätter, ein schwarzes Schaf, zwanzig Haushühner und neun Perlhühner. (Auch meinem Informanten war bewußt, daß das neue Geschenk den Brautpreis für eine Frau darstellt)[116].

Sodann hat der peo am zweiten Tag seiner Nominierung einen weiteren Stier seinem kwara zu opfern, „damit die Opfer des Verstorbenen peo ihm den Weg waschen".

10. Am dritten Tag erfolgt die *Krönung* im kwara-Tempel. Der peo steht auf dem Fell des am Vortage dem kwara geopferten Stieres. Er ist in ein großes schwarzes Obergewand gekleidet, trägt Sandalen und alle Amulette seines Vorgängers. Anwesend sind noch: Der kwara-tu, dessen Sprecher (kwara-yiginu), kwara-nu-tu, Erdherr, Opferer, Kanzler, Herold, die Ältesten der peo-Sektion und die erste Frau des peo. Der kwara-tu läßt dem Erwählten durch den Herold die rote Häuptlingsmütze des Vorgängers aufsetzen, weiht ihn dabei und ermahnt ihn, sein Leben dem Dienste seines Volkes zu widmen.

Während der Krönung weint der peo und sagt, daß er zu schwach zum Regieren sei. Der kwara-tu tröstet ihn, das kwara, die Erde, die taŋwana, die Ahnen und alle Fetische würden ihm helfen. Klage und Antwort werden dreimal wiederholt, dann erst wird dem neuen Häuptling die Mütze aufgesetzt. Dieser Augenblick wird draußen durch Abfeuern von drei Flintenschüssen und durch Trommeln und Blashörner bekannt gegeben[117].

11. Anschließend erfolgt die *Proklamation* im Freien. Vom kwara-yigi-nu werden Rinderfelle ausgegeben, um den Weg des peo vom kwara-Tempel zum Schattendach am Versammlungsplatz zu bedecken. Vor dem peo gehen sein Sprecher bzw. Herold, dann seine Frau, dahinter der Kanzler, dem der peo folgt. Der kwara-tu und der kwara-nu-tu mit ihren Familien umgeben den peo, dann folgen alle anderen. In der draußen wartenden Menge befinden sich Musikanten, einige davon schreiten vor ihm her. Auch die Leibwache erwartet ihn draußen. Sobald der peo selbst aus dem Tor tritt, werden drei Flintenschüsse abgegeben. Alle stehen auf und entblößen ihr Haupt. Der peo wird zum Sitzplatz seines Vorgängers geführt. Dabei darf er nur langsam schreiten (wie jeder Würdenträger) und wird gegebenenfalls vom Sprecher leise dazu ermahnt. Er hat „wie ein Chamäleon" zu gehen[118], das heißt nicht fest auf den Boden zu treten, damit er nicht einsinkt (und stolpert), das wäre ein schlechtes Omen. Jetzt wird dabei ein Schirm über dem peo getragen, früher nicht.

Nachdem der peo majestätischen Schrittes am Versammlungsplatz angekommen ist, setzt er sich nieder. (Nach der Tradition dürfte er dabei auf einem vom Informanten nicht erwähnten Kissen sitzen, das mit dem Fell des oben angeführten „kwara-Stieres" bedeckt ist.) Seine Frau sitzt neben ihm, sein Sprecher vor ihm (und hält dabei wohl das Szepter, s. Abb. 39, 40), der Kanzler steht zur anderen Seite neben ihm. Der kwara-tu kündigt durch seinen Sprecher (kwara-yiginu) an, daß alle Ältesten (nakwa) aus der Menge herkommen sollen, um in der Nähe dabei zu sitzen. Alles ist still. Der kwara-

[116]) TAUXIER war bereits bei den OST-KASENA („KASSOUNAS-BOURAS") die Existenz des „Chef du Kouara" und die ihm vom neuen peo zu gebenden Geschenke bekannt geworden (l. c. S. 305ff). Er hatte aber weder den Charakter der letzteren als Brautpreis-Zahlung erkannt noch die Funktionen des kwara-tu in ihrem Wesen erfassen können. Er nennt ihn „grand électeur" und glaubt ganz rationalistisch, daß er das kwara und damit die peo-Würde gewissermaßen meistbietend versteigern könne und sogar mit dem Wahrsager im Bunde sei, um denjenigen Prätendenten zu wählen, der ihm die meisten Geschenke gemacht habe, was unmöglich ist (vgl. dazu (14)). TAUXIER ist aber ehrlich genug einzugestehen, daß er nicht in der Lage war, das Wesen der kwara-tu-Institution zu verstehen: „Somme toute, il y a là, dans le partage du pouvoir entre les chefs et les grands électeurs, un problème que nous ne pouvons pas expliquer complètement faute d'éléments suffisamment précis et approfondis (l. c. S. 309).

[117]) Gemäß Tradition sind auch Pfeifer beteiligt, wahrscheinlich hatte der Gewährsmann ihre Erwähnung nur vergessen.

[118]) Ein Chamäleon bewegt sich außerordentlich langsam und vorsichtig auf dem Erdboden fort und hebt dabei mit jedem Schritt jeden Fuß hoch in die Höhe.

tu sagt, daß seit dem Tode des alten peo „dessen Frau (= des kwara) zunächst keinen (neuen) Gatten gefunden habe, doch heute habe er seine Tochter diesem Mann zur Ehe gegeben". Dieser sei nun mit der Sorge für alle Einwohner beauftragt. Da er das kwara, das Symbol bzw. das Hauptheiligtum des Landes besitze, habe jeder ihm zu gehorchen und seine Mitarbeit zu geben. Der kwara-tu verkündet nun im einzelnen die Rechte und Pflichten des peo, die wir schon in Kap. C I a) b) zitiert hatten[119]).

Anschließend fordert der kwara-tu alle Clan- und Sektions-Ältesten auf, dem neuen peo den Gefolgschaftseid zu schwören. Seine Fassung — dem Kriegsruf des peo zu jeder Tages- und Nachtzeit und wohin auch immer Folge zu leisten, nicht zu fliehen und dem kwara zu dienen — ist sehr bezeichnend, da ja schon lange keine Kriege mehr geführt werden. Insbesondere wird jeder Untertan, der sich einer Intrigue gegen seinen Oberherrn verdächtig gemacht oder sich nach einer Revolte wieder versöhnt hatte, zur Erneuerung seines Gefolgschaftseides aufgefordert, wozu er einen Teil seines Eigentums dem kwara zu spenden hat. Wer seine Gefolgschaft nicht aufrechterhalten wolle, müsse sich einen anderen Herrn suchen. Nach der Eidesleistung der Ältesten werden Schüsse abgefeuert, Trommler, Pfeifer und Hornisten musizieren, die Menge bricht in Hochrufe aus und alles beginnt zu tanzen.

12. Darauf wird der peo mit seinem Gefolge zum Markt geführt, um dort *dem ganzen Volk*[120]) öffentlich vorgestellt zu werden. Der peo schreitet dabei wieder über vor ihm ausgebreitete Rinderfelle. Am Marktplatz hat sich jeder zu setzen, dann stellt der kwara-tu durch seinen Sprecher den neuen Herrscher vor und erläutert nochmals, wie oben angeführt, die Rechte und Pflichten des peo.

Wieder zu seinem Gehöft zurückgeführt, sagt der peo zu seiner oben angeführten Suite und den Ältesten, eine schwere Bürde sei auf seine Schultern gelegt, daher bitte er um ihren Beistand. Er könne nicht sein Bestes geben, wenn er nicht der Liebe seiner Untertanen gewiß sei. Er bittet alle um Verzeihung und verspricht, sein Bestes für die Wohlfahrt des Landes zu tun.

Am Morgen nach der Ernennung haben alle Brüder, die sich ebenfalls zur Wahl gestellt hatten, mit geschorenem Haupt (als Zeichen der Unterwerfung) zum neuen peo zu kommen und ihm ihre Gefolgschaft und Unterstützung anzutragen (falls sie nicht vorzogen, außer Landes zu gehen).

13. Mit den oben angeführten Zeremonien sind die Riten noch nicht abgeschlossen. Dem peo fehlen noch einige Weihen, ehe er als vollgültiger sakraler Häuptling fungieren kann. Bis dahin hat er eine drei- bis fünfjährige *Probezeit* durchzumachen, um durch seine Regierungstätigkeit, Erfolge und Orakel zu erweisen, daß er der geeignete Nachfolger ist. (Eine längere Zeit ist auch dem peo selbst meist nur erwünscht, da er noch weitere kostspielige Opfer zu bringen hat). Vor allem muß er sich noch allen Heiligtümern des Landes einschließlich der Ahnenaltäre der Sektionsgründer vorstellen und ihnen allen Opfer bringen, um die notwendige Zustimmung jedes von ihnen zu seiner Nachfolge zu erhalten. Meist sperrt sich irgend einer der Vorfahren oder Heiligtümer (durch Orakel) gegen seine Ernennung und muß erst durch Sühneopfer besänftigt werden, ehe der peo als endgültig installiert angesehen werden und entsprechend handeln (z. B. Kulthandlungen vornehmen) kann. Sollte ein Heiligtum — oder gar das kwara — sich unversöhnlich zeigen, so stirbt der peo innerhalb der Probezeit.

[119]) Nach der Überlieferung verkündete der kwara-tu bei der Investitur des ersten peo die Pflichten und Rechte schon vor der Krönung und dann noch einmal bei der öffentlichen Vorstellung. Möglicherweise hat mein Informant die erste Aufzählung der Pflichten summarisch in die Ermahnung, „sein Leben dem Dienste des Volkes zu weihen" zusammengefaßt, oder es ist mittlerweile die Aufzählung vor der Krönung gekürzt worden, da der peo ja doch gerade vorher während der dreitägigen Klausur eingehend über seine Pflichten und Rechte belehrt worden war. Sinnvoller erscheint mir die o. a. Verkündung vor dem versammelten Volk, um diesem die Rechte und Pflichten des peo wieder ins Gedächtnis zu rufen bzw. den jüngeren Leuten überhaupt erstmalig zu erklären.

[120]) Am Versammlungsplatz waren nur die wichtigen Ältesten des ganzen Landes anwesend.

Zu ihrem Abschluß macht er die letzten Ehrenbezeigungen vor dem kwara und wird dann mit dem gleichen Gefolge wie vor der Krönung für einen Monat in Klausur eingeschlossen. Nachts darf er heimlich und ungesehen herausgehen und muß allein *an alle taŋwana* gehen und ihnen mindestens je einen Widder, dem Haupt-taŋwane des Landes einen Stier, durch den jeweiligen Priester *opfern* lassen. Die Opfertiere (aus dem Besitz des peo) führt ihm der kwara-tu zu. Außerdem hat er am Altar des Gaugründers ebenfalls einen Stier, dem eigenen Großvater einen Widder zu opfern.

Während der Klausur bereitet der kwara-tu mit seinen Leuten „Medizinen", um die Kraft des kwara zu verstärken bzw. aufzufrischen. Die Klausur beginnt, wenn die Hirse in Blüte steht und man erkennen konnte, daß man eine gute Ernte erhalten wird, der Neuernannte also „ein guter peo" sei.

Bei der Herausführung aus der Klausur trägt der peo wieder sein schwarzes Gewand. Ein damit Beauftragter tut so, als ob er den Häuptling mit einer Peitsche schlüge. Der kwara-tu sagt dazu, daß dieser der letzte Mann sei, der den peo ungestraft geschlagen bzw. verhöhnt habe. Fürderhin dürfe das niemand mehr tun. Nach der Klausur wird der peo zum zweiten Mal auf dem Markt vorgestellt und damit *endgültig* zum peo *proklamiert*. Dabei wird vom peo-Gehöft bis zum Markt der Nationaltanz mɔna getanzt. Während des letzten Aktes der Ernennung wird der zweite Teil der *Totenfeiern* für den verstorbenen Häuptling gefeiert.

14. Der neue peo wählt sich ein *neues Gefolge* (Minister, Kanzler, Sprecher und Hofmusikanten). Das des Vorgängers stirbt zum Teil vor dem Herrn, zum Teil bald nach ihm. Es gibt jedoch keine Traditionen, daß man beim Tod eines peo oder bei irgend einer anderen Gelegenheit Menschenopfer gebracht habe. Die Seele eines verstorbenen peo geht im Jenseits zum Platz der anderen, früher verstorbenen Häuptlinge; sie regiere jedoch nicht im Totenreich über ihre frühere Gefolgschaft weiter[121]).

[121]) Mir scheint, daß diese Auskunft nur die persönliche Ansicht des jungen Chiana-peo ist, der christlich getauft wurde.

c) Übrige Gaue

Nach diesen ausführlichen Beschreibungen brauchen wir die Zeremonien bei der Nachfolge eines peo in anderen Gauen nur noch kurz besprechen.

1. Bei der Ernennung eines Gau-Häuptlings von *Tiébélé* ergibt sich eine weitgehende Übereinstimmung mit Kampala, bei Anklängen an Chiana. Auch hier wird der Tod eines peo bis zur Ernennung des Nachfolgers mit Ausreden „wie bei den MOSI" verheimlicht und das Begräbnis schnellstens in aller Heimlichkeit vollzogen. Wenn der Tod später öffentlich verkündet wird, so mit den Worten: „Der Elefant ist gefallen".

„Früher" starben auch Leute des Gefolges, vor allem Hofmusikanten, gleichzeitig mit oder bald nach ihrem Herrn, um ihm ins Totenreich zu folgen, „heute nicht mehr"(!). Der heutige peo hat auch die Musikanten seines Vaters beibehalten.

Während des Interregnums wird das kwara zum kwara-nu-tu zurückgebracht, der es auf die „kwara-Mutter" legt. Die Regierungsgeschäfte werden während dieser Zeit kommissarisch vom ältesten Sohn geführt.

Es herrscht Primogenitur, der älteste Sohn hat zumindest das Vorrecht. Theoretisch hätte der peo noch bei Lebzeiten das Recht, einen Brudersohn als Nachfolger zu bestimmen, wenn er keine eigenen Söhne besitzt. Für einen kindlichen Sohn (bis zum sechsten Lebensjahr) wird ein Regent bestellt. Jedenfalls kann sich jeder Sohn um die Nachfolge bewerben („das kwara suchen") und tut es offenbar auch. Nach dem Tode des Vaters gehen die Söhne mit Fell und Kalebassenhelm herum und geben vom Ableben des peo Nachricht.

Die Thronprätendenten haben auch hier um das kwara wie um ein Mädchen zu freien und dem kwara-nu-tu die entsprechenden Brautgeschenke zu geben und bei Erhalt des Fetisches den Brautpreis zu zahlen. Das kwara wählt sich seinen neuen Besitzer resp. „Gatten" durch ein Orakel: In den Abfallhügel werden keine Hirsestengel für jeden Bewerber vergraben, sondern je ein eiserner Pflock hineingesteckt. Ein Kind muß dann versuchen, sie alle herauszuziehen. Der, bei welchem ihm dies nicht gelingt, zeigt den geeigneten Nachfolger an.

Vor der Übergabe des kwara muß der Kandidat auch hier eine Klausur durchmachen. Ebenso wie in Kampala füllt der kwara-nu-tu vor Rückgabe des kwara an den Nachfolger eine Prise Erde aus der kwara-Grube (kwara-bɔɔ, im Dorf Bələmoana) unter Nennung des Namens des neuen peo in das kwara. Danach setzt er ihm, wie in Chiana, die rote Häuptlingsmütze auf. Bei der Investitur ist die erste Frau des peo ebenfalls anwesend.

Der neue peo wählt sich ein neues Gefolge aus loyalen Ältesten. Bei der Installierung erhält er einen Satz von vier neuen Kulttrommeln (vgl. Kap. C III c) 4). Die Trommelherstellung ist ein erbliches Amt in einer bestimmten Familie. Sie arbeitet die Trommeln ohne eigentliche Bezahlung und ohne Auftrag. Vorher wird der Wahrsager befragt, woher das Holz zu nehmen sei. Man nimmt es möglichst von einem bemerkenswerten, gefährlichen Platz, etwa von einem taŋwane, blitzgetroffenen Baum usw. Das heißt, es soll von gefährlicher Herkunft sein, damit die Trommeln entsprechend große „Kraft" haben. Der Wahrsager gibt auch die notwendigen Opfer an. Nach der üblichen, von Opfern begleiteten Ankündigung des Vorhabens an die Ahnen und Gebet um ihre Hilfe werden über dem gefällten Baum ein Huhn und ein Schaf geopfert, um den Baum um Verzeihung und um Gelingen des Werkes zu bitten. Dabei wird nicht im eigenen Namen gesprochen, sondern ausdrücklich angezeigt, daß die Trommeln für den peo hergestellt werden sollen. Für die fertige Trommelserie hat der peo eine Kuh als Gegengeschenk zu geben. Nunmehr hat der Trommelwächter (gulu-yiginu) ein Huhn zu opfern, dessen Blut über alle Trommeln gespritzt wird (bei der kleinsten begonnen, damit diese sich nicht als kleinste zurückgesetzt fühle!), womit sie eingeweiht sind.

2. Das Brauchtum von *Pô* ist nahezu identisch. Auch hier erfolgt nach dem Tod eines peo die Rückgabe des kwara an den kwara-nu-tu, der alle Kleider und das Reitpferd des Verstorbenen erhält. Die Vorstellung des erwählten Nachfolgers (sowohl kwara-nu-tu wie der Erdherr müssen mit der Wahl einverstanden sein!) vor dem kwara-bɔɔ geschieht wie bezüglich Kampala beschrieben. Nachfolger soll möglichst der älteste Sohn werden. Der neue peo wechselt nur die Hofmusikanten, nicht jedoch den Herold und Richter (= Kanzler) des Vorgängers.

3. Ganz ähnlich ist das Brauchtum des WEST-KASENA-Gaues *Tiakané*. Auch hier wird während des Interregnums das kwara aus dem peo-Gehöft geholt, jedoch mangels kwara-Mutter und damit eines kwara-nu-tu vom kwara-tu genannten Priester in Verwahrung genommen. Es herrscht Primogenitur, sofern der älteste Sohn regierungsfähig ist, doch treten immer Thronprätendenten auf, die dem kwara-tu Geschenke wie für eine Braut überbringen. Ein Orakel zur Auswahl des Nachfolgers ist jedoch unbekannt.

4. Für *Guiaro* seien folgende Abweichungen genannt: Die Totenfeiern für einen versorbenen peo werden besonders pomphaft veranstaltet, da sie gleichzeitig als Totenfeiern für alle während seiner Regierungszeit verstorbenen Untertanen gelten, die ihn im Totenreich erwarten, wo er seine Herrschaft über sie fortsetzt. Sklaven usw. seien dabei nicht getötet worden. Bis zum Großvater des jetzigen peo (er regierte 1868—1870) wurden Figuren von ihm und seinem Gefolge von Hofkünstlern in Bronze gegossen, die in das Grab mitgegeben wurden. Heute wird einem verstorbenen peo noch eine Ledermaske, jedoch keine Bronzemaske, mit in das Grab gegeben.

Nachfolgeberechtigt ist wieder in erster Linie der älteste Sohn, es können sich jedoch alle Brüder bewerben — früher soll es heftige Kämpfe unter den Prätendenten gegeben haben —, aber auch ein jüngerer Bruder konnte gewählt werden. (In der Tat wurde laut Regentenliste von 1860—1900 die bis dahin übliche Sohnesnachfolge durch drei nacheinander regierende Brüder unterbrochen). Ausschlaggebend ist, daß der Bewerber aus „königlichem" Blut stammt und sein Vater als peo regiert hatte. Die Prinzen werden von den Müttern getrennt und in anderen Familien untergebracht, damit nicht so leicht Intrigen angezettelt werden können und sich ein nicht Erbfolgeberechtigter nicht etwa illegal der Herrschaft bemächtige.

Das Wahlkollegium wird von den Dorfhäuptlingen und Quartiersältesten gebildet. Ein neuer peo erbaut sich ein neues Palais.

5. In den *kleinen Gauen* der WEST-KASENA wie in den Landschaften (Groupements) und sonstigen großen Siedlungen der OST-KASENA mit kleinen Vasallen-Häuptlingen werden diese vom Ältestenrat unter Vorsitz des Erdherrn gewählt und meist vom Erdherrn ernannt und installiert. Auf jeden Fall wird dem Ober-Häuptling die Wahl zur formellen Bestätigung mitgeteilt. Die Grabkleidung ist meist schwarz, nur selten wahlweise rot. Das kwara wird nicht weggeholt, sondern im peo-Gehöft vom Ältesten bewacht und dem Nachfolger übergeben, wenn nicht schon der sterbende Vorgänger seinem Sohne das Versteck verraten hatte. Nachfolgeberechtigt ist mit Vorrang der älteste Sohn, wenn keiner vorhanden, kann auch ein jüngerer Bruder als peo installiert werden. Während des Interregnums werden die Regierungsgeschäfte vom Ältestenrat unter Leitung des Erdherrn geführt.

6. Der früher angesehenste WEST-KASENA-Gau *Koumbili* fällt ganz aus dem Rahmen, da sein peo zugleich Erdherr wie kwara-nu-tu ist. Dadurch bleibt das kwara im Gehöft, von einem eigentlichen Interregnum kann sowieso nicht gesprochen werden, da das Land nicht ohne Erdherrn bleiben kann. Da hier die Nachfolge nach dem Senioratsprinzip geregelt und somit der älteste Mann automatisch Nachfolger wird, gibt es keinen Thronstreit, der Ältestenrat hat keine Schwierigkeiten bei der Einsetzung des neuen Herrschers.

Der ehemals ebenfalls große WEST-KASENA-Gau *Saro* hat in den Djerma-Kriegen fast seine ganze Bevölkerung verloren und mit dem kwara auch seine Selbständigkeit eingebüßt.

7. In den SÜD-KASENA-Dörfern des Distriktes *Navrongo* wird ein leiblicher (ältester) Sohn des verstorbenen peo Nachfolger. Nur wenn ein solcher noch zu jung ist, kann er zeitweilig durch einen Bruder des Verstorbenen — der also als Regent eingesetzt wird — übergangen werden. Mit der Ernennung müssen die Erdherren und Ältesten sowie alle Heiligtümer des Landes einverstanden sein. Widersetzt sich ein Ältester aus persönlicher Feindschaft der Wahl, so helfen (wie üblich) das kwara und Gott dem rechtmäßig „Erwählten". Während des Interregnums bleibt das kwara im peo-Gehöft, wo es von einem eigens dazu ernannten Wächter bewacht wird.

8. Das letztere gilt auch für *Kayoro*, wo aber der kwara-tu dem neuen peo das kwara (symbolisch durch eine Ansprache) übergibt und ihn damit investiert. Wenn der älteste Sohn des verstorbenen peo erwachsen und regierungsfähig ist, so soll er Nachfolger werden, sonst ein Brudersohn und erst in letzter Linie ein Bruder des alten peo. Alle Kandidaten müssen aus der königlichen Familie stammen.

9. In *Nakɔŋ* gilt das Gleiche. Der Nachfolger wird vom kwara-tu, den taŋwane-tina und Ältesten gewählt. Hier wird jedoch das kwara wieder während des Interregnums vom kwara-tu gehütet. Im übrigen gilt für die SÜD-KASENA-Gaue in etwa das oben angeführte Brauchtum von Chiana.

VIII. *Riten bei Tod und Ernennung eines NUNA-peo*

Zwei wichtige Unterschiede bestehen dabei zwischen KASENA und NUNA: Bei letzteren herrscht nicht Primogenitur, sondern die Nachfolge eines peo wird nach dem Senioratsprinzip geregelt. Sodann gibt es neben dem peo keinen gesonderten „kwara-Herrn" (so wird er selbst genannt) und auch keinen „kwara-Mutter-Herren", die das kwara während eines Interregnums in Verwahrung nehmen und damit den neuen Herrscher investieren.

a) Beginnen wir unsere Darstellung wieder mit dem recht einfachen Brauchtum von *Dio* (= A-Typus):

1. Als *Omina* für den bevorstehenden Tod des peo gelten einmal — wie üblich — die Erscheinung des Doppelgängers (= vom Körper gelöste Seele) mit einem Totenfeier-Opfertier

etwa drei Monate vor dem Tod; sodann der Tod der ersten Frau.

2. Der *Tod* wird bis zur möglichst bald folgenden Totenfeier *verschwiegen*.

3. Das *Begräbnis* findet heimlich statt. Erst danach wird der Tod öffentlich durch Trommeln verkündet.

4. Unmittelbar danach finden die *Totenfeiern* statt (bei gewöhnlichen Leuten erst ein bis zehn Jahre später). Sie werden vom nächstjüngeren Bruder geleitet. Dabei wird eine Geflechtpuppe in Gestalt des Verstorbenen hergestellt, bekleidet und auf die Dachterrasse gesetzt. Diese Totenpuppe (teyɔɔrɔ) bleibt während der ganzen Totenfeier (sieben Tage) draußen. Beim Tode eines peo werden auch Maskentänze der Tänzergilde veranstaltet.

5. Als *Jenseitsgefolge* folgen Minister und Musikanten ihrem Herrn bald in den Tod nach. Im Totenreich herrscht er über die während seiner Regierungszeit Verstorbenen.

6. Da ein Nachfolger unmittelbar nach Veranstaltung der Totenfeier ernannt wird, ist das *Interregnum* so kurz, daß es kaum als solches empfunden wird. Sollten während seiner wenigen Tage dringende Regierungsgeschäfte anfallen, so werden sie vom Ältestenrat mit dem Erdherrn erledigt. Das kwara bleibt im peo-Gehöft, wo es von den Söhnen des Hauses bewacht wird.

7. Zur Nachfolge ist der nächstjüngere Bruder prädestiniert, sofern er für sein Amt geeignet, das heißt körperlich und geistig ohne Fehl ist. Es müssen vor der Ernennung erst die Erde und dann alle anderen Heiligtümer und Fetische beopfert und um ihr Einverständnis ersucht werden. Sollte ein Heiligtum die Wahl mißbilligen (= das Orakel-Huhn ist auf dem Bauch liegend verendet), so muß ein anderer gewählt werden. Ein persönlicher Widersacher wird nach der Wahl „vom kwara bestraft".

8. Die *Wahl* findet durch den Ältestenrat statt, wobei der Erdherr ein gewichtiges Wort mitzureden hat. Es kommt vor, daß sich ein Cliquenstreit erhebt, die stärkere Partei drückt ihren Kandidaten durch. Auf jeden Fall müssen mit ihm aber die oben angeführten Heiligtümer und die Erde einverstanden sein.

9. Die Ernennung und Investitur des Gewählten findet durch seinen „Schwestersohn" (nako-byu), der als Opferer für den peo fungiert, statt. Er stellt ihn und seine erste Frau dem kwara und der kwara-nu in deren Tempel vor, in den der peo nur hineinsehen, aber nicht eintreten darf. Der „Schwestersohn" opfert jetzt der kwara-nu, dann übergibt er dem neuen peo die rote Chefs-Mütze (yiposoŋ) und den Szepterstab (panadla).

10. Eine *Klausur* ist unbekannt.

11. Anschließend an die Investitur nimmt der nako-byu gleich die *Verkündung* und *öffentliche Vorstellung* des neuen peo vor. Im Gehöft hat man eine kleine Erdbank errichtet, die mit Rinder- und Ziegenfellen bedeckt wird. Dort nimmt das Häuptlingspaar Platz, umgeben von der Versammlung der Ältesten. Der „Schwestersohn", der das Szepter in der Hand hält, stellt den neuen peo vor, der darauf eine gute Regierung usw. gelobt.

Dann macht man hinter dem Häuptling — dem das Parade-Sitzkissen voran getragen wird — in Begleitung von Trommlern und Pfeifern einen Rundgang durch das ganze Dorf. Am gleichen Tage folgt noch ein Rundgang zu allen Heiligtümern und wichtigen Ahnengräbern des Landes, denen der neue peo ebenfalls vorgestellt wird und denen er durch seinen „Schwestersohn" opfert. Vor jedem Opfer bittet der „Verzeihungbitter" (folona) die betreffende höhere Macht um Verzeihung für den peo. Damit ist er endgültig installiert.

Der Erdherr war bei den Ernennungszeremonien anwesend, aber untätig.

12. Der neue peo wählt sich *neue Minister und Hofmusikanten*, behält aber die kultische Equipe (Opferer und Verzeihungbitter) und den Kanzler (Sprecher) seines Vorgängers bei.

b) Als Beispiel eines wesentlich komplizierteren Zeremoniells sei wieder das Brauchtum von *Sapouy* vorgeführt (=B-Typus):

1. *Omen* für den bevorstehenden Tod ist das uns schon bekannte Erscheinen der Seele des Todeskandidaten als Doppelgänger mit einem Totenfeier-Opfertier. Außerdem kündet ein peo seinen bevorstehenden Tod dadurch an, daß — etwa ein Jahr vor seinem Tod beginnend —

fünfzehn bis zwanzig Leute sterben, die er gewissermaßen als Quartiermacher in das Totenreich vorausschickt. Sie bereiten dort seinen Empfang vor und erwarten ihn.

2. Der *Tod* wird nicht verheimlicht, sondern noch vor der Bestattung verkündet.

3. Die *Beerdigung* wird von Totengräbern einer anderen Clansektion (Quartier) vorgenommen, wobei es unwichtig ist, von welcher sie gestellt werden. Der Tote wird vom Totengräber auf seinen Schild aus Rinderfell, der vor der Gehöftpforte niedergelegt ist, gesetzt. Dort nehmen die Kondolenten von ihm Abschied. Die Leiche wird auf einem Esel reitend zum Grabe überführt. Nach der Bestattung wird der Esel getötet, aber nicht mitbegraben. Vom Todestage eines Mannes an halten alle Familienangehörigen Totenwacht vor dem Gehöft und schlafen drei Nächte lang im Freien neben einem Feuer. Das wird „schlechtes Feuer" genannt und nach drei Tagen gelöscht. Beim Tode eines peo wird dieses „schlechte Feuer" von seinen vier Ministern gelöscht.

4. Die Totenfeier wird möglichst bald nach dem Tode veranstaltet, da vorher kein neuer peo gewählt werden kann. Auch bei den NUNA hat die Totenfeier den Zweck, dem Verstorbenen den Eingang in das Totenreich zu ermöglichen und gipfelt sie im Vernichten seiner Waffen. Zur Totenfeier eines peo werden alle Clansektionen eingeladen. Unter sie wird alles Fleisch der Opfertiere nach einem traditionell festgelegten Schlüssel verteilt. Jedes Quartier sowie der Opferer und der Verzeihungbitter erhalten immer die gleichen ihnen gebührenden Körperteile von jedem Opfertier.

5. Der peo nimmt ein stattliches *Jenseitsgefolge* mit in das Totenreich, das bis zur Ernennung des Nachfolgers in etwa drei Jahren stirbt. In spätestens einem halben Jahr folgt ihm seine erste Frau, in ein bis drei Jahren der unter 3. genannte Eselführer, alle Diener, Pagen und Sklaven (cf. Kap. C IVb) 5—8 und Kap. C VIb)), die Hofmusikanten[122]), ein Teil der Krieger, einige Leute aus allen Schichten der Bevölkerung. Bezüglich der Suite bestehen Widersprüche: Einmal wurde mir erklärt, *alle* Würdenträger müßten während des Interregnums sterben, ein ander Mal, die vier Minister stürben nicht auf diese Weise. Das ist auch ganz sicher. Vielleicht sind aber auch als „Würdenträger" der „Sprecher", der „Heerführer", „Verzeihungbitter" und „Opferer" gemeint.

„Früher" starben viele Leute mit dem Herrscher („begleiteten ihn"), damit er im Totenreich — wo er seine Herrschaft über die während seiner Regierungszeit[123]) Verstorbenen fortsetzt — ein großes Gefolge hat und „angemessen leben kann". Es wird dabei betont, daß keiner von Menschenhand getötet werde, sondern durch die Kraft aller Heiligtümer und Fetische des Landes.

6. Ein mit Zustimmung aller Ältesten, Heiligtümer und Fetische brauchtumsmäßig gewählter peo kann auch bei Unglück weder bestraft noch abgesetzt werden.

7. Das *Interregnum* dauert vom Begräbnis des alten Häuptlings an etwa drei Jahre, gilt aber noch als dessen Regierungszeit. Deshalb können seine alten Minister noch mit dem präsumptiven Nachfolger als Vorsitzenden die Regierungsgeschäfte führen. Trotzdem herrscht eine gewisse *Anarchie*: Zum Beispiel dürfen Fundsachen vom Finder behalten werden und sogar Subachen ungestraft Seelenfang betreiben. Denn es ist kein *sakrales* Oberhaupt da, das Strafen gegen Verstoß gegen religiöse Gebote oder Kapitalverbrechen aussprechen oder entsprechende Kulthandlungen vornehmen könnte.

Das kwara wird sofort nach dem Tode des Herrschers aus dessen Gehöft weggeholt und während des Interregnums *vom Erdherrn verwahrt*. Fordert das kwara zu dieser Zeit Opfer, so müssen sie ihm vom Erdherrn in seinem Gehöft gebracht werden.

8. Im *Nachfolge-Recht* herrschte in alter Zeit, das heißt während der ersten Generationen

[122]) Auch wenn sie nach auswärts verziehen, können sie dem baldigen Tod nicht entgehen, wie es ein nach Leo geflüchteter Barde des letztverstorbenen peo versucht hatte.

[123]) Sie rechnet bis zur Einsetzung eines Nachfolgers.

der Dynastie, „nach MOSI-Sitte" Primogenitur. Später setzte sich das Senioratsprinzip durch, das heute strikte Vorschrift ist. Es wird immer der nächstjüngere Bruder Nachfolger, deshalb gibt es keine Streitigkeiten oder gar Giftmorde. Der Mörder wie der Begünstigte würden vom kwara sofort getötet werden, ebenso wenn der ältere Bruder übergangen würde. (Dem widerspricht allerdings die nachstehende Mitteilung.) Vorschrift ist nur, daß für die Mutter des Nachfolgers der Brautpreis bezahlt wurde[124]). Als selbstverständlich gilt, daß nur ein Mann aus der Nachkommenschaft des Dynastiegründers, des Namã-Clans (und zwar aus der Kwaleya-Sektion), peo werden darf, eine andere Wahl würde das kwara nicht zulassen. Früher hatte allerdings einmal das ebenfalls dem Dynastiegründer-Clan angehörende Quartier Nyampambi, das etwa gleich stark wie das Kwaleya-Quartier geworden war, versucht, das kwara vom letzteren während eines Interregnums zu erobern, um die peo-Würde an sich zu reißen.

Angeblich kann auch ein verstümmelter Mann, selbst wenn er blind oder impotent oder närrisch ist, peo werden. Dann wird ihm ein Sekretär zum Vollzug seiner Amtsgeschäfte beigegeben. Diese Aussage steht im Widerspruch zur Praxis, denn es findet doch vor der Wahl erst

9. eine *Auswahl* statt. Alle Chefs, das heißt der Erdherr und die Quartier-Ältesten, müssen mit dem Kandidaten einverstanden sein. Sie befragen zur Sicherheit auch Wahrsager, ob der in Aussicht genommene geeignet sei. Noch wichtiger ist die Zustimmung des kwara, der Erde, des Busches, aller weiteren Erd- und Buschheiligtümer und der Ahnen des Häuptlings-Clans. Der zunächst von den Ältesten Ausgewählte wird ihnen allen vorgestellt und sie werden durch Orakel um ihre Meinung befragt. Erklären sich einige nicht einverstanden, so aus dem Grunde, weil der Bewerber gegen sie gesündigt hatte. Er befragt dann den Wahrsager, welches Sühneopfer das betreffende Heiligtum bzw. ein Ahne fordere. Erst wenn alle einverstanden sind, kann zur offiziellen Nominierung geschritten werden[124a]). Ist aber ein Heiligtum, insbesondere das kwara, trotz aller Sühneopfer nicht zu seiner Zustimmung zu bringen, so stirbt der unglückliche Bewerber noch vor Ablauf des Interregnums[125]). Auch wenn ein rechtmäßiger Nachfolger während des Interregnums unrechtmäßig gegen irgend jemand handelt und keine Buße zahlt, so kann er nicht nominiert werden, da dann alle Heiligtümer, insbesondere das kwara, gegen ihn sind. Ist aber das kwara mit dem Nachfolger einverstanden, so dürfen etwaige Widersacher unter den Quartiers-Ältesten nicht länger widersprechen, sonst würde das kwara sie bestrafen.

Wenn ein anderer als der von den Heiligtümern Gewünschte zum peo gewählt werden sollte, „würden ihm Erde und Busch Krieg machen".

10. Erst wenn der Kandidat endlich die Zustimmung aller Heiligtümer und Chefs errungen hat, kann „das Volk" zur offiziellen *Wahl* einberufen werden. Selbstverständlich ist diese nur nominell, denn gegen den Vorschlag der Ältesten und vor allem der Heiligtümer wird niemand zu wiedersprechen wagen. Die faktische Wahl war schon durch das Wahlkollegium vorgenommen worden. Die zur bloßen Akklamation einberufene Volksversammlung dürfte mehr eine Anpassung an das typisch altnigritische Verfahren sein, das bei wichtigen Angelegenheiten vom Ältestenrat alle Familienvorstände hinzuziehen läßt.

Da man auch bei frühzeitig erhaltener Zustimmung aller bis zur Einsetzung des neuen

[124]) Damit wird in einfachen Familien oft sehr lange gewartet, manchmal wird er erst aus dem für die Tochter erlösten Brautgeld bezahlt!

[124a]) Unter Umständen kann es jahrelang dauern, bis alle Höheren Mächte — nach äußerst kostspieligen Opfern — endlich besänftigt sind. Bis dahin ist der peo kein vollgültiger sakraler Häuptling und kann Kulthandlungen nur mit Einschränkungen bzw. durch Stellvertreter vornehmen. So ist der aktuelle Sapouy-peo schon 1938 als „geschäftsführender Regent" nach dem Tode seines Vorgängers eingesetzt und seit 1949 offiziell nominiert worden, aber bis 1956 hatte er aus den o. a. Gründen noch nicht „Chef Coutumier" werden können. Das Gleiche gilt für dessen beide Vorgänger, die zehn bzw. vier Jahre nur als quasi Verwaltungs-Chefs regieren konnten.

[125]) Was aber nicht immer einzutreffen scheint, s. vorige Anmerkung.

peo ein etwa dreijähriges *Interregnum* verstreichen läßt, so gibt der zukünftige Häuptling während dieser Zeit dem Erdherrn als Verwahrer des kwara Geschenke (z. B. an reicher Kleidung), um das kwara möglichst bald zu erhalten. Es sind dies aber keine Brautgeschenke wie bei den KASENA, denn das kwara wird hier *nicht* als Witwe des verstorbenen Herrschers angesehen. Es ist meines Erachtens nicht ausgeschlossen, daß den Geschenken früher ein anderer Sinn zugrunde lag, denn der Erdherr muß ja doch das kwara an den rechtmäßigen Nachfolger herausgeben, das Interregnum dagegen seine vorgeschriebene Zeit dauern. Vor Zustimmung aller Heiligtümer wird der Erdherr das kwara niemals dem Nachfolger übergeben.

Nach der Wahl werden die vier alten Minister (vgl. Kap. IVb 1) entlassen und die vier Sektions-Ältesten bestimmen neue für den neuernannten Herrscher.

11. Mit ihnen wird er drei Tage vor seiner Nominierung in *Klausur* eingeschlossen.

12. Sofort anschließend erfolgen offizielle *Ernennung* und *Investitur* durch den Erdherrn, der dem neuen peo das kwara in seine Hände zurückgibt. Dieser tanzt mit dem in das Fell eines dreijährigen Bockes und in rote Tücher eingehüllten kwara, das ihm um die Schulter gehängt wurde. Damit ist er endgültig recht- und brauchtumsmäßiger peo, „Chef Coutumier", geworden.

13. Nach seiner Ernennung hat der neue Herrscher einen Rundgang zu allen oben angeführten Heiligtümern und Ahnengräbern zur *Vorstellung* zu machen und einem jeden je ein Rind zu opfern. Dabei findet auch die öffentliche Vorstellung vor der Bevölkerung statt.

14. Der neue peo hat sofort mit seiner Amtsübernahme für *Beendigung der Anarchie* zu sorgen, dem Recht wieder Geltung zu verschaffen (zum Beispiel Seelenfraß zu unterbinden).

15. Er ernennt außer den ihm gestellten vier Ministern sein *neues Gefolge* selbst. Die kultische Equipe seines Vorgängers berät ihn weiterhin, aber inoffiziell und ohne Funktionen, denn ihr Amt ist ja mit Beendigung des Interregnums erloschen. Daher dürfen der alte Opferer und der Verzeihungbitter das kwara auch nicht mehr sehen.

Außerdem läßt sich der neue Herrscher auch einen *neuen Palast* erbauen.

c) Übrige Gaue

In *Kassou* ist das Brauchtum ähnlich wie im benachbarten Sapouy, nur ist ein grundlegender Unterschied darin zu sehen, daß der peo gleichzeitig Erdherr ist. Daher kann das kwara nach dem — ebenfalls nicht verheimlichten — Tod eines peo nicht vom Erdherrn verwahrt und von diesem dem neuen peo zur Investitur zurückgegeben werden. Es wird im peo-Gehöft behalten und dort von der Familie bewacht. Vor der Ernennung eines Nachfolgers nach bald abgehaltener Totenfeier kann kein Opfer an das kwara gebracht werden. Das Begräbnis findet nicht öffentlich, sondern nur in Gegenwart der Quartier-Ältesten statt.

Um die Nachfolge gibt es keinen Streit, da immer der älteste Mann der Häuptlingsfamilie gewählt wird, sofern er nicht gebrechlich oder aus sonstigen Gründen zum Amt unfähig ist. Ein längeres Interregnum und Klausur sind unbekannt. Sofort nach der Totenfeier für den verstorbenen Vorgänger proklamiert der Ministerrat den neuen peo (also etwa dem Brauch der Einsetzung eines Erdherrn durch den Ältestenrat entsprechend). Vor seiner Ernennung hat er sich allen Heiligtümern des Landes vorzustellen und ihnen zu opfern, zuerst der Erde, dann den Naturheiligtümern, dem kwara und den Ahnen.

In *Léo* ist ebenfalls der Erdherr gleichzeitig kwara-Herr, der den peo ernennt. Das kwara bleibt stets in der gleichen Familie. Während des Interregnums gibt es keine Anarchie. Der Verstorbene findet zwar im Totenreich die während seiner Regierungszeit Verstorbenen als Gefolgschaft wieder, aber weder Frauen noch Minister, Gefolge und Musiker gehen ihm in den Tod voran oder folgen ihm („wie bei den MOSI in Yatenga", wie der vielgereiste Gewährsmann, der Chef de Canton administratif der Sektion des Dynastiegründers sagte) noch wurden gar jemals Frauen oder Sklaven mitbestattet („wie in Dahomé und bei den ASCHANTI“!). Auch hier herrscht das Seniorats-Prinzip in der Nachfolge.

Silly ähnelt wieder Dio. Der Tod eines peo wird auch hier bis zur sofort nach dem heimlichen Begräbnis stattfindenden Totenfeier verschwiegen. Diese wird vom Erdherrn veranstaltet. Das kwara bleibt im peo-Gehöft. Nach der Wahl des Nachfolgers durch den Ältestenrat unter Vorsitz des Erdherrn muß der gemäß dem Senioratsprinzip Erwählte erst dem kwara vorgestellt werden und seine Einwilligung erhalten. Bei der Ernennung und Investitur sitzt der Nachfolger neben dem Opferer vor dem kwara, der diesem ein Opfer bringt und dabei den Erwählten dem kwara als neuen peo nennt. Erst dadurch erfährt er von seiner Ernennung, der keine Klausur vorangeht. Dann spricht er selbst zum kwara.

Der Erdherr ist bei der Installierung anwesend und richtet ein Gebet an die Erde (ohne Opfer), um sie um ihren Segen für den neuen peo zu bitten. Nach einigen Jahren macht dieser seinen Rundgang zum Erdheiligtum und allen übrigen Landesheiligtümern, um sich vorzustellen und ihnen zu opfern. Errichtung eines neuen Palastes und Wechsel des Gefolges erfolgen wie üblich.

Sehr bezeichnend ist der Vorgang der Ernennung in *Pouni*: Hier muß weder der älteste Mann noch der älteste Sohn eines verstorbenen peo Nachfolger werden. Der Erdherr benennt vielmehr — unter Zustimmung der Ältesten — denjenigen Bruder oder Sohn des Vorgängers, der nach seiner Meinung am geeignetsten ist. Er muß nur regierungsfähig und darf nicht zu jung sein. Der peo wird immer aus der Familie bzw. Linie des Erdherrn genommen. „Das kwara und die Ältesten wissen, wer der fähigste Nachfolger ist“. Das heißt, es wird auch das kwara befragt, aber ein Hirsestengelorakel oder ähnliches ist nicht bekannt; es treten auch nicht mehrere Prätendenten auf.

Der Tod eines peo wird nicht verheimlicht, sondern mit den Worten „der kɔratyi ist gestorben“ bekannt gegeben. Das kwara wird nicht aus dem Hause geholt und auch nicht wie eine Frau umworben. Auch eine Klausur des Nachfolgers ist nicht bekannt.

Der Erdherr beruft eine öffentliche Wahlversammlung ein und bezeichnet den Nachfolger. Nach der offiziellen „Wahl“ des Nachfolgers — das heißt Zustimmung — durch die Ältesten übergibt ihm der Erdherr als Zeichen der Ernennung das kwara. Danach opfert der Neuernannte im Namen der Ahnen und des kwara und ist damit installiert. Er wird durch den Erdherrn dem Publikum als neuer peo vorgestellt. Dabei ist es bedeutungslos, ob seine erste Frau anwesend ist oder nicht. Schließlich macht er noch die übliche Vorstellungs-Rundtour zu allen Heiligtümern des Landes und opfert ihnen. Der Kult des Ahnherrn der Dynastie obliegt hier dem Erdherrn, nicht dem peo.

Ganz schlicht ist das Zeremoniell wieder in *Tabbou*. Hier ist der peo gleichzeitig Clanältester. Die Nachfolge wird nach dem Senioratsprinzip wie bei einem solchen vollzogen. Die Einführung des automatisch nachrückenden ältesten Mannes erfolgt durch die Ältesten. Als „Opferer“ fungiert ein wirklicher „Schwester sohn“.

Außer den oben angeführten Gauen besitzen nur noch sechs — meist kleinere Orte — ein kwara und damit einen peo. Die Nachfolgeregelung vollzieht sich durchwegs in einfachen Formen, wobei Erdherr und Älteste die wichtigsten Funktionen inne haben.

IX. *Das „kwara“ und die Herrscherkraft des peo*

Bei unseren Untersuchungen über die Funktionen des peo und seines Gefolges, über seine Regalia und Ernennung sind wir immer wieder auf den Häuptlingsfetisch kwara gestoßen, der dem peo überhaupt erst die Autorität zum Regieren gibt und in dessen Übergabe an den Nachfolger eines verstorbenen Häuptlings die Investitur gipfelt. Offensichtlich bildet er den Schlüssel zum Verständnis des Wesens und der geschichtlichen Entwicklung des Häuptlingtums bei den GURUNSI, ihm muß deshalb eine gesonderte Untersuchung gewidmet werden.

a) bei den KASENA

Der *Name* dieses Fetisches lautet bei langsamem, deutlichen Sprechen bei WEST- und

OST-KASENA kɔăra, bei den SÜD-KASENA kwɔra. Bei schnellerem Sprechen wird es überall wie kwɔra oder kwara ausgesprochen. TAUXIER nannte es kouara (= kwara), RATTRAY kwara und CARDINALL kwora[126]) oder kwarra. Da die Form kwara bereits in die Literatur eingeführt und nicht falsch ist, zudem die Typographie vereinfacht, habe ich sie auch in vorliegender Abhandlung beibehalten.

1. *Die älteren Quellen*:

Bevor ich mein eigenes Material zu diesem Thema vorführe, will ich wieder die älteren Berichterstatter zu Wort kommen lassen. Berichtigungen und Erweiterungen werden dann im Laufe der Untersuchungen folgen.

TAUXIER schreibt zunächst allgemein für die GRUSI: „Das kwara ist bei MENKIÉRA, NOUNOUMA, KASSOUNA usw. ein besonderes Grigri des Häuptlings. In materieller Hinsicht ist es ein Stück Holz von ca. zwei Meter Länge und ziemlich dick, in der Mitte mit Ochsenfell garniert, daran sind Kupferglöckchen gehängt"[127]).

Dieses Grigri gehöre speziell den politischen Häuptlingen, es werde in deren Haus aufbewahrt und nicht in dem des Erdherrn, dieser könne ihm nicht opfern, nur die politischen Chefs. „Das zeigt sehr wohl, daß das kwara ein grigri der Eroberer ist, ein grigri der MOSI, die sich unter der MENKIÉRA-Bevölkerung niedergelassen haben. Es zeugt von der ethnischen Überschichtung, welche die kleinen MENKIÉRA-Gaue geschaffen hat und wir finden sie mit der gleichen Überschichtung bei den NOUNOUMAS, den KASSONFRAS usw. wieder".

Bezüglich der „KASSOUNAS-FRAS" (= WEST-KASENA) gibt TAUXIER an, daß bei einem Mord der Chef einen Stier aus der Bußzahlung an sein kouara opfere[128]). Ferner: „Die KASSONFRA-Häuptlinge besitzen kouaras wie die NOUNOUMA- und MENKIERA-Häuptlinge. Sie bringen ihnen Opfer im Falle von Blutvergießen und Mord und auch jedes Mal, wenn ein konsultierter Wahrsager ein Opfer an das kouara anordnet. Diese Opfer werden durch den politischen Häuptling selbst gebracht, den Besitzer des Kouara und nicht durch den Erdherrn"[129]).

In Bezug auf die „KASSOUNAS-BOURAS" (= OST-KASENA) sagt TAUXIER: In Tiakané ist das kouara ein Rinderhorn, von Rinderschwänzen umgeben[130]). Bei den WEST-KASENA wird das kouara nach dem Tode seines Besitzers vom „Chef de kouara" (= kwara-tu) weggeholt und dem Nachfolger nach Zahlung reichster Geschenke zurückgegeben[131]). Bezüglich Pô: „Zur gleichen Zeit, da er als „grand électeur" das kouara dem erwählten Sohn zurückschickt, übergibt er ihm das Dorf in seine Obhut und ermahnt ihn, jedermann gut zu schützen[132]).

In Tiébélé sei „das kouara ein gebogenes Widderhorn, das anscheinend aus dem Norden komme. Daran sind Schwänze der Rinder befestigt, die ihm geopfert wurden. Auf ihm lagern das geronnene Blut und die Federn geschächteter Hühner. Es ist mit Erde gefüllt"[133]). Von der Bußzahlung für einen Mord opfert der Häuptling ein Tier an sein kouara[134]), ebenso bei einer Fehde zwischen Dörfern des Gaues[135]).

CARDINALL gibt ganz allgemein für die Altnigritier im Norden von Ghana an, daß das Häuptlingtum mit Bildung kleiner Fürstentümer von den MAMPRUSI ausgegangen sei, deren Prinzen aus verschiedenen Gründen auszogen, um sich eigene Herrschaften zu gründen. Auch einheimische Familienoberhäupter in der Nachbarschaft der MAMPRUSI „kamen aus verschiedenen Gründen wie Schutzsuche, Ehrgeiz, Stolz usw. zu ihnen und erwiesen ihnen ihre Ehrfurcht durch Geschenke an Rindern usw. Der *naba* (= MAMPRUSI-Häuptling), erfreut über diese Anerkennung, gab seinem Besucher als Gegengeschenk „Medizin", wodurch er etwas von der Magie übertrug, die ihn eine so hohe Position hatte erreichen lassen.

[126]) Wenn CARDINALL (l.c. S. 142) in seinem Kasem-Vokabular für kwora sowohl die Bedeutung „a horn" wie auch „throat" angibt, so verwechselt er im letzteren Falle kwora mit kora = Kehle.

[127]) l.c. 101.

[128]) l.c. 227

[129]) l.c. 241; [130]) l.c. 306; [131]) l.c. 305ff.

[132]) l.c. 306; [133]) l.c. 308; [134]) l.c. 314.

[135]) l.c. 318.

Diese „Medizin“ ist gewöhnlich etwas Erde vom Gehöft des naba und vom geheiligten Platz des naba, und ihre Darreichung und Annahme verlieh Macht über den Empfänger und übertrug Macht vom Geber“. ... „Nun ist es die Praxis von nahezu jeder Familie in diesem Lande, daß ihr Vorstand ein Horn besitzt, das Erde vom heiligen Platz seiner Ahnen enthält, ohne Rücksicht darauf, wie weit entfernt er ist. So wird die Geschichte von der Urheimat der Familie mit großer Treue bewahrt. Dieses Horn wird *kwarra* (kassena), ... genannt. Ihm werden Opfer gebracht und so wird der Erdgott des Heimatlandes befriedet. Die Annahme eines gleichen kwarra von einem MAMPRUSI war daher eine religiöse Fiktion, wodurch der Empfänger die Vorfahrenschaft der MAMPRUSI und die Macht des speziellen Erdgottes dieses MAMPRUSI anerkannte. In jeder Hinsicht war der neugeschaffene naba der Sohn des Mannes, der ihm seinen Titel und das Horn gegeben hatte“ [136]).

RATTRAY gibt bezüglich der AWUNA (= WEST-KASENA) an, daß der neugewählte peo ein Horn um seinen Nacken gehängt hat, das Erde vom teŋwan enthält, über dem ein Huhn und ein Rind geopfert wurden. Dieses Horn (kwara genannt) verhilft der Bevölkerung zu Kindern, Frauen und guten Ernten [137]). Über die OST- und SÜD-KASENA macht RATTRAY keinerlei diesbezügliche Angaben.

2. Die *Erscheinungsform* des kwara ist in den oben angeführten Quellen richtig als ein Horn beschrieben worden [138]).

Ob es aus einem Widder- oder Antilopen-, Rinder- oder Büffelhorn verfertigt ist, spielt dabei keine Rolle. Denn solche Hörner sind nun einmal die naturgegebenen praktischen und nahezu unzerbrechlichen Behälter für verschiedene Zwecke in Afrika. Die Wahl der Tierart, deren Hörner genommen werden, hängt von der erforderlichen Kapazität und dem zufälligen Vorhandensein ab. So finden wir ebenso noch Gazellen- und Ziegenhörner jeder Größe als „Büchsen“ in Gebrauch. Vor allem zur Aufnahme von pharmazeutischen wie magischen „Medizinen“, deren „Kraft“ das Horn dann je nach dem als Amulett, Talisman, Fetisch brauchbar macht, werden sie verwendet. Bei den GRUSI bestehen deren „Medizin“-Füllungen vorzugsweise aus verkohlten Ingredienzen, die zu Kohlepulver zermahlen und mit Pflanzenfett zu einer Paste angerieben werden, die schließlich in ein Horn (wenn die Medizin auch herumgetragen werden soll) gefüllt wird (siehe Film Nr. 12). Wenn für stationären Gebrauch bestimmt oder flüssig, wird die Medizin in einem Topf aufbewahrt.

Es ist auch richtig, daß ein kwara häufig mit Opferspuren von geronnenem Blut und aufgeklebten Hühnerfedern bedeckt ist. Das gilt auch für jedes andere Amulett, Fetisch und Altar (s. Abb. 2, 16, 70, 71, 73 und Filme Nr. 1, 12). Ebenso stimmt es, daß oft „Schwänze“ daran hängen. Das sind natürlich keine ganzen Rinderschwänze (sie werden bei einer Opferung tatsächlich dicht unter der Wurzel abgehauen), sondern deren Quasten. Ich hatte sie schon als Würdezeichen von Ältesten und gleichzeitig Amulette wie Zaubergegenstände erwähnt, sie stellen unter diesen eine besonders häufige Art dar. Ebenso können Gelbguß-Glöckchen daran befestigt werden. Diese Zutaten dürfen nicht verallgemeinert werden, sie sind von Ort zu Ort verschieden. Sie dienen stets dazu, die Kraft des kwara zu verstärken. Solch ein Horn ist aber immer in Tücher (oder Fell) eingehüllt, aus denen nur wenige bei Gelegenheit der Investitur eines neuen peo für einen kurzen Augenblick ausgewickelt werden. So haben mir verschiedene Häuptlinge glaubwürdig versichert, daß sie selbst das eigentliche Horn aus diesem Grunde noch nie gesehen hätten, sondern nur aus der Überlieferung wüßten, daß es etwa ein Koba-Antilopenhorn oder ein Widder- oder Rinderhorn ist. Anscheinend wird ein allfälliges Auspacken des Hornes ußerdaem nur im Dunkeln vorgenommen (darüber später mehr).

Ich selbst habe leider bei den KASENA nicht einmal ein eingepacktes kwara sehen können.

[136]) l.c. 20; [137]) l.c. 531.

[138]) Daß es ein Holz auch bei den KASENA sei, hat TAUXIER S. 101 fälschlich berichtet. Bei seinen späteren Detailangaben bezüglich der KASSOUNA-BOURA hat er sich aber berichtigt.

Das ist nicht weiter verwunderlich, denn selbst in verhülltem Zustand wurde es einem größeren Personenkreis nur ganz selten vorgeführt, etwa im Kriege oder bei sonstigem ungewöhnlichen Notstand. Die oben angeführte Überführung des kwara vom und zum peo-Gehöft während eines Interregnums dagegen findet heimlich nur des nachts statt. An seinem Aufbewahrungsort aber darf ein kwara außer vom peo nur noch vom kwara-tu bzw. kwara-nu-tu und eventuell noch einem kultischen Funktionär der Equipe eines peo gesehen werden. Da es Tag und Nacht bewacht wird, hätte kein peo Gelegenheit gehabt, es mir etwa heimlich zu zeigen. Schon der Versuch dazu hätte genügt, daß ihn die ob dieser Schändung empörten Untertanen umgebracht oder zumindest verjagt hätten[139]). So muß ich meine Leser bitten, sich mit den Beschreibungen und den Blitzlichtaufnahmen eines NUNA-kwara zu begnügen (Abb. 71, 72).[140]). Diese Abbildung zeigt auch, daß an oder neben das kwara die Stricke der ihm geopferten Tiere befestigt werden, was auch aus anderen Orten bezeugt ist.

Wesentlich ist nun natürlich der *Inhalt* des kwara. In Tiébélé versuchte man zunächst, mir die Füllung des dortigen Widderhornes als „Zauber von einem Fetisch" zu erklären, was dem Sinne nach durchaus zutrifft. Mit „Zauber" ist dasselbe wie eine magische „Medizin" gemeint, mit „Fetisch" werden, wie wir schon sahen, neben Zaubermitteln und einem kwara selbst auch Himmelsaltäre und taŋwana, also heilige und zugleich kraftgeladene Plätze bezeichnet. Von einem „heiligen Platz" wird nun auch tatsächlich Erde in das kwara-Horn gefüllt. Es ist dies das kwara-bɔɔ oder die „kwara-Grube", die uns schon bei der Investitur eines neuen peo begegnet ist, der dem kwara-bɔɔ durch den kwara-nu-tu vorgestellt werden muß (s. Kap. VII a) 13)). Das kwara-bɔɔ ist in Obhut des kwara-nu-tu, der dort opfert. Es wird in Rang und Charakter einem taŋwane (siehe Kap. B VII c)) gleichgestellt; dabei wird jedoch betont, daß es *nicht* „die Erde des betreffenden Ortes repräsentiert", nicht das Erdheiligtum ist. Es gibt solche kwara-Gruben nur in wenigen Orten: Koumbili, Guiaro(?), Kampala, Tiébélé. Aus dem kwara-bɔɔ entnimmt der kwara-nu-tu, wie früher beschrieben, bei der Investitur eines neuen peo eine Prise Erde, um ihn damit zur Weihung zu bekreuzigen. Außerdem wird mit einer weiteren Prise sein kwara nachgefüllt. Dies gilt allerdings nur für die Gau-kwaras von Oberhäuptlingen, die kwaras von Vasallenhäuptlingen werden nicht aufgefrischt. Sie werden auf Bestellung des Oberhäuptlings vom kwara-nu-tu ebenfalls mit einer Füllung aus dem kwara-bɔɔ hergestellt.

139) Ich hatte noch die leise Hoffnung gehegt, wenigstens ein bereits von einem Europäer erblicktes kwara photographieren zu dürfen: Der früher (S. 90) erwähnte Chef de Canton, dem der französische Administrator das ihm vorenthaltene kwara des Gaues mit Gewalt verschafft hatte, zeigte — wie für meine ethnographische Arbeit — auch für meinen diesbezüglichen Wunsch volles Verständnis. Allein mein Hinweis, daß sein kwara ja nun schon einmal von einem Europäer gesehen — ja berührt und somit entweiht — worden war und demnach durch ein neuerliches Erblicken eines Europäers nicht wesentlich mehr geschändet werden könnte, verfing weder, noch war er notwendig. Dieser ebenso gebildete wie moderne, aufgeschlossene und aufgeklärte Herrscher hatte keine Angst vor der Rache des kwara und hätte keine Bedenken getragen, es mich photographieren zu lassen. Aber da der ständige Wächter des kwara in seinem Gehöft weit weniger unbefangen war, hätte er das kwara nicht unbemerkt zu sich nehmen können. Und da er ja schon den größeren Teil der Bevölkerung des Gaues wegen des kwara-Raubes gegen sich hatte, mußte er eingestandenermaßen einen baldigen (Gift)-Mord durch fanatische Traditionalisten befürchten, wenn er sich noch einmal ehrfurchtslos gegen das kwara benehmen würde. Leider war der erwähnte französische Administrator nicht auf den Gedanken gekommen, das bereits in seinen Händen befindliche kwara bei dieser Gelegenheit zu photographieren.

140) Eine solche Aufnahme ist eine große Rarität. Ich verdanke sie dem Umstand, daß damals der mir sehr wohlgesonnene „Opferer" das kwara in kultischer Verwahrung hatte. Denn dem peo hatte es noch nicht übergeben werden können, da er noch nicht alle Weihen als „Chef Coutumier" erhalten hatte. Der für diesen Fall als Verwahrer eigentlich zuständige Erdherr wiederum hatte von dieser Funktion zeitweilig ausgeschlossen werden müssen, da er von einer rituellen Sünde noch nicht gereinigt war. Vielleicht hätte der Opferer mir trotz aller Freundschaft das kwara doch nicht gezeigt, wenn er geahnt hätte, daß ich auch im Dunkeln—mittels Blitzlicht—photographieren konnte.

Erde aus dem kwara-bɔɔ ist aber offensichtlich nicht der einzige „Zauber"-Inhalt eines kwaras. Es gibt noch eine „Mutter"-Substanz, aus der die Hörner-kwaras entstanden sind, das heißt hergestellt wurden, die „kwara-Mutter" (kwara-nu)[141].

Zwischen ihr und dem kwara besteht eine „Mutter-Kind"-Beziehung, daher steht die kwara-nu höher im Rang als das von ihr „kommandierte" Horn-kwara. Dadurch wird nun auch verständlich, daß der kwara-nu-tu als „Herr" der kwara-Mutter einem Chef gleichgesetzt wird und eine so hohe — bis zur Unterwürfigkeit gehende — Wertschätzung seitens eines peo genießt. Ebenso die Tatsache, daß einem des kwara unwürdigen peo das kwara ʌom kwara-nu-tu wieder entzogen werden kann; daß ein peo im Einverständnis mit ihm zu regieren hat[142]). Die kwara-Mutter ist eine „Medizin", die auch wieder aus heiliger Erde, dazu aber vielleicht auch aus einer magischen „Medizin" besteht. Woraus letztere gegebenenfalls nun wieder hergestellt wurde, konnte von mir nicht festgestellt werden. Man behauptet, es nicht zu wissen, da die kwara-Mutter seit Urzeiten vorhanden wäre, von den Ahnen „erfunden" wurde. Jedenfalls stellen die kwara-nu-Herren nie neue kwara-Mütter her. Von den Traditionen wird das hohe Alter oder gar die fremde Herkunft der kwara-Mutter bestätigt, so daß diese Angaben stimmen können. Sicher wird die Ingredienz der kwara-Mutter sowohl bei der Herstellung durch das Blut der ersten darüber gebrachten Einweihungsopfer wie durch die später laufend gebrachten Opfer gestärkt bzw. ihre Kraft aufgefrischt. Der Gedanke, daß ein Zaubergegenstand — Amulett oder Fetisch — allmählich an Kraft verlieren kann und immer wieder durch Stärkungsmedizinen oder noch besser Blut von Opfertieren aufgefrischt werden muß, ist den GRUSI ganz selbstverständlich[143]). Es wird keiner hergestellt, der nicht ein Einweihungsopfer erhielte (s. Film Nr. 12); ohne das Blut der Opfertiere würde auch bei einer aus den richtigen Ingredienzen rite vollzogene Herstellung keine Wirkungs-„Kraft" in ihm sein. Nicht ausgeschlossen ist es, daß die — stets in einem Topf gefüllte — „Medizin" der kwara-Mutter doch nichts anderes als Erde aus einem kwara-bɔɔ ist, die durch darüber vergossenes Opferblut erst richtig wirksam und zur „Medizin" wurde. Aus ihr wird jedenfalls bei Herstellung eines kwara-Ablegers für einen Vasallen-peo ebenfalls etwas dafür verwendet.

Die kwara-Mutter wird stets vom kwara-nu-tu aufbewahrt und betreut. Wenn das kwara während eines Interregnums in die Obhut des kwara-nu-tu zurückgegeben wird, so legt dieser es auf die kwara-nu. In den seltenen Fällen, wo der kwara-Herr gleichzeitig kwara-nu-tu ist (z. B. in Koumbili und Pô), verwahrt er das kwara auf der kwara-Mutter und beopfert beide gleichzeitig. Von einem solchen Fall scheint RATTRAY[144]) bei den NANKANA (die, wie erwähnt, mit den OST-KASENA kulturverwandt sind) erfahren zu haben. Er beschreibt deren kwara wie folgt: Naamdoŋa (the horn of Chieftainship): This consists of a ram's horn and a pot. The horn is set in the middle of the tails of cows which have been sacrificed over the horn, which becomes a kind of sceptre of Chieftainship, which the Chief carries in his hand. The soothsayer will, from time to time let the Chief know when this sceptre desires a sacrifice. On these occasions, the horn is removed from its surrounding tails, and laid on top of the pot. The blood from the sacrifice is

[141]) Nur in Kampale wurden vom peo kwara-nu und kwara-bɔɔ gleichgesetzt. Das dürfte aber eine historisch bedingte Besonderheit dieses Gaues sein.

[142]) Der Kampala-peo wurde sogar im Mai 1955 von kwara-nu-tu von Nankoum soweit gedemütigt, daß letzterer zuerst für einige Tage die Einladung zur von uns miterlebten Totenfeier für verstorbene Oberhäuptlinge mißachtete und mitsamt seinem Dorf nicht erschien. Das bedeutete einen beträchtlichen Prestige-Verlust für den Kampala-peo, denn ohne Teilnahme des kwara-nu-tu konnte die Totenfeier nicht abgehalten werden. Dem peo blieb schließlich nichts anderes übrig, als sich zähneknirschend zu unterwerfen und die geforderten Besänftigungsgeschenke zu schicken.

[143]) So wurde mir zu einer Reihe der von mir in großer Zahl erworbenen Amulette und Fetische gleich die betreffende spezielle Auffrischungsmedizin mitgeliefert.

[144]) l.c. 309.

collected in this pot and some is sprinkled over the horn with the words: '(Es folgen drei Namen von Ahnen), rise an come and sit on this skin and receive your things.' The heads of sections and the Ten'dana (= Erdherr) are present. The Chief himself makes the sacrifice. The pot is kept beneath a tree outside the Chief's compound."

Der hier erwähnte Topf dürfte entweder ein bloßer Behälter für das kwara sein, wie er auch bei den GRUSI hin und wieder bezeugt ist. Dann ist aber die Aufbewahrung im Freien ungewöhnlich und angesichts der bei den GRUSI ängstlich an geheimem oder/und gut bewachtem Ort gehüteten Kostbarkeit unverständlich. Oder es liegt die Beschreibung eines im Freien vorgenommenen Opfers an das kwara vor, bei dem der Topf lediglich zum Auffangen des Opferblutes benutzt wurde. Oder drittens haben wir es beim Topf mit einer kwara-Mutter zu tun, wobei es wiederum auffällt, daß er nach der Beschreibung leer und ohne „Medizin"-Füllung gewesen zu sein scheint. Eine Aufbewahrung der kwara-Mutter im Freien in oder vor dem Gehöft wäre zwar ganz selten, aber nicht unmöglich. Mir scheint, daß der obige Bericht vom Informanten RATTRAY's nur als Bruchstück gegeben oder unvollständig notiert wurde. Das ist erklärlich, da RATTRAY — ebenso wie die anderen früheren Berichterstatter — von der Existenz der kwara-Mutter keine Kenntnis hatte, was gleichzeitig für Funktionen, Wesen und Geschichte des kwara und des peo wie seines Gefolges gilt.

3. *Herstellung eines kwara*

Glücklicherweise ist in Chiana die Tradition über die Prozedur bei der Herstellung des dortigen kwara treu bewahrt worden und der an der Geschichte seines Landes höchst interessierte Chiana-peo hat mir freundlicherweise alle Details, die bis heute überliefert sind, mitgeteilt (s. Anhang Nr. 24). Ich fasse daraus das für unser Thema Wichtigste kurz zusammen:

Ein Angehöriger der Gyela-Sektion in Pindaa (nördlich von Chiana gelegener Ort) genoß als Jäger die Gastfreundschaft eines Sektionsältesten von Chiana namens Kinka. Dort heiratete er die Tochter von Fuli, eines im Gehöft des Kinka lebenden Verwandten von diesem, mit der er nach Pindaa zurückkehrte. Bei einem späteren Besuch des Jägers und seiner Frau bei seinen Schwiegereltern trafen sie gerade zu einem Zeitpunkt ein, als Kinka nach einer erbitterten Fehde seiner Sektion mit einer anderen mit dieser Frieden schloß. Kinka vollzog den Friedensschluß nach altnigritischer Weise unter dem Protektorat des taŋwane Bogla (eines Flusses) — dessen Priester (taŋwane-tu) er war — als Eideshelfer.

Der Jäger wunderte sich, daß sein „Schwiegervater" Frieden bei einem taŋwane und nicht beim kwara schloß, „wie es sich für rechtsstaatlich organisierte Gemeinwesen gehöre". Als seine Frau ihm zur Antwort gab, daß man kein kwara besäße, erbot er sich, seinen Schwiegerleuten eines zu verschaffen. Diese erkundigten sich, was dazu nötig wäre. Der Jäger forderte ein Schaf, ein Hackenblatt, ein Huhn, einen Armreifen, ein Perlhuhn und ein Bündel Tabak, die durch den gleichen „Schwestersohn" der Kinka-Familie nach Pindaa überbracht werden sollten, der (wie zu einer legalen Eheschließung erforderlich und brauchtumsmäßig) als Ehevermittler zwischen seinem Schwiegereltern und seinem eigenen pater familias fungiert hatte[145].

Kinka und Fuli handelten entsprechend dieser Weisung und schickten durch den Mittelsmann die geforderten Geschenke. Nach Erhalt gaben die Gyela von Pindaa die Anweisung, man möge in Chiana eine gefleckte Kuh mit gebogenen Hörnern ausfindig machen und bereit halten, so daß sie bei ihrer Ankunft das kwara herstellen könnten. Die Kuh wurde gefunden und die Gyela-Leute kamen des nachts zu einem weiteren „Schwestersohn" des Kinka, der die Geschenke mit überbracht hatte. Von dort schickten sie bei Tagesanbruch den „Brautwerber" bzw. „Ehewart"[146]) mit dem Auftrag

[145]) Da auch die oben angeführten Geschenke typische Brautwerbungsgeschenke darstellen, will der Jäger offensichtlich die Chiana-Leute um das kwara wie um eine Braut werben lassen!

[146]) Die Bezeichnung „Ehewart" habe ich erstmalig in einem noch unveröffentlichten Manuskript

zu Kinka, er möge sich zur Anfertigung des kwara vorbereiten. Sie würden ihm den „Fetisch" des nachts bringen, weil es die religiöse Vorschrift erheische, daß das kwara nie bei Tage getragen oder daß damit nachts gereist würde. Nach Erhalt des „Fetischs kwara" — womit die kwara-Mutter gemeint ist! — verkündete Kinka allen Familienvorständen seines Clans, daß er und Fuli einen „Fetisch" in den Ort gebracht hätten, um bei den Opfer-Gottesdiensten und Beilegung von Sektionsfehden zu helfen. Alle sollten zu ihm kommen, um ihn zu sehen und darüber von den Verfertigern zu hören. Alle Sektionsältesten, denen Kinka nach ihrer Rangfolge den Besitz des neuen Fetisches anbot, verweigerten aus Mißtrauen oder da sie schon taŋwane-Herren waren die Annahme, so daß Kinka selbst ihn übernehmen wollte.

Er mußte dazu dem Verfertiger zahlen: ein schwarzes Obergewand, drei Armreifen, dreißig Hackenblätter, ein schwarzes Schaf, zwanzig Hühner, neun Perlhühner. Dazu versprach er sieben Rinder zu geben, wenn sich der Fetisch als nützlich und hilfreich für das Dorf erwiese. (Das entspricht wieder der Brautpreiszahlung, wobei die Rinder auch erst einige Zeit nach der Eheschließung ausgehändigt werden, wenn die Frau sich als fruchtbar und damit ebenfalls „nützlich" erwiesen hat.) Die gefleckte Kuh wurde getötet und ihr rechtes gebogenes Horn für die Herstellung des kwara verwendet. Es wurde zuerst „Medizin" (= kwara-nu-Ingredienz) aus Pindaa darein getan, dann füllte der Schwiegersohn aus Pindaa Erde vom Bogla-Fluß (= taŋwane der Sektion des Kinka) hinein und oben darauf Erde vom Bergheiligtum Zambao (dem höchsten taŋwane von ganz Chiana, s. Abb. 5 und Film Nr. 1). Er tat dies zur Kennzeichnung dafür, daß der „Fetisch kwara" in Zusammenarbeit mit diesen zwei anderen mächtigen „Fetischen" wirken würde, um dem Ort eine mystische Macht zur Organisierung des Gemeinwesens zu geben.

Die „Fetisch-Mutter" (= kwara-nu) sollte im Raume der Schwiegermutter des Verfertigers, der Frau des Fuli, verbleiben. (Daher fungieren dessen Nachkommen bis heute als kwara-nu-Herren, die des Kinka als kwara-Herren, cf. Kap. C III b 10, 11). Aus dem Fell des schwarzen Schafes wurde ein Sack angefertigt, damit der kwara-tu das kwara darin zu eventuellen Versammlungen oder Gerichtsverhandlungen tragen könne, um die nötigen Kulthandlungen zu verrichten (vgl. dazu Kap. C I c 14 und C III b) 10, 11).

Vor seiner Rückkehr ordnete der Pindaa-Jäger noch an, daß die ersten sieben Rinder, die von irgend jemandem bei der Beilegung von irgend einem Konflikt oder als Bußzahlung für ein gerichtlich verurteiltes Vergehen gezahlt würden, von Kinka als Brautgeld dem Fuli (als kwara-nu-tu) übergeben werden müßten.

Außerdem wurden auf Rat des Verfertigers noch andere Zaubersachen („ju-jus" = Amulette) aus der Fremde besorgt und ebenso wie Weihegaben von Verehrern an dem Horn befestigt, um dem kwara noch mehr Kraft hinzuzufügen.

Später übergab Kinka das kwara seinem Freunde Lania, der dadurch der erste peo wurde (s. Anhang 25), während die kwara-nu in der Familie des ersten kwara-nu-tu verblieb. Lania hatte nun das gleiche Brautgeld an den kwara-nu-tu zu geben, das Kinka für das kwara selbst gegeben hatte.

Aufschlußreich ist ferner das weitere Schicksal des Chiana-kwara: Ein späterer peo namens Adyua hatte kurz vor seinem Tode keine erwachsenen Söhne, die seine Nachfolger hätten werden können. Um das kwara — und damit die Herrschaft — nicht in andere Hände fallen zu lassen, beschloß er, es auf eigentümliche Weise zu vernichten: Er hing im kwara-Tempel eine Kürbisflasche mit Hirsebier über dem kwara auf, obwohl Bier für das kwara am strengsten verboten ist. (Es darf überhaupt mit keiner Flüssigkeit in Berührung kommen, schon wenn Wasser darauf tropft, gerät die Ernte nicht gut.) Mit der Zeit verfaulte die Kalebasse und das Bier tropfte auf das kwara. Damit wurde „das Brauchtum gebrochen" und die Kraft des kwara vernichtet. Zusätzlich ließ der sterbende peo seine Kinder das kwara mit allen

von J. BUSSE über die NYAKYUSA gefunden, sie gibt die Funktionen dieses Mittelsmannes noch besser wieder als „Brautwerber".

angehängten Glocken, Schwanzamuletten und sonstigen „ju-jus" in einem alten verfallenen Grab verbergen. Da nach dem Tode dieses peo das kwara nicht gefunden wurde, konnte auch für fünfundsiebzig Jahre kein neuer peo mehr ernannt werden.

Dann aber enstanden schwere Differenzen zwischen Sektions-Ältesten — „da niemand mit dem kwara betraut war" —, dazu gab es Mißernten mit Hungersnöten und Seuchen (darunter eine Pocken-Epidemie). Nunmehr versammelten sich die Krieger und einige Älteste, um auch ohne kwara einen Häuptling zu wählen. Daraufhin ließ ein Nachkomme des ersten kwara-tu ein leeres Horn zu der Gyela-Sektion in Pindaa schicken, um es erneut mit kwara-Medizin füllen zu lassen[146a]). Mit diesem neuen kwara wurde nun ein neuer peo investiert. Nach sechs Jahren wurde dann bei erneuten Nachforschungen das alte kwara gefunden. Zunächst wagte niemand in das Grab zu steigen, bis schließlich ein Betrunkener, von Musikanten angefeuert, das kwara herausholte (er starb kurz darauf an einer Seuche). Es erwies sich, daß aller Schmuck, Schwanz- und sonstige Amulette bereits verrottet waren, nur das solide Horn selbst mit seinem Inhalt und den Glocken war heil geblieben. Der Inhalt des neuen „erfundenen" und des alten kwara wurden zusammengetan, um daraus wieder ein echtes kwara zu machen (allzuviel Zutrauen hat dieses aber nicht mehr gefunden).

4. *Aufbewahrung des kwara*

Wir hatten schon erfahren, daß ein kwara nur nachts und eingehüllt transportiert und nicht mit Flüssigkeit in Berührung kommen darf. Es ist daher überall in einem besonderen Raum abzuschließen, dessen Decke wasserdicht gedeckt sein muß. Bei den Gau-Häuptlingen dient dazu meist ein eigenes Haus, eine Art Tempel (Abb. 15). Unter Umständen wird es hier Tag und Nacht von einem besonderen Wächter bewacht. Die Vasallen-Häuptlinge pflegen es — zumindest vor ihrem Tode — in einem beliebigen Raum so zu verstecken, daß ein Unberufener es nicht finden kann.

Der ständige Aufbewahrungsraum eines kwara (kwara-diga) gilt durch die Anwesenheit des kwara als heilig und unbetretbar. In den meisten Orten dürfen nur der peo und ein eventueller Wächter diesen Raum betreten, in Chiana auch der kwara-tu, sein Sprecher, der kwara-nu-tu und der „Opferer".

Herausgebracht wird es (stets verhüllt) nur bei ganz seltenen Anlässen. Früher am häufigsten bei Ausbruch eines Krieges, um den Kriegern Siegeskraft zu verleihen und um ihm bei dieser Gelegenheit Gebete und Opfer um Gewährung des Sieges zu bringen. In den Orten, wo es während des Interregnums nicht zum kwara-nu-tu (bzw. kwara-tu) zurückgebracht wird, war dieses überhaupt der einzige Anlaß. Nur in Kampala empfängt das kwara bei wichtigen Gelegenheiten (z. B. Totenfeier für verstorbene Häuptlinge) auch heute noch Opfer vor der Tempeltür. Es wird dazu auf den kleinen Ahnenaltar (ko = „Vater") gesetzt (Abb. 16). Jeder Clanangehörige darf es dann sehen, Angehörige anderer Clans von Kampala wie andere Fremde niemals. In unverhülltem Zustand darf es selbst vom peo nicht erblickt werden, da sein Anblick automatisch erblinden läßt. Deshalb werden die Opfer in Chiana im kwara-Tempel — wo es anscheinend unverhüllt aufbewahrt wird — des nachts gebracht. In Chiana wird es auch zu wichtigen Gerichtsverhandlungen geholt, s. Kap. C. I. c).

5. *Opfer an das kwara*

werden — mit Ausnahme des Interregnums — in der Regel vom peo selbst gebracht. Falls vorhanden, assistiert ihm eventuell ein „Opferer". In Chiana hat der Opferer nur Rinder zu töten, die kleineren Tiere werden vom peo selbst geschlachtet. Der kwara-tu und sein Sprecher, der kwara-nu-tu und die Minister sind dabei anwerend, sofern es sich um Staatsaktionen handelt. Vor einem Opfer berät sich der peo mit den Ministern vor dem kwara in dessen Tempel. Bei deren Einverständnis spricht

[146a]) Es ist nicht recht verständlich, warum man ein neues kwara nicht selbst aus der noch vorhandenen kwara-Mutter hergestellt hat. Anscheinend hielt man nur die Verfertiger des originalen kwaras dazu für fähig, oder das Bier hatte auch sie entweiht.

er zum Herold, der wiederholt es laut an den kwara-tu und dieser konsultiert den kwara-nu-tu. Wenn dieser einverstanden ist, befiehlt der kwara-tu dem Opferer, das Opfertier zu töten. Vorher hat der peo erst den Namen des Ahnherrn und das taŋwane zu nennen, „da beide schon vor dem kwara im Lande waren".

An das kwara wird immer dann geopfert, wenn es selbst ein Opfer verlangt (durch Orakel, Traum oder Wahrsager) oder wenn irgend jemand — fast stets auf Anraten des Wahrsagers — das kwara in einem speziellen Anliegen um Hilfe bitten will. Der Betreffende hat dann sein Opfertier dem peo zu übergeben. In Kampala kann man auch bei sich selbst ein (kleines) Opfertier für das kwara opfern („dies Huhn ist für Dich, kwara von Kampala!")[147]).

Früher erhielt das kwara in erster Linie Opfer für Schlachtenglück. Vor dem Auszug der Krieger brachte ihm der peo ein Bittopfer und gelobte Dankopfer für den Fall des Sieges. Je nach Ausfall der Kriegsbeute fielen diese Dankopfer an das kwara als den eigentlichen Gewinner des Krieges mehr oder weniger reichlich aus, manchmal wurde bis zur Hälfte des erbeuteten Viehes dem kwara und den anderen Landesheiligtümern geopfert, wobei das kwara den Löwenanteil erhielt.

Sodann erhält das kwara auch heute noch Gerichtsgebühren und Bußzahlungen. (Das heißt, das kwara gilt als der eigentliche Empfänger, nicht der peo, der sie faktisch entgegennimmt und natürlich in den Genuß des Fleisches der Opfertiere kommt.) Sowohl Kläger wie Beklagter müssen — ungeachtet des Schuldspruches — zahlen, „das kwara grüßen und ihm danken, da sie es bemüht haben". Sind vom Gericht Ziegen als Bußzahlung verhängt worden, so werden solche zumindest in Kampala und Chiana vom peo nicht angenommen, da er sie dem kwara nicht opfern darf. Besonders bei Kapitalverbrechen gegen Staat und peo empfängt das kwara Sühneopfer bzw. Bußzahlung, wie bei Hoch- und Landesverrat, Ehebruch mit der Frau des Häuptlings. In letzterem Falle wird in Orten mit mächtigen Gau-Häuptlingen der Familienvorstand des Ehebrechers mit Verlust der ganzen Habe bestraft und mitsamt der ganzen Familie verjagt. Man sagt dazu: „Der Sohn hat den Vater verkauft". Die konfiszierte Herde wird nicht dem peo selbst gegeben (sonst hätte er seine Frau prostituiert), sondern an dessen Sippenvorstand und dessen Brüder zur einstweiligen Nutzung. Nach und nach werden aber alle Tiere dem kwara geopfert („das kwara hat sie gegessen"). Bei weiteren schweren Verbrechen wie Mord und Ehebruch hängt es davon ab, ob der peo oder der Erdherr oberste Gerichtsherren sind (s. Kap. B II d) und C I c)); dementsprechend werden Bußzahlungen und Sühneopfer nur dem kwara resp. dem Erdheiligtum oder beiden gegeben. Bei einer größeren Bußzahlung braucht der peo nur ein Tier dem kwara opfern, die anderen kann er selbst behalten. Auch gestohlenes Gut wird dem kwara gegeben.

Anscheinend nur in Chiana wird das kwara auch an den Saat-Bittopfern und den Erntedankopfern beteiligt. Gilt das kwara als eines der höchsten Heiligtümer des Landes oder eines Clans, so erhält es auch Bitt- und Dankopfer wegen Errettung des Gaues aus einer großen Gefahr (wie zum Beispiel Seuchen) oder um Kindersegen. Daß ein peo vor, während und nach seiner Ernennung seinem kwara opfern muß, hatten wir schon erfahren. Er wird mit Opfergaben auch nicht sparen, wenn das kwara ihm seine Gunst entzieht, das heißt, wenn er als Regent Mißerfolge hat.

6. *Funktionen des kwara*

Auf die Fragen nach dem Zweck und der Bedeutung eines kwara erhält man stets als erstes die Auskunft, es sei für den peo da, *ohne das kwara könne ein peo nicht regieren.* Diese Bedeutung wird zur Genüge durch die bisher vorgelegte Dokumentation bezüglich der Funktionen, des Gefolges und besonders der Nachfolge-Regelung bestätigt, so daß es keines weiteren Beweises bedarf.

Als zweite — und oft einzige weitere — Funktion wird angegeben, das kwara sei *für den Krieg* da. Wenn den Gewährsleuten diese

[147]) In Kampala dürfen keine Ziegen an das kwara geopfert, nicht einmal deren Name darf vor ihm ausgesprochen werden.

Aufgabe stets sofort einfällt, obwohl nun schon in der dritten Generation keine Kriege mehr geführt werden können, muß diese Funktion früher tatsächlich sehr wichtig gewesen sein. Das wird auch durch die Angaben bestätigt, ohne kwara könne man keinen Krieg führen. Habe der Feind das eigene kwara erobert, so habe man sofort den Kampf — auch bei noch günstiger Kriegslage — abbrechen und sich unterwerfen müssen. Verlust des kwara bedeutete Verlust der politischen Selbständigkeit, Vasallität unter der Oberherrschaft des Siegers. So war auch die erste Aufgabe der Krieger beim Eindringen in den feindlichen Ort, das versteckte kwara zu finden und zu rauben. Mußte man ohne feindliches kwara wieder abziehen, so konnte der geschlagene Gegner jederzeit den Kampf bei passender Gelegenheit wieder aufnehmen. Hatte sich jedoch das kwara gefangennehmen lassen, so war dies ein Zeichen dafür, daß es mit seinem eigenen Herrn nicht mehr zufrieden war. Der beging dann nicht selten Selbstmord oder floh außer Landes. Auf jeden Fall mußte der Besiegte sich unterwerfen, dem Sieger die geforderten Tribute zahlen und das kwara — nunmehr als Lehen vom neuen Oberherren — zurückerbitten. Das wurde auch tatsächlich gegen den Treueschwur auf Gefolgschaft zurückgegeben. Einmal hatte der Sieger keine Revolte zu befürchten, zum anderen mußte ihm daran gelegen sein, daß ein legitimer Herrscher im eroberten Ort für Ordnung sorgte, was er eben nur im Besitz des kwara konnte. Schließlich ist den GRUSI der Gedanke, ein fremdes Heiligtum (oder Fetisch) zu beherrschen und ihm vielleicht nicht den vorgeschriebenen Kult rite angedeihen lassen zu können, viel zu unbehaglich.

Weitere Belege für die kriegerische Aufgabe des kwara waren schon bei den Besprechungen der Funktionen des peo und seines Gefolges wie der Beopferung des kwara vorgelegt worden. Ich verweise nur darauf, daß beim Entschluß des Ministerrates zur Kriegsführung erst die Genehmigung des kwara eingeholt werden mußte, es dann Bittopfer um den Sieg erhielt; die aufbruchbereiten Krieger durch das kwara — das oft überhaupt nur bei dieser Gelegenheit öffentlich gezeigt wurde — gesegnet und dazu ermahnt wurden, ihm keine Schande zu bereiten; durch den Anblick des kwara wie durch einen Kriegstanz um das kwara dessen Kraft auf sich übergehen ließen; daß dem kwara als dem eigentlichen Sieger der Löwenanteil der Kriegsbeute geopfert wurde (vor dem der Ahnen und eventuell des Erdheiligtums). Bezeichnend ist ferner, daß die auch für den Krieg verwendeten Kulttrommeln zum Teil ausdrücklich als Eigentum des kwara gelten. Sodann die Tatsache, daß zum Beispiel die in Chiana überlieferten Gefolgschaftseide, die bei Gelegenheit der Ernennung eines neuen peo beim kwara als Eideshelfer geschworen werden, ihrem Wortlaut nach ausgesprochen auf die Kriegsfolge zugeschnitten sind. Ferner hatte ich die Chiana-Tradition bezüglich Neuanfertigung eines kwara erwähnt, die zu einer Zeit des nationalen Notstandes (außer Mißernten und Epidemien nicht beizulegende Fehden zwischen den einzelnen Clansektionen) wegen der Forderung der *Krieger* auf Ernennung eines neuen peo vorgenommen wurde. Eine in dem oben angeführten speziellen Bericht zufällig nicht erwähnte Tatsache dürfte für diesen Wunsch noch ausschlaggebender gewesen sein: nämlich, daß zu jener Zeit die Djerma ihre verheerenden Raubzüge gegen die KASENA begannen!

Eine weitere wichtige Funktion, die heute die Siegesverleihung in den Hintergrund gedrängt hat, war und ist die der *Garantie des Rechtes*. Denn für die GRUSI genügt kein kodex juris, kein „contrat social", keine säkulare Gewalt dazu; nur eine höhere Macht kann Recht, Ordnung und Frieden in einer Gemeinschaft aufrecht erhalten und garantieren. Eine kleine soziale Einheit ohne wirksame Exekutive — welche Verhältnisse bei allen Altnigritiern ursprünglich bestanden — ist dazu ja auch tatsächlich nicht in der Lage. Nur eine über den Menschen stehende höhere Macht, die ohne Detektive und Polizei Verbrecher mit Sicherheit ausfindig macht und ohne Sühneleistung automatisch mit schweren, unentrinnbaren Strafen belegt, vermag dies zu tun. Eine weltliche Behörde ohne wirksame Mittel der Strafverfolgung und des Strafvollzuges kann mit säkularen Gesetzen oder moralischen Ermahnungen allein nicht genügend vor Straftaten abschrekken, wohl aber die Furcht vor magischen Strafen.

Ein besonders wirksames Mittel, im Zweifelsfalle Schuld oder Unschuld festzustellen, ist für die GRUSI der *Eid*. Er bedeutet stets eine Selbstverfluchung, das heißt die beim Schwur angerufene höhere Macht soll einen Meineid schwer bestrafen. Und dies wird auch erwartet, so daß bis heute ein Eid bitterernst genommen und ein Meineid wohl höchst selten sein dürfte.

Wir hatten schon den Eid bei der Erde kennen gelernt. In den Orten mit kwara wird aber auch gern bei diesem geschworen. Zum Beispiel lautet dann die Schwurformel (in Kampala): „Man sagt, ich hätte das und das getan, aber ich bin nicht schuldig. Sollte ich gelogen haben, so möge das kwara mich, mein Haus, meine Angehörigen, meine Nachkommen, alle meine Habe vernichten. Bin ich unschuldig, so möge das kwara in das Haus meines Gegners eintreten und dort alles vernichten, weil er mich hat verderben wollen!" Vor diesem Schwur herrscht große Angst.

Dieser Eid beinhaltet also sowohl eine Selbstverfluchung wie die des Gegners. Entsprechend kann man unter Anrufung des kwara auch einen Übeltäter verfluchen, etwa einen Ehebrecher, von dessen zur Sühne beschlagnahmten Tieren dann das kwara eines „zu essen" bekommt, oder etwa einen Dieb, den man durch diese Verfluchung ausfindig macht (das kwara macht ihn dann krank).

Da vom Gerichtshof verlangte Gebühren und verhängte Bußzahlungen nur oder auch an das kwara zu geben sind, zeigt es sich als *Garanten des Rechtes* — und damit der sozialen Ordnung — zu dessen Findung es „bemüht" wird, ja unter Umständen sogar selbst beim Tribunal erscheint. Es soll den peo als obersten Richter inspirieren, gerecht zu entscheiden.

Dann aber soll es auch bei *Not und Gefahr*, die das ganze Land bedrohen, helfen („das kwara ist für das ganze Land da", wird daher oft gesagt). Es wird deshalb konsultiert, erhält dafür Bitt- und Dankopfer. Nur selten gilt es aber als höchstes Heiligtum oder mächtigster Fetisch und wird dann in diesem Falle allein in Anspruch genommen, meist doch immer gemeinsam mit den Erdheiligtümern zusammen. Das Gleiche gilt bezüglich der Saatbitt- und Erntedankopfer.

Wichtiger ist seine zuerst genannte Funktion, einen peo regierungsfähig zu machen, „*es ist verantwortlich für Herrschaft*". Der Chiana-peo nannte es „Symbol und Essenz der Herrschaft". Er gab ferner folgende Definition, die als Beispiel für die Ansicht eines peo selbst stehen möge: „Das kwara ist verantwortlich für Herrschaft, Krieg, politische Angelegenheiten, Verwaltung, Wohlfahrt des Gaues („Stadt") und der Fürstenfamilie". Ihm gegenüber definierte er die Aufgaben des Erdheiligtums als: „Das taŋwane ist verantwortlich für den Lebensunterhalt, das tägliche Brot, also gute Ernten, Vermehrung von Vieh und Menschen und für gute Gesundheit" (wobei bemerkt werden muß, daß der Informant „Rechtsprechung" unter „Verwaltung" und „Wohlfahrt" wie „Herrschaft" subsummiert, denn alle diese Aufgaben sind untrennbar mit dem Recht verbunden). Andere Häuptlinge drückten sich ähnlich, nur nicht so klar und systematisch aus wie dieser durch eine europäische Erziehung gebildete Herrscher. Stets wird betont, daß ein Häuptling ohne kwara keine Autorität und Macht habe, keine Kulthandlungen ausführen könne. Ohne kwara sei er „ein Nichts".

7. *Die Kraft des kwara und die Herrscherkraft*

Wenn es immer wieder heißt, ohne kwara „kann" ein Häuptling nicht regieren, so ist das wörtlich gemeint. Er kann körperlich und geistig nicht regieren, ihm fehlt die Kraft dazu. Es ist aber nicht gemeint, er „darf" nicht regieren, weil ihm eine Herrscher-Insignie fehlt. Denn das kwara ist kein bloßes Abzeichen wie etwa die rote Häuptlingsmütze oder der Szepter-Kommandostab. Auch wenn deren Verleihung bei der Ernennung eines peo eine große Rolle spielt und er sich damit in der Öffentlichkeit als Chef Coutumier legitimiert, so sind sie doch nur Würdezeichen. Der Kampala-peo versuchte mir das Wesen des kwara mit den Worten zu erläutern: „es ist nicht irgend eine Sache" (d. h.

nicht irgend ein gewöhnliches, profanes Ding), es sei auch kein „grigri" d. h. Amulett, sondern es sei „ein mächtiger Fetisch" und „auch ein taŋwane". Wir hatten bereits (Kap. VII a 13, c 1 und IX a 2, 3) erfahren, daß ein kwara unter anderem mit heiliger Erde aus der „kwara-Grube gefüllt wird, in Chiana sogar mit Beigabe mit heiliger Erde von zwei Erdheiligtümern. Schon dadurch steht es einem taŋwane oder Erdheiligtum gleich. Der Kampala-peo meinte jedoch außerdem, daß es seinem Charakter nach in die Kategorie der Erdheiligtümer gehöre. Bei deren Besprechung (B VII c) hatte ich darauf hingewiesen, daß die GRUSI in ihnen nicht nur heilige Plätze, Konzentrationen und Symbole der Kraft und der Essenz der Erde bzw. des Busches und deren Altäre sehen, sondern ihnen (wie auch den Himmelsaltären) einen Fetischcharakter zuschreiben. Insofern, als die taŋwane einen eigenen Willen zeigen, auf den man durch Gebete, Opfer und magische Handlungen Einfluß zu nehmen sucht, der sich aber auch übermächtig gegen den Menschen stellen kann. Auf jeden Fall besitzen sie eine übernatürliche Kraft. Ganz ähnlich das kwara, das etwa ein bei ihm schwörender Angeklagter wie ein dämonisiertes taŋwane bittet, in das Gehöft seines lügenden Anklägers zu „gehen"(!), um es zu zerstören. So wie der taŋwane-Dämon Goli (s. Anhang Nr. 23) Opfer „frißt", so „ißt" das kwara die ihm gebrachten Gerichtsbußen. Wie ein taŋwane hat auch das kwara ferner die „Kraft", Verbrecher krank zu machen oder gar zu töten.

Im Gegensatz zu jenem richtet sich ein kwara unter Umständen auch gegen Unschuldige, indem es nämlich jeden, der es erblickt, erblinden läßt. Selbst der Chiana-peo darf ihm nur gegen Mitternacht Opfer bringen und muß dabei außerdem noch die Augen schließen! Vor allem aber hat der peo selbst die Kraft und Rachemacht des kwara zu fürchten, wenn er es nämlich auf irgend eine Weise erzürnt hat. Dann schlägt es ihn nicht nur mit Unglück bei den Regierungshandlungen, sondern auch mit Krankheit und selbst baldigem Tod. Auch die Familie des peo wird nicht verschont. Wenn ein peo dem kwara „ungehorsam" war, so verliert er als Zeichen dafür zunächst entweder seine meistgeliebte Frau oder ein Kind. Andererseits macht ein zufriedenes kwara die erste Frau des peo fruchtbar als ängstlich erwartetes Zeichen seines Wohlwollens für den neugewählten Herrscher, wie wir bereits erfahren hatten. Stellt ein peo fest, daß sein kwara mit ihm unzufrieden ist, so konsultiert er sofort den Wahrsager, geht aber auch zu den „anderen" taŋwane, um ihre Fürsprache zu erflehen (Kampala). In manchen Orten wird angegeben, daß das kwara auch seine illegitimen Besitzer, Usurpatoren der Häuptlingsmacht, töte, zum Beispiel einen Thronprätendenten, der es widerrechtlich in seinen Besitz gebracht habe (in Chiana wurde dies jedoch verneint).

Selbstverständlich vollbringt das kwara auch die anderen oben angeführten Hilfeleistungen nicht als „Altar" einer religiösen spirituellen Macht, sondern selbst als eine Macht sui generis, mittels seiner übernatürlichen „Kraft" als Fetisch (in der kwara-Mutter ist natürlich die gleiche Kraft enthalten). Vielleicht läßt sich das kwara daher am besten als ein „Fetisch-Heiligtum" bezeichnen, zum Unterschied von den weniger mächtigen eigentlichen Fetischen ohne heiligen Charakter.

Nun wird auch von einem brauchtumsmäßig gewählten und rite investierten peo behauptet, daß in ihm eine übernatürliche Kraft sei, die ihn zum Wohle seines Landes bei seinen früher geschilderten Aufgaben wirken lasse. Diese *Herrscherkraft* sei vererbt in der Ahnenkette (jedoch nur an männliche Familienmitglieder), „liege im Blut". Deshalb soll auch ein peo aus „königlichem Blut" sein. Unter Umständen wird diese legitime Abkunft noch weiter eingeschränkt auf solche Prinzen, deren Vater ebenfalls regiert hat. Die Herrscherkraft wird so geschildert, daß man sie etwa mit dem „Heil" des Landes, der „Lebenskraft für Land und Leute" gleichsetzen könnte.

Forscht man nun weiter nach, woher denn der erste peo der betreffenden Dynastie seine an die Nachkommen vererbte Herrscherkraft bezogen habe, so wird schließlich überall geantwortet: von seinem kwara! *Die Kraft des kwara und die Herrscherkraft des peo sind ein und dasselbe*! Das setzt natürlich voraus, daß die Kraft des kwara ausstrahlen und übertragen werden kann, und so wird sie in der Tat vorgestellt. Die kwara-Kraft emaniert (wie die des peo) und geht in alle Personen und Dinge ein, mit denen es in Berührung kam, ja es durchdringe auch die „ganze Welt" (Tiébélé) und sei auch im Altar des Gaugründers (mit diesem gleichgesetzt und ebenfalls ein hohes Gauheiligtum) enthalten. Natürlich durchdringt es in erster Linie und am intensivsten den peo. Durch diesen aber auch seine Frau (daher macht die Fruchtbarkeit seiner Frau auch das ganze Land fruchtbar; daß die virile Potenz ein sinnfälliges Zeichen der Kraftgeladenheit darstellt, ist nur natürlich und ja auch nicht auf die GRUSI beschränkt) und seine Minister. Deshalb ist der Ehebruch mit einer Frau des peo ein todeswürdiges Verbrechen. Nicht weil — wie sonst ein Ehebruch angesehen wird — ein Besitz des peo gestohlen wurde; auch nicht allein deshalb, weil dadurch eine illegitime Nachkommenschaft gezeugt werden könnte. Denn unedle Abkunft würde das kwara durch Verweigerung seiner Zustimmung zum neugewählten Nachfolger ja sofort kundtun, falls er nicht darum überhaupt schon bresthaft geboren wurde. Vielmehr aus dem Grunde, weil der Ehebrecher sowohl durch den innigst denkbaren Kontakt über die Frau als Medium Herrscherkraft vom peo aufgenommen, „gestohlen" hat und er außerdem die durch die Ehe mit dem Fürsten ebenfalls geheiligte Frau befleckt, entweiht hat, so daß sie fürderhin unmöglich die Ehe mit dem peo fortsetzen könnte. Es ist ein solcher Ehebruch also eine Beleidigung des kwara selbst.

Die Minister des peo wiederum werden durch den ständigen Umgang mit ihm wie durch ihre Beteiligung an seinen Kulthandlungen insoweit „gekräftigt", daß nur sie allein auch Kleidungsstücke des peo — in die ja durch den Schweiß etwas von seiner kwara-Kraft eingegangen ist[148]) — zu tragen vermögen (insbesondere die ihnen hinterlassene Grabkleidung). Auch das Szepter darf deshalb nur von einem bestimmten Minister oder Pagen berührt werden, da es außerdem materielle Partikel des kwara enthält[149]). Die Minister (und eventuell die erste Frau), die mit dem peo zusammen Kulthandlungen vollzogen haben, sind durch den auf sie übergegangenen Anteil an kwara-Kraft soweit aus der Menge der normalen Sterblichen herausgehoben, daß ihnen zum Beispiel Vorrechte bei der Bestattung gebühren. So erhalten sie ein eigenes Grab (teilen es also nicht mit einem Verwandten, wie sonst üblich) innerhalb ihres Hauses oder wenigstens des Gehöftes, was sonst nur einem Häuptling oder Ältesten zusteht. Ferner darf ihnen ein großer Ahnenaltar in Trommelform errichtet werden, auf den nur ein Gründer einer anciennen Linie oder Sektion frühestens dann Anspruch hat, wenn drei Generationen seit seinem Tode vergangen sind.

Das „königliche Blut" allein genügt also offenbar nicht, um dem peo die Herrscherkraft zu verleihen, er muß unbedingt auch das kwara — mit dessen Einwilligung — besitzen. Der Bedingung, daß der Nachfolger aus dem Blut des ersten peo stammen muß, dürften — wenigstens ursprünglich — noch andere Gedankengänge zu Grunde liegen: Einmal wäre ein gewöhnlicher Sterblicher gar nicht „stark" genug (im magischen Sinne), um die Kraft des kwara ertragen zu können. Er muß zumindest durch Übertragung von „homöopathischen" Dosen der kwara-Kraft darauf vorbereitet werden, um überhaupt in seiner Nähe oder der des peo agieren zu können, wie zum Beispiel die Minister des peo. Da aber in das Blut eines kwara-Besitzers ein Teil von dessen Macht einströmt, so reichert sich daran auch das Blut der Nachkommen an und macht sie allein fähig, das kwara eventuell zu übernehmen. Die königliche Abstammung ist daher die Vorbedingung zum Antritt der Nachfolge. Ganz besonders viel kwara-Kraft muß dann natürlich ein regierender peo

[148]) Ein GURUNGA wird aus diesem Grunde getragene Kleidung nie anders als gewaschen verschenken oder verkaufen, damit der Erwerber nicht damit zaubern kann.

[149]) Außer in seinem Szepter trägt der peo u. U. noch in Amuletten Partikel des kwara bei sich, die ihn also auch fern vom eigentlichen kwara mit dessen Kraft schützen.

einem während seiner Regierungszeit gezeugten Sohn vererben. Denn während dieser Zeit strömte ja besonders viel kwara-Kraft in ihn ein. So wird die Prädestination eines solchen wohl verständlich. Eine ähnliche und weitere Begründung gab mir der Chiana-peo noch an: In das Blut eines peo sind nicht nur „die Kräfte des kwara eingegangen", sondern auch „alle Opfer, die der Vater zum Wohle des Landes gebracht hat, gehen mit ihrer Essenz in sein Blut ein, ebenso enthalten seine Medizinen, Amulette und Rangabzeichen" (die an den Nachfolger zu vererben sind) „diese Kraft. Das alles kann also keinem Manne anderen Blutes übergeben werden."

Die kwara-Kraft geht nicht nur in das Blut (= Träger der Lebenskraft und Vererbung) eines peo ein, sondern durchdringt seinen ganzen Körper. So steckt sie also auch in seinen abgeschnittenen Haaren und Nägeln und Exkrementen. Hat schon ein gewöhnlicher Sterblicher Angst, daß diese Teile seiner selbst in unberufene Hände fallen und zur Zauberei gegen ihn benutzt werden könnten, so gilt dies naturgemäß noch mehr für die eines so kraftgeladenen peo. Wir hatten schon gehört, daß insbesondere die erste Frau des peo die abgeschnittenen Haare und Nägel ihres Gatten heimlich beseitigt oder verwahrt. In Chiana wird der Haarschnitt immer am siebten Tag des Neumondes (also wenn er in der Mitte seiner zunehmenden „Kraft" ist) vorgenommen; die abgeschnittenen Haare und Nägel werden hier bezeichnenderweise im kwara-„Tempel" verwahrt. Das ist gerade der Ort, wo diese Körperteile gemäß dem Ursprung der in ihnen steckenden Kraft auch am richtigsten hingehören! Hier werden sie von der Macht des kwara bewacht und sind durch die Angst vor ihr bestens geschützt. Sollte trotzdem jemand versuchen, sich diesen Dingen oder einem Kleidungsstück und dergleichen eines peo zu nahen, so würde man ihn sofort als Feind ansehen, der Zauber treiben will. Der Kampala-peo ist hierin etwas weniger ängstlich, er befürchtet nicht, daß jemand in der Lage wäre, ihm damit Schaden zuzufügen. Aber er läßt trotzdem seine Haare usw. heimlich beiseite schaffen, da seine Untertanen gar zu gern versuchen, diese oder ein Fetzchen seiner Kleidung oder auch nur einen Splitter seines Stuhles usw. zu ergattern, um die darin steckende kwara-Kraft zur Anfertigung eines Amulettes für sich zu nutzen. Kennzeichnenderweise werden solche Amulette besonders für den Zweck benutzt, um damit vor Gericht zu obsiegen! (Da ja das Urteil vom kwara durch seine Inspiration des Gerichtshofes gefällt wird.)

Es ist also die kwara-Kraft, die aus dem peo ein quasi übernatürliches Wesen macht, eine „geheiligte Person", wie von ihm in Chiana auch gesagt wird. Verständlich, daß Beleidigungen des Herrschers aus diesem Grunde besonders schwer wiegen und entsprechend streng geahndet werden. Hierher gehört auch der Brauch, den neuerwählten Herrscher nach der Klausur, aber vor Empfang der letzten Weihen, durch „Schläge" oder Verhöhnung ungestraft zu demütigen. Er ist allerdings nicht gemäß der Meinung von TAUXIER zu erklären[150]), wonach darin eine vorweggenommene Rache für den Justizmißbrauch zu sehen sei, unter dem die Bevölkerung später seitens des Häuptlings leiden könnte. Die vom kwara-tu bei dieser Gelegenheit an die Bevölkerung von Chiana gesprochenen Worte: „Das sei das letzte Mal gewesen, daß jemand ungestraft diesen Mann beleidigt hätte", zeigen ganz eindeutig den Sinn dieser Sitte als einer symbolischen Handlung und zugleich einprägsam belehrenden Pantomime. Sie soll ausdrücken, daß bis zur Ernennung der N.N. ein gewöhnlicher Mensch war, den man ungestraft (auch durch höhere Mächte!) hatte beleidigen können, daß er aber nunmehr mit seiner Weihe zum kwara besitzenden peo in eine höhere Seins-Stufe transformiert sei, wo dies nicht mehr möglich sein würde.

Wenn aber die Kraft des kwara einen peo ganz durchdringt, in sein Blut und seinen Körper eingegangen ist, so ist er ja geradezu ein Teil von ihm, sein Repräsentant. Genau das bestätigten mir einige Herrscher, zum Teil mit den gleichen Worten. Der Chiana-peo fügte

[150]) l.c. 307.

noch hinzu, daß „die Stimme des peo die Stimme des kwara“ sei. Und bei anderer Gelegenheit sagte er, daß es gar nicht nötig sei, das kwara aus seinem „Tempel“ herauszubringen, denn der peo sei ja selbst ein Stück von ihm, sei sein Vertreter und Träger der gleichen Kraft. Der Kampala-peo drückte sich ähnlich aus: Das kwara gibt einem peo die übernatürliche Herrscherkraft, inspiriert ihn zu seinen Befehlen und Handlungen. Das kwara beherrscht den peo und nicht umgekehrt dieser sein kwara. Der peo ist nur der menschliche Vermittler der „Kraft“ und der Befehle des kwara, wie das Land regiert werden soll. „Ich bin nur ein Organ meines kwara!“ Das geht auch daraus hervor, daß ein kwara dem peo seine Gunst auch wieder entziehen, ihn krank machen und die Herrscherkraft wieder zurücknehmen kann, womit dem Herrscher von da ab alles fehlt schlägt. Diese Auffassung von einem Fetisch-Besitzer als dessen Medium finden wir auch sonst bei den GRUSI. Ich verweise nur auf den Wahrsager[151]), der nur durch die Kraft seines Wahrsagezaubers wahrsagen kann und von diesem wie seinem Hilfsgeist zu seinen Aussagen inspiriert wird. Auch daß eine Zauberkraft einen Menschen zu Handlungen nach ihrem Willen treibt, ist den GRUSI bekannt. So kann jemand auch ohne seinen Willen und selbst ohne sein Wissen Subache werden und Seelen fressen, wenn diese „Kraft“ (z. B. durch Vererbung) in ihn übergegangen ist. Dann erfährt er von dieser seiner Macht — wir würden sagen Veranlagung — erst durch eine entsprechende Auskunft des Wahrsagers oder eines Ordals.

Zum Schluß sei noch erwähnt, daß auch die taŋwane zur Herrscherkraft beitragen, sogar der Chiana-peo gab dies trotz seiner bitteren Feindschaft zum tega-tu zu.

Aus all dem Gesagten dürfte klar hervorgehen, daß ein KASENA-peo eindeutig als ein *sakraler Häuptling* angesehen werden muß.

b) Bei den NUNA

muß ein peo ebenfalls im Besitz eines kwara sein, um regieren zu können. Die Benennung ist die gleiche wie bei den KASENA: kɔara bzw. kwara. Das kwara ist hier jedoch nicht so stark verbreitet wie bei den KASENA, nur der geringere Teil großer und kleiner Ortschaften wird von Häuptlingen mit kwara (kwara-ti) regiert. Es sind dies: Bouyounou, Dalo, Dio, Gao, Guenien, Kassou, Léo, Niessin, Pouni, Sapouy, Silly, Tabbou, To.

1. Von den *älteren Autoren* beschäftigt sich nur TAUXIER mit den NUNA. Deren kwara beschreibt er als ein in der Mitte mit Ochsenfell garniertes Stück Holz von ca. 2 m Länge. Es diene dem Subachenfang: „Bei Verdacht auf Hexenmord beklagen sich die Eltern beim „Chef de Village“ und verlangten das Herausbringen des kouara. Der Chef de Village ließ dann das kwara in ein rotes Tuch gewickelt von seinen Leuten vor das Gehöft des Hausherrn bringen, der es anforderte. Vor versammeltem Dorf wurde das kouara auf die Schultern zweier junger Leute gelegt und hinter ihnen die Trommel geschlagen. Das kouara setzte sich dann in Marsch und dirigierte nach rechts und links und berührte schließlich den Seelenfresser...“[152]). Dazu sagt TAUXIER selbst, daß die ältere Methode des Mörderfanges die des Leichenbündeltragens sein müsse, die wir schon kennen gelernt hatten.

Von seinen NOUNOUMA sagt TAUXIER: „Im allgemeinen besitzt unser Chef ein kouara (grigri de commandement), das der Erdherr des Ortes ihm im Augenblick seines Todes wegnimmt, aber am Tage, wo der Nachfolger in der Familie die Macht übernehmen soll, übergibt der Erdherr das kouara den Alten des Dorfes, die es mit großem Pomp zum neuen Häuptling bringen. Dieser gibt dann dem Erdherrn ein Obergewand zum Dank...“ [153]) und weiter[154]): „Man darf in dieser Übersicht der Gottheiten des NOUNOUMA-Landes das kouara nicht vergessen, das wir in materieller und moralischer Hinsicht bei den MENKIERAS beschrieben hatten. Hier ist es wie bei diesen ein besonderes grigri der politischen Chefs, und in Kassou(gou) und Sapouy, wo es einige...

[151]) (14).

[152]) l.c. 101f, 106; [153]) l.c. 172ff; [154]) l.c. 196.

Adlige gibt, ist es ihre besondere Gottheit. Das zeigt klar seinen Ursprung an, auf den wir nicht mehr zurückkommen brauchen. Es gibt überall kouaras im NOUNOUMA-Land wie im MENKIERA-Land: in Tabou, Dalou, Léo, Sapouy usw.".

Als einzige Funktionen des kwara weiß TAUXIER also nur anzugeben: „Befehlserteilung-Grigri" und Subachenfang. Auf seine Meinung vom Ursprung des kwara werden wir später noch zurückkommen.

2. Über die *Erscheinungsform des kwara* kann ich leider nur wenig aussagen. Keiner der befragten Gewährsleute hatte es selbst schon unverhüllt gesehen. Die Angabe von TAUXIER, daß es ein ca. 2 m langes Stück Holz sei, ist in dieser Form aber sicher nicht richtig.

In Sapouy ist es jedenfalls — wie bei den KASENA — ein in ein Bündel verschnürtes Horn (s. Abb. 71, 72). Wenn es transportiert werden soll, wird es in einem Sack aus dem Fell eines dreijährigen Bockes getragen (während in einigen OST-KASENA-Gauen nicht einmal dessen Name vor dem kwara genannt werden darf!). Eine kwara-Mutter ist hier nicht vorhanden.

In Tabbou, das wir bezüglich des Häuptlingtums wegen seiner primitiven Formen zum A-Typus gerechnet hatten, befindet sich das kwara in einem großen Topf, der mit einer großen Tonschale zugedeckt ist, in einem kleinen heiligen Hain (Abb. 73). Was eigentlich in diesem großen Topf ist, wußte keiner zu sagen, da seit undenklichen Zeiten niemand hineinzuschauen gewagt hatte. (Der Deckel ist tatsächlich fest mit dem Topf verkrustet.) Auch hier kann das kwara im Topf ebenfalls kein langes Stück Holz sein. Der Topfbehälter erinnert an die von RATTRAY bezüglich eines NANKANA-kwara gegebene Schilderung, die wir Seite 108 zitiert hatten. Es könnte sich bei dem darin aufbewahrten kwara also wie dort und in Sapouy um ein Horn handeln, ebenso gut aber um eine „Medizin" wie bei einer kwara-nu, die ja ebenfalls immer in Töpfen aufbewahrt wird. Mir scheint das am wahrscheinlichsten zu sein.

Mit einem „Stück Holz" sind dagegen die kwaras von Kassou und den nordwestlichen NUNA versehen. Aus der genaueren Beschreibung, die ich in Dio erhalten konnte, geht nun auch hervor, was es mit dem Holz tatsächlich auf sich hat: Es dient nur zum Tragen des eigentlichen kwara! In Dio soll es jedoch nicht 2 m lang sein, sondern nur ca. 50—60 cm (mir erscheint diese Länge allerdings etwas kurz, da das kwara von zwei Männern beim Herausbringen getragen wird). Das wichtigste ist die kwara-Medizin, die etwa kugelförmig um den Stock befestigt und mit roten Tüchern umwickelt ist. Im Schnitt ergibt sich dieses Bild —O—. Statt roter Tücher können wohl auch Fellstücke zum Umwickeln dienen, wie es die Beschreibung von TAUXIER angibt. Hier in Dio ist wieder eine kwara-Mutter vorhanden. Sie ist wie üblich eine „Medizin", die in einem *großen* Topf ständig stationär aufbewahrt wird (vgl. Tabbou!). Als Ursprung des beweglichen kwara genießt sie ein höheres Ansehen als dieses und die später zu nennenden Opfer werden ihr dargebracht.

Bezüglich des kwara von Léo, wo ich den kwaratyu nicht erreichen konnte, kann ich keine genaueren Angaben machen. Die Nähe zu den kulturverwandten WEST-KASENA wie zu Sapouy läßt ein Horn als Träger der kwara-Medizin vermuten, die Herkunft des dortigen kwara aus Kassou läßt statt dessen aber auch ein Holz möglich erscheinen. Eine kwara-Mutter gibt es hier ebensowenig wie in Pouni. In Silly und Kassou *könnte* eine vorhanden sein.

Über die Materie der kwara-Medizin war den Gewährsleuten nichts bekannt, da seit undenklichen Zeiten kein neues kwara hergestellt wurde und der von den KASENA berichtete Brauch der Nachfüllung eines kwara mit heiliger Erde aus einer „kwara-Grube" bei der Investitur eines neuen peo bei den NUNA nicht existiert. Ich vermute jedoch, daß auch hierbei Erde eine große Rolle spielt, wenn auch das kwara nie so ausdrücklich wie bei den KASENA einem Erdheiligtum gleichgesetzt wurde.

3. Über die *Herstellung eines kwara* habe ich aus den soeben angeführten Gründen leider keine Auskunft erhalten können.

4. Die *Aufbewahrung des kwara*. Mit Ausnahme Tabbous, wo das kwara in einem großen

Topf im Freien im vom peo-Clan bewohnten Quartier aufbewahrt wird — wo es durch Furcht vor der Rachemacht des kwara als genügend geschützt gilt — wird überall sonst das kwara wie bei den KASENA in einem besonderen Raum des peo-Gehöftes aufbewahrt. (Die Einzelräume in den Großfamilialgehöften sind bei den NUNA nicht wie bei den KASENA als Einzelhäuser für sich errichtet, sondern als „Zimmer" wabenartig aneinandergefügt). Hier hat meist nur der „Opferer", nicht jedoch der peo selbst, Zutritt. Aber er darf es, wie auch der Opferer und — falls vorhanden — der „Verzeihungbitter", sehen. Allen anderen Personen darf es nur in rote (oder auch graue) Tücher gehüllt oder in einem Fellsack (Sapouy) vor Augen kommen. Ein eventueller Transport muß, wie bei den KASENA, des nachts stattfinden. Sofern eine kwara-Mutter vorhanden ist, wird sie ebenfalls im peo-Gehöft (also nicht wie bei den KASENA bei einem — hier nicht existierenden — kwara-nu-tu) in einem gesonderten Raum aufbewahrt, aus dem sie nie herausgebracht wird. Über das Betreten dieses Raumes gelten die oben angeführten Vorschriften.

Herausgebracht wird das kwara nur bei ganz wichtigen Staatsaktionen. Das ist in seltenen Fällen während eines Interregnums[155]) der Fall in Sapouy, wo es während dieser Zeit vom Erdherrn in Verwahrung genommen wird. Bei der Investitur wird das kwara vom Erdherrn persönlich dem peo in seine Hände zurückgegeben. Sodann in erster Linie im Kriegsfalle, wo es stets zu den zum Aufbruch in die Schlacht versammelten Kriegern herausgetragen wurde. Ferner in allen den Fällen, wo eine andere große Gefahr, z. B. Seuchen oder Dürre, dem ganzen Gau droht, wobei stets Vertreter aller Dörfer und Quartiere (Älteste) anwesend sind.

Die von TAUXIER erwähnte Verwendung des kwara zum Ausfindigmachen eines Subachen in Art des Leichentragens ist nur in wenigen Orten bekannt, z. B. in Bouyounou, Kassou, Léo.

Nur in Sapouy wurde mir noch ein weiterer Anlaß zum Heraustragen des kwara mitgeteilt: Wenn in Angelegenheiten des ganzen Gaues (laut Aussage des Wahrsagers) ein Opfer gleichzeitig an das kwara wie an den Gaugründer gegeben werden muß, wird das kwara dazu zum Grab des Vorfahren gebracht, und zwar trägt es der peo um seine Schultern gehängt und durch eine zusätzlich darüber geworfene Decke verhüllt.

5. Die *Opfer an das kwara* werden immer vom peo selbst gebracht; nur in den wenigen in Kap. IV genannten Fällen, wo ein ritueller Opferer zur Suite des peo gehört, opfert dieser zumindest die größeren Tiere (s. Abb. 49—51 und Film Nr. 10). Dort, wo das kwara während des Interregnums beim Erdherrn aufbewahrt wird (z. B. in Sapouy), hat dieser während dieser Zeit eventuell erforderliche Opfer an das kwara zu bringen. Der peo opfert im allgemeinen nur für den ganzen Gau bzw. für seine eigenen Herrschaftsangelegenheiten. Will ein einzelner Bauer (auf Geheiß des Wahrsagers) an das Gau-kwara ein Opfer bringen, so hat er das betreffende Tier dem peo zum Opfern zu übergeben. Oft hat der peo die Opfertiere für das kwara selbst zu stellen, „da er ja für das Wohl des ganzen Landes verantwortlich ist".

Bei allen NUNA wird vor einem Opfer an das kwara (wie auch an jedes andere Heiligtum) erst der Himmel (Gott) angerufen, „da er der Schöpfer von allem ist". Ferner wird das Opfer allenorts nicht direkt an das kwara gegeben, sondern durch die Ahnen, „in deren Fußtapfen man wandelt", damit sie davon in Kenntnis gesetzt werden. Man adressiert das Opfer zunächst an den letztverstorbenen Ahnen mit der Bitte, es seinem Vater weiterzugeben und so fort, bis das Opfer über die Ahnenkette beim ersten peo angelangt ist. Der erst kann das Opfer dann „seinem" kwara überreichen. Denn „da die heute Lebenden das kwara nicht kennen", muß der erste Ahnherr, der das kwara „erfunden" bzw. „mitgebracht" hat, es ihm übergeben, „denn er weiß am besten, wie das

[155]) TAUXIER (s. o.) verallgemeinert diese Sitte in unzulässiger Weise, wahrscheinlich beschreibt er das ihm am besten bekannte Brauchtum von Sapouy. Auch während eines Interregnums bleibt es im peo-Gehöft, z. B. in Kassou, Tabbou, Léo, Silly, Pouni.

kwara zu behandeln ist". An einigen Orten werden deshalb die Opfer an das kwara am Grab des Gaugründers dargebracht, in Sapouy dorthin das kwara meist auch hinausgetragen, sofern der Wahrsager nicht festgestellt hat, daß das kwara das Opfer in seinem „Tempel" dargebracht wünsche.

Als Anlässe zu Opfern an das kwara werden überall genannt: Ernennung eines neuen peo und Krieg. Im letzteren Falle erhielt das kwara vor dem Aufbruch zur Schlacht Bittopfer und nach gewährtem Sieg einen erheblichen Anteil der Kriegsbeute, „da ja eigentlich das kwara den Sieg erfochten hat". In Sapouy hat sich die Erinnerung an einen eigentümlichen Kriegsbrauch erhalten, der gewissermaßen ein Menschenopfer an ein kwara, und zwar an das des Gegners, bedeutete: Vor Aufbruch in die Schlacht wurde der Wahrsager befragt, welcher Mann der peo-Familie sich opfern und den Heerführer zum Kampf begleiten solle. Ein solcher muß ein gutes Ansehen im ganzen Lande und das Vertrauen aller genießen. Ein Tapferer weigert sich nicht, wenn die Wahl auf ihn fällt und kämpft tollkühn in vorderster Linie. Wenn er gefallen ist, wissen die Krieger, daß der Sieg winkt und haben keine Furcht mehr. Bei jedem Krieg wurde ein solches „Opfer" seitens der Häuptlingsfamilie an das gegnerische kwara gebracht als Entschuldigung bzw. Sühne für dessen verlorenen Krieg. In solchem Falle der Auswahl eines Tapferen, der sich dem Sieg zu weihen hat, sagt der Wahrsager etwa, daß bisher Kassou („der Erbfeind" von Sapouy) nicht besiegt werden konnte, weil das kwara von Kassou einen Kopf verlange — als ein wertvolleres Opfer als es etwa ein Stier sein könnte. Ohne ein solches Menschenopfer kann selbst ein kleines Dorf nicht erobert werden, da dessen Ahnen und alle seine „Fetische" (kwara, Naturheiligtümer) das verhindern. Das sei oft erprobt worden.

Des weiteren fällt auf, daß bei den NUNA das kwara auch bei anderen Notlagen in weit höherem Maße zu Hilfe gerufen wird als bei den KASENA (mit Ausnahme Chianas). So erhält es etwa Bitt- und Dankopfer für Hilfe bei einer Dürre (in Kassou ausdrücklich nur das kwara und nicht die Erde!) und Seuche und anderen Gefahren, die das Land bedrohen. In Léo wird vor allen anderen Heiligtümern bei allen wichtigen Anlässen zuerst das kwara konsultiert und mit Opfern um Hilfe gebeten. Bei den nördlichen NUNA erhält es neben der Erde auch Bittopfer vor Beginn der Feldarbeiten um gute Ernten und Gesundheit, ebenso wird es an den Erntedankopfern beteiligt. Wo das kwara als mächtigster Fetisch bzw. Heiligtum angesehen wird, gelten die taŋwane (und die yi-Himmelsaltäre, wie z. B. in Tabbou, Sapouy, Kassou, Dio usw.) als seine Helfer.

6. Als *Funktionen des kwara* treten uns wie bei den KASENA entgegen: Dem peo Macht, Autorität und Legitimität zum Regieren zu geben, ohne kwara ist er ein Nichts.

Dann hat es vor allem den Sieg zu verleihen. Diese kriegerische Aufgabe wird bei den NUNA noch stärker betont als bei den KASENA. Vor dem Aufbruch zur Schlacht wurde es zu den versammelten Kriegern herausgebracht, um ihnen „Kraft zu geben und den Sieg zu verleihen". Folglich wurde auch von den NUNA als erstes beim Eindringen in einen feindlichen Ort versucht, dessen kwara zu erbeuten. Dann streckte der Feind die Waffen. Der besiegte peo floh oder beging Selbstmord, der Krieg war gewonnen. Das eroberte kwara wurde vom siegreichen Feldherrn im Triumph zurückgebracht und seinem Herrscher übergeben. Darauf kamen die geflüchteten Besiegten zu ihm und baten um Pardon. Gegen beträchtliche Bußzahlungen (namentlich an Großvieh) erhielten sie ihr kwara als Lehen zurück, um ihr Brauchtum, das heißt ihre Kulthandlungen, fortsetzen zu können. Sie blieben von da ab unwiderruflich Vasallen des siegreichen peo. Wurde das kwara nicht gefunden, so konnten die Besiegten den Kampf später wieder fortsetzen. Überall berichteten mir die kwara-Besitzer: „ohne kwara kann man keinen Krieg führen, bei Verlust des kwara wird man Vasall". Ganz klar bestätigte mir zum Abschluß meiner Expedition der Erdherr von Pouni (der hier oberster Chef ist und den peo ernennt), die kriegerische Aufgabe des kwara: „Der Erdherr legt keinen Wert darauf, das kwara selbst zu besitzen, er übergibt es nach dem Tode des kwara-ti einem seiner ihm geeignet erscheinenden Brüder oder Söhne..., *das kwara ist nur wichtig für Jüngere zum Kriegführen*!" Das kwara von Pouni war auf bezeichnende Weise in den Besitz des ersten peo gelangt: Er hatte dem Gau Kassou Kriegshilfe geleistet und sich dabei ganz besonders ausgezeichnet. „Der Kriegsherr von Kassou erachtete die Tapferkeit dieses Helfers zu hoch, als daß sie mit den üblichen Geschenken an Rindern und Frauen usw. (= Beuteanteil) hätte abgegolten werden können. Daher gab er ihm *ein kwara, um ihm weiterhin Kriegsglück zu geben*".

Die Beziehung des kwara zur Justiz wird von den NUNA nicht so ausdrücklich betont wie von den KASENA, ist aber trotzdem vorhanden. Das geht schon daraus hervor, daß der peo meist oberster Gerichtsherr ist und aus der oben angeführten Verwendung des kwara zum Ausfindigmachen von Mördern und Hexern an Stelle des altnigritischen Leichentragens. In Tabbou wird es dazu zwar nicht herumgetragen, aber mit einem Huhnopfer gebeten, den Mörder oder auch Dieb und sontigen Verbrecher anzuzeigen, „da es den Mörder kennt". Darauf wird der gesuchte Verbrecher krank und damit entlarvt. (Im gleichen Ort ist zu diesem Zweck außerdem das Tragen der Leiche bzw. des Mattenbündels — wie früher beschrieben — bekannt). In Kassou wird berichtet, daß das kwara „früher" einen Mörder auch (auf magische Weise) getötet habe. Im übrigen ist für die NUNA die Beziehung des kwara zur Justiz implicite in seiner Macht beschlossen, den peo regierungsfähig zu machen.

In noch stärkerem Maße als bei den KASENA wird das kwara zur Behebung von Notständen und zum Segen für den ganzen Gau eingesetzt. In allen Orten mit kwara wird es bei Gefahren und Unheil, die das ganze Land bedrohen, insbesondere Seuchen, Dürre, tierische Schädlinge, um Hilfe angefleht. Manchmal in Konkurrenz mit der Erde und Buschheiligtümern und yi-Himmelsaltar (je nach Aussage des Wahrsagers), so etwa in Sapouy, Tabbou, Silly, Dio, Pouni; manchmal allein oder vor diesen anderen Heiligtümern, so in Kassou und Léo.

Es wird zwar überall gesagt, „Erde und kwara helfen sich gegenseitig", aber die Rangfolge, die dem kwara und den anderen helfenden Mächten zugebilligt wird, ist jeweils verschieden. So wird z. B. in Kassou bei Ausbleiben des Regens wie bei Epidemien nicht die Erde, sondern nur das kwara angerufen und um seine Vermittlung bei Gott gebeten. Ebenso wird es zuerst bei Beginn der Feldarbeiten um gute Ernten beopfert, dann erst die Erde, obwohl andererseits das kwara erst nach Himmel und Erde rangiert.

Auch in Sapouy gilt das kwara als mächtigste Hilfe zur Erzielung guter Ernten[156]). In Sapouy ist die Rangfolge ausgedrückt in der Reihenfolge der zu Beginn der Feldarbeiten für den ganzen Gau vorgenommenen Bittopfer (und später dargebrachten Dankopfer): 1. Erde (damit sie die Hirse gut sprießen läßt, Kult durch den Erdherrn), 2. Gau-kwara (daß es gute Ernten gäbe, Kult durch den peo), 3. wi-Altar (damit er gute Gesundheit und Unfallfreiheit während der Feldarbeiten gäbe, Kult durch den peo), 4. Ahnen, damit sie helfen (Kult durch alle Ahnenpriester individuell und durch den peo bezüglich des Gaugründers), 5. Himmel (damit er Regen schicke, Kult durch den Erdherrn), 6. Busch (für gute Ernten und Gesundheit, Kult durch Erd- oder Buschherrn).

In Léo gilt das kwara als mächtiger denn das Erdheiligtum (hier besitzt der Erdherr gleichzeitig das kwara!), ebenso in Tabbou, aber nur beim Clan des peo. Für ihn rangieren kwara und die Ahnen vor Himmel und Erde (weil deren Kult für das schon früher ansässig gewesene Quartier des Erdherrn am wichtigsten ist!). Immerhin beteiligt sich das Erdherrn-Quartier an den Anrufungen des kwara bei Dürre und Epidemien usw.

In Silly gelten Erde und kwara als gleich stark und wichtig. Vor Beginn der Landarbeiten werden Erde und kwara vom Erdherrn und peo

[156]) TAUXIER hat also nicht ganz unrecht, wenn er für diese beiden Orte das kwara als „ihren Gott" bezeichnet.

mit den Ältesten zusammen um Segen und Schutz vor allem Übel gebeten. Die Erntedankopfer werden hier erst der Erde, dann dem kwara dargebracht.

In Dio gilt das kwara wieder als viertrangige Macht nach Himmel, Erde und Ahnen. Es wird auch bei Ausbleiben von Regen um Hilfe gebeten und dazu sogar aus seinem „Tempel" herausgebracht, aber erst dann, wenn der Erdherr mit seiner Regenbitte erfolglos geblieben sein sollte. Für alle Gefahren und Unheil, die von draußen drohen, wird das kwara ebenfalls bemüht. Die geringere Wertschätzung des kwara in Pouni wurde oben schon erwähnt.

Das kwara allein gibt auch dem NUNA-Häuptling die Herrschergewalt und -autorität, ohne kwara gilt er nicht als peo. Logischerweise muß es daher der Ernennung eines peo zustimmen, „das kwara weiß am besten, wer der fähigste Nachfolger ist". Dementsprechend führt der Verlust des kwara im Kriege zur Entmachtung. In Sapouy wird sogar ein rechtmäßig gewählter Nachfolger schließlich doch nicht zum peo ernannt, wenn er noch während des Interregnums unrechtmäßig gegen irgend jemand handelt. Denn damit verstößt er gegen die Pflichten eines rechten peo, erweist seine Unwürdigkeit und das kwara würde sich dann „gegen ihn stellen".

Eines wichtigen Unterschiedes zu den KASENA sei noch gedacht: Bei den NUNA gilt das kwara nie als „Tochter" des kwara-(Mutter-)Herren bzw. als „Frau" oder „Witwe" des peo, um die die Prätendenten wie um eine Braut werben und Geschenke in Form des Brautgeldes geben. Nur in Kassou war in alten Zeiten ein Anklang daran zu finden: In den kriegerischen Anfangszeiten der Begründung und territorialen Ausbreitung dieses Gaues pflegte sein peo mit der Verleihung eines Vasallen-kwaras an einen (besiegten) Dorfhäuptling diesem ein Mädchen aus Kassou zur Frau zu geben. Sie sollte als Häuptlingsfrau bei allen Entschlüssen ihres Mannes anwesend sein und darüber als Spionin dem Herrn von Kassou Nachricht geben. Dieses Mädchen hieß „Frau des kwara". Sie schlief mit ihrem Manne „als Vertreterin des kwara". Ein aus dieser Verbindung stammendes Kind hieß „Kind des kwara" und wurde Nachfolger des peo[157]). Hier wird also in einem Atemzug das kwara einmal als männlich angesprochen — insofern das Mädchen die „Frau des kwara" ist und das kwara mit ihm ein Kind zeugt — andererseits als weiblich, insofern das kwara als Ehefrau des peo durch das Mädchen vertreten wird[158]). Höchstwahrscheinlich ist aber die angebliche Spionage-Funktion dieser „Frau des kwara" ursprünglich nur nebensächlich gewesen (denn nach dem Vasallen-Treueid konnte der besiegte Häuptling ohnehin nicht mehr rebellieren). Wichtiger dürfte — neben dem unerklärbaren[159]) mystischen Bezug — die Vererbung der peo-Würde an den Sohn eines Mädchens des eigenen Clans (also an einen „Schwestersohn") gewesen sein.

7. *Die Kraft des kwara und die Herrscherkraft* werden auch bei den NUNA gleichgesetzt. Das bezüglich der Emanation der kwara-Kraft, seiner Vererbung und des Charakters des kwara als eines „Fetisch-Heiligtums" (s. Kap. IX a) 7) Gesagte gilt auch für die NUNA, so daß wir uns eine Wiederholung ersparen können. Es sei nur noch vermerkt, daß die strafende Rachemacht des kwara besonders betont wird: Es tötet sowohl einen unwürdigen bzw. von ihm abgelehnten Bewerber um das peo-Amt noch innerhalb des Interregnums wie auch einen Usurpator, der das kwara eventuell unrechtmäßig (z. B. durch Raub — aber nicht durch Krieg) in seinen Besitz gebracht haben sollte. Es tötet aber auch einen persönlichen Widersacher des peo, falls dieser sich auch noch nach

[157]) Vom Bruder des Sapouy-peo mitgeteilt.

[158]) Es liegt hier ein für afrikanisches Denken typischer Widerspruch vor, den nur Europäer als solchen empfinden und als Beweis für „unlogisches Denken" brandmarken. In Wahrheit pflegt der Afrikaner nur in der mythischen und magischen — also sowieso irrealen — Sphäre andere Analogien zu bilden als es dem naturwissenschaftlichen Denken möglich ist.

[159]) In Kassou war die Erinnerung daran verloren gegangen.

Einverständniserklärung des kwara der Wahl eines bestimmten Nachfolgers widersetzt. In Sapouy wird es darauf zurückgeführt, daß Partikel des kwara in die Kleidung des neuernannten peo eingenäht werden und so die kwara-Kraft aus dem Tempel mit herausgeht.

D. Die Herkunft des kwara und des Häuptlingtums

Unsere bisherigen Untersuchungen hatten uns zu der Erkenntnis geführt, daß das kwara den Schlüssel zum Verständnis des Wesens und der Entwicklung des Häuptlingtums der GURUNSI bieten müsse. Dabei hatte uns die Analyse der Funktionen, des Gefolges, der Regalia und der Ernennung eines peo gezeigt, daß die GURUNSI zwei Typen des Häuptlingtums kennen. Den einen schlichteren, der Vorstellungswelt, Gesellschaftsordnung und Religion altnigritischer Bevölkerung eingepaßten, hatten wir vorläufig als den A-Typus bezeichnet; den mit komplizierteren Formen und Ritual, hochkulturlich-„jungsudanisch" anmutenden, B-Typus genannt. Beiden war jedoch gemeinsam, daß nur der Besitz des kwara dem peo Herrscherkraft und Autorität verleiht.

Für diese Tatsache bieten sich zwei Erklärungsmöglichkeiten: Entweder hatten bereits die Häuptlinge des — hypothetisch als kulturhistorisch älter anzusehenden — A-Typus das kwara und die später gekommenen „jungsudanischen" Häuptlinge vom B-Typus übernahmen es von ihnen; oder letztere brachten das kwara mit, das dann auch von den primitiveren Häuptlingschaften angenommen wurde. Alle früheren Autoren sind — wie in Kap. A V, IX a) 1., b) 1. zitiert — dieser Meinung. Sie hatten zwar noch keine Kenntnis von der Existenz zweier verschiedener Typen des Häuptlings, sahen diesen aber überall unter den altnigritischen Völkerschaften Ober-Voltas als jungsudanischen Eroberer von MOSI- oder MAMPRUSI-Ursprung an. TAUXIER gibt auch für das kwara ganz nachdrücklich einen MOSI-Ursprung an. Die Begründung lautet bei ihm in Verallgemeinerung weniger Ursprungstraditionen — von denen einige auch noch, wie später gezeigt werden wird, nicht in TAUXIERs Sinne gedeutet werden dürfen — ganz einfach: Alle Häuptlinge der NUNA und KASENA sind von MOSI-Ursprung[159a]). Diese Theorie haben wir nunmehr auf ihre Richtigkeit hin zu überprüfen.

I. *Der Ursprung des kwara*

a) Das kwara und die „jungsudanischen" Eroberer

Wenn das kwara von MOSI-Eroberern zu den GRUSI gebracht worden ist, müssen dann natürlich auch die MOSI-nabas selbst einen entsprechenden Häuptlings-Fetisch mit den gleichen Funktionen und Kräften besitzen, wie sie ein kwara hat. Da ferner der MOSI-Adel — wie früher mitgeteilt — nichts anderes als die Nachkommenschaft von ausgewanderten DAGOMBA-Eroberern ist wie auch die MAMPRUSI, müßten folglich auch diese einen kwara-ähnlichen Häuptlingsfetisch besitzen. Wie steht es nun damit in Wahrheit?

Für unser Thema ist bezüglich der MOSI der Autor DIM DELOBSOM[160]) besonders kompetent, stammt er doch aus einer alten Naba-Familie und ist er daher über das Häuptlingtum der MOSI aus erster Hand gut unterrichtet. Er nun weiß von einem kwara-ähnlichen Häuptlingsfetisch nichts zu berichten. Nach ihm ist das wichtigste Hoheitszeichen sowohl des Moyo-Naba wie der Gau- und Dorfhäuptlinge die rote Mütze — bei den höheren Graden mit Silberplatten besetzt —, mit deren Verleihung allein auch die Investitur eines neuen naba vorgenommen wird. Soll ein Häuptling abgesetzt werden, so fordert sein Gau-Oberhäuptling, bzw. der Moyo-Naba selbst, diese Häuptlingsmütze zurück.

Der schon früher erwähnte Baloum-Naba vom Kaiserhof in Ouagadougou bestätigte mir die Richtigkeit dieser Angaben von DELOB-

[159a]) Und da nur sie ein kwara besitzen, ist dies demnach auch von MOSI-Ursprung.

[160]) (11) 57ff.

SOM. Er erweiterte sie noch wie folgt: Die Regalia eines MOSI-Naba sind: 1. rote Mütze mit Silberplatten (pugulə miẽŋu), 2. Kommandostab (dazare), 3. der bei Festen über ihm gehaltene Sonnenschirm (nasompira), 4. das vor ihm getragene Parade-Sitzkissen (napurə). Alle diese Hoheitszeichen werden nicht mit einem verstorbenen naba mitbegraben, sondern dem Nachfolger übergeben. Ein dem kwara entsprechendes Wort oder Objekt gäbe es bei den MOSI nicht. Außer den oben genannten Regalia komme auch ein tivo genanntes Herrschaftsabzeichen vor, das *örtlich verschiedene Gestalt* hat, z. B. eine Lanze oder ein Zweizack sei. In der Region von Ouagadougou (also dem Wohngebiet der von den DAGOMBA-Eroberern *nicht* verdrängten altnigritischen NIONIOSE (NINISE)-Urbevölkerung!) kann das tivo bei den *Dorf*häuptlingen auch ein Stein oder in irgend einem Behälter aufbewahrte Kohlepulver-Medizin[161]) sein. Das tivo wird stets geheim gehalten und in einem ,,Tempel" des Häuptlingsgehöftes unter der Obhut der ersten Frau des Häuptlings aufbewahrt. Wer von den Söhnen des Häuptlings das tivo sieht, wird Nachfolger. (Die Dorfhäuptlinge werden von den örtlichen Autoritäten gewählt und stellen sich dann dem Moyo-Naba vor, der die Wahl meist acceptiert und den Nachfolger dann durch Verleihung der roten Häuptlingsmütze als neuen naba investiert). Während eines Interregnums wird das tivo zum obersten Minister des Moyo-Naba, dem Widi-Naba (= ,,Minister der Kavallerie") gebracht. Dieser gibt es dann dem vom Oberherrn bestätigten naba zurück. Der Transport des tivo geschieht im Geheimen, ganz früh am Tage.

Ein im Krieg erobertes tivo wurde jedoch nie nach Ouagadougou gebracht, da man nicht weiß, welche Opfer ihm zu bringen sind. Jedoch mußte ein im Krieg unterlegener Häuptling sein tivo dem Sieger als Zeichen der Unterwerfung präsentieren. Ohne diese Darbietung des tivo nach einer Niederlage konnte man bei nächster Gelegenheit weiterkämpfen.

[161]) Keine Erde!

Im Gebiet von Ouagadougou werden dem tivo vor Beginn der Feldarbeiten und nach der Ernte Schafe und Rinder öffentlich geopfert, desgleichen bei schwerwiegenden Angelegenheiten für das ganze Dorf. Die Opfertiere werden im Haus des tivo (= ,,Tempel") vom rituellen Opferer (mankudə) getötet. Wer — außer einem Häuptlingssohn, s. o. — ein tivo sieht, muß sterben. Ein Eid bei einem tivo wird sehr ernst genommen.

Eine Erneuerung eines tivo, eine tivo-Grube, tivo-Mutter usw. wie beim GRUSI-kwara ist den MOSI unbekannt. Ebenso eine Belehnung eines Vasallen durch ein Vasallen-tivo als Ableger des originalen Häuptlingsfetisches des Oberherren. Dagegen haben neuernannte Häuptlinge und Minister in Ouagadougou ihren Treueid in eigentümlicher Weise zu leisten: Sie müssen tivo ,,trinken", d. h. etwas in Wasser aufgelöstes Kohlepulver vom tivo des Moyo-Naba trinken (der also demnach auch eine tivo-Medizin besitzt) als Zeichen der Ergebenheit und des Vertrauens. Ein Vertrauensbruch zieht automatisch den Tod nach sich.

Wir haben also im MOSI-Reich als wichtigste Insignie des Adels von DAGOMBA-Abkunft die rote Häuptlingsmütze, mit der ein naba der feudalen Oberschicht vom Souverain investiert wird. Daneben gelten als notwendige Regalia eines Häuptlings ferner noch Insignien, die uns schon beim B-Typus der GRUSI-Häuptlinge begegnet waren. Sodann ist noch ein Häuptlingsfetisch bekannt, der bei gleicher Benennung in ganz verschiedener Gestalt auftreten kann. Einmal als Lanze oder Zweizack, wie er auch in anderen afrikanischen Königtümern, namentlich im Osten, als hochkulturliches Hoheitszeichen vorkommt. Zum anderen als heiliger Stein oder ,,Medizin", wie es den Altnigritiern vertraut ist. Vergleichspunkte mit dem kwara ergeben sich in: der geheimen Aufbewahrung in einem ,,Tempel", dem verbotenen bzw. gefährlichen Anblick, der kriegerischen Funktion, der Übergabe an den Sieger als Zeichen der Unterwerfung, der Wegholung aus dem Häuptlingsgehöft während eines Interregnums, dem heimlichen Transport, der segenspendenden Kraft für gute Ernten und bei Gefahren für das ganze Dorf. Ansonsten bestehen wieder die größten Unterschiede zwischen tivo und kwara.

Auf keinen Fall wird man das tivo von „altnigritischem" Typ dem MOSI-Adel, also der die altnigritischen Ureinwohner überlagernden Erobererschicht, zuschreiben dürfen. Denn für sie gelten als gültige Regalia eines Fürsten die rote Mütze, Szepter, Schirm und Kissen, mit deren Investitur ein neuer naba ernannt wird. Darauf deutet ferner, daß der Moyo-Naba als oberster Lehnsherr wohl jedem naba die rote Mütze selbst verleiht, die Weitergabe des tivo an einen Nachfolger aber nicht als so wichtig ansieht und daher von seinem Minister vornehmen läßt. Da nun aber die tivos in Gestalt von Steinen und „Medizin" gerade bei den *Dorf*häuptlingen im Cercle de Ouagadougou zu finden sind, wo sich die autochthonen altnigritischen NIONIOSE noch recht zähe behauptet haben und immer noch aus ihren Reihen die Erdherren (sogar von Ouagadougou selbst!) stellen, so liegt der Schluß nahe, daß dieses tivo zur altnigritischen Vorbevölkerung gehört.

Diese Folgerung wird bestätigt durch die Verhältnisse bei den DAGOMBA, den Vettern des MOSI-Adels. Bei ihnen ist keine Spur eines kwara-ähnlichen Häuptlingsfetisches zu finden. Die hauptsächlichsten Regalia, mit denen ein neuer Herrscher investiert wird, sind neben Waffen und Schmuck die Häuptlingsmütze und der Häuptlingsstuhl. Die „Inthronisation" auf diesem Stuhl ist ähnlich wie bei den AKAN. Auf die Übereinstimmungen zwischen den DAGOMBA — MAMPRUSI — GONDJA und den AKAN in allen Riten des Häuptlingtums und in der militärischen Organisation — bis zur Identität der sprachlichen Benennungen der Ämter usw. — hatte bereits RATTRAY hingewiesen[162]).

Genau das Gleiche gilt für die MAMPRUSI, auch hier sind dieselben engen Beziehungen in bezug auf die politische Organisation und das Häuptlingtum der Adelsschicht zu den AKAN festzustellen[163]). Die Installierung eines neuen Herrschers geschieht wie bei jenen durch „Inthronisation" auf dem heiligen Stuhl. Er ist es, der dem Fürsten die magische „Herrscherkraft" verleiht und bei dem auch geschworen wird. Zum Ernennungsritual gehört auch die Bekleidung mit einem roten Mantel. Nur in Bezug auf kleine unscheinbare Häuptlinge spricht RATTRAY davon, daß sie unter Umständen ein „Häuptlingshorn"[164]) wie die NANKANA haben können. Bei der Einsetzung eines Herrschers spielt es aber keine Rolle. Offensichtlich gehört es also auch hier zu der autochthonen altnigritischen Schicht unter dem MAMPRUSI-Adel. Bei den AKAN-Stämmen wiederum bleibt die Suche nach einem dem kwara vergleichbaren Häuptlingsfetisch völlig vergeblich[165]); hier spielt überall der Häuptlingsstuhl neben anderen Hoheitszeichen seine Rolle.

E. L. R. MEYEROWITZ erwähnt bei den ASCHANTI allerdings noch die *goldenen* ntahera-Hörner, die zu den Regalia nur des obersten ASCHANTI-Herrschers, des Asantehene, gehören und aus dem Besitz der frühen AKAN-Könige von Bono[166]) stammen. Sie spielen aber offensichtlich nicht die Rolle des GRUSI-kwara.

Wenden wir uns nun den westlichen Gegenspielern der MOSI-MAMPRUSI zu, die das Ober-Volta-Gebiet ebenfalls beeinflußt haben, den MANDE-Völkern. Das alte Reich Mali hat zwar seine Herrschaft nicht über die GURUNSI erstreckt, aber immerhin sind MANDE-Gruppen im Osten ihres Siedlungsgebietes als „jungsudanische" Bildner kleinerer Staaten aufgetreten und haben die DYULA-Handelsstädte zum Teil ebenfalls kleine Herrschaften gebildet, allerdings wieder nicht im eigentlichen GRUSI-Gebiet. Von ihnen werden aber ganz anders geartete Insignien und Herrschaftsformen berichtet — schon durch den bei ihnen sehr früh zur Herrschaft gelangten Islam bedingt — als daß sie als Vermittler eines kwara-Häuptlingsfetisches zu den GURUNSI in Betracht kommen könnten.

Vom alten Reich MALI oder gar seinem Vorgänger (Alt-)GHANA wissen wir zu wenig, als daß wir das Schweigen der Quellen über einen

[162]) l.c. 565ff; [163]) l.c. 551ff.

[164]) l.c. 553; [165]) (1), (2), (10), (15), (18), (19), (21), (25), (28), (29), (31), (34).

[166]) Im Norden des ASCHANTI-Gebietes.

Häuptlingsfetisch als Beweis für ein Nichtvorhandensein nehmen könnten. Von den Nachfahren, den BAMBARA-Königen, erfahren wir allerdings auch nichts über einen derartigen kwara-Fetisch. Nur eine Nachricht könnte an das NUNA-kwara mit dem Tragholz denken lassen: Nach TAUXIER[167]) fanden die TOUKOULEUR, als sie 1861 unter HADJ OMER das Königreich Ségou am Niger eroberten, den König im Besitz von Fetischen, deren berühmtestem, dem Ma-Kongoba oder Ba-Kongoba, Menschenopfer (Kriegsgefangene, möglichst besiegte Häuptlinge) jährlich zu Beginn der Regenzeit gebracht wurden, deren Fleisch, gemischt mit dem Fleisch geopferter Rinder, von der ganzen Bevölkerung gegessen wurde. Dieser Fetisch soll zwar von den TOUCOULEUR verbrannt worden sein, aber es müssen noch weitere existiert haben, denn der Kult wurde auch nach der Eroberung Ségou's durch die Franzosen (1890—1893) im Südosten fortgesetzt und noch der Abbé J. HENRY[168]) kennt ihn zu Beginn dieses Jahrhunderts. Dies wird dadurch erklärlich, daß nach TAUXIER alle Mitglieder der königlichen Familie (also wohl die Provinzgouverneure und Gau-Häuptlinge) einen solchen Makongoba besaßen. Abbé HENRY bestätigt, daß früher die Könige, Fürsten und Minister einen kongoba (neben drei anderen Fetischen) besaßen und er zu seiner Zeit im Besitz von Nachkommen ehemaliger Klein-Könige, Provinzgouverneuren (= Minister) und Gau-Häuptlingen zu finden war.

TAUXIER sieht diesen Fetisch als Beschützer des Königs und seiner Familie bzw. Clans an, die Opfer führte ein vom König ernannter Priester aus. Auch Abbé HENRY gibt an, daß früher die gesamten vier Fetische über den König, seine Familie und Gefolgschaft zu wachen hatten, heute aber Fetische von Sekten geworden seien. MONTEIL[169]) nennt den Fetisch ba-kongo-ba mit drei weiteren die Beschützer des Clans, wobei ihr Hohepriester der König selbst war. Jeder Nachfolger auf dem Thron der BAMBARA-Könige wurde Anhänger ihres Kultes. Nach TAUXIER hatten die Notabeln von Ségou dem König auf diese Fetische den unlösbaren Treueid zu leisten, nachdem man sie mit dem Blut der geopferten Sklaven begossen hatte.

R. ARNAUD[170]) gibt nach dem Augenzeugenbericht des Königs von Bandiagara an, daß der von ihm Makounngoba genannte Fetisch (und noch ein anderer) aus einer hölzernen Rolle (rouleau de bois) bestand, dem je ein Bruchstück einer Sichel und einer Feldhacke, Strohhälmchen und viele alte Lappen angebunden waren, und daß diese Fetische überreichlich mit Menschenblut getränkt waren.

Demnach könnte man also an ein Gegenstück zum NUNA-kwara mit der um das Tragholz mittels Tüchern gewickelten Medizin und angehängten Glöckchen und Amuletten denken. Indessen scheint es mir keineswegs sicher, daß das ,,rouleau de bois" hier nur ein unbearbeitetes Tragholz war. Denn auffallenderweise bezeichnet TAUXIER — der das GRUSI-kwara stets nur ,,Fetisch" nennt — diese BAMBARA-Fetische auch als ,,Gottheiten" und MONTEIL sogar ,,Idole". Das heißt aber Götter-*Bildnisse*, insbesondere, da MONTEIL davon spricht, daß die BAMBARA in Ségou auch eroberte *Statuen* von Gottheiten in ihrem ,,Pantheon" in Gefangenschaft hielten. Da nun die BAMBARA wie die DOGON, SENUFO, BOBO und sogar die nordwestlichen NUNA bis heute Holzstatuen (von oft sehr dünner Walzenform) von Gottheiten schnitzen, möchte ich vermuten, daß auch das Makongoba-,,Idol" — wenigstens ursprünglich — eine Holz-*Statue* war. Auch Abbé HENRY spricht von dem rezenten Dorffetisch der oben angeführten Art als von einem ,,Idol". Es sei in einem Bocksfell als ,,Tabernakel" aufbewahrt, das in einem Ziegenstall hängt. Bei Prozessionen zum jährlichen Opferfest wird es in ein ,,schmutziges Hemdchen" gehüllt.

Ob das Ma-kongoba nun ein ,,Idol" oder ein ,,Fetisch" war, auf jeden Fall stammt es sicher nicht aus der BAMBARA-Königskultur. Denn gemäß der von allen Autoren übereinstimmend wiedergegebenen Tradition wurde es erst von

[167]) (33) S. 209ff.
[168]) (17) S. 143ff.
[169]) (26) S. 318ff.
[170]) (3).

dem von 1754 bis 1787 in Ségou regierenden König Ngolo in den Kult aufgenommen; zu einer Zeit also, als die GURUNSI längst ihre kwaras besaßen. Bezeichnenderweise erhielt dieser König den Fetisch bzw. „Gottheit" nach TAUXIER von einer fremden Frau „aus dem Süden" (die er dann töten ließ). Abbé HENRY präzisiert die Herkunft genauer: aus Faléma bei Koutiala (d. h. südöstlich von Ségou auf halbem Wege nach Bobo-Dioulasso im SENUFO-Gebiet), also schon auffallend nahe dem GRUSI-Gebiet!

Meine Suche nach weiteren mit dem kwara vergleichbaren Häuptlings- bzw. Königsfetischen in afrikanischen Kulturen mit sakralem Häuptling- bzw. Königtum blieb vergeblich, mit Ausnahme der folgenden unergiebigen Nachrichten: Bei den THONGA wurde ein mit Medizin gefülltes Staatshorn von der ersten Frau des Häuptlings in ihrem Hause aufbewahrt. Es war ein *Divinations*mittel insbesondere für den Krieg und in seiner Funktion nicht mit einem kwara zu vergleichen[171]). Ein ebensolches besaß ein „Cazemba" der LUNDA.

Sodann sind unter den in letzter Zeit ausgegrabenen Bronzebüsten bzw. -figuren von Stadtkönigen (oni) aus Ife zwei zu Tage gekommen, die in der linken Hand ein Horn halten (Abb. 74). Da sie einen oni in vollem Ornat zeigen, muß auch das Horn eine Insignie sein. Merkwürdigerweise schweigen aber die Quellen über die rezenten YORUBA von einem solchen Horn[172]). Die Bronzebüsten müssen aus der Zeit zwischen dem 11. und 13. Jahrhundert n. Chr. stammen und stellen wahrscheinlich die nach dem Tode eines oni von ihm verfertigte Porträtbüste dar. Da weder zu den YORUBA noch gar den ost- und südafrikanischen Königreichen direkte Beziehungen der GURUNSI bestanden und diese nach dem Südosten durch die MAMPRUSI-DAGOMBA abgeschirmt waren, kann ihr kwara mit den dortigen Horn-Regalien jedenfalls nicht in eine engere oder direkte Verbindung gebracht werden.

[171]) 20, S. 390.
[172]) (S. Anm. 165).

Auf jeden Fall haben unsere Untersuchungen ergeben, daß die GURUNSI ihr kwara nicht durch die jüngere Erobererwelle der MOSI—DAGOMBA—MAMPRUSI erhalten haben können.

b) Das kwara in den GURUNSI-Traditionen

Untersuchen wir nunmehr, was die Überlieferungen der GURUNSI selbst über den Ursprung des kwara zu berichten wissen. Da ergibt sich nun, daß unsere Ablehnung der MOSI-Herkunft des kwara vollauf bestätigt und die oben zitierte Ansicht TAUXIER's schlagend widerlegt wird: Gerade die Nachkommen von zweifelsfreien MOSI-Eroberern bestreiten, daß ihre Vorfahren das kwara bei der Einwanderung in das GRUSI-Gebiet schon gekannt hätten!

1. TAUXIER benennt als Kronzeugen für seine Theorie des MOSI-Ursprungs *aller* GRUSI-Häuptlinge den NUNA-Gau *Sapouy*. Damit hat er für diesen Gau völlig recht. In Sapouy hat sich eine sehr lebendige Erinnerung daran erhalten, daß die Gründer des Gaues und seines Adels eine recht brutale Schar von MOSI-Eroberern waren (s. Anhang Nr. 22). Sie entsprechen genau dem Typus von macht- und beutelüsternen Kriegerscharen, wie ihn die eingangs zitierten Autoren für angeblich alle Gaugründer geschildert haben. Der mit kriegerischem Gefolge gekommene Ahnherr Zəmbala hatte sich zunächst friedlich auf dem Gebiet des Vorgängers von Sapouy, des Dorfes Zaõ, niedergelassen, dann später nach längerer Terrorisierung der Ureinwohner die Macht an sich gerissen. Er und seine Nachfolger (= Namã-Clan) eroberten ein unabhängiges Dorf — bzw. Konföderationen von Dörfern — nacheinander und stritten sich dabei mit dem Nachbarn Kassou um die Vorherrschaft. Deren Fürstenfamilie Dyarso war ebenfalls von MOSI-Ursprung, aber anscheinend etwas früher als der Namã-Clan von Sapouy in das Land gekommen. Zuerst hatten sich die Herrscher von Sapouy und Kassou *als Rassenverwandte*[173]) verbündet und gemeinsam die unabhängigen

[173]) So ausdrücklich berichtet!

NUNA-Dörfer angegriffen. Dabei überließ der Kassou-peo dem Sapouy-peo großzügig den größeren Teil des erbeuteten Viehes, an welchem letzterer hauptsächlich interessiert war. Dafür nahm er selbst das kwara des besiegten Häuptlings, wodurch er die Herrschaft über das betreffende Dorf gewann. Die Namã von Sapouy aber wunderten sich, warum die gemeinsam eroberten Dörfer stets nur dem peo von Kassou gehorchten. Schließlich fanden sie die Ursache heraus und versuchten von da ab bei Eroberungszügen als erstes das feindliche kwara zu erobern.

2. Die MOSI-Eroberer von *Kassou* waren auch erst im Verlaufe ihrer Eroberungszüge dahinter gekommen, was es mit dem kwara der autochthonen NUNA auf sich hatte. Der Kassou-peo war dann so „schlau", die früher beschriebene Sitte einzuführen, einem besiegten Dorfhäuptling und nunmehrigen Vasallen mit dem zurückgegebenen eigenen kwara auch ein Mädchen seines Clans zur Ehefrau zu geben, damit sie für ihn spioniere. „Der Kassou-peo handelte so, weil er als MOSI zunächst die NUNA-Sprache nicht verstand". In Kassou hat sich wohl die Erinnerung an die MOSI-Abkunft erhalten, aber nicht an den Ursprung des kwara. Bereits der Dynastie-Gründer Ityuo soll es besessen haben (s. Anhang Nr. 20). Es kann durchaus sein, daß bereits der erste Eroberer Kassou's von der Wichtigkeit des kwara erfahren und sich ein solches zugelegt hatte. Da die Tradition berichtet, daß Ityuo sich zunächst dem autochthonen Erdherrn (und gleichzeitig „Dorfhäuptling", also tega-tu im ursprünglichen Sinne!) friedlich unterstellt und nach Aussterben von dessen Familie selbst Erdherr von Kassou geworden war, so mag er (oder vielleicht doch erst ein Nachfolger) dessen kwara übernommen haben.

3. Untersuchen wir nun gleich die weiteren von TAUXIER angegebenen Belege für den MOSI-Ursprung der GRUSI-Herrscher: Bezüglich des WEST-KASENA (= „KASSOUNAS FRAS")-Gaues *Koumbili* schreibt er[174]: „Die MOSI-Infiltration kann man hier sicher in der Art der Bildung kleiner Gaue feststellen: So erzählte mir der Chef von Koumbili, den ich über seinen Ursprung befragte, daß früher einmal drei MOSI-Brüder aus Loumbila kamen. Der eine ließ sich in Kassou(gou) unter den NOUNOUMAS nieder, der andere in Koumbili — was ohne Zweifel"(??) „dasselbe, nur entstellte Wort wie Loumbila ist[175]) — unter den KASSONFRAS, der dritte in Tiébélé unter den KASSON-BOURAS. In diesen drei Gebieten bildeten sie Gaue, aus der Masse der kleinen unabhängigen Dörfer des Landes herausgeschnitten". TAUXIER schließt noch Détails an, die vom Koumbili-peo gar nicht erwähnt worden waren und fährt fort: „Natürlich (sic!) waren diese drei Eroberer-Brüder wahrscheinlich(!) von einigen MOSI begleitet, die ihnen bei der Eroberung von jeder ihrer Ecke des Landes aus halfen".

Hierzu muß zunächst einmal bemerkt werden, daß der Ausdruck „Brüder" bei den GRUSI nicht nur leibliche Brüder oder Vettern bedeutet, sondern auch Clanangehörige und selbst Verehrer desselben Totems. Im vorliegenden Falle waren sicher nicht leibliche „Brüder" gemeint, der Ausdruck „Bruder" kann auch die weitere Verwandtschaft durch Zugehörigkeit zum gleichen Volkstum, etwa zu den MOSI, bezeichnet haben.

Nun müssen wir aber weiterhin betonen, daß wir einen MOSI-Ursprung nur dann mit Sicherheit annehmen können, wenn er nicht nur behauptet, sondern auch durch anderweitige Belege gestützt wird, wie z. B. im Falle der Dynastien von Sapouy und Kassou. Der Koumbili-peo hatte jedoch wahrscheinlich keine ethnische Herkunftsangabe gemeint, sondern eine örtliche. Und das bedeutet im Falle der GURUNSI etwas ganz anderes: Die heutigen GURUNSI wissen natürlich nichts mehr davon, daß die DAGOMBA-Eroberer im jetzigen MOSI-Reich mit anderen altnigritischen Stämmen auch GURUNSI vorgefunden hatten, die zum Teil mosisiert, zum Teil vertrieben wurden.

[174]) l.c. 224.

[175]) Daß Koumbili aus Loumbila verballhornt sein könnte, halte ich für sehr unwahrscheinlich. Koumbili ist überdies im GRUSI-Gebiet kein seltener Name.

Dagegen haben die NIONIOSE-Erdherren noch recht gute Erinnerung daran, wie auch die Traditionen der MOSI sie bewahrt haben. Aus ihnen geht nach der Darstellung von DIM DELOBSOM[176]) ganz klar hervor, daß zur Zeit des ersten Ausschwärmens der DAGOMBA-Eroberer in das jetzige MOSI-Land (nach der Unterwerfung der BUSÃSE im Südosten) im heutigen Cercle de Ouagadougou „NINISSI" (= NIONIOSE) saßen, im Norden von den KIBISI hart bedrängt, noch mehr im Westen und Süden von den als besonders kriegerisch gefürchteten GURUNSI. Um sich vor diesen Erbfeinden Luft zu verschaffen, wurden die NINISSI nicht müde, hartnäckig Delegationen zu den DAGOMBA zu schicken, um auch bei ihnen wie schon über die BUSÃSE Herrschaften zu errichten. Diese folgten schließlich dieser Einladung, errichteten Herrschaften im Lande der NINISSI (die als heutige NIONIOSE allein in ihren alten Wohnsitzen blieben und allmählich die MOSI-Sprache annahmen), verjagten die KIBISI nach Nordwesten (wo sie in den Falaises de Bandiagara, mit BAMBARA gemischt, zu den heutigen HABE bzw. DOGON wurden) und drückten in langwierigen Kämpfen die GURUNSI nach Westen (= LYELA) und Süden (= NUNA und KASENA) zurück, soweit sie sich nicht den MOSI unterwarfen.

Forschen wir nun nach dem weiteren Verbleib dieser vertriebenen GURUNSI, so finden wir sie in den Gruppen wieder, die im bereits von GRUSI besiedelten Land im Süden und Südwesten ihrer ehemaligen Heimat zu eben jener Zeit als landsuchende Einwanderer auftauchen. Wenn ihre heutigen Nachfahren von der Herkunft der Ahnen aus dem Norden berichten wollen, so ist dieses Gebiet für sie das heutige MOSI-Land bzw. -Reich, daher die häufige Gleichsetzung von „Einwanderer aus dem Norden" mit „MOSI"[177]). Manchmal wird auch davon gesprochen, daß der Vorfahre aus Ouagadougou gekommen sei. Das darf nicht wörtlich genommen werden, die GRUSI benennen gern ein Land nach seiner Hauptstadt. So wird z. B. von den vielen Saisonarbeitern stets erklärt, sie gingen nach „Kumasi", obwohl nur Ghana gemeint ist und Reisende nach „Kumasi" vielleicht nur zum nächsten Markt hinter der Grenze gehen.

So ist es auch im Falle von Koumbili ganz unwahrscheinlich, daß der Ahnherr ein echter MOSI war, auf keinen Fall war er ein „Eroberer" vom Typ des Sapouy-Dynastiegründers. Es ist nicht ausgeschlossen, daß der von TAUXIER befragte Koumbili-peo bewußt etwas geschwindelt hatte. Denn zu jener Zeit blendete der Glanz des noch höchstes Ansehen geniessenden Moyo-Naba die kleinen GRUSI-Häuptlinge so sehr, daß sie die Sitten des MOSI-Kaiserhofes in oft recht kümmerlicher Weise nachzuäffen und sich gern eine MOSI-Abkunft beizulegen versuchten[178]). Noch zu BINGER's Zeiten war dies in Koumbili allerdings nicht der Fall, da auch damals (wie heute) der Koumbili-peo die MOSI-Regalia nicht besaß, mit denen sein Nachbar in Guiaro seinem Hofe Glanz zu geben sucht (vgl. Abb. 64).

Mir selbst wurde zwar vom aktuellen peo auch gesagt, sein Vorfahre wäre aus Ouagadougou gekommen (Loumbila liegt ca. 18 km nordöstlich von Ouagadougou), aber *nur von seiner Frau begleitet*. Er habe sich hier in damaliger *unbewohnter Wildnis* wegen einer guten Wasserstelle niedergelassen. Damit stimmt überein, daß der peo von Koumbili gleichzeitig Erdherr ist. Im übrigen wurde betont, daß die dortigen KASENA weder Eroberer waren noch je unterjocht wurden. Das bestätigen auch die Traditionen der anderen KASENA bis nach Ghana, wonach Koumbili stets ein ganz echter KASENA-Gau und sein peo als „Großhäuptling" (pɛ faro) aller KASENA anerkannt war, und von hier aus wieder Auswanderer nach Süden zogen. Allein die friedliche Niederlassung des Ahnen ohne größeren Familienanhang geschweige denn kriegerischem Gefolge widerspricht eindeutig der Hypothese vom MOSI-Ursprung. Denn die MOSI-Eroberer hatten sich ja

[176]) (11, S. 1ff).

[177]) Nur in Pouni und Tabbou wurde mir ausdrücklich angegeben, daß die einwandernden Vorfahren LYELA bzw. NUNA gewesen waren.

[178]) So wie etwa in Nordafrika alle Herrscher von Mohammed abstammen wollen.

gerade nie in der Wildnis als friedliche Bauern niedergelassen, sondern in bereits bevölkerten Gebieten, um Herrschaften zu gründen. Die Einwanderung des Koumbili-Gründers muß übrigens schon sehr früh, zumindest schon bei Beginn der MOSI-Eroberungen stattgefunden haben, falls sie überhaupt ursächlich damit zusammenhängt; denn als junge Gründung in der Wildnis hätte Koumbili nicht so schnell dieses Ansehen gewinnen können. Bezüglich des Ursprungs des Koumbili-kwaras war nichts von einer fremden Herkunft bekannt. Das wäre — wie in den anderen Orten — sicher in Erinnerung geblieben. Eine autochthone Herkunft dieses kwara wird dadurch bestätigt, daß es in Koumbili sowohl eine „kwara-Mutter" wie eine „kwara-Grube" gibt und Vasallen-kwaras verfertigt wurden.

4. Wenden wir uns nun dem „Bruder" des Koumbili-Gründers, dem Gaugründer von *Tiébélé* zu (s. Anhang Nr. 5, 6). Dessen aktueller peo und seine Leute gaben an, daß der Ahnherr der Dynastie Kaleŋoŋo aus Loumbila ohne größeren Anhang in das bereits besiedelte Gebiet von Tiébélé (Ţyibele) gekommen und sich hier mit Erlaubnis des damaligen Erdherrn (im jetzigen Quartier Tiyɔlɔ) friedlich niedergelassen habe. Erst sein Urenkel Wɔŋɔ war durch größere Fruchtbarkeit der Frauen seines Clans mit einer so zahlreich gewordenen Gefolgschaft versehen, daß er mächtig genug wurde, sich zum Beherrscher von Tiébélé aufzuschwingen und die Gründung dieses Gaues beginnen zu können. Aber erst sein Urenkel Kɔara — also erst der sechste Nachfolger des Ahnherrn, nach dem das Quartier des peo-Clanes (kɔra biyə = „kɔra-Söhne") benannt ist — erhielt das Tiébélé-kwara zusammen mit der roten Häuptlingsmütze! Bezeichnenderweise wurde ihm das kwara vom Ältesten des Quartiers Bələmoana, das bis heute den kwara-tu stellt und die „kwara-Mutter" in Besitz hat, übergeben. Dieses Quartier aber steht in „brüderlicher" Beziehung zum Quartier des Erdherrn (Tiyɔlɔ) und existierte wie dieses schon lange vor Ankunft des Ahnherrn des peo-Quartiers! Diesem ist nicht bekannt, von wo Bələmoana das kwara hat, man vermutet, daß es das kwara schon seit Urzeiten besitzt. Der Erdherr (als oberster Chef von allen Quartieren und Dörfern außer dem peo-Clan anerkannt!) bestätigte mir, daß Kaleŋoŋo sich friedlich mit Erlaubnis des damaligen Erdherrn Waaro niederließ. Damit ist also bewiesen, daß das kwara von Tiébélé alteinheimisch ist und nicht vom Dynastiegründer mitgebracht wurde, der auch kein „MOSI-Eroberer" war!

5. Betrachten wir nun die Traditionen weiterer Gaue:

Auf eine kriegerische Unterwerfung von KASENA-Vorbewohnern geht dagegen die Gründung des Gaues *Guiaro* zurück: Der Dynastiegründer Laguwɛ kam aus Kassou mit kriegerischem Gefolge und einem „Kameraden" aus Kampala in eine schon dicht bevölkerte Gegend, wo er sich mit Gewalt — durch angebliche magische Tötung vieler Ureinwohner — zum Herrn machte und Guiaro selbst gründete. Der autochthone Erdherr wurde geschont, der heutige ist sein Nachkomme. Als erster peo wird jedoch erst sein Sohn gerechnet, so daß demnach der Gründer Laguwɛ vielleicht noch kein kwara besessen hatte (s. Anhang Nr. 1).

6. Der Gründer des Gaues *Tiakané*, Zadyiru, war ein KASEM und ließ sich als friedlicher Siedler mit Frau und Kindern in der Wildnis nieder, das kwara wurde später aus Koumbili bezogen.

7. In *Pô* gibt es seit Urzeiten ein kwara, eine kwara-Mutter mit kwara-Mutter-Herrn und eine kwara-Grube. Das Quartier des kwara-nu-tu steht mit dem des Erdherrn in „brüderlicher" Beziehung. Über die Einsetzung eines ersten peo bestehen zwei Versionen: Nach der einen soll der erste kwara-tu Adyitã ein aus Kasana (Subdivision Léo) gekommener KASEM gewesen sein, der sich mit Erlaubnis des autochthonen Erdherrn friedlich niederließ und später von den Ureinwohnern das kwara erhielt. Nach der anderen Tradition war er der Sohn einer nach Chiana verheiratet gewesenen Tochter des MOSI-Quartiers von Pô, die dorthin arm mit ihrem Sohn zurückkehrte. Nach einiger Zeit der Ansässigkeit wurde Adyitã von den MOSI- und DAGOMBA-Quartieren Pô's (Naba bilogo

und Agɔnɔ) zum „Chef" gewählt, vorher habe es keine Gauhäuptlinge in Pô gegeben.

8. Recht interessant sind die Traditionen von *Kampala*, die als einzige von der Vertreibung eines autochthonen Erdherrn durch später gekommene Siedler zu berichten wissen. Danach siedelte sich der Gründer des Häuptlingsclans, Palogo (ein KASEM)[179]), im südlichen Hügelland Kampalas im Gebiet des heutigen Dorfes Gougogo an. Bei einem Spaziergang auf den nahen Berg Kampala traf er auf einen gewissen Dyakɔɣa, der bereits Erdherr des Gebietes von Gougogo war. Zwischen beiden Männern und ihrem Gefolge kam es zu einem Streit, in dessen Verlauf Dyakɔɣa unterlag. Er zog sich nach dem heutigen Mɛ̃ţyɔŋɔ zurück, wo er sich — unter der Oberherrschaft von Palogo — als Erdherr niederließ. Palogo vertrieb noch einen weiteren Autochthonen namens Ssɛ, der sich in der Nachbarschaft von Dyakɔɣa ansiedelte und das nach ihm benannte Dorf als Erdherr gründete. Nach Vertreibung seiner Nachbarn wurde Palogo Erdherr von Gougogo, seine direkten Nachkommen stellen bis heute die Erdherren des Palogo-Clans. Verschiedene Söhne von ihm verstreuten sich in die angrenzenden Ebenen und gründeten hier fünf weitere Dörfer. Einer von ihnen — Assu — gründete das Dorf (N)Yagoo, das später die Gau-Häuptlinge stellte.

Wann zum ersten Male die Funktionen des politischen Herrschers von denen des Erdherrn getrennt wurden, d. h. für Kampala: Wann ein Erdherr von Gougogo erstmalig einen Angehörigen seines Clans zum ständigen peo mit in dessen Familie erblichem Amt einsetzte, ist nicht mehr festzustellen. Der aktuelle Kampala-peo glaubt, daß dies erst ziemlich spät geschah.

Ebensowenig hat sich eine genaue Erinnerung erhalten, seit wann das kwara in Kampala vorhanden ist. Einmal wird vorausgesetzt, daß bereits Palogo das kwara besessen hätte[180]). Dazu könnte stimmen, daß Kampala eine kwara-Mutter und kwara-Grube unter Obhut eines kwara-nu-tu besitzt. Sonderbar ist nur, daß beide sich nicht in Gougogo in Betreuung der anciennen Sektion des Palogo befinden, wie man voraussetzen müßte (zumal der Erdherr von Gougogo als höchste Autorität gilt und den Nachfolger eines peo bestimmt), sondern ausgerechnet in Nankoum. Denn dieses Dorf ist vor Ankunft des Palogo bereits bewohnt gewesen. Wenn sich auch ein Sohn des Palogo dort niedergelassen und die Führung an sich gerissen hat, so steht doch bis heute Nankoum in enger Beziehung zu den autochthonen Dörfern Mɛ̃ţyɔŋɔ und Ssɛ und kann — mit Ausnahme der Siedler von Palogo-Herkunft — Heiratsbeziehungen mit den anderen Dörfern des Palogo-Clans unterhalten.

Ein andermal teilte mir der Kampala-peo mit, Kampala sei vor Ankunft der Europäer Vasall von Pô gewesen und habe sein kwara von dort erhalten. Diese nicht besonders ruhmvolle Tatsache hat der Informant sicher nicht erfunden. Dazu stimmt wiederum der auch sonst bei Vasallen-Häuptlingen übliche Brauch von Kampala, daß während eines Interregnums das kwara nicht vom kwara-nu-tu aus dem peo-Gehöft weggeholt wird, sondern dort verbleibt. Wenn aber das Kampala-kwara aus Pô stammt, dann müßte es aus der kwara-Mutter von Pô verfertigt sein und es erhebt sich die Frage, wie dann Kampala zu einer eigenen kwara-Mutter und kwara-Grube gekommen ist. Die Möglichkeit, daß Kampala von Pô mit dem kwara-Horn auch seine kwara-Mutter bezogen hätte — wie etwa Chiana von Pindaa (s. S. 109f) —, muß ausscheiden. Denn mein Gewährsmann sprach ausdrücklich von einem Vasallen-kwara der gleichen Art, wie es etwa für Tiébélé und seine Vasallen berichtet wurde. Es ist auch ganz undenkbar, daß man etwa aus dem Vasallen-kwara eine kwara-Mutter und kwara-Grube hergestellt haben könnte. Wären beide rezenten Ursprungs, müßte sich auch die Erinnerung daran noch gehalten haben.

Da nun aber noch weitere Dörfer des Kampala-Gaues — auch solche der Urbevölkerung — kwaras besitzen, kann meines Erachtens auch Nankoum sehr wohl schon seit alten Zeiten ein kwara besessen haben. Mit der berichteten Tat-

[179]) S. Anhang Nr. 3, 4.

[180]) Es ist außerordentlich häufig, daß alle alten Einrichtungen usw. auf den Urahnen zurückgeführt werden.

sache des früheren Vasallenverhältnisses zu Pô läßt sich dies durchaus vereinbaren: Kampala könnte nach einer Niederlage gegen Pô sein kwara an den Sieger verloren haben. Das vom Pô-peo erhaltene Vasallen-kwara wäre dann sein eigenes ursprüngliches gewesen, welchen für die GRUSI üblichen Belehnungsbrauch wir ja schon kennengelernt hatten (s. Kap. IX). Kampala war früher sicher nicht immer Pô untertan gewesen: Die sieben ersten Häuptlinge führten viele Kriege mit ihren Nachbarn und scheuten auch vor Angriffen auf die MOSI nicht zurück, brandschatzten sogar manche ihrer Dörfer. Der siebente peo, Urɛ, führte auch einen siegreichen Krieg gegen Pô und plünderte es. Auf jeden Fall ist es sicher, daß der Gaugründer von Kampala ein KASEM war und die dortigen KASENA noch vor der Gründung des Gaues bereits Häuptlinge mit kwaras besaßen.

9. Die KASENA von Kampala behaupten, daß sich von ihrem Gebiet aus die KASENA nach Westen, Osten und Süden ausgebreitet hätten und verweisen als Beweis auf die Tatsache, daß es nur hier einen „KASENA-Land" (Kasuŋgɔ) genannten Landstrich gäbe mit einem 2500—3000 Jahre alten[181]) Baobab (genannt kalɛgum) als taŋwane, der schon vom Stammesgründer (dessen Name nicht überliefert ist) gepflanzt worden sei. Wenn es auch sicher ist, daß Kampala zum Kerngebiet der KASENA gehört, so wird diese Auswanderungstradition doch nur im Gau *Paya* im Norden von Ghana bestätigt. Nach beider Überlieferungen wurde es von einem Sohne des oben genannten Palogo, Ahnherrn von Kampala, gegründet, der wegen eines Streites mit dem Vater seine Heimat verlassen hatte.

10. Die geschichtlichen Überlieferungen von *Chiana und Ketiu* in Ghana können hier nicht in extenso wiedergegeben werden. Für den beiden gemeinsamen Ahnherrn Wusiga behauptet die Ketiu-Tradition einen MAMPRUSI-Ursprung, die von Chiana eine Herkunft aus dem WEST-KASENA-Gau Sia im französischen Gebiet (heute nur noch ein kleines Dorf). Der Paramount-Chief von Navrongo bestätigte diese Angabe[182]). Beide Traditionen stimmen aber darin überein, daß Wusiga als ziemlich herumgetriebener friedlicher Siedler nur in Begleitung seiner Frau in das Land gekommen sei. Nach verschiedentlichem Wechsel seines Wohnsitzes wegen Streitigkeiten bzw. wegen Verfluchung durch den taŋwane Goli (s. S. 45 und Anhang Nr. 9, 12, 23) ließ sich Wusiga schließlich mit seiner Familie endgültig im heutigen Gebiet von Ketiu als tega-tu nieder. Es war ihm von seinem einheimischen Schwiegervater abgetreten worden. Erst mit der Zeit wurden Wusiga und seine Nachkommen Oberherren über die auf dem heutigen Gebiet von Ketiu und Chiana verstreuten Siedlungen der autochthonen KASENA. Wie das Chiana-kwara später aus Pindaa geholt wurde, haben wir in Kap. IX a 3 kennen gelernt. Nach der Tradition von Chiana sind die Bewohner von Pindaa[183]) Nachkommen eines Siedlers, der sich auf dem Territorium Wusigas niedergelassen hatte. Daß das Land bereits vor Ankunft des Wusiga-Clanes bewohnt war, ist noch heute allgemein bekannt. Es sind auch nicht alle Ureinwohner allmählich in die heute existierende Clanorganisation einbezogen worden. Z. B. leben über ein größeres Gebiet verstreut einige Familiengruppen der Konkorinia, die keine Clansektion bilden. Nach den von alten Leuten überlieferten Traditionen sind sie die Nachkommen der ersten Siedler, die indessen trotzdem keinen Anspruch auf die Landeignerschaft erheben. Außerdem erzählen einige alte Leute, daß die heute nach einer Seuche (magisch eingekleidete Sage von einem großen Sterben nach Fischgenuß) fast ausgestorbenen Siedlungsgruppen der yonfanians früher auf den Plateaus von Chiana und Kayoro zahlreich waren.

11. Der Gründer von *Kayoro* (Iza) hatte sich als Siedler in der Wildnis niedergelassen und

[181]) Nach Schätzung des Botanisten des Centre I.F.A.N. von Haute-Volta, M. WINKOUN-HIEN.

[182]) Navrongo war vor der englischen Besetzung nur ein Dorf; erst die englische Verwaltung richtete diesen KASENA-NANKANNI-Distrikt mit einem Paramount-Chief ein.

[183]) Im Norden von Chiana dicht an der Grenze von Ghana-Haute-Volta gelegen.

wurde damit tega-tu. Später kam zu unbekannter Zeit aus Pindaa ein mit der Linie des Erdherrn nicht verwandter Neusiedler namens Ketyələ mit seiner Frau. Er wurde Gründer einer eigenen Sektion und taŋwane-tu des heiligen Flusses Pənsɔlɔ. Er brachte ein kwara mit, das er später jedoch seinem unterwegs getroffenen „Kameraden" (und Schwiegersohn) Baviyã übergab, „da er das kwara nicht liebte". Damit wurde Baviyã erster peo und Ketyələ sein kwara-tu. Bis heute investieren die Nachkommen des ersten kwara-tu die Häuptlinge von Kayoro[184]).

12. Der Gründer von *Nakong* (Nakɔŋ) namens Namaŋ[185]) war als friedlicher Siedler mit seiner Frau aus dem französischen Gebiet im Nordosten in die Wildnis gekommen. Er hatte sein kwara bereits mitgebracht. Sein vom „Volk" als Häuptling abgesetzter Sohn übergab das kwara an Nakɔŋ, Enkel des Namaŋ, nach dem der Gau genannt wurde. Die Regentenliste beginnt jedoch erst mit einem späteren Nachfahren, so daß die ersten kwara-Besitzer noch keine Gauhäuptlinge gewesen zu sein scheinen (s. Anhang Nr. 11).

13. Die Traditionen der NUNA-Gaue Sapouy und Kassou bezüglich ihrer Gründung und kwaras hatten wir bereits zu Beginn dieses Kapitels kennen gelernt. Unter den übrigen NUNA-Gauen könnte höchstens noch *Nabou* wie diese beiden von „jungsudanischen Eroberern "gegründet worden sein. TAUXIER[186]) gibt an, daß dessen Chefs-Familie aus dem DAGARI-Lande gekommen sei. TAUXIER ist der Ansicht, daß es sich dabei um Abkömmlinge der MOSI-DAGOMBA-Adelsschicht der DAGARI handeln müsse. Aus dem Wortlaut seines Berichtes geht hervor, daß es sich hierbei nur um eine Vermutung TAUXIER's handelt, nicht um eine gleichlautende einheimische Tradition. Eine friedliche Einwanderung des Ahnherrn der dortigen Häuptlingsfamilie analog der zahlenmäßig überwiegenden Gründungstraditionen der anderen Gaue, z. B. Léo's (s. u.), ist ebensogut möglich[187]).

14. Ebenfalls aus dem DAGARI-Gebiet stammt der Gründer Mandɛma von *Léo*. Sein Vater war dort Häuptling. Die Tradition versichert jedoch nachdrücklich, daß der Ortsgründer als friedlicher Siedler nur in Begleitung seiner Frau gekommen sei, um sich in siedlungsgünstiger Lage (zwischen zwei Teichen) niederzulassen. Deshalb wurde er auch Erdherr. Durch Zuzug weiterer Siedler — und wohl auch freiwillige Unterstellung bereits ansässiger Quartiere in der Nachbarschaft — erweiterte sich allmählich der Herrschaftsbereich seiner Familie. Ein kwara hatte der Ortsgründer nicht mitgebracht. Vielmehr übergab ein aus Kassou in ein anderes Quartier von Léo zugereister Fremder ein solches dessen Ältestem, der es an Mandɛma als Chef weitergab. Dieser übergab es später einem Brudersohn und machte ihn damit zum kwara-tyu. (Offensichtlich ist hier — wie üblich — zwischen dem Ortsgründer und dem ersten kwara-tyu eine Reihe von Vorfahren vergessen worden, denn Mandɛma als Erstsiedler in der Wildnis kann nicht schon bald nach seiner Niederlassung als Erdherr über mehrere „Quartiere" geherrscht haben.) Daher erklärt es sich, daß Erdherr, kwara-tyu und moderner Chef de Canton vom eigenen Quartier des Ortsgründers (Mandɛma-leya) gestellt werden, wie wir dies auch für Pouni gelernt hatten. Über die Art des Erwerbs des Léo-kwara war nur noch erinnerlich, daß Mandɛma dem Kassou-Mann bei dessen Fortzug die Rückgabe seines kwara verweigert hatte. Es läßt sich heute nicht mehr feststellen, ob jener den Léo-Leuten das kwara in ähnlicher Weise angeboten hatte wie

184) S. Anhang Nr. 10.

185) Der Name erinnert auffallend an den des Gaugründer-Clans von Sapouy, Namã, und den des TALLENSI-Gaugründer-Clans von Tongo, Namoo. Dieser ist nach den TALLENSI-Traditionen von MAMPRUSI-Herkunft und bezeichnet sich selbst als von gleichem Ursprung wie die MOSI und DAGOMBA (24) S. 22f, 66.

186) l.c. 171.

187) Wegen seiner starken Durchmischung mit BOBO und anderen Fremdeinflüssen ist Nabou nicht als typisch für die NUNA-Kultur anzusehen. Ich hatte einen zweiten Besuch dieses Gaues zu gründlicherer Erforschung für das Ende meiner NUNA-Forschungen aufgeschoben gehabt, diese Absicht dann aber nicht mehr ausführen können. So kann ich für Nabou leider keine exakten Angaben bieten.

der Pindaa-Mann seinen Schwiegereltern in Chiana (s. Kap. C IX a 3), oder ob er ein Abgesandter des damals vielleicht schon mächtigen Kassou-peo war, der Léo durch Belehnung mit einem kwara unter seine Oberhoheit bringen wollte.

15. Fremder Herkunft ist noch der Gründer von *Pouni*. Er kam von Norden aus dem gleichnamigen Ort im Canton Réo, der von den mit den NUNA allerdings ethnisch, sprachlich und kulturell eng verwandten LYELA besiedelt ist. (Bei diesen hat sich die Erinnerung an die Kolonie-Gründung im Süden bis heute erhalten. Sie könnte gut mit dem ständigen Expansionsdruck der MOSI auf die LYELA in Zusammenhang stehen.) Auch der Gründer von Pouni kam ohne größeren Anhang (nur mit zwei Brüdern) und ließ sich nach vorherigem vorübergehenden Aufenthalt in zwei anderen NUNA-Orten als friedlicher Siedler in der Wildnis nieder, womit er auch Erdherr der späteren Siedlung wurde. Das kwara erhielt erst der vierte Regent von Pouni vom Feldherrn Kassou's für geleistete Hilfe im Krieg (s. S. 122 und Anhang Nr. 13).

16. Der Gründer von *Silly* namens Nayagoo kam in Begleitung von Verwandten mütterlicherseits aus dem „MANDINGO-Lande"[188]) (insgesamt elf Personen) zuerst nach Kassou, von da nach Silly, das damals schon bestand. Hier ließ er sich als friedlicher Siedler nieder. Als der autochthone Erdherr starb und nur unmündige und „unwissende" Kinder hinterließ, die das Erdherrnamt nicht antreten konnten, übernahm Nayagoo „die Erde von Silly" und bestimmte einen Familienangehörigen als Erdpriester. Er selbst hatte das kwara bereits mitgebracht. Seitdem vererben sich die Ämter des kwara-tyu und des Erdherrn in der gleichen Familie (s. Anhang 14).

17. *Dio* wurde von einem aus dem MOSI-Lande gekommenen Mann gegründet, der sich mit seiner Frau und zwei Brüdern als friedlicher Siedler in der Wildnis niederließ und damit Erdherr wurde. Das kwara hatte er mitgebracht, er übergab es seinem zweiten Bruder, mit dem die Liste der kwara-Herren beginnt. Seitdem gelten Erdherr und kwara-tyu als „Brüder", deren Ämter in zwei Quartieren des gleichen Clans erblich sind.

18. Der erste kwara-tyu des kleinen zentralen Gaues *Tabbou* kam von einem in nordwestlicher Richtung gelegenen Ort Zao[189]). Es wurde ausdrücklich versichert, daß er ein NUNA war. Er brachte das kwara bereits mit und ließ sich friedlich unter den Altansässigen nieder. Wegen geleisteter Kriegsdienste gegen ein Nachbardorf gab ihm der autochthone Erdherr eine Tochter zur Frau. Noch heute untersteht das Quartier des kwara-tyu in Erdangelegenheiten dem Erdherrn aus der Nachkommenschaft des damals bereits ansässigen.

19. Die im zentralen NUNA-Gebiet gelegene Landschaft *Beune* weist trotz der Größe ihres Territoriums keine Gau-Organisation auf, ihr Chef (= Erdherr) besitzt auch kein kwara. Es existieren keine Traditionen über Einwanderungen irgend welcher Clane.

Wenn in dieser Übersicht auch nicht sämtliche von NUNA bewohnten Orte erfaßt sind, so gibt sie doch einen repräsentativen Querschnitt durch das NUNA-Kerngebiet. Zusammen mit den Traditionen der KASENA bestätigt sie die Ergebnisse unserer Untersuchung der Herrschaftsinsignien bei den „jungsudanischen" Nachbarn der GURUNSI: Gerade die kriegerischen Eroberer von MOSI-Ursprung (Sapouy, Kassou) hatten kein kwara mitgebracht, sondern solche als ihnen bis dahin — auch in ihrer Bedeutung für einen Herrscher — ganz unbekannte Fetische erst bei den unterworfenen autochthonen GRUSI kennen gelernt. Ebensowenig besaß der Gründer von Chiana, der von MAMPRUSI-Abkunft ge-

[188]) Damit soll sicher nicht das MANDINGO-Kernland gemeint sein, denn die NUNA nennen bereits das westlich der schwarzen Volta in der Elfenbeinküste gelegene Nachbargebiet „MANDINGO", wohl wegen der dortigen DYULA-Niederlassungen.

[189]) Auf der Karte ist er nicht verzeichnet, vielleicht ist er identisch mit Zaõ-Sapouy und die Auswanderung des Tabbou-peo durch die Machtergreifung der Namã-MOSI in Zaõ (s. S. 128 f) ausgelöst worden. Zaõ-Sapouy liegt allerdings nord*östlich* von Tabbou.

wesen sein kann, ein kwara. Von den Einwanderern aus dem Norden bzw. Westen des heutigen GRUSI-Siedlungsgebietes hatten nur die Gründer von Silly und Dio ihre kwaras mitgebracht. Da sie aber als friedliche Siedler gekommen waren, können sie nicht von der MOSI-Erobererschicht abstammen, viel wahrscheinlicher müssen wir in ihnen — wie auch in den aus dem MOSI-Land gekommenen Ahnen des peo-Clans von Koumbili und Tiébélé — GRUSI sehen, die eben von dieser verdrängt worden waren. Alle anderen landfremden Dynastiegründer bzw. deren Nachkommen erhielten ihre kwaras ausdrücklich von der autochthonen Bevölkerung. Für die SÜD-KASENA-Gaue Chiana und Kayoro ist es dabei kennzeichnend, daß ihre kwaras aus Pindaa im nördlich gelegenen Kerngebiet der KASENA herstammen. Hier müssen kwaras seit nicht mehr erinnerlichen Zeiten alteinheimisch sein, sonst könnten nicht auch Koumbili, Pô, Kampala und Tiébélé neben je einer kwara-Mutter auch eine kwara-Grube besitzen, aus welchen allein nur neue kwaras hergestellt werden können. Für die NUNA bezeugen gerade die Nachkommen der MOSI-Eroberer ganz ausdrücklich, daß vor deren Ankunft die selbständigen Dörfer und Konföderationen bereits kwaras besaßen. Dabei scheint sich Kassou nach Adoption dieses Herrschafts-Fetisches zu seinem Verbreiter gemacht zu haben, denn die kwaras von Pouni und Léo stammen von hier, ebenso wohl das des KASENA-Gaues Guiaro, dessen Gründer als kriegerischer Eroberer aus Kassou kam und wahrscheinlich von dessen MOSI-Adel abstammt.

c) Die privaten kwaras

Für die GRUSI-Herkunft des kwara gibt es noch eine dritte Beweisführung: die Existenz von privaten kwaras neben dem Gau-kwara. Aus den kriegerischen Traditionen der GRUSI hatten wir schon erfahren, daß bereits vor der Ankunft der Gaue gründenden Eroberer Häuptlinge der kleinen unabhängigen Dörfer kwaras besaßen. Ein Sieger mußte sie erobern, um den betreffenden Häuptling samt seinen Nachfolgern für die Dauer als Vasallen unter seine Oberherrschaft zwingen zu können. Die Überlieferungen, wonach „alle" Dörfer solch ein für den Krieg unbedingt notwendiges und die politische Unabhängigkeit garantierendes kwara besessen hätten (so insbesondere bei den östlichen NUNA), können indessen nicht korrekt sein: Eine mir in Tabbou von einem gut unterrichteten Gewährsmann gegebene Übersicht über den größten Teil des NUNA-Landes weist aus, daß heute nur etwa ein Viertel der Dörfer ein peo-kwara besitzt. Die anderen haben „nur ihre Erden" als höchstes Heiligtum, wie z. B. Beune als Prototyp. Ähnlich liegen die Verhältnisse bei den KASENA. Wenn wir auch berücksichtigen müssen, daß viele Dörfer in verlustreichen Kriegen — insbesondere während der entvölkernden Djerma-Kriege — ihre kwaras endgültig verloren haben mögen, so bleibt doch noch eine stattliche Zahl von Orten, die offensichtlich niemals einen solchen Häuptlingfetisch besessen haben. Umgekehrt ist das kwara in Nachahmung der als vorbildlich angesehenen Oberhäuptlinge auch von manchem Häuptling eines bedeutenden Ortes oder Groupements neu eingeführt worden, der sich durch die Belehnung mit einem Vasallen-kwara eine Stärkung seiner Macht und Erhöhung seines Prestiges erwartete.

Nun hatte ich bereits für die NUNA erwähnt, daß auch die Vorstände von Quartieren innerhalb von Gauen (Älteste von Clans oder Clansektionen) ein kwara haben können, das sich in Aussehen und Wesen nicht von einem Häuptlings-kwara unterscheidet (s. Abb. 71, 72). Nur sind natürlich sein Ansehen und sein Geltungsbereich entsprechend geringer, es dient nur dem Wohle des betreffenden Quartiers und wird nur von dessen Angehörigen verehrt. „Quartiere" innerhalb von Gauen und Landschaften — oft „Dörfer" für den Europäer — können sowohl von Sektionen des zahlenmäßig angewachsenen Clans des Gaugründers gebildet werden, wie von sozialen Gemeinschaften, die zu diesem keinerlei verwandtschaftliche Beziehungen aufweisen. Sei es, daß später gekommene Neusiedler eine selbständige Siedlung gründeten, sei es, daß die Siedlungen bereits ansässiger Autochthoner später als

„Quartiere" in die Gauorganisation einbezogen wurden. Solche werden wie die anderen Clansektionen benannt und bewertet. Dadurch erklärt es sich, daß manche dieser Quartiere oder Dörfer eines Gaues kein eigenes kwara besitzen (z. B. als Sektion des Häuptlingsclans), andere wieder seit alters her (im Falle autochthoner Siedlungen). Ebenso, daß die Grenzen zwischen Vasallen-kwaras und altüberlieferten Dorf-kwaras verfließen und in praxi kein Unterschied im Brauchtum zwischen beiden besteht, was alles auch für die KASENA gilt.

Zwischen den kwaras eines (ursprünglich) selbständigen Dorfhäuptlings und eines Gau-Oberhäuptlings gibt es keine prinzipiellen Unterschiede, sondern nur graduelle des Wirkungsbereichs und Ansehens. Denn bei den GRUSI gab es ja in Kriegszeiten bereits vor der Ankunft der staatenbildenden Eroberer mehr oder weniger lose Konföderationen von nominell selbständig bleibenden unabhängigen Dörfern. Sie sind als altnigritische Institutionen bezeugt durch die Überlieferungen des MOSI-Landes, wo die DAGOMBA-Eroberer sie schon bei den GURUNSI- und NINISE-Vorbewohnern antrafen. Bei diesen Konföderationen scharten sich hilfeheischende Dörfer naturgemäß um ein stärkeres Dorf. Dessen Erdheiligtum sowohl wie gegebenenfalls dessen kwara galten dann als mächtiger als die der schwächeren Dörfer und „kommandierten" sie. In der konkreten Anschauungsweise der GRUSI wird dieses Rangverhältnis im Bilde des Mutter-Kind-Verhältnisses ausgedrückt, was aber im symbolischen und nicht im genetischen Sinne zu verstehen ist. Das kwara eines Konföderations-Vorortes erhielt durch freiwillige Unterordnung der schwächeren Dörfer annähernd die gleiche Rangstellung und Funktion wie das eines Gau-Oberhäuptlings durch kriegerische Unterwerfung. Es kann überdies mit guten Gründen vermutet werden, daß zumindest viele derjenigen Gaue, für deren Gründung eine Fremdherrschaft (wie etwa in Sapouy und Kassou) ausgeschlossen werden muß, sich aus solchen alten Konföderationen entwickelt haben.

Derartige oben angeführte kwaras von Quartieren bzw. Sektionen bilden nun aber auch den Übergang von einem peo-kwara zum kwara von Großfamilien oder Einzelpersonen. Wir hatten ja schon aus den Gründungstraditionen von Gauen oder Clanen erfahren, daß sich der Ahnherr oft nur mit seiner Familie als Neusiedler niedergelassen hatte und diese erst in der Folge vieler Generationen zu einem Clan anwuchs. Hatte ein solcher Immigrant bereits ein kwara mitgebracht, so konnte dasselbe kwara, das später das Heil eines Clanes oder gar eines Gaues verkörperte, in der Anfangszeit auch nur das kwara einer Familie gewesen sein.

Auch heute noch haben, insbesondere bei den NUNA, in jedem Gau die kultisch selbständigen Großfamilien — deren Gehöfte ja unter Umständen zu Stammhäusern von Clanen und Clansektionen werden können — „*Haus-kwaras*" (dyɔ-kɔara). In der gleichen Art wie die Quartier-kwaras hängen sie in einem besonderen Parterre-Raum des Stamm-Gehöftes, der als eine Art Hauskapelle dient (s. Abb. 70—72). Daneben werden alle die Stricke aufgehängt, an denen die geopferten vierfüßigen Tiere herangeführt wurden[190]), von geopferten Hühnern werden — wie üblich — die Federn mittels Blut aufgeklebt. Ein solches Haus-kwara verkörpert und garantiert das Heil und Wohlergehen der betreffenden Großfamilie, die NUNA sprechen daher in erster Linie von der „Gesundheit" der Familie, für die das Haus-kwara zuständig sei. Es wird vom Hausherrn aber nicht nur darum, sondern etwa auch um Kindersegen und Wohlergehen der Familienangehörigen im weitesten Sinne gebeten und von jeder wichtigen Familienangelegenheit unterrichtet und um seine Hilfe gebeten. Diese Haus-kwaras gelten wie die Vasallen-kwaras als „Kinder" des Gau-kwaras (d. h. im Sinne von Untergebenen).

Außer einem Haus-kwara besitzt jedes Gehöft ein weiteres *kwara* speziell *für den Ackerbau* als wichtigste Beschäftigung und Existenzgrundlage einer Bauernfamilie, genannt valə-kwara (oder vala-kwara). Seine „Medizin"-Substanz wird stets in einem Topf(chen) aufbewahrt, die des Haus-kwara entweder in einem

[190]) Die Stricke „essen das Blut der Opfertiere".

Topf oder in einem Horn. Das valə-kwara wird immer unter dem Haus-kwara in einer Lehmmulde aufbewahrt (s. Abb. 70, 71). Es soll gute Ernten und Verschontbleiben der Familie von Krankheiten und Unfällen während der Feldarbeiten sichern. Vor Beginn der Aussaat wendet sich jeder pater familias an sein Ackerbau-kwara mit einer Opfergabe an kleinkörniger Hirse, kündigt ihm seine Absicht an und bittet um gute Gesundheit und gute Ernte. Dafür wird ihm nach der Ernte mit Opfergaben an Hirsefladen und wohl auch einem Huhn gedankt. (Auch das Haus-kwara erhält einen Erntedank in Gestalt von einigen Ähren jeder Feldfrucht, die neben ihm an die Wand gehängt werden (s. Abb. 70—72). Der pater familias dankt ihm mit den Worten: „Wir haben jetzt Hirse, hier hast auch Du Hirse!").

Ferner besitzt fast jedes Gehöft noch eine dritte Art von kwara, „*Kinder-kwara*" (biyə-kwara, in Léo: duwa-kwara genannt). Jedes Kind besitzt ein solches, das über seine Gesundheit wachen soll. Am dritten bzw. vierten Tag nach der Geburt eines Knaben oder Mädchens erhält das Kind vom pater familias seinen Namen und wird mit einem Huhnopfer dem Schutz des Haus-kwaras anempfohlen. Zugleich wird eine etwa faustgroße Kugel aus heiliger Erde vom Erdaltar, mit Mehl von kleinkörniger Hirse gemischt, geformt, das ist das Kinder-kwara. Es wird mit Hirsewasser, einem Huhn und einem größeren Tier — etwa einem Schaf — beopfert und erst neben das Neugeborene gelegt. Dabei wird das Kinder-kwara gebeten, das betreffende Neugeborene immer bei guter Gesundheit zu bewahren, dann wird es in der Lehmmulde unter dem Haus-kwara aufbewahrt. Der Strick des Opfertieres wird ebenfalls an das Haus-kwara gehängt. Bei einer Erkrankung des Kindes wird an seinem kwara ein Topfscherben zerbrochen, die Krankheit mitgeteilt und das kwara um Hilfe gebeten. Nach der Gesundung wird ihm ein Huhn als Dankopfer gebracht.

In oder neben dem gemuldeten Lehmsockel unter dem Haus-kwara steht meist noch ein Topf mit „Medizin"-Weihwasser. Dieser Sockel heißt kɔara-poi oder auch kirǎ, er dient gleichzeitig als Ahnenaltar. Denn der Kult des Haus-kwara und der Kult der Familien-Ahnen sind untrennbar miteinander verbunden, wie wir es bereits bezüglich Häuptlings-kwara und Gaugründer kennen gelernt hatten. Die Mitteilungen der die Familie betreffenden Ereignisse gelten gleichzeitig dem kwara wie den Ahnen. Opfergaben erhalten alle verstorbenen Familienmitglieder am kira unter dem kwara als Hausaltar mit Ausnahme derjenigen Vorfahren, die eventuell in der Suite eines peo Kulthandlungen ausgeführt hatten und daher das Anrecht auf ein spezielles Grab als Kultstätte im Hause (s. oben) hatten. Die Opfergaben erhalten diese Ahnen jedoch nicht direkt, sondern durch das als Vermittler angerufene kwara, „da nur dieses alle Ahnen kennt". Umgekehrt werden für das kwara bestimmte Opfer ihm nicht direkt gegeben, sondern nunmehr durch die Ahnen. Zuerst erhält es der jüngstverstorbene mit der Bitte um Weiterleitung an seinen Vater u.s.f., bis das Opfer durch die Ahnenkette an den Familiengründer gelangt ist und von diesem an das von ihm „erfundene" kwara übergeben werden kann.

Schließlich gibt es noch *kwaras bei Schmieden und Wahrsagern*, die ihnen überhaupt erst ein erfolgreiches Arbeiten in ihrem Beruf ermöglichen. Die Wahrsage-kwaras sind sowohl Medizintöpfchen wie Hörner. Ein Klient drückt seinen Wunsch nach einer Konsultation mit den Worten aus: „Ich bin gekommen, Dein kwara zu sehen".

Obwohl wir bei den KASENA einen besonders ausgeprägten und alteinheimischen kwara-Kult fanden, ist er hier im familiären Bereich weniger verbreitet als bei den NUNA. Mit dem peo-kwara vergleichbare kwaras besitzen nur Dorfhäuptlinge (= Clanälteste) und Quartiersälteste; Haus-kwaras für gute Gesundheit dagegen finden sich nur vereinzelt. Sodann hat der Hausaltar nichts mit dem kwara zu tun, sondern dient nur dem häuslichen Ahnenkult. Für die Erhaltung der Gesundheit Neugeborener dienen nicht „Kinder-kwaras", sondern Medizin-Weihwasser und Amulette. „Ackerbau-kwaras" sind unbekannt, dafür spielen im Agrarkult der KASENA die Erdheiligtümer und die privaten Feldaltäre eine größere Rolle als bei den NUNA. Schmiede und Wahrsager besitzen jedoch ebenfalls kwaras. Sodann habe ich bei den KASENA noch ein besonderes *kwara* für die *Jagd*[191]) sowie einen kwara-lekö-baŋa genannten eisernen Amulett-Armreifen gefunden, der sowohl gegen Löwen schützt wie den Besitzer vor Gericht obsiegen läßt.

Der letztgenannte Armreifen fällt scheinbar ganz aus dem Rahmen der anderen kwaras, denn nach unseren Begriffen müßten wir es als ein Amulett definieren. Indessen erweist gerade die merkwürdige Verbindung zweier so verschiedener Funktionen wie des Schutzes vor Löwen und vor Gericht eine vage Verbindung zum peo-kwara: Dieses ist es ja, das die Richter zu ihrem Urteil inspiriert, und der Löwe ist das Königstier, das nur mit Erlaubnis des kwara-Herrn gejagt werden darf und dessen Fell zu seinen Insignien gehört. Wir hatten schon früher erfahren, daß Untertanen gern von der peo-Kraft = kwara-Kraft durchtränkte Substanzen — sei es auch in minimalen Quantitäten — zu erlangen suchen, um daraus Amulette, insbesondere für Gerichtsverhandlungen, zu verfertigen. Vielleicht handelt es sich bei dem kwara-lekö-Armreifen um solch ein Amulett, auf das Kraft des peo bzw. seines kwara übertragen worden war. Es muß betont werden, daß mit Ausnahme dieses Armreifens alle Kategorien von Amuletten, Zauberdingen und „Medizinen" niemals „kwara" genannt, sondern mit anderen Namen belegt werden. Nur die oben angeführten besonders heiligen bzw. wirkungsmächtigen Fetische werden durch den gleichen Namen kwara als eine Gattung zusammengefaßt.

Können wir nun auch den GRUSI folgen und Gemeinsamkeiten zwischen den genannten kwaras finden? Offensichtlich bestehen sie zwischen den Familien-, Sektions-, Clan- und Gaukwaras. Sie alle bewirken Segen für eine Gemeinschaft, nur ihr Wirkungsbereich ist abgestuft zwischen kleinsten und größten sozialen Einheiten. Eine weitere Verbindung unter ihnen ist dadurch gegeben, daß eine Großfamilie allmählich zu einem Clan anwachsen und dadurch ihr kwara zu dem eines Clans werden kann, der wiederum unter Umständen als Clan eines Oberhäuptlings einen ganzen Gau beherrscht. Ferner soll ein peo-kwara unter anderem auch dessen Familie speziell beschützten.

Bei den Ackerbau- und Kinder-kwaras der NUNA liegt offenbar eine Abspaltung vom hier besonders verehrten Haus-kwara vor. Denn seine Funktion des Schutzes der Gesundheit aller Familienmitglieder umfaßt ja an sich auch die der Kinder und auch das Haus-kwara ist schon für gute Ernten und Schutz der Feldarbeiter zuständig, erhält ja dafür ebenfalls Erntedankopfer. Wahrscheinlich ist diese agrikulturelle Funktion deshalb in einem speziellen Ackerbau-kwara verselbständigt worden, weil bei den NUNA der kommunale Erdkult gegenüber dem familiären sehr zurücktritt.

Aber die Jagd-, Wahrsage- und Schmiedekwaras haben doch keine besondere Funktion für eine soziale Gemeinschaft? Indessen lassen sich auch diese mit den oben angeführten anderen kwaras auf einen gemeinsamen Nenner bringen, wenn wir die Mentalität der GRUSI berücksichtigen: Auch die Familien-, Clan- und Gau-kwaras haben nur ein einziges Individuum — nicht eine soziale Gruppe — als Eigner bzw. Herren, dem allein der Kult obliegt. Nur durch ihn als Medium strahlt das kwara seine Kraft und seinen Segen auf die betreffende Gemeinschaft aus! Andererseits wirkt sich die dem betreffenden kwara zu verdankende Kunst des Schmiedes und Wahrsagers ja auch zum Nutzen der Gemeinschaft aus. Gleiches gilt selbst noch für das Jagd-kwara, da jede Jagdbeute obligatorisch an einen größeren Personenkreis zu verteilen ist. Wenn wir die kwaras unter diesem Gesichtswinkel betrachten, so können wir sie alle mit der allgemeinen Definition erfassen: *ein kwara ist ein Fetisch, der seinen Besitzer zu einem bestimmten Amt bzw. Beruf befähigt und seiner Tätigkeit Erfolg und Schutz gewährt.* Diese Ämter und Tätigkeiten sind insbesondere solche, die dem kwara-

[191]) Die Benutzung von kwara-Fetischen durch Jäger und Wahrsager deutet wieder auf ein hohes Alter des kwara, denn für das Wahrsagen der GRUSI konnte ich eine Verwurzelung im steppenjägerischen Substrat der GRUSI nachweisen, cf. (14).

Besitzer eine besondere Verantwortung für seine Gemeinschaft aufbürden und/oder ihn besonderen Gefahren und dem Verkehr bzw. Kontakt mit höheren Mächten und Kräften aussetzen.

Wenn auch die Entwicklungslinie vom Familien-kwara zum Häuptlings-kwara einleuchtend ist, so scheint zwischen einem Jagd-kwara und einem peo-kwara auf den ersten Blick keine engere Beziehung vorzuliegen. Und doch ist sie in der GRUSI-Mentalität ohne weiteres gegeben. Denn sie — wie auch andere Altnigritier und wohl die meisten Afrikaner — sehen einen tapferen Jäger eo ipso auch als einen tapferen Krieger an und stellen beide einander gleich[192]. Auch dem Europäer leuchtet es ein, daß ein Jagdgang im afrikanischen Busch den nur mit Pfeil und Bogen bewaffneten Jäger nicht nur durch Raubtiere und Giftschlangen, sondern auch durch besonders kräftiges Jagdwild wie Elefanten und Pferdeantilopen großen Gefahren aussetzt, die denen auf dem Schlachtfeld nicht nachstehen. Für die GRUSI erfordern aber nicht nur die objektiven Gefahren der Jagd hohen Mut, sondern auch ihre magischen. Nicht allein Buschgeister und Buschdämonen können den Jäger bedrohen, sondern auch die Rachemacht des sterbenden Wildes. Ihr muß der Jäger mit besonderen Vorsichtsmaßregeln, magischen Riten und mittels Jagdzauber und -amuletten begegnen. So ist es nicht verwunderlich, daß bei den GRUSI wie bei vielen anderen Afrikanern hervorgehoben wird (unter anderen auch vom Begründer der MOSI-Dynastie), daß viele ihrer früheren Häuptlinge große Jäger waren[193]. Früher hatte auch noch eine weitere Beziehung des peo zur Jagd bestanden: Bis zum Verbot durch die Kolonialmächte wurden jährlich nach der Ernte große Treibjagden der Gaue unter dem Befehl des peo veranstaltet. Er oder sein Stellvertreter wurde dann ,,Jagd-Häuptling" (K: para-pɛ) genannt. Der Jagderfolg wurde wie eine siegreiche Schlacht durch Kriegstänze gefeiert und der Ruhm des gefeierten erfolgreichsten Jägers stellte an diesem Tage das Ansehen des peo in den Schatten.

Aus den GRUSI-Traditionen ging aber hervor, daß gerade von einem peo vorausgesetzt wurde, daß er auch ein tapferer, siegreicher Kriegsheld sei. Und unsere Untersuchungen hatten ergeben, daß ursprünglich die Hauptaufgabe des kwara die Gewährleistung des Sieges im Kriege gewesen war. Noch heute hatte der aktuelle Oberherr von Pouni dies sogar als die einzige Funktion des kwara überhaupt bezeichnet. Die Herkunft des Pouni-kwara bestätigt diese Einschätzung aufs klarste, war es doch einem Kriegshelden vom Kriegsherrn Kassou's geschenkt worden, damit er weiterhin siegreich bleibe. Implicite ist darin der Beweis enthalten, daß auch in Kassou — und darüber hinaus in den von ihm abhängigen oder mit ihm eng kulturverwandten Gauen Sapouy, Léo, Guiaro — das kwara ursprünglich auch ein Kriegszauber war. Damit aber rückt das Kriegs-kwara (= peo-kwara) in seiner Art ganz eng an das Jagd-kwara heran, jedenfalls können die GRUSI früher keinen wesentlichen Unterschied zwischen beiden gesehen haben.

Unsere Untersuchung des Haus-kwara hatte uns unter anderem die wichtige Kenntnis der Herstellung wenigstens der ,,Kinder-kwaras" vermittelt[194]. Wenn aber für diese heilige Erde vom Erdheiligtum mit Hirse-Mehl — als altehrwürdiger Opfergabe in jedem Kult — vermischt und mit Opferblut geweiht wird, so kann für das noch wichtigere Familien-kwara auch keine andere Substanz und Herstellungsmethode angemessener sein. Noch dazu, wo das Kinder-kwara nur eine Abspaltung des Familien-kwara zur speziellen Wahrnehmung einer von dessen Funktionen ist. Erst recht ist für die andere Abspaltung des Haus-kwara,

[192]) Waffen und Ausrüstung für Jagd und Krieg sind ebenfalls annähernd die gleichen.

[193]) Wie auch die alt-orientalischen Könige sich gern als große Jäger feiern ließen.

[194]) Über die Zubereitung der beiden anderen Arten vermochten meine Gewährsleute keine genaue Auskunft zu geben, da naturgemäß wohl Kinder-kwaras immer wieder neu hergestellt werden, die Familien-Gesundheits-kwaras und die Ackerbau-kwaras dagegen befinden sich seit Generationen in den Stammgehöften. Die evtl. nötigen Tochter-kwaras für mit der Zeit selbständig gewordene, abgesplitterte Seitenlinien dürften wie im Falle der Vasallen-kwaras aus der Substanz der Mutter-kwaras hergestellt werden.

das Ackerbau-kwara, keine andere Substanz als heilige Erde und ihre Hauptfrucht, Hirse, vorstellbar. Damit aber haben wir diesmal von der Materie her eine weitere enge Beziehung zwischen dem peo-kwara und dem Haus-kwara aufgedeckt, zwischen denen wir schon funktionelle und historische Beziehungen feststellen konnten. Denn für die Herstellung von peo-kwaras wird ja sowohl heilige Erde aus der kwara-Grube — die einem taŋwane gleichgesetzt wird — wie auch direkt von Erdheiligtümern genommen. Gemäß der bei der Herstellung anderer Fetische, Amulette, und Altären üblichen Praxis hatten wir dabei schon angenommen, daß bei der Anfertigung von Vasallen-kwaras wie ihrer Mutter-Substanz (kwara-nu) auch die Durchtränkung mit Opferblut bei der Einweihung eine Rolle spielen müsse (s. Film Nr. 12). Ob auch Hirsemehl mit hineingemischt wurde, hatte nicht festgestellt werden können. Da aber Hirsemehl — insbesondere mit Wasser vermischt (muna) für Libationen — bis heute die wichtigste Opfergabe an alle höheren Mächte geblieben ist, für sich allein oder vor Tieropfern dargebracht (s. Film Nr. 12), so ist doch wohl anzunehmen, daß auch der kwara-nu-Substanz Hirsemehl beigemischt wurde, zumindest durch Libationen mit Hirsewasser. Dies wird um so wahrscheinlicher durch die Tatsache, daß den Überlieferungen zufolge eine Familie zur Häuptlingsfamilie emporstieg und mithin ihr Familien-kwara ein peo-kwara wurde.

Bezüglich der Herstellung von Jagd-kwaras kann ich nur für eine Gattung, genannt „Buschgeister-kwara" (ṭyĭṭyĭrĭ-kwara), exakte Angaben liefern: Es soll den Jäger gegen Buschgeister und Raubtiere schützen und ist daher bei einem Jagdgang als Amulett mitzuführen. Wurzeln zweier Bäume (der eine „Buschgeister-Baum" genannt) und Knochenstückchen von Löwe, Leopard, Hyäne und Wildkatze werden verkohlt, zu Pulver zerrieben und mit Sheabutter zu einer Paste angerührt, die in ein Antilopen- oder Widderhorn als Behälter gestrichen wird. Opfer von Hirsewasser und einem Huhn über den Ingredienzen sowie Übertragung der „Kraft" eines alten kwara sind nötig[195]). Es gibt aber noch eine weitere Art von Jagd-kwaras nicht als Schutz gegen Feinde des Jägers, sondern für Jagdglück. Ihre Herstellungsmethode ist mir nicht bekannt. Es wäre denkbar, daß für ihre Anfertigung der Segen der für Jagdglück zuständigen Instanz, d. h. des lokalen Buschdämons, erworben werden muß, was am ehesten durch Verwendung von Erde vom Buschheiligtum (ebenfalls ein taŋwane, s. Kap. B VII) zu bewerkstelligen wäre[196]). Sollte sich diese Vermutung bestätigen, so würde dieses Jagd-kwara auch von seiner Substanz her dem peo-kwara gleichartig sein.

Wenn auch die Verbindung vom Familien-kwara zum peo-kwara einleuchtend ist, so ist doch die Verwendung von heiliger Erde des Erdheiligtums für einen Kriegsfetisch — welche Funktion das peo-kwara ja ursprünglich in besonderem Maße aufwies — seltsam. Es muß daher gefragt werden, ob für eine solche gedankliche Verbindung noch andere Belege vorliegen. Sie sind in der Tat zu erbringen: Wir hatten schon in Kap. B erfahren, daß in den GRUSI-Siedlungen, die kein Häuptlings-kwara besitzen, das Erdheiligtum das höchste Heiligtum ist, das Segen jeder Art bewirkt. Insbesondere wird es bei allen die Gemeinschaft bedrohenden Gefahren, nicht zuletzt auch im Kriege, um seine Hilfe angefleht. Aber auch in den von Oberhäuptlingen beherrschten Gauen wird das Erdheiligtum noch neben dem kwara um Kriegsglück gebeten und erhält es nach einem Sieg Dankopfer. Die Zuständigkeit des Erdheiligtums auch für Kriegsglück ist also gegeben. Erinnern wir uns ferner der Tatsache, daß den GURUNSI der Gedanke an die Möglichkeit der Übertragung der „Kraft" eines bestimmten Platzes oder Objektes auf andere völlig geläufig ist. In Bezug auf kwaras oder

[195]) S. Film 12.

[196]) Für die Anfertigung von Wahrsager-kwaras könnten ähnliche Gedankengänge und folglich Herstellungsmethoden vorliegen wie bei den Jagd-kwaras. Denn die zwangsmäßige Berufung zum Wahrsager erfolgt dann, wenn der Buschdämon durch einen Jagdfrevel erzürnt wurde, der Buschgeist-Komplice muß fortan als inspirierender Hilfsgeist dem Wahrsager dienen (14).

taŋwana wird von ihr bei der Herstellung eines Vasallen-kwara und bei der Errichtung eines Erdaltars im Ort aus von einem entfernten Erdheiligtum geholten Steinen Gebrauch gemacht. Wenn daher z. B. eine Neusiedler-Familie aus ihrer alten Heimat ein kwara mitgebracht hatte, wie es manche Traditionen berichten, so hat sie dadurch auch ,,Kraft", Segen und Schutz ihres alten Erdheiligtums auf die neue Heimstatt übertragen!

Ein mit Erde vom taŋwane[197]) gefülltes kwara, das einem Kriegsführer zur Verfügung gestellt wird, ist das Ergebnis der Verknüpfung der beiden Ideen: ,,das Erdheiligtum verleiht Kriegsglück" und ,,die Kraft des Erdheiligtums läßt sich auf andere Gegenstände übertragen". Das oben angeführte Beispiel des kwara, das von einem Kriegsführer Kassou's an einen solchen aus Pouni — der damals noch kein peo war! — geschenkt wurde, zeigt, daß früher auch ein Kriegsführer ein Kriegs-kwara, ähnlich wie ein Jäger ein Jagd-kwara in der Art eines Amulettes mit sich führen konnte. Das gleiche Prinzip liegt vor, wenn in späteren Zeiten zwar das peo-kwara während des Krieges in seinem Tempel verblieb, dafür aber Partikel von ihm als Amulette oder Insignien den Kriegsführer in die Schlacht begleiteten. Daß auch heute noch in gleicher Weise an die Schutzwirkung von taŋwane-Erde im Kriege geglaubt wird, zeigt folgendes Beispiel: Ein NUNA-Erdherr erzählte mir, daß er im ersten Weltkrieg in Frankreich gekämpft habe. Seit seiner Einberufung trug er als Amulett ein Säckchen mit heiliger Erde seines Erdheiligtums auf der Brust. Es rettete ihm das Leben, da es eine deutsche Kugel auffing. Wie viele afrikanische Soldaten mögen — neben anderen — solche Erd-Amulette mit in den Krieg genommen haben!

[197]) Oder damit gleichgesetzter kwara-Grube.

Im Kap. B hatten wir erläutert, wie immer wieder ein Erdherr und gleichzeitiger Landesherr genötigt sein kann, die eine oder andere Funktion seines Amtes zeitweilig oder auf Dauer an einen anderen Mann zu delegieren. Sei es als Priester eines bestimmten taŋwane, als politischer Häuptling oder als Kriegsführer. Für die Notwendigkeit, im Kriege daheim zu bleiben und das Kommando des Heeres einem Kriegsführer anzuvertrauen, liegen zwingende Gründe vor: 1. Tritt der Nachfolger eines verstorbenen Erdherrn sein Amt wegen des Senioratsprinzips in der Regel erst in vorgerücktem Alter an, so daß er schon aus körperlichen Gründen zum Kriegsdienst meistens untauglich ist. 2. Seine priesterlichen Aufgaben lassen seine Anwesenheit daheim als dringlicher erscheinen denn seine Teilnahme an Kriegszügen. 3. Ein Erdherr darf ,,seine Erde" niemals verlassen, er könnte einen Kriegszug also nie über seine Grenzen hinaus in feindliches Gebiet vortragen. Die Bestallung eines besonderen Mannes mit der Kriegführung durch den Erdherrn entspricht also ebenso der GRUSI-Mentalität wie die Ausstattung des Kriegsführers mit einem Kriegsamulett.

Somit hat auch die Untersuchung des neben den Häuptlings-kwaras existierenden kwaras unser mit anderen Beweisführungen gefundenes Ergebnis bestätigt, wonach die GURUNSI schon vor den Eroberungszügen der MOSI-MAMPRUSI kwaras besessen hatten. Damit müssen sie aber auch bereits sakrale Häuptlinge gehabt haben!

E. Schluß

In dieser Arbeit wurden die Fakten über das Häuptlingtum der GURUNSI vorgelegt und in einer Lokalinterpretation analysiert. Es ergab sich daraus, daß die GURUNSI als institutionelle Führung ursprünglich in echt altnigritischer Weise nur den Ältestenrat unter Vorsitz des Erdherren kannten. Letzterer fungierte sowohl als Erdpriester wie als Landesherr, war ein ,,Priesterhäuptling". Diese vorherrschende Rolle hat er sich bis heute in den abgelegeneren Siedlungen bewahren können. Aber auch in Orten mit wohlausgebildetem Gauhäuptlingtum gilt er stellenweise noch als oberste Autorität auch in der politischen

Führung. In anderen Orten hat sich ein lokal jeweils sehr verschiedener Kompromiß zwischen den Führungsansprüchen des Erdherrn und des peo herausgebildet, wobei häufig die politisch-administrative Führung dem peo, die im kultischen Bereich dem Erdherrn zufällt. Auch dann hat aber der Erdherr noch ein gewichtiges Wort im Ministerrat mitzusprechen.

Die Ansätze zu einem politischen Häuptlingtum waren schon in der altnigritischen Sozialordnung dadurch gegeben, daß der Erdherr einen — meist jüngeren und entsprechend geeigneten — Mann als Kriegsführer einsetzen konnte. Dabei konnte der Kriegsführer mit einem zeitlich befristeten wie auch mit einem dauernden und vererbbaren Amt belehnt werden.

Sodann hatten wir einen — von uns als „A-Typus" bezeichneten — Häuptling kennen gelernt, der sowohl die Funktionen eines Kriegsführers wie kultische Funktionen zum Wohle der Gemeinschaft auszuüben hat, der ein echter „sakraler Häuptling" ist. Er bedarf eines Häuptlingsfetischs, des „kwara", um regieren und Krieg führen zu können. Er stellt zwar einen Fremdkörper in der altnigritischen Kultur dar, doch ist sein Amt bereits so sehr von der Mentalität der Altnigritier durchdrungen und so stark in ihre Sozialordnung und Kult eingeschmolzen, daß dieses sakrale Häuptlingtum auf ein hohes Alter bei den GURUNSI zurückblicken muß. Es sei nur daran erinnert, daß bei der Einsetzung eines solchen Häuptlings der Erdherr wie der Ältestenrat noch eine sehr bedeutende Rolle spielen, letzterer als der „Ministerrat" des Häuptlings fungiert, und von diesem stellenweise viele kultische und profane Handlungen vorgenommen werden, die früher Sache des Erdherren waren. Offensichtlich hat eine gegenseitige Beeinflussung zwischen dem alten, vom Erdherrn delegierten Kriegsführer und dem eigentlichen sakralen Häuptling stattgefunden. Sie äußert sich darin, daß stellenweise der peo selbst auch der Kriegsführer war, stellenweise aber dieses Amt einem speziellen Heerführer unter seinem Oberbefehl übergab; oder darin, daß das Amt des sakralen Häuptlings aufgespalten wurde: Seine kultischen Funktionen — als die wichtigsten — verblieben z. T. einem ausgesprochenen Fetisch-„Priester", dem eigentlichen kwara-Herren. Dieser setzt — bei den KASENA — den politisch-administrativen Häuptling und Kriegsführer als sein ausführendes Organ ein, leitet seine Wahl und Ernennung, setzt ihn u. U. sogar ab, und installiert ihn mit Übergabe eines tragbaren kwara (aus dem in seiner Obhut verbleibenden Mutter-Fetisch hergestellt). Der peo bleibt so von dessen Willen oder zumindest Zustimmung abhängig, auch wenn er in der Öffentlichkeit stärker hervortritt.

Schließlich tauchte noch ein dritter Typus des Gauhäuptlings — von uns „B-Typus" genannt — auf, der sich als jüngste Beeinflussung der GURUNSI durch die „jungsudanischen" MOSI-DAGOMBA-MAMPRUSI, den Großstaaten bildenden Eroberern des späten Mittelalters, erwies. Er versucht, die Rolle des altnigritischen Erdherren und Ältestenrates stärker zurückzudrängen, den Ministerrat aus Angehörigen der Herrscherfamilie oder auch aus beamteten Sklaven selbst zu bilden, ein feudales Staatswesen aufzubauen. Indessen waren es nur die letzten Ausläufer der großen sudanischen Erobererbewegung, die erst nach Verpuffen ihrer anfänglichen Kraftleistung das GURUNSI-Gebiet erreichte. Es waren auch nur zahlenmäßig sehr geringe Erobererscharen, deren Blut zudem schon stärkstens negrid geworden war, denen noch die Herrschaftsbildung unter den GRUSI gelang. Deren Kultur war festgefügt genug, um die Eroberer zu einer weitgehenden Anpassung an ihre eigene Mentalität und zu einer starken Umformung ihres Herrschertums zwingen zu können. So mußten sie bezeichnenderweise den Häuptlingsfetisch kwara der unterworfenen sakralen Häuptlinge vom A-Typus übernehmen, um sich überhaupt dauernde Autorität zu verschaffen, und sie mußten ihr Brauchtum dem einheimischen anpassen. Die — z. T. erbittert bis heute geführte — Auseinandersetzung mit dem altnigritischen Erdherrn und Ältestenrat führte zu lokal sehr verschiedenen Kompromissen. Andererseits beeindruckte doch — selbst in seiner oft schon sehr verblaßten lokalen Spielart — die Herrlichkeit der Großstaaten-Bildner die schlichten GURUNSI soweit, daß selbst die nicht von den „jungsudanischen" Eroberern unterworfenen Häuptlinge deren Insignien und Brauchtum in örtlich verschieden starker Weise nachzuahmen begannen. Sogar Erdherren folgten diesem Beispiel, sofern sie ihre Würde als „Landesherr" und „Chef" dokumentieren wollten.

Das vorgelegte Material zum sakralen Häuptlingtum der GRUSI beleuchtet in einem örtlich und zeitlich begrenzten kleinen Ausschnitt die Verflechtung der Kulturgeschichte auch altnigritischer Völkerschaften mit der Kulturentwicklung weit entfernter Gebiete. Es konnte gezeigt werden, wie einerseits die beharrenden Kräfte altes Kulturgut höchst konservativ über lange Zeiträume treu bewahren, andererseits die Afrikaner doch auch für von außen herangetragene Neuerungen aufgeschlossen sein können. In einem steten Ringen zwischen Beharrung und Anpassung konnten so freiwillig oder gezwungen aufgenommene neue fremde Kulturgüter und -züge — nicht zuletzt auch solche hochkulturlicher Art — sowohl nahezu so unverändert beibehalten werden, daß sie noch als Fremdkörper herausgelöst werden können; andererseits wieder andere allmählich so in das bestehende Kulturgefüge eingeschmolzen werden, daß ihre fremde Herkunft nur schwer erschlossen werden kann.

Zur Lösung der Frage, woher letzten Endes die verschiedenen Typen des Häuptlings bei den GRUSI stammen und wann ungefähr sie bei ihnen in Erscheinung treten, reicht eine Lokalinterpretation nicht aus, muß zu einer Ferninterpretation geschritten werden. Es war nun schon von verschiedenen Forschern die Vermutung bzw. Ansicht geäußert worden, die afrikanischen Königtümer — die primitiveren Formen des Häuptlingtums wurden davon meist ausgenommen — könnten in ihrem letzten Ursprung nicht negrid sein. Dies wurde aber vorwiegend nur in hypothetischer, nicht wissenschaftlich belegter Form vorgetragen. Eine Lösung dieses Fragenkomplexes wurde bisher dadurch erschwert, daß — von ganz wenigen Ausnahmen abgesehen — alle afrikanischen Königtümer (oder gar alle auf der Welt zu findenden) als eine Einheit von letztlich einheitlichem Ursprung angesehen wurden. Man stellte einen Katalog aller in ganz Afrika (oder auf der ganzen Erde) zu findenden Regalia, Institutionen, Riten und Bräuche usw. des Königtums — vom Regenmacher und Priesterhäuptling bis zum Gottkönig, Pharao und Sultan — auf. Als Ergebnis zeigte sich dann, daß jeweils lokal nur ein ganz kleiner Bruchteil des ganzen Kataloges zu finden war; der Rest mußte dann irgendwann und irgendwo aus irgendwelchen Ursachen verloren gegangen sein.

Auch Behauptungen, daß bei der Entstehung der afrikanischen Königreiche „altmediterrane" oder „hamitische" oder „altägyptische" oder „altorientalische" Einflüsse gewirkt hätten, helfen uns nicht weiter, solange wie bisher nur erst ganz wenige Elemente dieser Kulturen — am wenigsten solche des Königtums selbst — auf ihrem Wege nach Schwarzafrika exakt verfolgt worden sind. Die „Hamiten-Theorie" ist schon seit längerem von mehreren Autoren ad absurdum geführt worden. „Mediterrane" Einflüsse auf Schwarzafrika erfolgten nun seit vielen tausend Jahren bis heute auf breitester Front, vom Atlantik bis zum Roten Meer. Mediterrane Kulturelemente wurden aber auch auf der „sudanischen Wanderbahn" zusätzlich noch von Ost nach West und von West nach Ost verschleppt, was ihre Analyse noch mehr erschwert. Sodann gab es in Ägypten wie im Vorderen Orient sakrale Könige schon lange vor dem Einsetzen der dynastischen Historie zu Beginn des 3. Jahrtausends v. Chr. Seit dieser Zeit hatte jedoch — in zeitlich sehr verschiedenem Ausmaß — der Vordere Orient durch Handel und Krieg auf die afrikanischen Länder vom Nildelta bis zum Osthorn kulturell eingewirkt. Fremde Eroberer beherrschten zeitweilig Ägypten und die Handelswege und -stationen vom Mittelmeer über das Rote Meer zum Indischen Ozean: Assyrer, das achämenidische Perserreich, Hellenen, das kaiserliche und das byzantinische Rom — beide selbst stärkstens vom Orient beeinflußt — und wieder die (sasanidischen) Perser; bis die islamische

Eroberung aufs neue asiatische, insbesondere vom glanzvollen Sasanidenreich geprägte Kulturgüter weit nach Afrika hinein brachte. Schließlich bezog der — in seiner Bedeutung für die afrikanische Kulturgeschichte noch oft unterschätzte — intensive antike Welthandel mindestens seit den Ptolemäern (mit der Weltstadt Meroë in Nubien als Umschlagsplatz für den Innerafrika-Mittelmeer-Indischer Ozean und arabischen Karawanen-Fernhandel!) auch Indien und sogar China in die kulturellen Außenbeziehungen Afrikas ein.

Unter diesen Umständen kann nur eine geduldige systematische Analyse der einzelnen, im Verdacht fremder Herkunft stehenden Kulturelemente in den verschiedenen Verbreitungsgebieten Licht in das Dunkel der afrikanischen Kulturgeschichte bringen. Der Verfasser hat sich von den zu erwartenden Schwierigkeiten nicht abschrecken lassen und in mühevoller Kleinarbeit alle bei den GRUSI angetroffenen Elemente des sakralen Häuptlingtums auf ihren Wegen in das Obervolta-Gebiet zurück verfolgt. Eine Darstellung dieser Untersuchungsergebnisse mit dem ganzen wissenschaftlichen Apparat bedingt jedoch die Aufrollung des Fragenkomplexes der sudanischen und westafrikanischen Königreiche und die eingehende Behandlung einer sehr umfangreichen Literatur, würde also den Rahmen der vorliegenden Arbeit sprengen. Der Verfasser sieht sich daher genötigt, diese Untersuchungen gesondert zu veröffentlichen und an dieser Stelle nur einige Ergebnisse — zunächst ohne Beweisführung — im voraus mitzuteilen:

Für das Häuptlingtum vom B-Typus sind „hamitische" wie direkte „altägyptische" oder „altorientalische" Einflüsse mit Sicherheit auszuschließen. Dagegen weist die überwiegende Mehrheit der Elemente so eindeutig und auch im Détail zu belegen auf das sasanidische Perserreich, daß auch diejenigen, deren persische Herkunft nicht mit letzter Sicherheit zu beweisen ist, mit hoher Wahrscheinlichkeit aus derselben Quelle stammen müssen[198]). Ein stärkerer byzantinischer Einfluß ist nicht zu belegen. Derartige Hypothesen scheinen einmal auf einer Fehlinterpretation verschiedener +-Zeichen als christlicher Symbole zu beruhen, zum anderen dadurch hervorgerufen worden zu sein, daß Kulturelemente, die Byzanz selbst aus Persien (namentlich von seinem so vielfach als vorbildlich angesehenen politischen Gegenspieler, dem mächtigen Sasanidenreich) entlehnt hatte, als „byzantinisch" angesehen wurden. Mit diesen sasanidischen Einflüssen stehen natürlich die vielfach im Sudan zu findenden Traditionen in Zusammenhang, nach denen gewisse weißhäutige Staatengründer mit ihren Panzerreitern aus Nubien, dem Yemen, aus Bagdad gekommen seien, noch bevor die heidnischen oder mohammedanischen Araber eintrafen. Hier muß auch die „Kisra-Legende" erwähnt werden, wonach diese Eroberer von Kisra = Khosro oder seinen Feldherren bzw. Nachkommen geführt wurden, der nach seiner schweren Niederlage gegen den römischen Kaiser — bzw. gegen mohammedanische Araber — nicht mehr in seine Heimat habe zurückkehren können. (L. FROBENIUS gebührt das Verdienst, darauf als erster hingewiesen zu haben. Leider hat er diese Spuren später nicht weiter verfolgt.)

Es ist sehr merkwürdig, daß noch kein Forscher — außer dieser Ausnahme — diesen Traditionen größere Aufmerksamkeit geschenkt und eingehend untersucht hat. Dabei läßt sich ihre Richtigkeit durch historische Fakten erhärten: Als nach Erreichen des Gipfels seiner größten Macht unter Khosro II. das Sasanidenreich plötzlich von Byzanz vernichtend geschlagen wurde und gleich darauf nach der inzwischen erfolgten explosionsartigen Eroberung Arabiens durch die Mohammedaner den Todesstoß empfing, die Araber sofort anschließend Syrien, Ägypten und Nordafrika in wenigen Jahren eroberten, war den persischen Besatzungen von Ägypten und dem Yemen der Rückweg in die Heimat abgeschnitten. Den in Ägypten stationierten Truppen und ihrem Anhang blieb nur der für die ägyptische Geschichte traditionelle Rückzug nilaufwärts nach Nubien übrig, wohin auch die Besatzung des Yemen übersetzen mußte. Hier wurden sie von

[198]) S. a. 14a.

dem militärisch noch starken Herrscher hinauskomplimentiert und auf Eroberungszüge nach Westen verwiesen. Nun folgten Staatengründungen dieser heimatlos gewordenen Panzerreiter von Kordofan über Darfur, Wadai, Kanem-Bornu bis Borgu, wobei sie ihre Herrschaften teils durch die Unterwerfung älterer kleinerer Königreiche, teils auf der Grundlage altnigritischer Bauernvölker errichteten. Von jedem neugegründeten Fürstentum aus verbreitete sich mit der Zeit diese feudale Herrschaftsbildung, indem nicht thronberechtigte Prinzen mit Verwandten und Abenteurern auszogen, um sich eigene kleine — souveräne oder Vasallen- — Herrschaften zu gründen. Je später dies erfolgte, desto stärker war die Rasse dieser Herren durch ständige Heiraten mit eingeborenen Frauen vernegert; doch ist noch bis heute europides, vielleicht auch turanides Blut in den Adelsschichten zu spüren. Die letzten Ausläufer dieser kriegerischen Erobererwelle finden wir in unseren DAGOMBA-MAMPRUSI-MOSI wieder, deren Vorfahren von jenseits des Niger über Borgu kamen und sich im altnigritischen Obervolta-Gebiet Herrschaften vom Gaufürstentum bis zum Großstaat schufen.

Von diesen „jungsudanischen" Staatengründungen muß im Sudan zumindest eine frühere Welle des sakralen Königtums unterschieden werden. Sie nahm ihren Ausgang ebenfalls in Nubien. Wie aus seiner geographischen Lage, den politischen und Handelsbeziehungen nicht anders zu erwarten war, hatte sich hier eine Mischkultur aus heterogenen Elementen gebildet: alteinheimisch-afrikanisches, berberisch-libysches, altägyptisches und altorientalisches, auch jüngeres koptisches und vorderasiatisches, selbst indisches Kulturgut findet bzw. fand sich hier verschmolzen. Während langer Zeiträume sickerten immer wieder solche Kulturelemente — wohl auch solche der Königskultur — durch Handwerker, Jagd- und Handels- und Sklavenraub-Expeditionen wie durch lokale Kriege nach Innerafrika ein. Der Hauptstoß scheint aber auch wieder durch ein historisches Ereignis ausgelöst worden zu sein: Um 350 n. Chr. zerstört der christliche König Ezana von Axum das tausendjährige nubische Reich von Meroë. Dessen Dynastie mit ihrem gewiß noch recht zahlreichen Anhang wurde in die Außenbezirke ihres ehemaligen Machtbereiches, nach Nordwesten, Westen und Südwesten abgedrängt, wo sich von Tibesti bis Darfur und Kordofan neue Reiche unter nubischer Führung bilden. Diese Herrschaftsbildung blieb aber nicht darauf beschränkt, sondern pflanzte sich — wenn auch nicht in dem schnellen Tempo der „jungsudanischen" Eroberer — weiter bis in das Tsadsee-Becken und von dort Benuë-abwärts nach Nigerien und Oberguinea fort. Der von dieser frühen nubischen kriegerischen Ausbreitung wie von Axum-Abessinien, sodann später von den persischen und arabischen Eroberern und Sklavenjägern auf die angrenzende Negerbevölkerung ausgeübte dauernde Druck muß sich aber auch nach Süden ausgewirkt haben: Aus Nubien und dem Obernil-Gebiet pflanzte sich der Druck auf Niloten, Hamiten und Bantu bis Ostafrika und selbst Südafrika fort, sodann wurden Neger der sudanischen und ostafrikanischen Steppen in breiter Front in den von ihnen bis dahin gemiedenen zentralafrikanischen Urwald hineingedrängt. Gerade die ostafrikanischen Königtümer vom oberen Nilgebiet durch die ostafrikanischen Seengebiete bis in den Kongo hinein weisen nun so charakteristische Übereinstimmungen mit den alten Königreichen Westafrikas und des Sudan auf wie beide mit Alt-Nubien (ausgeprägtes Gottkönigtum!), daß sie alle aus der gleichen Quelle, eben Nubien, gespeist sein müssen. Je weiter vom Ursprungsgebiet dieser Königskultur entfernt und je später entstanden, desto stärkere Differenzierungen weisen sie naturgemäß durch die lokal verschiedene Mischung mit unterschiedlichen einheimischen Kulturen und durch lokale Eigenentwicklung auf.

Schon in Nubien und den angrenzenden Ländern hat sich seit alters her ein starker libysch-mediterraner Kultureinfluß bemerkbar gemacht. Treten doch im Verlauf der ägyptischen Geschichte von Anbeginn an „Libyer" als Nachbarn nicht nur im Nordwesten, sondern auch längs der libyschen Oasenkette bis nach Nubien und Kordofan auf. Ihre archäologischen

Relikte lassen sich oft nur sehr schwer von nubischen unterscheiden. Wegen dieser uralten libysch-prädynastisch-ägyptischen und nubischen Kulturverwandtschaft ist es äußerst schwierig, „libysche" Kulturelemente im Sudan auf ihre räumliche und zeitliche Herkunft hin zu bestimmen. Wieweit der „A-Typus" der GRUSI-Häuptlinge mit dem eben erwähnten nubischen sakralen Königtum; seine megalithkulturlichen Spuren hiermit oder mit im Westen eingedrungenen mediterranen Kultureinflüssen und das „Doppelkönigtum" des „sakralen Häuptlings"./. „Kriegsführers" mit dem alten Mittelmeer zusammengebracht werden können, wird meine in der Ausarbeitung befindliche angekündigte Untersuchung ebenfalls beleuchten.

Anhang

Regentenlisten und historische Traditionen

Anhang 1

Regentenliste von Guiaro:

- Laguwɛ oder Aveyana = Gründer
  - 1. Aŋɔ
    - 2. Nɔɣɔ Nɔɣɔ
      - 3. Lübyɛ (nur 1 Tag)
      - 4. Padorɛ
        - 5. Adaɔ
          - 6. Yɔlɔ
            - 7. Lokɔ̃ Apiyo (ab ca. 1830)
            - 8. Kɔmɔ̃ Yatiri (ab 1861)
            - 9. Galo (ab 1868)
              - 11. Abuya (ab 1901)
                - 14. Atyemɔ (ab 1946)
            - 10. Ubole (ab 1870)
              - 12. Atibiye (ab 1918)
              - 13. Kɔara (ab 1935)

Anhang 2

Regentenliste von Tiakané:

1. Zyadyiru = Gründer von T. und erster kwara-tu
2. Aiyemale
3. Moviyu
4. Azyiwuyɛ
5. Kɔara
6. Ayɛ
7. Gambaŋa-yi(r)ɛ = Zeit der Djerma-Kriege
8. Negwɛ dto. und erste Weiße gekommen
9. Aduŋa
10. Atɛga
11. Apiyo = aktueller Chef 1956

Es herrschte immer Sohnes-Nachfolge

Anhang 3

Regentenliste von Kampala:

Palogo = Ahnherr, der sich zuerst in Kampala niederließ.

- Kapɛ̆re
- Meŋgiiyɛ
- 1. Assu
  - 2. Baitoone
    - 3. Koopala
      - 4. Nyigɔna
        - 5. Kodya
          - 7. Urɛ (brandschatzte Pô)
            - 8. Padurɛ
            - 9. Abakɛ † ca. 1890 nach 7jähr. Regierung im Kampf gegen die Djerma
              - 10. Pwesã (ca. 7 Jahre regiert)
                - 12. Wɔ̃ĩṇtyiya * ca. 1860, † 1943 ernannt 1898, verjagt 1918
                - 14. Kumbili * ca. 1880, † 1947 ernannt 1924
              - 11. Aïdidu 1897 ernannt, 1898 verjagt, † 1930
                - ?
                  - 13. Alipwa * ca. 1864, † 1943 1918 ernannt, 1924 verjagt
        - 6. Santa
- Afa
- Kandɛ̃
- Kayiye
- Anawɛ

15. Ʒupyiu = Brudersohn von 14, * 1919, ernannt 1947

Anhang 4 *Liste der Erdherren von Gougogo-Kampala:*

- 1. Palogo
  - 2. Məŋgiiyɛ
    - 3. Kapĕrɛ
      - 4. Aavɛ
        - 5. Kwaara
        - 6. Batyaɣa
          - 7. Amidim
            - Digitɛrɛ
              - 16. Gwoĩnṭyüü
            - Asɛtɛ
              - 14. Afiidɛ
            - 9. Asəntyuu
              - 12. Aapiyuu
          - 8. Daavua
            - 10. Apuwɔ
              - 13. Aasɛgɛrɛ
            - 11. Aomanɛ
            - 15. Adaa

Anhang 5 *Stammbaum der Gauhäuptlinge von Tiébélé:*

Kaləŋgɔŋo				
Nabuga				
Buɛ̃tyɛte				
Wɔŋo	=	1. Gauhäuptling		
Naabiye		2.	,,	
Kumara		3.	,,	
Kɔara		4.	,,	erhielt das kwara
Damina		5.	,,	
Adyuu		6.	,,	
Gayale		7.	,,	
Konyirepɛ		8.	,,	(Djermakriege, 1. Weiße)
Baaleyɛm		9.	,,	
Dübadye		10.	,,	seit 1954/55

Anhang 6

Liste der Erdherren von Tiébélé-Tiyɔlɔ:

1.	Waro	(Ihm hatte sich Kaləŋgɔŋo, der Ahnherr der Häuptlingsfamilie, unterstellt)
2.	Awiya	
3.	Puŋu	
4.	Layoburi	
5.	Kamana	
6.	Ada	
7.	Tyekwɔ	
8.	Dugudye	(Ankunft der Weißen)
9.	Kaba	
10.	Kotuwɛ	

Anhang 7

Regentenliste der Landschaft Navio, Canton Tiébélé:

1. Bələrɔ
|
2. Yaŋwuyɔ
|
3. Azeŋa
|
4. Mantugə
|
5. Tɔŋɔ
|
6. Dota
|
7. Ada
|
8. Anɛntwi — (Seitenlinie)
|
9. Adwa * 1894, regiert seit 1933 als „Chef administratif". Das kwara wird ihm vorenthalten

Anhang 8 *Stammbaum des Paramount Chief von Navrongo:*

1. Butuu (aus nördl. französ. Gebiet eingewandert, wo auch der Vater verstorben ist)
2. Nɔyɔya
3. Diməsoya
4. Kiru
5. Yaatɛ
6. Basena
7. Yənpiyɛ
8. Afa
9. Tigibə
10. Karaatə
11. Kwara † 1916 — 12. Awɛ † 1945
13. Adda regiert seit 1945

Nachfolge: Immer Primogenitur mit Ausnahme von 12., da 13. beim Tode des Vaters noch zu jung war.

Anhang 9 *Liste der Erdherren von Ketiu:* (Chiana)

1. Wusiga (Beiname Cana)
2. Kwɛti (heute Kɛtyu ausgesprochen, = 1. Sohn des Wusiga)
3. Ziziŋa
4. Asena
5. Kɔyirɛ
6. Asaah
7. Agula
8. Liyu
9. Atum(u)wɛ (= „Mein Herr ist Gott") Djermakriege
10. Gugɔrɔ 1. Weiße
11. Ayikwagatɔgi (= 3. Sohn von 10, dessen 1. Sohn starb früh) * 1875, 1926 installiert)

Immer „Sohnes"-Nachfolge.

Die o.a. Namen seit Wusiga sind Herrscher-Beinamen, die eigentlichen Personennamen werden aus Angst vor Verzauberung geheim gehalten.

Anhang 10 *Regentenliste von Kayoro:*

1. Baviyã (erhielt als 1. peo das kwara von seinem Freund Ketyələ, der aus Pinda kommend sich in Kayoro niedergelassen hatte und den Baviyã als ebenfalls Landfremden unterwegs getroffen hatte.)
2. Bεεmu
3. Aya
4. Kaba
5. Bəldiyə
6. Badwa
7. Yaara
8. Badyuwə
9. Pεwɔ
10. Kumbɔ
11. Gambaŋa (Djermakriege, 1. Weiße)
12. Kɔsalnyia
13. Apiyuu
14. Naboo
15. Tiyiirəm, regiert seit 1951

Immer Sohnes-Nachfolge

Anhang 11 *Regentenliste von Nakong(o):*

Namaŋ = mit seiner Frau von Kassim im NO gekommener Erstsiedler und 1. Erdherr. Besaß bereits das kwara. Er übergab es an seinen Sohn
Sissɔnə, der vom Volk abgesetzt wurde und das kwara an
Nakɔŋ übergab, nach dem der Ort benannt ist. Von diesem wurde es an
? die Nachfolger weitergegeben.
?

1. Atiyə = 1. peo
2. Nakwĩ lə na
3. Daba
4. Ake
5. Abaŋa
6. Dabayiru
7. Anyinake
8. Awa
9. Kəpuru (noch keine Europäer da, starb sehr alt.)
? } Zwischen 9. und 10. muß mindestens ein peo noch regiert haben, der
? } nicht genannt wurde. Viell. stammt der akt. peo aus einer Seitenlinie?
10. Afagati, regiert seit 193?

Regentenliste von Chiana:

Cana = im französ. Territorium verstorbener Urahn[1])

Wusiga kam über Sandema im Builsa-Land nach Chiana und unterstellte sich dem Erdherrn von Chiana namens Nɔsi[2])

Dia (jüngster Sohn) — Namaɣa (4. Sohn)[3])

Yidam — Bɛsuu

Kinka (1. Kwara-tu) installierte: — 1. Laniya als 1. peo († 5 Jahre nach Krönung)

Aŋɔŋɔ „ — 2. Niyɛm (regierte 10 Jahre) — ?

? — 3. Adiŋyia (regierte 20 Jahre) — ?

? — ? — 4. Wogaokori (regierte 5 Jahre nach 5jähr. Interregn.)

Liribɛ — ? — 5. Adyua (regierte 60 Jahre, vernichtete das kwara)

ca. 100 Jahre kein peo

Alamari installierte
mit Ersatz-kwara: Adiŋyia Kaba = 6. peo (regierte 6 Jahre, im 1. Jahr Friedensvertrag mit Paɣa-peo Ayenva. Im 6. Jahr das alte kwara gefunden und mit zweitem zu neuem vereinigt. Djerma-Kriege.

?

Aloriwɔ — 7. Kayariwɛ (Brudersohn von 6., im 7. Regierungsjahr kamen Engländer aus Gambaga, regierte von 1892 an (von 1905—1913 illegale Zwischenregierung des Usurpators Azuseri). † 1918 als alter Mann.

8. Dantio 1919—1925, als unfähig abgesetzt, † 1926.

9. Ayagitam I, gewählt 1926, erhielt 1928 das kwara von Dantio, † 1949.

10. Ayagitam II, gewählt 1950.

1) Nach der Ketiu-Tradition war Cana der Beiname von Wusiga

2) Nach Auskunft des Paramount-Chief von Navrongo hatte er sich dem Erdherrn von Saa im Gebiet von Ketiu unterstellt

3) Nach der Ketiu-Trad. war Namaɣa der Sohn von Bɛsuu

Anhang 13

Liste der Erdherren von Pouni:

1. Nazila (kam von Pouni im LYELA-Canton Réo) 2. Gelpwɛ̃

3. Benãũ 4. Yagəro (erhielt das ***kwara*** aus Kasu)

5. Bokun Elow 6. Vila Naezoŋ

7. Sale

8. Zibiyɛ

9. Bənuẽ 10. Nyãdəma 11. Koãzẽ

12. Bələle (Nəbwa) 13. Low 14. Ilɔ̃ 15. Wityau

16. Zananyə

17. Pyaze 18. Bətya Vuna (Djerma-Kriege)

19. Sonu (erste Weiße)

20. Yombiyɛ

21. Akɔma 22. Bəluwɛ

24. Bilibu

Anmerkung: In einer Reihe verzeichnete Erdherren waren „Brüder", für die nächste Generation der „Söhne" ist die genaue Abkunft als unwichtig vergessen worden.

Anhang 14

Regentenliste von Silly:

1. Nayagoo

2. Ugwɛ 3. Badwe

4. Natuu 5. Babuu

6. Bassəmbi 7. Düwɔ 8. Batyega

9. Awele 10. Abikuma

11. Abŏro (Ankunft der Weißen)

12. Afoo

13. Abiyo

14. Atyetyire

15. Amɛ-Komɛ

16. Awala

17. Atyuvără

18. Akiya

19. Ayɔŋ

20. Basu

21. Kogwɛ

22. Düwo

Die Regenten (kwara-Herren) 11 bis 22 sind klassifikator. „Brüder".

Anhang 15

Regentenliste von Dio:

Sandow (in „Ouagadougou" zurückgeblieben. Es wurde ausdrücklich vermerkt, daß er ein NUNA war!

Bayii = 1. Erdherr, gab das kwara an:

Yimɛ (= 1. kwara-tyu)

Ibiye

?

?

?

Anzahl der Regenten zwischen Yime und dem letzterinnerlichen Baaraya ist unbekannt

Baaraya

Baadwɛ

Yɔŋu-nekwɔlelo

Pebii (Ankunft d. Weißen)

Yɔŋu (* ca. 1875, † 1956)

Anhang 16

Liste der Erdherren von Beune:

1. Abɛ

?

?

Bwəle

Bɛnina

Barakɔŋ

Kaduɔ

Basɔnɔ

Bavɔro

Ualɔŋ

Bapuri (erste Weiße)

Anhang 17

Regentenliste von Tabbou:

Wasu (in Zao geblieben und gestorben)

1. Bafoa

2. Ţyepulu

3. Dyəndɛŋa — 4. Bəlɛ — 5. Gyiɔ

?

6. Zambwɛ̃

?

7. Yafã

8. Bətlɔbɔɔ

9. Bətibye

10. Bazɔɔ

11. Yipikwa

12. Naŋyam

13. Kabaa

14. Batyɛ̃

15. Natyora

16. Bwui-Bagadye

17. Baya

18. Batyue

19. Böli

20. Bapyõ Nyɔ̃

21. Badyini

22. Badyiwa

23. Kanyano

24. Baletye

25. Bəlɛ

26. Badyikyilu

?

27. Yipikwa — 28. Basonɔ — 29. Yekuyire (aktueller kwara-tyu

Anmerkungen: Die Reihe vom 8. bis zum 26. kwara-tyu umfaßt „Brüder" im klassifikatorischen Sinne, darunter werden sowohl Söhne des gleichen Vaters und verschiedener Mütter wie auch Brudersöhne gerechnet. Der jeweilige Vater (= genitor) wird in Traditionen meist nicht im Gedächtnis behalten. Wegen der Sitte, auch in hohem Alter noch junge Frauen zu heiraten, kann zwischen dem Geburtsdatum des ältesten Sohnes und dem des jüngsten ein Zeitraum von 30—40 Jahren liegen. Die Regentschaft von 3 „Brüdern" kann also eine Spanne von 2 normalen Generationen, die von einer sehr langen Brüderreihe (wie 8—26) auch 3 oder mehr umfassen. Unter Regent 17 fällt die Ankunft der ersten Weißen.

Anhang 18

Regentenliste der kwara-Herren von Léo:

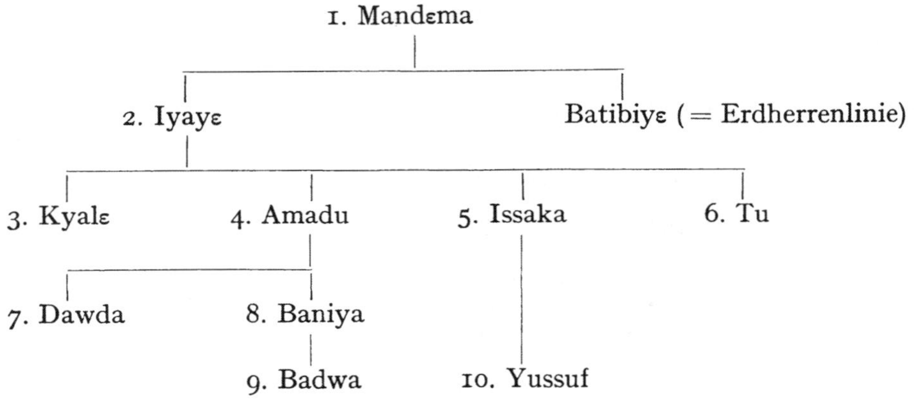

Es herrschte immer Ältesten-Nachfolge.
Offensichtlich fehlen zwischen 2. und der Generation 3. bis 6. verschiedene Regenten und Generationen.

Anhang 19

Liste der Erdherren von Léo:

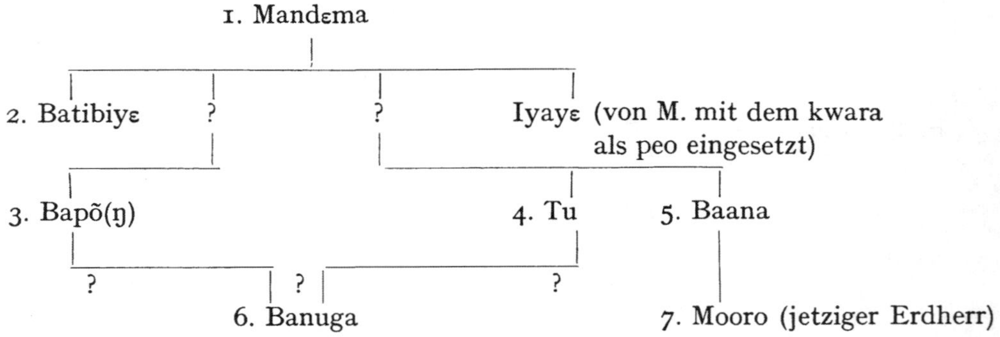

Offensichtlich fehlen zwischen dem als friedlicher Siedler in die damalige Wildnis aus Kuluoko („langer Teich") in der Dagari-Region gekommenen Mandɛma und den ab 3. genannten Erdherren eine Vielzahl von Namen und Generationen!

Anhang 20

Liste der Regenten von Kassou:

(Jeder war gleichzeitig Erdherr wie kwara-besitzender peo)

1. Ityuo — 2. Tyɔŋɔ — 3. Bayimɛ — 4. Bubu Tyimbɔra — 5. Tutyao

6. Ibiyɛ

7. Bafo

8. Bayii — Djerma-Kriege

9. Aboro — „

10. Bafo — „

11. Bavaro — „

12. Kambii (erste Weiße)

13. Batyuu

14. Bapyõ

15. Bayau

16. Bətyõ

17. Bapyõ-Banya

18. Bubula

19. Bubu II.

20. Batyɛ̃ (jetzig)

1. bis 5. und 6. bis 19. sollen jeweils „Brüder" gewesen sein. Es herrschte angeblich stets Ältesten-Nachfolge.

Offensichtlich fehlen zwischen dem Gaugründer Ityuo und den Regenten während der Djerma-Kriege eine größere Anzahl von Regenten und Generationen. Wahrscheinlich waren auch nicht alle Regenten von 1. bis 5. generationsgleich.

Anhang 21

Regentenliste von Sapouy:

1. Zəmbala
   - 2. Ideŋgi
   - ?
     - 3. Odiyɛ
       - 4. Bayatyo
       - 5. Omana
         - 6. Basana (Beiname: Saguyamum)
           - 8. Bavo († 1924)
         - 7. Witiyɛ
           - 9. Basonɔ (1924—34)
           - 11. Bafɔ
         - Wibiya (Yɔ-ti vom 7.)
           - 10. Bɛrtiye († 1938)

Anmerkungen: Zəmbala war als MOSI mit Kriegern und Frauen aus Saponé (südl. Ouagadougou) gekommen und hatte nach dem Heimatort das NUNA-Dorf Zǎõ in Sapouy umbenannt. Er war ein großer Jäger und Krieger, hatte die Ausdehnung von Kassou aufgehalten und viele Dörfer erobert. Sein ältester Sohn Ideŋgi war ebenfalls ein großer Kriegsherr, der 3 große Dörfer eingenommen hatte. Sein Neffe Odiyɛ hatte ebenfalls einige Dörfer erobert, aber keinen Krieg gegen Kassou geführt. Dessen ältester Sohn Bayatyo hatte viele Kriege mit unabhängigen Dörfern zur Vergrößerung des Gaues geführt, gegen Kassou unentschieden gekämpft. Sein Bruder Omana führte in kurzer Regierungszeit ebenfalls viele Kriege mit Kassou um die Vorherrschaft, jedoch keine gegen die MOSI. Basana, der älteste Sohn von Omana, regierte 30 Jahre lang und führte einen dreijährigen unentschiedenen Krieg gegen Kassou. Er galt wie sein Bruder Witiyɛ als großer Krieger. Letzterer hatte die MOSI über die Rote Volta zurückgetrieben. Drei Jahre kämpfte er gegen Samory, im 4. Kriegsjahr fiel er im Kampf. Vor Beginn des Krieges gegen Samory soll der Kassou-peo dem Sapouy-peo vorgeschlagen haben, den ständigen Bruderkrieg einzustellen und mit vereinter Kraft gegen Samory zu ziehen. Das war jedoch eine Finte: Als der Kampf begann, griff Kassou als *Verbündeter* von Samory in einer Koalition mit Léo und anderen Gauen Sapouy an, das schwer geschlagen wurde. Vor dem Krieg gegen Samory führte der Sohn W.'s, Bəkulotufo („Elefantenspur"), dessen Mutter aus Koumbili stammte, als Verbündeter von Koumbili einen siegreichen Krieg gegen Kassou. (Diese Tatsache wurde mir in Koumbili bestätigt). Drei Jahre nach der Niederlage gegen Samory-Kassou, d. h. im 9. Jahre nach dem Regierungsantritt des Witiyɛ, kamen die Franzosen in das Land. Der 8. peo Bavo hatte den Gau wieder in Ordnung und die Wirtschaft wieder in Gang gebracht, das Brauchtum wiederhergestellt. Mit ihm starb der letzte, nach allen brauchtumsmäßigen Riten geweihte, „Chef Coutumier". Seine Nachfolger waren zwar rite gewählt worden, hatten aber sämtlich nicht die erforderliche Zustimmung aller „Fetische" erhalten können. Sie konnten daher nur die polit.-verwaltungsmäßigen Funktionen eines peo ausüben, unterlagen in ihren kultischen Funktionen jedoch gewissen Restriktionen (wurden dabei z. B. in gewissen Handlungen von anderen Kultfunktionären vertreten). Der aktuelle Gauhäuptling Bafɔ wurde 1939 zunächst quasi zum „kommissarischen" peo ernannt, regierte seit 1949 auch offiziell, konnte aber bis 1956 noch nicht zum „Chef Coutumier" geweiht werden, da er immer noch einige Sühneopfer an einige Fetische zu bringen hatte, die mit seiner Ernennung noch nicht einverstanden waren.

Anhang 22

Die Gründung des Gaues Sapouy

Vor Ankunft der MOSI-Eroberer gab es im NUNA-Gebiet wohl Zusammenschlüsse einzelner Dörfer zu kleinen Konföderationen, aber keine Gaue aus vielen abhängigen Dörfern. Daneben blieben viele Dörfer völlig unabhängig. Es wurde ausdrücklich versichert, daß die unabhängigen Dörfer neben ihren Erdherren auch schon Dorf-Häuptlinge hatten, die wie heute „das Brauchtum zu verrichten" hatten (die also schon sakrale Häuptlinge und wahrscheinlich schon kwara-Besitzer waren, wie es auch von anderen Gewährsleuten ausdrücklich bestätigt wird). Nur waren fast alle Dörfer politisch uneins und unfähig, größere politische Einheiten zu bilden. „Die MOSI-Herren dagegen waren an das Regieren und an Staatsbildung gewöhnt, sie hatten ein leichtes Spiel, Territorial-Fürstentümer (= Gaue) zu bilden. Die Eroberer waren — nicht thronberechtigte — Prinzen, die mit Gefolge — darunter auch einigen Frauen — auf Eroberung auszogen".

Zur Zeit der Ankunft des Gaugründers Zəmbala war fast das ganze Territorium des heutigen Gaues Sapouy bereits von Kassou aus unterworfen worden. Erst nach und nach konnte die Macht Kassou's zurückgedrängt werden. Der Ort Sapouy selbst war damals ein unabhängiges Dorf namens Zaõ. Hier ließ sich der aus Saponé gekommene MOSI-Prinz Zəmbala mit seinem

Gefolge an einigen Kriegern und Frauen zunächst friedlich nieder und unterstellte sich dem einheimischen Erdherren (dessen Nachkommen noch heute im Amt sind). Kriege wurden zunächst nicht geführt. Z. war z. Zt. seiner Ankunft noch ein junger Mann. Diese MOSI heirateten viele NUNA-Frauen (wodurch ihre Nachkommen schnell nunaisiert wurden) und wurden rasch zahlreich. Mit der Zeit fingen sie an, sich auf Kosten der Einheimischen breit zu machen, sie einzuschüchtern und schließlich zu terrorisieren und immer mehr Macht an sich zu reißen. (Es scheint, daß zunächst die MOSI-Krieger den NUNA von Zaõ und Umgebung eine willkommene Hilfe bei der Verteidigung gegen die Ausdehnungsgelüste von Kassou — das ebenfalls von MOSI-Eroberern als Gau gegründet worden war — bedeutet haben.)

Ein barbarischer Roheitsakt der MOSI brachte schließlich die seit langem schwelende Spannung zwischen den autochthonen NUNA und den inzwischen sehr unbequem gewordenen MOSI-Siedlern zur Entladung: Eines Tages stritten sich einige am Wege sitzende MOSI-Männer darüber, ob eine des Weges kommende schwangere NUNA-Frau mit einem Knaben oder Mädchen niederkommen würde. Zur Entscheidung der Streitfrage ergriffen sie die Hochschwangere und schnitten ihr den Leib auf! Sie fanden eine männliche Leibesfrucht, die natürlich ebenfalls starb[1]). Die NUNA wurden dadurch aufs äußerste eingeschüchtert und entmutigt. Sie ersahen aus diesem grausamen Willkürakt, daß die inzwischen so zahlreich und mächtig gewordenen MOSI sie über kurz oder lang gnadenlos vernichten würden und flohen (in der Mehrzahl). Das größtenteils geräumte Dorf Zaõ wurde von den MOSI ganz in Besitz genommen und zur Erinnerung an die Heimat (Saponé) in Sapouy umbenannt. In der Folgezeit schritten die neuen Herren zur Eroberung der umliegenden Dörfer — deren Erdherren stets im Amt belassen wurden! — und zur Bildung eines Gaues.

Das Gefolge des Zəmbala und ihre Nachkommen legten sich den Familiennamen Namã bei. Er soll im MOLE „Kinder des Kriegers" bedeuten. Im NUNA hieße das „kwatara".

1) Meinen Gewährsleuten war es durchaus bewußt, daß dies eine nach ihrem heutigen Empfinden unerhört grausame Tat war. In jenen barbarischen Zeiten sei dies jedoch nichts ungewöhnliches gewesen.

Anhang 23

Wusiga und der taŋwane-Dämon Goli.

Nach der Erzählung des Chiana-peo
R. Ayagitam II.

... The ancestor Chiana's landlord was Nɔsi, settling in Sia in the hills of Lui. He (= Chiana) married Nɔsis daughter and built a house by his landlord's house. ... With Nɔsis daughter he gave birth to Wusiga, a male child ...

Wusiga as a good farmer and hunter determined to emigrate to a better place where he would get a fertile land to farm and a good hunting field where good game would resist. After Nɔsi, his landlord, and the whole family accepted, he decided to build by the Fetish God (= taŋwane) Goli at River Bugyera, which his father worshipped greatly. After the house was completed Wusiga with no wife, Nɔsi and his son Nao immigrated there .... Wusiga claimed to be the houseowner and landlord of their new house on the land they were settling. ....

... Wusiga made a promise to the Fetish God Goli with the following religious sentiments which find expression in an act of worshipping the Fetish: „.... I am very lonely without children. If by your spiritual mystery you give me many children, I shall bestow you my eldest son. I shall be reminded about the fulfilment of my promise when I see my children unwave their warrial dresses on the stem of my big baobab-tree". ... (Wusiga zeugte dann 6 Söhne). ... A sign actually came when these six brothers returned from hunting, and whiles very wearied and tired, undressed their quivers, bows, spears, skins (= Rückenfelle) and caps on the stem of the baobab-tree. Unable to bear the great burden of the dresses, the stem broke down. When their father came out and saw what had happened to the tree, he was called to mind of his promise he made to the Fetish God Goli.

As the custom of the Kassena's, nobody ever practised human sacrifice since their early generations. Wusiga was greatly frightened, and did not know what to do in order to fulfill his promise. He therefore searched for a new place, called Sisapanga, about 10 miles from Goli, and built a new house there. He emigrated to his new house with the whole family, including Nɔsi and his son Nao. .... After settling, he thought of fulfilling the promise he made to the fetish in a way that his fears may diminish. So one day he fed his dog with 'to' (= Hirsebrei), the ordinary food here, and extracted the blood of a slaughtered goat and fried it. He then poured the fried blood into the abdomen of the killed dog. With these things he took a bow, a hedgehog and human hair, and rode on horses with his first son Nanyanga to the river side. When he arrived, he placed the abdomen of the dog, containing the intestines, blood and the hair, on the banks. (When a hedgehog is set with its legs to the strings of a bow, it gives a cry like that of a baby). So with the hedgehog he had with him, he set it to the bow and it gave a cry like a baby. After he had done this, he took the hedgehog and his bow, leaving the rest of the things there and hid at a neighbouring bush with his son and their horses.

When the fetish (= taŋwane) came out when it heard the cries, to see what Wusiga had really brought for him to fulfill his promise, (he) saw nothing but the abdomen, its contents and the human hair on its (!) banks. Being very much shocked, it (!) gave an alarm for the neighbouring fetishes to summon. When the other Fetish Gods came, the Fetish Goli related to them Wusiga's promise and the sort of things he deceived him with. After the other Fetish Gods had decided, they gave their verdict as follows:

They remarked that Fetish Goli had made use of Wusiga's fulfillment alone without calling for them to take part. The things they saw actually gave an impression that they were remains of a human being which was made use of, and before they also came they heard the cries of a baby[1]). They found that the Fetish Goli was certainly selfish, for making use of his (= Wusiga's) fulfillment alone without giving them a share, and after that refused to take part in their dispute (= between Goli and Wusiga). The Fetish Goli, on hearing the views of the other Fetish Gods: The Fetish Goli vowed that he would capture Wusiga and any of his descendants which he sees on its banks. Wusiga and his son Nanyanga on hearing this, escaped fastly away on their horses to their new house at Sisapanga (= im heutigen Gau Ketiu). There he established good farming and rearing of live stock."

Anhang 24

The History of the Fetish 'kwara'

Mitgeteilt vom Chiana-peo
Mr. R. A. AYAGITAM

"..... It is true that much of the importance of the Fetish kwara has been obscured since the coming of the European and other external influencies. The fetish's religious sanctions have been weakened by Christian Missionary activities, the initiative in governing their people and in maintaining law and order has been wrested from the chiefs hands by the coming of British Government, and the cessation of local wars has reduced many of the organisations based on the fetish to mere pretence of their former glory, and the battlecries no longer rally the men to the call of their Fetish.

After the Chiana-people have settled on the eastern, northern, western parts of the river Buponga at Bogla, Kinka, a grand son of Dia — the youngest son of Wusiga — was living with Bitariwora, whose first son was Fuli. A hunter of Pindaa came across as far as to Wiira pio, and killed a bush cow. He skinned the bush cow and took the liver with him to Kinka's house. As the natural custom he was

[1]) Die Innereien eines Hundes — die auch gegessen werden — sollen denen eines Kindes ganz ähnlich sehen.

Die Anmerkungen in ( ) stammen vom Verf.

served with water as a stranger. After drinking, he cut a part of the liver and put it in the calabash from the woman who gave him the water which he drunk, as a sign of killing an animal in the bush. The house-owner Kinka was then informed and the meat of the bush cow was brought home. And the hunter suggested that the meat should be put in the room of the woman who served him with the water, and the rest of his luggages too. He was then staying in that woman's room whilst hunting. The woman had a daughter, called Kassina, whom the hunter was in secret love and incidentally conceived her, through their love without the knowledge of the father Fuli and Kinka, the house-owner. When the parents, Fuli and Kinka, became known to it, they investigated through the case and the hunter agreed that he caused the pregnancy. According to the KASEM custom, a girl at her first conception must undergo some customary functions in the husbands house before she gives birth.

In order to get this done, the hunter was requested by his landlord to bring a nephew[1]) or a relative of him from Chiana to bear witness for their marriage before he could proceed with his wife to his own village for the custom's performance. Bantiri was therefore found as his only nephew and was brought to Kinka's house to perform the wedding of the hunter and his wife. Bantiri was then requested to bring the hunters parents from Gyela, a section in Pindaa, and they were brought and the wedding was then done by Bantiri and his uncles. Thus the hunter lawfully married Fulli's daughter in his landlord Kinka's house. When they reached home, they performed the usual customs of pregnant girls.

.... The horses of Kinka were looked after by his daughter, called Kafa. A man, called Agona Adda from Binagania, a section in Saa, married Kafa and left the horses without any person to care for them. Kinka much raged with the position his horses were lonely left, and with the manner in which Agona Adda married Kafa, and waged war with the people of Saa for the return of his daughter. Kinka or the headman — worshipper of the ancestoral spirits of Chiana, Wusiga and the River Bogla — was much assisted by the people of Ketiu and they invaded Saa, but they could not get Kafa from them. As the custom of the people after sectional conflicts, they gathered together on the Fetish River Bogla to settle the conflict by pouring libations, killing of fowls and animals for the purification for the offence caused by them in the past. And the purification of the sins committed were the main expressions which Kinka, the Fetish-priest, was worshipping when Kassina and her husband also arrived to pay visit to them on hearing of their conflict with the people of Saa of the cause of how Agona Adda unlawfully married Kafa. The hunter was surprised to find that his father-in-law, instead of settling the dispute on the Fetish kwara, he was settling it by the riverside, which was the wrong thing to do in organized primitive communities or villages. He asked his wife Kassina, wether they have no Fetish kwara, and the wife said no. So he told her to inform her parents to come to him at Pindaa so that he would get them a Fetish kwara.

When Kassina told that her parents, they asked him to know how they would attain the Fetish kwara. He instructed them to bring along with them: a sheep, a hoe blade, a fowl, a bangle, a guinea fowl, and a bundle tobacco. He adviced them to take those things through Bantiri from Kalevio (a section in Chiana), their nephew, and through a certain man from Nao, a nephew to Adichogi at Chiana-Saboro, before they brought those things to Pindaa. Kinka and Fuli acted as they were instructed and sent the things through that channel to Pindaa. When the Gyelas from Pindaa received the things, they gave instructions that they should search for a spotted cow which has curved horns ready, so that when they came they will make out the Fetish kwara. It was found and the Gyelas came first with it to Adichogi's house in the night. During day break Bantiri was sent to Kinka by the Gyelas, that they should be prepared, for they would bring the Fetish kwara in the night

[1]) „Schwestersohn" (nako-bu) wird ein Helfer und Mittler in Brauchtumsangelegenheiten genannt. Er muß nicht immer ein blutsverwandter „Neffe" sein.

for him, since custom is that it is not carried or travelled with in the day time.

When the Fetish kwara[1]) was received by Kinka, he promulgated on the compound heads for Wusiga's children the next morning to receive their Fetish from the Gyelas. The next morning, when they gathered, he informed them that he and Fuli have brought a Fetish into the village to help in the sacrifices, worships and settling of sectional conflicts. So they were all wanted by him, the high priest[2]), to come and see and hear from the Gyelas, the makers of the Fetish. They therefore asked the Gyelas to say what he needed before he would give them the Fetish kwara. He therefore started the following things: A black gown, 3 bangles, 30 hoe-blades, 1 black sheep, 20 fowls and 9 guinea-fowls and promised to give 7 cattles if they found the Fetish quite profitable and helping to the village or to the community.

The spotted cow was killed and the right-hand side curved horn was used for the sacred making of the Fetish kwara. Kinka then asked the different elders to take possession of the Fetish kwara. Starting from Gyatɛ, a son of Tatoo, son of Zoo, the ancestor of the section Ketiu[3]). He refused on saying that they picked a strolling egg (= fetish of Tatoo's section) which they did not know what hatched it etc., so they were no more forbidden in eating anything, because of that he could not possess it. Kinka asked Muli of Saa to take possession of the Fetish, but he also refused because they are the landowners sacrificing Zambao[4]) and in charge of the rain-ju-ju. When Kinka was about to consult and collect the views of each elder, the Gyelas refused and said that he — Kinka — was the right person to possess the Fetish kwara and wanted to be the High Priest[5]) of the village.

[1]) = kwara-Mutter (kwara-nu).

[2]) = taŋwane-tu.

[3]) Die Sektion Ketiu stammt vom ältesten Sohne Wusiga's ab, genießt daher nach dem Anciennitätsprinzip Vorrang vor den anderen Sektionen und wurde deshalb als erste befragt.

[4]) = Das höchste Erdheiligtum von ganz Chiana, s. Abb. 5.

[5]) = kwara-tu.

Kinka said, that he was the right person to possess the Fetish kwara. So the Pindaa-man prepared him in the forms of the owner of the Fetish kwara, and told the elders of Chiana that he was the person who would give the above mentioned things, he would possess the Fetish itself . . . and the Mother Fetish would be placed in the mother-in-law's room, Kassina's mother.

The skin of the black sheep was stripped into a baggish-shape for the Fetish-Priest to wear or to take along with him the fetish to conferences which were held on occasions they were judging anybody of guilt in the village, to perform the necessary customs. The horn mentioned above was first filled with the medicine from Pindaa[1]). The Pindaa-man then added the powerful Fetish-River Bogla's soil in the horn beneath, and soil of the other powerful Fetish-mountain Zambao on top: To mark that the Fetish kwara would work in cooperation with these two other powerful fetishes, to give the village an actual symbolistic power of organizing the community. Before the Pindaa-man went back, he adviced them that the first 7 cattles got from any person during the settling of any conflict or proved guilty of an offence, should be given through Kinka to Fuli — who possesses the mother fetish kwara, — as a dowry of the male fetish kwara.

There now followed the powerful Ju-Jus which are attached to the main horn Fetish kwara, which also came from Bilin (a village on Kusugu's side) through the advices of the Gyelas. Kinka went there and brought in full all these sacred mysteries which add more power to the Fetish kwara, and other things of mere dedication to the Fetish priest. During the time of worship all the headmen of the village should be present. It is custodized in a room plastered on the top to prevent water licking or pouring on it, since it is believed that, when water touches it, the crops of the village should not thrive well. And from the sight of the people, because if one sees it, he automatically goes blind. The room is also prohibited to be touched by people because of it's high personality it preserves from the people.

[1]) = die 'kwara-Mutter' (kwara-nu).

Anhang 25

How Lania became the first ruler of Chiana

Mitgeteilt vom Chiana-peo Mr. R. A. Ayagitam

Lania, son of Bɛsu, grandson of Namaga, was a friend of Kinka, the grand-grandson of Dia (= youngest son of Wusiga), who claimed to be the High Fetish Priest over the whole land in Chiana[1]), and the Patron of the Fetish kwara, the symbol of the spiritual existence of the Chiana-people from the Gyelas in Pindaa. In addition he was the priest who worships the ancestoral spirits of Chiana, Wusiga and his mother[2]), the Fetish Yoa (an object in charge of the kwara-tu) and the Fetish-River (= taŋ-wane) Bogla.

Lania asked his best friend Kinka to put him in charge of one of the fetishes which he possessed, so that he could also share his daily bread from the respect of the people. The friend, on decision of his request, found that, besides the Fetish kwara which he himself secured from the Gyelas, the rest of the Fetishes was inherited from his ancestors. So he decided to give him the Fetish kwara[3]). Before Kinka agreed to give him the fetish, he told him that he had to court for the fetish in a way as a lover for marriage. So Lania began to give all sorts of dowries as courtship which included those which Kinka gave to the Gyelas, before he was made the priest of the fetish. There were 7 cattles which were given as dowries to Fuli, the priest of the Mother Fetish 'kwara-nu', as instructed by the Gyelas, 1 black gown, 1 black sheep, 30 hoe blades, 3 bangles, 9 guinea-fowls and 20 fowls.

When Kinka was ready to render his friend the fetish, he asked Fuli, the High Priest of the mother-fetish kwara-nu, to agree that both fetishes were given to Lania. But Fuli refused, and Kinka pressed him forward to give his fetish to Lania, but Fuli never agreed.

Lania got the fetish in the night, as Kinka got it by the Gyelas. As it is always termed as 'daughter' of the Fetish Priest (= kwara-tu), it was covered with a black cloth and carried by a daughter of Lania in a pot with two people — who are members of the fetish's organized body — to Lania's house in the night and conceiled in a room without the reach and seeing of people. And they began to perform the fetish customs from that day, guarding the chief, his first wife, the linguist and the adviser in the sacred room in which the fetish was kept.

On the third day, after the necessary customs were performed, Kinka promulgated through the different clan-heads to the compound-heads to assemble in Lania's house the next morning with musical instruments for the information to be given about the appointment of their first chief to become the natural ruler of the village. The next morning when the ceremony was functioning in Lania's house, Kinka and Fuli informed the clan-heads that he found great difficulties to minister over the many fetishes he was worshipping for the welfare of the community, which were all by inheritance from his ancestors besides the fetish kwara, which he received from the Gyelas with the concern of the community as the symbol of their national religion[1]). The other fetishes which he worshipped did not agree that he — the founder of the new one — gave much confidence and sacrifice to the fetish kwara, more than them. On the request of his friend Lania he gave him this fetish and they were all collected to crown their new chief and to give him the rules of possessing the fetish as a Chief to abide with him as head of the village.

As instructed by the Gyelas (the makers of the fetish), the crown of the chief is the red cap, and the nephew of the fetish priest (= kwara-tu)

[1]) Eine Geschichtsklitterung, um der peo-Sektion einen höheren Rang zuzuschreiben, als ihr zukommt. Die Nachkommen des jüngsten Sohnes des Gaugründers Wusiga können niemals die landlords von ganz Chiana stellen.

[2]) s. o. Ich konnte mich überzeugen, daß die Gräber und Altäre Wusigas und seiner Mutter auf dem Territorium der Ketiu-Sektion in Obhut von derem Ältesten betreut werden.

[3]) Er stellt also die ererbten Heiligtümer höher als den neu aus der Fremde bezogenen Fetisch!

[1]) = eine typisch spätere Auslegung vom Standpunkt eines peo! Die "nationale Religion" der KASENA war zu jener Zeit natürlich der Erd- und Ahnenkult und nicht der kwara-Kult.

was the person to put the crown on the chief's head. With the red cap the Kinka nephew Soguyem (Headman of Bɛsu-section), the clan-head of Lania's family; then Kinka and Fuli, the two associated house-owners, known as 'Front Leaders of the kwara' (kwara yiginus) and all the house-owners of the chiefs own family entered the yard of the chief. Lania, his first wife, his adviser and linguist were then brought from the sacred room, and sat on a bull's skin on a pillion. The wife sat by his side, the linguist in front of him and his adviser by the other side. Before crowning, Kinka — the Fetish priest (= kwara-tu) —, recited the following rules to the hearing of the chief and the body to crown him:

1. Your people hate extortion and injustice. They dislike having their origins recounted, they dislike a chief who flouts the people's wishes and they dislike having their wives interfered.

2. You must of course respect the taboo of the state and the fetish, and you must listen to the advises of the fetish priest and of your adviser by your side, and you should be open-handed, and always conduct yourself in a manner worthy of the dignity of the fetish.

3. Beyond these and a few other admonitions your rights are:

4. The animals grazing fields are open for you to capture and sacrifice the taboos of the fetish.

5. You are empowered to do all you can to preserve the community and regulate its life, economic, social and spiritual.

6. In doing this, you are entitled to use any reasonable process, short of tyranny and dis-respects for your subjects's rights.

7. Since the fetish is the owner of all the land and its jurisdiction, and all interests in the land are derived from the fetish, you are made the landowner for all your subjects, including clan-heads to yourself.

8. As your land is farmed by your subjects and they enjoy its fruits, in return they give you their allegiance and render customary and military services to the fetish. Failure to render these services of allegiance may result in your depriving the person concerned of the right to enjoy the land or, if he continues to live there, he must pay tribute to you like a stranger.

9. Any pronouncement or order you make as a chief must not be taken up lightly by your subjects, as the authority of the fetish is behind you.

10. Any of your subject who is judged of guilt, for causing trouble, or when the death of any of your clan-heads occurs, you should bestow animals of reasonable number from the person or from the children of those deceased clan-heads or family-heads as the minister of the sacred fetish.

11. It is by them recognized that you are wielding the power in you by the community and you act as a trustee in this respect.

Holding the crown above the chief's head Soguyem (the headman of Bɛsu) sanctified the chief by an act of customary consecration: "You should dedicate your life to the service of your people!" Thus the new chief Lania, the first natural head of Chiana, wears his crown, the red cap, as the symbol of his office.

After the crowning cattle skins are laid from the door of the room to the shelter where the whole people and clan- and familyheads await the appearing of this new chief. The linguist in front, his adviser, next his wife and himself behind, they walk majestically on the skins outside to the shelter. When they were out, the chief was seated again similar to how he was going to be crowned. Kinka (the high fetish priest) said to the gathering:

"If there is a subject who is suspected of intrigue against his overlord or who is reconciled to his clan- or family-head and of act of revolt, he is asked to renew his allegiance by "drinking fetish". If he does not wish to renew his allegiance, than he has to find a new master in an other territory." So all the clan- and family-heads were entitled to make oaths of allegiance to their new chief.

The clans swear to be ready to attend the call of their chief, wether by day or by night, they will follow wherever they are led, and not desert, and will give service to the paramount fetish kwara as it is laid down by the practice of the fetish high priest and predecessor. (For the preparatory of the crowning 5 guns were loaded and 2 sets of drums with whistlers and blowing horns were kept ready for reporting the new chief being crowned). After the clan- and family-heads have sworn their oathes of allegiance, the five guns fire, the drums sound, whistles and horns blow amidst cheers and cries, and everybody starts to dance.

The chief was then led to the market square to be introduced to the public, and after the ceremony the chief was (again) called to many duties as the natural head, father or ruler.

He called regular meetings of the heads of families and clans (nakwia), to administer the village. Together they regulated the primitive social services, settled disputes arising in the community, made rules for the orderly government of the people, and regulated economic life by deciding customs relative to farming, hunting and fishing. They also set the moral tone to the life of the community and looked after the first spiritual life. In this way they formed the first village council[1]).

After the death of Lania in five years time his first son Niyem was made the chief after the contestation of many princes. He died after he reigned for 10 years. His first son Adingyia succeeded him. After the death of Adingyia after 20 years no chief was appointed for 5 years. Wɔgaokori succeeded him for 5 years. He was a descendant of Lania, but not a family-member to Adingyia. After his death his son Adyua succeeded him in the same year. He reigned longer than any of the other chiefs.

Before his death his children were not up to the age of succeeding his post. So he planned to break the fetish kwara's customs. So that after his death no chief would be appointed. He first hung a gourd of 'peto'[2]) above the fetish. And as nobody enters the room besides he himself alone, the gourd rot and the peto poured over the fetish. But that was able to be prepared anew by the fetish-priest (= kwara-nu-tu). When he was dying, he therefore advised his children to bury the fetish and all its sacred ornaments including the bells, tails, and all the sacred ju-jus attached in an old grave. And they did as he requested them to do when he died. After a long (about 60 years) and prosperous reign he died at an old age. As the fetish kwara could no more be found no chief was appointed until a centuries time.

Kinka's descendant Alamari renewed the fetish: As there was nobody in charge of the fetish, disputes in the village started against the different section-heads, the crops did not thrive well (the great Chiana starvation), and many infections and contagious diseases such as the small pox were slepped in and attacked many people in the village. Great deaths occured and the selling of the weak for money to buy food (slavery). There were also wars against the Builsas, their bitterst enemies. Therefore the heroes (= warriors), the headmen and some of the important people gathered to appoint a chief without the fetish. But Alamari, the descendant of Kinka[1]), took a different empty horn to the Gyelas at Pindaa to made a new fetish kwara. With this new fetish kwara which he invented Alamari made Adingyia Kaba, a descendant of Adingyia, the chief, a century after the death of the latest chief Adingyia. When Kaba performed the funeral of Adyua, Ayenva, the then chief of Paga, sent some representatives to make a treaty of peace to avoid murdering of people who travelled between the two villages. After Kaba reigned for 6 years, they found through investigation where the old fetish kwara was kept, but there was nobody to take it out of the grave. It happened that some praises were given by drummers with songs. A man, named Amankori, much buzzed by peto, took the fetish out of the grave. (The founder became a repair immediately after he went home. But he died within a very short time through a serious growth of the disease). All the sacred ornaments, tails and medicines were rotten, only the solid horn and its contents and the bells were left. The old fetish horn and the new one were then put together into the real new one, a sacred fetish between the old and the new century. Kaba did not live long, after the amalgation of the two fetisches Adingyia Kaba died with a

[1]) Ein solcher bestand natürlich schon längst als Ältestenrat.

[2]) = Hirsebier.

[1]) Er war also der damalige kwara-tu.

great name in 1891. He died without a son, so his brother's son Kayariwe succeeded him in 1892. After he reigned for 7 years, the English came from Gambaga through Paga and landed under the Kogla Hill in 1899, April.

Literaturverzeichnis

1. AJISAFE, A. K., The Laws and Customs of the Yoruba People. London 1924.
2. AKINDÉLÉ, A. — AGUESSY, C., Contribution à l'étude de l'ancien royaume de Porto-Novo. Dakar 1953.
3. ARNAUD, R., La singulière légende des Soninkés. Paris 1912.
4. BAUMANN, H., Lunda. Berlin 1935.
5. BAUMANN, H. — THURNWALD, R. — WESTERMANN, D., Völkerkunde von Afrika. Essen 1940.
6. BINGER, Du Niger au Golfe de Guinée. Paris 1892.
7. BURGDÖRFER, Fr., Die Bevölkerung der Erde im Jahre 2000. (Die Umschau in Wiss. u. Technik 58, 12, 1958).
8. BURTON, R., The Lands of Cazembe. London 1873.
9. CARDINALL, A. W., The Natives of the Northern Territories of the Gold Coast. London o. J. (1920 ?).
10. DANQUAH, J. B., Akan Laws and Customs and the Akim Abuakwa Constitution. London 1928.
11. DIM DELOBSOM, A. A., L'empire du Mogho Naba. Paris 1933.
12. —, Les secrets des sorciers noirs. Paris 1934.
13. DITTMER, K., Ackerbau und Viehzucht bei Altnigritiern und Fulbe des Obervolta-Gebietes. (Paideuma VI, 1958).
14. —, Die Methoden des Wahrsagens im Obervolta-Gebiet und seine Beziehung zur Jägerkultur. (Baessler-Archiv VI, 1958).

14a. —, Die sakralen Häuptlinge der Gurunsi im Obervolta-Gebiet und die feudalen Fürstentümer im Sudan. Tribus Nr. 9. 1960.

15. ELLIS, A. B., The Yoruba-speaking peoples of the Slave Coast of West Africa. London 1894.
16. FRIEDRICH, A., Afrikanische Priestertümer. Stuttgart 1939.
17. HENRY, Abbé Jos., L'âme d'un peuple Africain, les Bambara. Münster 1940.
18. HÉRISSÉ, L., L'ancien royaume de Dahomey. Paris 1911.
19. JOHNSON, S., The History of the Yorubas. London 1911.
20. JUNOD, H. A., The Life of a South African Tribe. Neuchâtel 1912/13.
21. MANOUKIAN, M., Akan and Ga-Adangme Peoples of the Gold Coast. London 1950.
22. —, Tribes of the Northern Territories of the Gold Coast. London 1952.
23. MARC, L., Le pays Mossi. Paris 1909.
24. MEYER-FORTES, The Dynamics of Clanship among the Tallensi. London-New York 1945.
25. MEYEROWITZ, E. L. R., The Sacred State of the Akan. London 1951.
26. MONTEIL, O., Les Bambara du Ségou et du Kaarta. Paris 1924.
27. PAQUES, V., Les Bambara. Paris 1954.
28. RATTRAY, R. S., Ashanti. Oxford 1923.
29. —, Ashanti Law and Constitution. Oxford 1929.
30. —, The Tribes of the Ashanti Hinterland. Oxford 1932.
31. REINDORF, C. C., History of the Gold Coast and Ashanti. Basel 1895.
32. TAUXIER, L., Le Noir du Soudan, Paris 1912.
33. —, La religion Bambara. Paris 1927.
34. —, Le Noir de Bondoukou, Paris 1931.
35. TESSMANN, G., Die Pangwe, Berlin 1913.
36. ZWERNEMANN, J., Untersuchungen zur Sprache der Kasena. (Afrika und Übersee XLI).

Erläuterungen und Verzeichnis der Abbildungen

1. Großfamilialgehöfte inmitten ihrer Hirsefelder. Nur Nutz- und Schattenbäume sowie heilige Bäume sind bei der Rodung des Busches verschont geblieben. Quartier Badongo des Gaues Kampala.
OST-KASENA

2. Der Erdherr von Kaya in Kurzhose und Rückenfell als Amtstracht kündigt ein bevorstehendes Opfer an die Erde erst seinen Ahnen an. In den Händen hält er seine Mütze und den zu opfernden Hahn. Ahnenaltäre sind zwei Halbkugeln aus Lehm am Fuße eines Zwischenmäuerchens im Gehöft, mit geronnenem Hirsewasser und Tierblut als Opferspuren bedeckt. Ganz rechts ein kleiner Bierkrug, wie er nur im Kult verwendet wird.
Canton Tiébélé. OST-KASENA

3. Links: Sektionsältester mit Rückenfell als einzigem Kleidungsstück, rechts: der Priester (taŋwane-tu) des höchsten Erdheiligtums Zambao von Chiana-Ketiu in Amtstracht marschbereit, Sandalen und Kalebassenhelm werden bei Kulthandlungen abgelegt. (Man beachte die rassischen Verschiedenheiten dieser verwandten Männer!)
Saa, Gau Ketiu, SÜD-KASENA

4. Derselbe taŋwane-tu des Zambao-taŋwane kündigt seinen Ahnen an deren Altären (= kleine Lehmkegel mit Steinen am Sockel der Kult- und Amtshütte gegenüber dem Gehöfttor) den bevorstehenden Gang zum Zambao unter Vorweisen des Opferhuhnes an. Er bittet sie um ihren Segen und daß sie auf dem Weg durch die Wildnis voranschreiten mögen. Hinter ihm der Bruder des gelähmten Erdherrn von Ketiu und Chiana als dessen Stellvertreter mit entblößtem Oberkörper. Hinter ihm stehend drei Clan- bezw. Sektionsälteste von Saa und ein Sohn des Erdherrn.
Saa, Gau Ketiu. SÜD-KASENA

5. Der Gipfel des Zambao-Berges, des höchsten Erdheiligtums von Chiana und Ketiu. In den Gipfelfelsen befindet sich eine Höhle, in der die Opfer dargebracht werden, nur Älteste haben Zutritt. Wegen der vielen Raubtiere in der Umgebung sind sie mit Äxten, Bögen und Pfeilen im Armköcher bewaffnet. SÜD-KASENA

6. Der Erdherr (und gleichzeitig Gauhäuptling und kwara-tu) von Koumbili in blauem Kittel und roter Häuptlingsmütze hat ein heiliges Krokodil aus einem heiligen Teich (= ein taŋwane) herausgerufen und opfert ihm nun unter Assistenz des „Opferers" ein Huhn als Regenbitte. (Das Krokodil verkörpert die Macht des auch in der Trockenzeit nicht versiegenden Teiches, stets über Wasser zu verfügen). WEST-KASENA

7. Himmelsaltar in Silly. NUNA

8. Der Erdherr von Gougogo, oberster Erdherr (tega-tu) und höchste Autorität von Kampala, in „schwarzem" Staatsgewand. OST-KASENA

9/10. Der Priester (taŋwane-tu) des Erdheiligtums Yiləwao von Ketiu in Amtstracht (Kurzhose, Rückenfell und Libationskalebasse als Helm) betet am Altar unter einem heiligen Baum und sagt ein Huhnopfer an. Alle Anwesenden haben Oberkleidung und Schuhwerk wie Kopfbedeckungen abgelegt. Der Bruder des Erd- und Landesherrn (tega-tu) von Ketiu als dessen Stellvertreter hat an Stelle des abgelegten vornehmen Gewandes ebenfalls ein Rückenfell umgehängt.
Ketiu. SÜD-KASENA

11/12. Der Erdherr von Guiaro betet am Erdaltar unter Vorweisung des Opferhuhnes. Nachdem er ihm mit dem vor ihm liegenden Messer den Hals durchschnitten hat, läßt er das Hühnerblut auf den Altar spritzen. WEST-KASENA

13/14. Der Erdherr von Kaya in Amtstracht reißt dem soeben geschächteten Opferhahn Federn aus und klebt sie in das auf den Erdaltar geronnene Blut des Opfertieres. Mütze, Libationsschale, Ledertasche mit Opfermesser hatte er vor Beginn der Kulthandlung neben sich abgelegt.
Canton Tiébélé. OST-KASENA

Die in Abb. 9—14 gezeigten Handlungen gehören zum Ritual jeden Erdopfers, ebenso wie die nicht gezeigte Beobachtung des sterbenden Opferhuhnes als Orakel und die Verteilung seiner gerösteten Leber unter die Anwesenden zur heiligen Communion.

15. Der „Tempel" (= zylindrische Kegeldachhütte) des Kampala-kwaras, links (mit Tür) der Wohnraum seines Wächters. Der hohe Lehmkegel mit Pflöcken zum Aufhängen von Weihegaben ist ein tɔŋɔ-Altar (s. S. 46), der niedrige Lehmkegel links daneben der Opferaltar für das kwara.
OST-KASENA

16. Tɔŋɔ- und kwara-Altar sind mit frischen Opferspuren (weißes Hirsewasser, Hühnerblut und -federn) bedeckt. Neben dem tɔŋɔ-Altar sind Feldhacken als Weihegaben niedergelegt. Gehöft des Kampala-peo. OST-KASENA

17. Der Kaya-peo im Staatsgewand (HAUSA-Tobe und rote Filzmütze altertümlicher Form) thront auf dem Altar (nabare) des Ortsgründers.
Canton Tiébélé. OST-KASENA

18. Im Vordergrund das Grab des Sektionsgründers (mit Rinne zum Ablauf von flüssigen Opfergaben), im Hintergrund ein Himmelsaltar. Gehöft des Erdherrn von Dio. NUNA

19. Aus Trockenlehmziegeln erbauter Palast mit Zinnen und von HAUSA eingehandelten Straußeneiern als Abzeichen eines Chefs Coutumier. Erbaut vom 8. Sapouy-peo Bavo. Sapouy. NUNA

20. Der fast ganz verfallene Altar (nabare) des Dynastie- und Sektionsgründers Assu vor dem Gehöft des Kampala-peo in NYagoo. Rechts ein Schattenbaum am Versammlungsplatz, im Hintergrund der Abfallhügel (puri). Auf dem Altar ist der Kopf einer Koba-Antilope als Tapferkeitstrophäe niedergelegt. Im Vordergrund die während ihrer Totenfeier ausgestellten Waffen zweier verstorbener Gauhäuptlinge. OST-KASENA

21. Derselbe Altar mit Löwenfellen bedeckt, auf denen der Kampala-peo mit zweien seiner Frauen während der Huldigung seiner Untertanen thront. Als Staatsgewand trägt er eine HAUSA-Tobe über seinem roten peo-Mantel (nur Ärmel sichtbar). OST-KASENA

22. Der Kampala-peo auf dem gleichen Altar während einer Totenfeier für verstorbene Gauhäuptlinge stehend. Diesmal als Kriegsführer (seine Krieger stehen ihm gegenüber) im roten Mantel. Hinter ihm der kwara-nu-tu aus Nankoum, vor ihm bei einer Ansprache der Sektionsälteste (= „Häuptling") von Faanya als Zeremonienmeister (luwɛ-tu) der Totenfeier. OST-KASENA

23. Der gleiche Zeremonienmeister bei einer Ansprache, diesmal als Kriegsminister und Heerführer mit seinem Kommandostab in der Hand und in seinen Kriegskittel gekleidet. OST-KASENA

24. (rechts an Abb. 23 anschließend): Der Kampala-peo mit einer seiner Frauen steht auf dem verfallenen Altar seines Sippengründers Baitoone vor dem Palast im Inneren des peo-Gehöftes. Er trägt eine HAUSA-Tobe als Staatsgewand bei der Verteilung der Opfertiere anläßlich der Totenfeier. Er stützt sich auf seinen Häuptlingsstab (Szepter). Links zwei Löwenfelle als peo-Insignien, rechts zwei seiner Hofmusikanten. Der kwara-nu-tu (ebenfalls mit roter Häuptlingsmütze!) kann diesmal als Angehöriger einer anderen Sippe nicht mit auf dem Altar stehen, sondern nur daneben (zwischen den beiden Trommlern sichtbar). OST-KASENA

25. Der Kampala-peo führt seine Leute als Kriegsführer im roten Mantel beim Kriegstanz rund um den puri während der Totenfeiern an, vor und hinter ihm einige Minister. OST-KASENA

26. Der Kampala-peo zieht mit Kriegern und Gefolge in sein Gehöft ein. Vor ihm werden Löwenfelle geschleift (über die er eigentlich schreiten soll). OST-KASENA

27. Der Guiaro-peo in rotem Mantel mit engen Ärmeln und mit roter Filzkappe. Als weitere peo-Isignie trägt er eine Kette mit sieben gepunzten und gravierten Silberplatten um den Hals, in der Hand hält er sein Szepter. Vor ihm kauern halb knieend nach MOSI-Sitte zwei Pagen mit Pagen-Armreifen aus Gelbguß. WEST-KASENA

28. Vom Gipfel des Abfallhügels (puri) vor dem peo-Gehöft wird mit peo-Kulttrommeln zu einer Kulthandlung aufgerufen, ganz links der einäugige Herold. Guiaro. WEST-KASENA

29. Der Guiaro-peo zieht zu einem Fest aus. Über ihm wird sein Sonnenschirm, vor ihm sein Paradesitzkissen von Pagen getragen. Zur Seite gehen Leibjäger, Krieger und Minister, davor fegende Frauen und Hofmusikanten. WEST-KASENA

30. Von rechts naht der peo unter dem Schirm, davor Leibjäger und Page, Frauen kehren den Weg, voraus zieht die Kapelle mit den Häuptlingstrommeln. Guiaro. WEST-KASENA

31. Von Zeit zu Zeit hält der Zug an und jeweils zwei Männer führen Schein-Zweikämpfe in Tanzform auf. Rechts zwei Minister. Guiaro. WEST-KASENA

32. Der Guiaro-peo auf dem abendlichen Rückweg vom Fest. Er geht unter dem Schirm und trägt zu einem prächtigen Seidengewand die Halskette mit den Silberplatten und seine rote peo-Mütze. Vor ihm der Kissenträger, zu seiten die Leibjäger. WEST-KASENA

33. Von Zeit zu Zeit tanzt der peo selbst, auf einem Bein hüpfend. Ein Würdenträger hinter ihm hat mitzutanzen. Die Leibjäger feuern dabei ab und zu einen Schuß ab. WEST-KASENA

34. Gelbgußgruppe eines Gottkönigs und seiner Gattin, umgeben von Leibjägern, Musikanten und Dienerinnen. Künstlerisch degenerierte moderne Arbeit im Besitz des Hamburg. Museums für Völkerkunde. YORUBA

35. Nach der Rückkehr des peo zum Palast halten er und seine Minister kurze Ansprachen an das Volk, der einäugige Herold wiederholt die leise gesprochene Worte laut. Guiaro. WEST-KASENA

36. Der Kayoro-peo mit seiner Suite in Staatsgewändern. Zu seiner linken der Kriegsminister und Heerführer, zur Rechten der Kanzler, wie sein Herr in eine HAUSA-Tobe gekleidet. Zwischen beiden stehend der Sprecher. Die von der Eti-

quette vorgeschriebene Handhaltung des peo drückt seine Würde aus. SÜD-KASENA

37. Der Kayoro-peo in seinem Gehöft vor einem peo-Grab. (Seine Mütze hat noch den altertümlichen Schnitt). SÜD-KASENA

38. Der Kayoro-peo bei einer Gerichtssitzung unter dem Schattendach, er ruht halb liegend auf einem Balkenbett. Zu seiner linken der „Sprecher" als Untersuchungsrichter. SÜD-KASENA

39/40. Der Chiana-peo in weißem Umhang über rotem peo-Mantel und mit Silberplatten besetzter Häuptlingsmütze mit seinem Gefolge. Der bucklige Herold vor ihm hält sein mit Löwen- und Leopardenfell und rotem Stoff verziertes Szepter. Zu seiner linken als zweiter der kwara-tu, ebenfalls mit Szepter. SÜD-KASENA

41/42. Proskynese junger Männer, Frauen und des Kanzlers — der drei Schritte auf den Knien zum Herrscher rutscht — vor dem Pouni-peo. NUNA

43. Der Kriegsminister des Kayoro-peo (auf Abb. 36 r. neben dem peo in „Zivil") als Heerführer im amulettbesetzten Kriegskittel und in Reiterstiefeln. SÜD-KASENA

44. Amulettbesetzte Kriegskittel, -mütze, -gürtel eines früheren Heerführers von Sapouy. Über die rechte Schulter gelegt eine rote Schärpe mit Troddeln als Rangabzeichen (= MOSI-Arbeit), in der Hand der Kommandostab, der mit Fellstücken von Löwe, Leopard, Iguan und mit roten Tuchstreifen verziert ist (vgl. Szepter des Chiana-peo auf Abb. 40). Sammlung Dittmer im Hamburg. Museum für Völkerkunde. NUNA

45. Erdherr und zugleich kwara-tyu von Kassou mit seinem Kanzler. NUNA

46. Der Thronsitz des Silly-peo unter einem Schattendach am Versammlungsplatz vor dem Stadttor. Der Gabelpfosten trägt ein Schlangenrelief, das als Zeichen der Unberührbarkeit gedeutet wird. NUNA

47. Der peo (kwara-tyu) von Dio in seiner Versammlungs- und Gerichtshalle. NUNA

48. Der steinerne Thronsitz (nyabarɛ̃) darin. NUNA

49. Opfer am Grabe von Zəmbala, dem Gründer des Gaues Sapouy. Im Vordergrund drei Lateritbrocken zur Kennzeichnung des Grabes auf dem Gelände seines spurlos vergangenen Gehöftes, dahinter ein Steinhaufen als Altar. Über ihm gießt gerade der „Opferer" das Blut eines geschächteten Orakelhuhnes aus. Hinter ihm sitzt der „Verzeihungbitter", der die Worte des neben ihm sitzenden peo (mit grauem Haar) mit Händeklatschen begleitet. Hinter diesem sitzen Clan- und Sektionsälteste, vorn (halb vom Opferwidder verdeckt) der Erdherr. NUNA

50. Junge Männer als Assistenten des alten „Opferers" schächten den Widder über dem Altar Zəmbala's. NUNA

51. Der ca. 110-jährige „Opferer" hat mit dem Opfermesser die Leber des Widders zur heiligen Communion der Teilnehmer mit ihrem Ahnherrn zerteilt. Kopf und Strick des Opfertieres sind auf das Grab gelegt worden. Während der Widder geröstet wird, trinken die Teilnehmer Opferbier aus dem großen Biertopf (wovon Libationen auf den Altar gegeben wurden) zur Communion. NUNA

52/53. Blick vom Abfallhügel auf das Gehöft des Tiébélé-peo. Es besteht aus einer Vielzahl von Flachdach-Doppelhäusern von 8-förmigem Grundriß = Häuser verheirateter Frauen mit Kindern. Dazwischen einige Rundhäuser mit Strohdächern = Schlafhäuser der unverheirateten Männer oder Kleinviehställe und verstreut Getreide-Silos. Ganz rechts der einfache Kastenhaus-Palast des peo. Rechts schließt der Versammlungsplatz an. OST-KASENA

54. Heiliger Baum mit einem Baumwollstreifen als „Kleid" am Versammlungsplatz, darunter Steinplatten als erbliche Sitzsteine von Ältesten, dahinter der Abfallhügel (puri). OST-KASENA

55. Blick vom puri auf den Versammlungsplatz vor dem peo-Gehöft. Im Vordergrund rechts der Altar (nabare) des Dynastiegründers Kaleŋgɔŋɔ, links Medizintöpfe. Tiébélé. OST-KASENA

56. Desgl. Im Zentrum das verfallene Amts- und Kulthaus (= „Ahnenhaus") des Gaugründers. Die zwei hohlen Lehmkegel vorn und rechts in seiner Wand sind Hühnerställe (der üblichen Form) für die Seelen der den Ahnen geopferten Hühner. Links das verfallene Torhaus mit quergelegtem Balken als Zeichen für die Schließung aller Amtshandlungen (= der peo ist nicht mehr zu sprechen). Daneben rechts erbliche Sitzplätze für Älteste sowie Medizintöpte. Ganz rechts der Altar des Dynastiegründers. OST-KASENA

57. Derselbe Altar, auf ihm thront der peo bei Amtshandlungen. Davor Steinsitze der peo-Familie, dahinter der Abfallhügel und weitere Steinsitze für Älteste der peo-Sektion. OST-KASENA

58. Vor dem Ahnenaltar steht ein Gabelpfahl zum Anbinden von Opfertieren. Tiébélé. OST-KASENA

59. Blick vom Abfallhügel auf das peo-Gehöft von Koumbili. Im Vordergrund der große mauerumwallte Viehhof, in Kriegszeiten Zuflucht für die umwohnenden Bauern mit ihrem Vieh. Ganz rechts die Amtshalle zwischen hohen Lehmpfeilern, davor die Gehöftpforte (mit drei Männern). Neben

den Flachdachhäusern der Frauen einzelne eingeschossige Kegeldachhäuser = Schlafhäuser für Junggesellen oder Kleinviehställe. Die turmartig über die Parterreterrasse aufragenden Kegeldachhäuser sind die Schlafräume (jeweils im Obergeschoß) verheirateter Männer. Im zweiten von links (mit Tür) schläft der peo. Davor rechts die offene Veranda der Torhalle zum Wohnbezirk des peo (s. Abb. 62, 63). WEST-KASENA

60. Das Gehöft des Koumbili-peo. In der Mitte die hohe Amtshalle zwischen zwei hohen Pfeilern mit Tür nach außen. Links zwischen zwei kleineren Pfeilern die enge Gehöftpforte. Ganz links der Fuß des Abfallhügels, rechts heilige Schattenbäume. WEST-KASENA

61. Die Amtshalle des Koumbili-peo, davor die zwei Altäre mit heiligen Steinen des Gau- und Sektionsgründers des peo. WEST-KASENA

62. Der Koumbili-peo tritt aus seiner vertieften Torhalle in die Veranda heraus. WEST-KASENA

63. Die vertiefte Torhalle (gegen den Verandaausgang gesehen) mit Ruhebänken für die Leibwachen und Pagen. WEST-KASENA

64. Ein früherer Koumbili-peo mit Marabu-Köpfen an der Mütze (sie sind noch heute vorhanden). Seine Musikanten rasseln mit Kürbisrasseln. Nach Binger, Du Niger au Golfe de Guinea, Bd. II., S. 7. Paris 1892. WEST-KASENA

65. Der Trommler-Chef des aktuellen Guiaro-peo mit den gleichen Marabu-Köpfen am Kalebassenhelm. WEST-KASENA

66. Zauberwedel des Kampala-peo zur Verhütung eines Sturzes vom Pferd, der ihn als peo unmöglich machen würde. Sammlung Dittmer im Hamb. Museum für Völkerkunde. OST-KASENA

67. Elefantenschwanz, mit Fellstücken von Löwe, Leopard, Iguan und rotem Tuch verziert. Er diente einem früheren Kriegsführer (yɔ-ti) von Sapouy als Fesselzauber im Krieg, um gegnerische Kriegsführer magisch zu fesseln. Der Zauber wurde im Kampf daheim gelassen. Zur „Fesselung" wurde bei einem Neger-Gegner unter Nennung seines Namens der dunkelblaue Faden um den Schwanz gewickelt und festgeknotet, bei einem hellhäutigen Feind der rote Faden. Der auf diese magische Weise „gefesselte" Gegner wird handlungsunfähig. Sammlung Dittmer im Hamburg. Museum für Völkerkunde. NUNA

68. Vier den DJERMABE im Kampf abgenommene Kriegstrommeln gelten seit dieser Zeit als Regalia von Ketiu. SÜD-KASENA

69. Die Regalia von Ketiu auf dem Ahnenaltar vor dem Gehöft des Erd- und Landesherrn (tega-tu) von Ketiu. Rechts: Roter Mantel und Schwert, links: Rote Filzmütze und blau-weiß-rote Baumwollmütze, dazwischen ein Roßschwanzwedel. SÜD-KASENA

70. Hausaltar mit Lehmmulde (mit Opferspuren) und Haus-kwara. NUNA

71/72. „Hauskapelle" mit dem Hausaltar der Sektion des „Opferers" von Sapouy. Darüber hängt unter dem Dachbalken das Sapouy-kwara an der Wand = eingewickeltes Horn (eine Fledermaus fliegt vorbei). Daneben hängen unzählige Stricke von Opfertieren, Hirseähren als Primitialopfer und einige Schwanzamulette. In der Lehmmulde des Hausaltares liegen Lehmkugeln als Haus-, Ackerbau- und Kinder-kwaras. Ganz rechts Jagdtrophäen als Jagdfetische. NUNA

73. Die kwara-Mutter von Tabbou in einem heiligen Hain im Ort. NUNA

74. Bronzebüste eines sakralen Stadtkönigs (oni) von Ife im Krönungsornat, in der linken Hand ein Hörnchen haltend. YORUBA
Nach RADIN, P. — SWEENEY, J., African Folktales and Sculptures, Pl. 135. New York 1952.

75. Langstuhl mit drei Füßen für Häuptlinge und Würdenträger. Silly. Sammlung Dittmer im Hamburg. Museum für Völkerkunde. NUNA
Alle Aufnahmen aus dem GURUNSI-Land vom Verfasser.

Verzeichnis der Filme des Verfassers

zu den behandelten Themen

Publiziert in der „ENCYCLOPAEDIA CINEMATOGRAPHICA", ed. G. Wolf, vom Institut für den wissenschaftlichen Film in Göttingen:

1. *Erdkult.* a) Opfer am Erdaltar, b) Opfer am heiligen Berg. KASENA. Farbfilm E 216
2. *Regenzeremonien.* a) Fernhalten des Regens durch d. Regenzauberer, b) Regenbitte mit Opfer an heilige Krokodile. KASENA = Farbfilm E 217
3. *Brandrodungsfeldbau* mit Weihe der Rodung durch den Priesterhäuptling. KASENA. = Farbfilm E 343
4. *Herstellung eines Elfenbeinarmringes* mit Vorweisen am Ahnenaltar. KASENA. Schwarzweiß-Film E 177
5. *Totenfeier für verstorbene Gauhäuptlinge.* KASENA. Schwarzweiß-Film E 159
6. *Fest und Tanz bei einem Gauhäuptling.* KASENA. = Farbfilm E 219
7. *Musik und Tänze.* a) Sänger u. Musikanten eines Häuptlings. KASENA. Farbfilm
8. *Kriegstänze und Scheinkämpfe.* KASENA. = Farbfilm E 220
9. *Besuch bei einem Stadthäuptling.* NUNA. Farbfilm E 345
10. *Widderopfer am Grabe des Gaugründers.* NUNA. = Farbfilm E 224
11. *Maskentänze.* NUNA. = Farbfilm E 223
12. *Amuletthersteilung mit Opfern.* KASENA. = Schwarzweiß-Film E 214

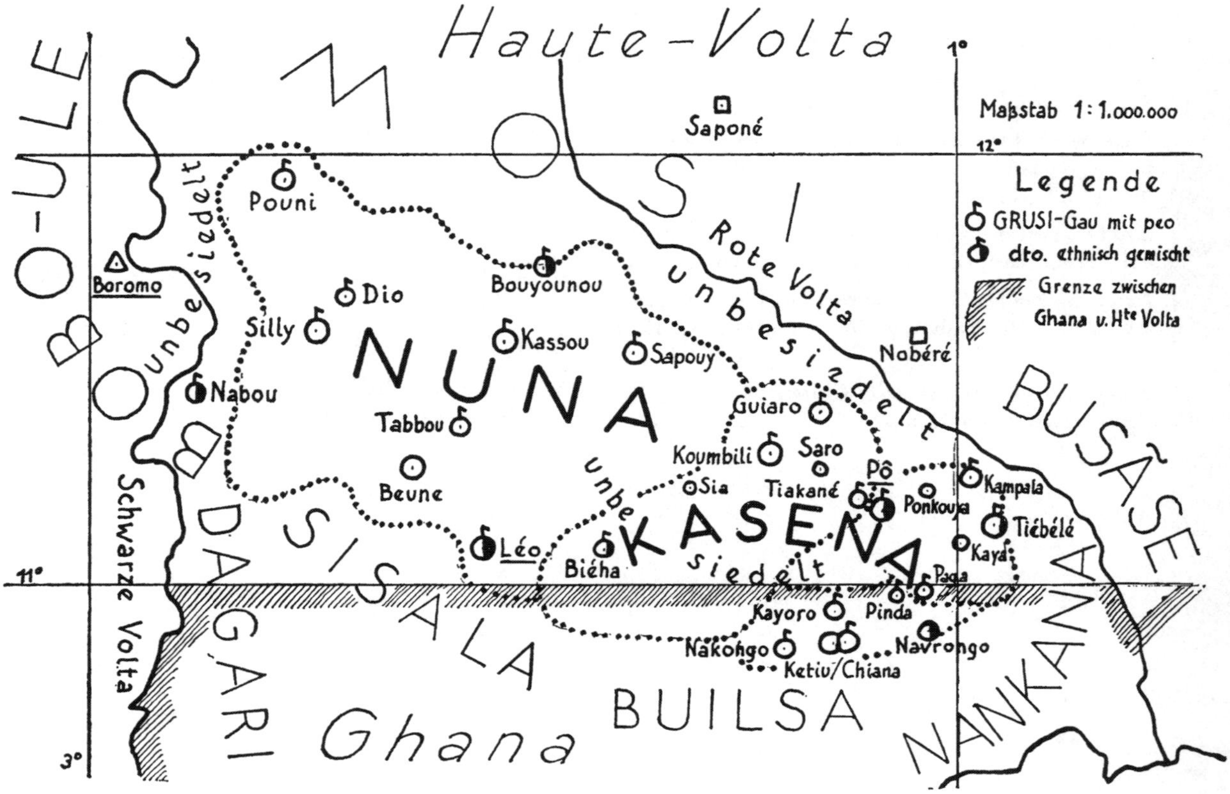

Siedlungsgebiet der Gurunsi

Abb. 1. Parksteppe während der Regenzeit mit verstreuten Großfamilialgehöften inmitten der Hirsefelder. Im Vordergrund das Gehöft eines Häuptlings mit zwei Kastenhäusern als „Palais". OST-KASENA.

Abb. 2. Erdherr von Kaya kündigt Erdopfer seinen Ahnen an. OST-KASENA.

Abb. 3. Sektionsältester und taŋwane-tu von Ketiu.

Abb. 4. Der taŋwane-tu von Ketiu kündigt am Ahnenaltar ein dem Zambao-Erdheiligtum zu bringendes Huhnopfer an. SÜD-KASENA.

Abb. 5. Gipfel des Zambac-taŋwane von Ketiu-Chiana. SÜD-KASENA.

Abb. 6. Erdherr opfert einem hlg. Krokodil ein Huhn als Regenbitte. Koumbili, WEST-KASENA.

Abb. 7. Himmelsaltar. Silly, NUNA

Abb. 8. Der oberste Erdherr von Kampala im schwarzen Staatsgewand.
OST-KASENA.

Abb. 9/10. Der Priester (taŋwane-tu) des Erdheiligtums Yiləwao von Ketiu betet an dessen Altar und bringt Huhnopfer. SÜD-KASENA.

Abb. 11/12. Erdherr betet und läßt dann das Blut des geschächteten Opferhuhnes auf den Erdaltar spritzen. Guiaro, WEST-KASENA.

Abb. 13/14. Der Erdherr von Kaya reißt dem geschächteten Opferhuhn Federn aus und klebt sie auf den blutbespritzten Erdaltar. OST-KASENA.

Abb. 15. kwara-Tempel, davor tɔŋɔ-Altar im Gehöft des Kampala-peo. OST-KASENA.

Abb. 16. Opferaltar für das kwara vor dem tɔŋɔ Altar.

Abb. 17. Kaya-peo im Staatsgewand auf Gaugründeraltar. OST-KASENA.

Abb. 18. Grab des Sektionsgründers, dahinter Himmelsaltar im Gehöft des Erdherrn von Dio. NUNA.

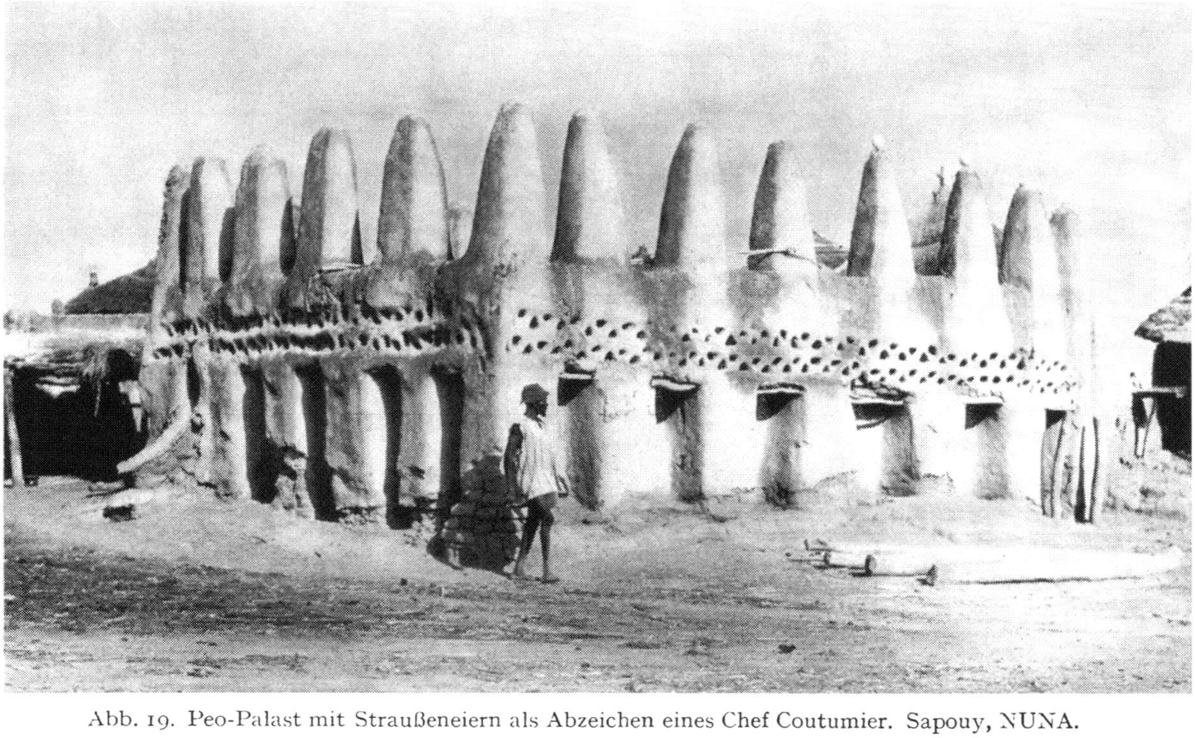

Abb. 19. Peo-Palast mit Straußeneiern als Abzeichen eines Chef Coutumier. Sapouy, NUNA.

Abb. 20. Verfallener Gaugründer-Altar vor dem Abfallhügel des peo-Gehöftes. Im Vordergrund Waffen zweier verstorbener Gauhäuptlinge während ihrer Totenfeier. Kampala, OST-KASENA.

Abb. 21. Derselbe Altar mit Löwenfellen bedeckt, darauf der Kampala-peo mit zwei Frauen. OST-KASENA.

Abb. 22. Der Kampala-peo in rotem Mantel auf dem gleichen Altar, hinter ihm sein kwaranu-tu, vor ihm der Zeremonienmeister der Totenfeier. OST-KASENA.

Abb. 23. Derselbe als Heerführer im Kriegskittel mit Kommandostab bei einer Ansprache. Fortsetzung nach rechts s. Abb. 24. OST-KASENA.

Abb. 24. Der Kampalapeo auf dem Altar seines Sippengründers, auf sein Szepter gestützt. OST-KASENA.

Abb. 25. Der Kampalapeo in rotem Mantel beim Kriegstanz um den puri. ▼

Abb. 26. Der Kampala-peo kehrt mit den Kriegern heim, vor ihm werden Löwenfelle geschleift. OST-KASENA.

Abb. 27. Der Guiaro-peo in rotem Mantel und Mütze, mit Szepter und Pagen. WEST-KASENA.

Abb. 28. Trommelappell vom Gipfel des puri. Guiaro, WEST-KASENA.

Abb. 29. Der Guiaro-peo zieht zu einem Fest aus. WEST-KASENA.

Abb. 30. Desgleichen, Frauen kehren den Weg.

Abb. 31. Desgleichen, Duelltänzer vor Ministern.

Abb. 32. Rückkehr des Guiaropeo vom Fest, begleitet von Leibjägern, Schirm und Kissen tragenden Pagen. WEST-KASENA.

Abb. 33. Desgleichen, von Zeit zu Zeit tanzt der Fürst in Begleitung eines Würdenträgers.

Abb. 34. Gelbgußgruppe eines Gottkönigs mit Gattin und Gefolge. YORUBA

Abb. 35. Minister und Herold des Guiaro-peo bei einer Ansprache. WEST-KASENA.

Abb. 36. Der Kayoro-peo mit seinen Ministern. SÜD-KASENA.

Abb. 37. Der Kayoro-peo vor einem peo-**Grab.**

Abb. 38.
Der Kayoro-peo bei einer Gerichtssitzung. ▼

Abb. 39/40. Der Chiana-peo mit seiner Suite. SÜD-KASENA.

Abb. 41/42. Frauen und Kanzler begrüßen den Pouni-Peo. NUNA.

Abb. 43. Kriegsminister des Kayaro-peo in Heerführertracht. SÜD-KASENA.

Abb. 44. Heerführertracht und Feldherrnstab. Sapouy, NUNA.

Abb. 45. Kanzler und kwara-tyu-
Erdherr von Kassou. NUNA.

Abb. 46. Thronsitz mit Gabel-
pfosten des Silly-peo. NUNA.

Abb. 47. Der Dio-peo in seiner Versammlungshalle. NUNA.

Abb. 48. Sein steinerner Thronsitz. NUNA

Abb. 49/50. Huhn- und Widderopfer am Altar neben dem Grab des Gaugründers von Sapouy. NUNA.

Abb. 51. Desgleichen. Der „Opferer" verteilt die Leber. NUNA.

Abb. 52. Der rechte Teil des peo-Gehöftes von Tiébélé. OST-KASENA.

Abb. 53. Blick auf das peo-Gehöft von Tiébélé vom puri aus. OST-KASENA.

Abb. 54. Heiliger Baum mit Steinsitzen am Versammlungsplatz. Im Hintergrund der Abfallhügel (puri).
Tiébélé, OST-KASENA.

Abb. 55/56. Blick vom puri auf den Versammlungsplatz mit Ahnenaltar, Torhaus und „Ahnenhaus".
Tiébélé, OST-KASENA.

Abb. 57/58. Ahnenaltar, Steinsitze und Opfer-Gabelpfosten am Fuße des puri.
Tiébélé, OST-KASENA.

Abb. 59/60/61. peo-Gehöft mit Amtshalle und Ahnengräbern. Koumbili, WEST-KASENA.

Abb. 62. Der Koumbili-peo tritt aus der Eingangshalle seines Wohnhauses heraus.

Abb. 63. Dieselbe mit Leibwächtern und Pagen. WEST-KASENA.

Abb. 64. Ein früherer Koumbili-peo mit Marabu-Köpfen an der Mütze. WEST-KASENA.

Abb. 65. Trommler-Chef des Guiaro-peo mit Marabu-Köpfen am Helm. WEST-KASENA.

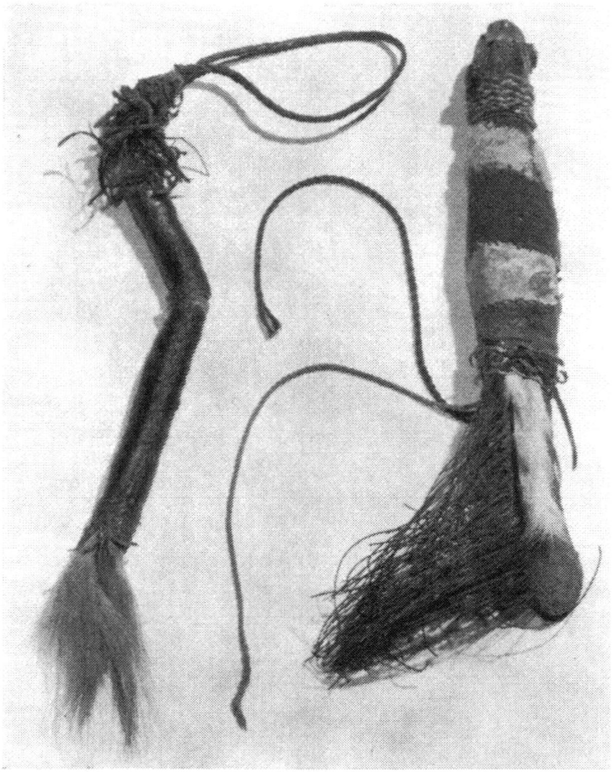

Abb. 66. Zauberwedel des Kampala-peo. OST-KASENA.

Abb. 67. Elefantenschwanz-Fesselzauber eines Heerführers. Sapouy, NUNA.

Abb. 68. Vier Staatstrommeln, Ketiu, SÜD-KASENA.

Abb. 69. Regalia des Erdherrn von Ketiu. SÜD-KASENA.

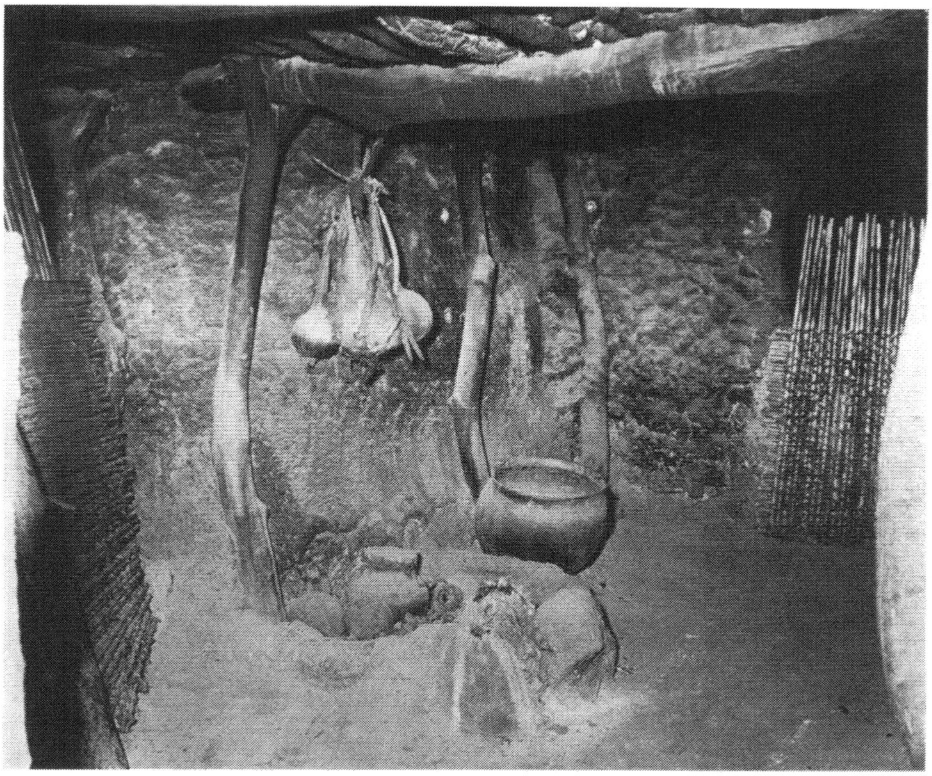

Abb. 70. Hausaltar mit Haus-kwara. Sapouy, NUNA.

Abb. 71/72. Hausaltar mit peo-kwara = eingewickeltes Widderhorn unter der Decke. Sapouy, NUNA.

Abb. 73 Die „kwara-Mutter“ von Tabbou. NUNA.

Abb. 74. Bronzebüste eines sakralen Stadtkönigs von Ife im Ornat. YORUBA.

Abb. 75. Langstuhl des Silly-peo. NUNA.

Druckfehlerberichtigung

Seite 19 *rechte Spalte 2. Absatz 5.—7. Zeile muß heißen:*
gleichzeitig einen schnellen Boten an den Gauhäuptling zu schicken, damit dieser den Erdherrn der entgegengesetzten Pforte verstän-

Seite 55 *linke Spalte 22. Zeile muß heißen:*
durch statt purch

Seite 81 *linke Spalte unter Absatz 7 5. Zeile muß heißen:*
Abb. 21 statt 24

Seite 86 *rechte Spalte Überschrift muß heißen:*
und statt nud

Seite 106 *rechte Spalte 4. Zeile von unten muß heißen:*
außerdem statt ußerdaem

Seite 108 *rechte Spalte 2. Absatz 11. Zeile muß heißen:*
vom statt ʌom

Kolibri 360 GmbH
Ferdinand-Jühlke-Straße 7
99095 Erfurt, Deutschland
produktsicherheit@kolibri360.de